普通高等教育工程训练系列教材

金工实习教程

主　编　高　琪
副主编　祖英利　陆　斌
参　编　张　飞　万金贵　高　鸣
主　审　瞿志豪

机械工业出版社

《金工实习教程》和《金工实习核心能力训练项目集》是为高等工科院校"金工实习"课程编写的一套教材。《金工实习教程》为主教材。全书共分五篇,分别是机械加工常识、毛坯制造基本方法、机械加工基本方法、现代加工技术、工程素质。

本书是根据教育部金工课程教学指导委员会关于普通高等学校"机械制造实习教学基本要求"的有关内容编写而成的,并涵盖了"项目集"中涉及的基本知识。本着"实用、适用、先进"的编写原则,"通俗、精炼、可操作"的编写风格,特别注重以培养学生基本工程素质为基础。本书增加了机械产品质量、成本经济核算和环境保护等相关知识。同时为提高学生的识图能力,还增加了机械制图基本知识等内容。

本"教程"与"项目集"配合使用有利于高等院校机类、近机类以及工科各专业的金工实习教学和实习指导,也可供工程技术人员参考使用。

图书在版编目(CIP)数据

金工实习教程/高琪主编. —北京:机械工业出版社,2012.2
(2025.8 重印)
普通高等教育工程训练系列教材
ISBN 978-7-111-36816-8

Ⅰ.①金… Ⅱ.①高… Ⅲ.①金属加工-实习-高等学校-教材 Ⅳ.①TG-45

中国版本图书馆 CIP 数据核字(2011)第 261042 号

机械工业出版社(北京市百万庄大街22号 邮政编码100037)
策划编辑:丁昕祯 责任编辑:丁昕祯 邓海平
版式设计:霍永明 责任校对:张 媛
封面设计:张 静 责任印制:张 博
北京机工印刷厂有限公司印刷
2025年8月第1版第9次印刷
184mm×260mm·19印张·470千字
标准书号:ISBN 978-7-111-36816-8
定价:42.00元

电话服务 网络服务
客服电话:010-88361066 机 工 官 网:www.cmpbook.com
　　　　　010-88379833 机 工 官 博:weibo.com/cmp1952
　　　　　010-68326294 金 书 网:www.golden-book.com
封底无防伪标均为盗版 机工教育服务网:www.cmpedu.com

前　言

随着经济的快速发展，机械制造中越来越多地采用新技术、新工艺；同时工程实践的教学内容和基础设施建设也发生了重大改变。由常规冷加工的车削、铣削、刨削和磨削，热加工的铸造、焊接和锻压技术，逐步发展到传统制造技术和先进制造技术相结合，操作技能训练与创新实践教学相结合，技术技能培养与工业管理相结合等。在这种情况下，如果在工程实践教学中继续沿用以前的教材，势必落后于教学改革实际。为此，本教程在传统的金属加工基本知识、加工技术、操作技巧基础上，补充了许多新内容，拓宽了专业知识领域。

我们在多年的金工实习教学实践中发现，金工实习不仅是一门实践性很强的技术基础课，也是一门对学生人生观形成起着重要作用的德育课。对于当代大学生而言，除了德育教育之外，有必要引导他们学会在复杂的社会工程环境中如何处理工程事件，这就需要对学生进行工程素质的培养。为此，本书增写了"工程素质"一篇。

本书特点：

1) 内容丰富，包括金属材料、热处理、铸锻焊、传统机械加工方法、现代制造技术等。尤其注重加强了数控技术，增添了特种加工技术、快速成形等方面的内容，更有为学好本门课而增添的零件图的识读、常用量具的测量技术等相关内容。

2) 各章节增添了"业内小提示"，用以帮助理解相关知识、传授操作技巧、提示注意事项等。

3) 部分章节有相关的拓展知识介绍，注意开阔学生视野。

4) 由于本书涉及内容较广，编者采用将相关知识组织融合在一起介绍的方式，比如，零件图的识读一章，穿插地介绍了极限偏差与配合、几何公差、表面粗糙度等概念，解决了内容受篇幅限制的问题。

5) 重点突出，文字简练，叙述清楚，通俗易懂。

6) 本书配有PPT课件。

本教程由上海第二工业大学与上海市应用技术学院共同编写，参与编写的教师及分工为：高琪（第2，7，8，13章）；祖英利（第1，3，4，14，15，17章），陆斌（第10，11，12章），万金贵（第9章），张飞（第5，6章），高鸣（第16章）。

本书由高琪担任主编，并负责全书统稿。本书在编写的过程中参考了大量有关文献，在此向作者和出版社表示衷心的感谢。全书由上海第二工业大学副校长瞿志豪教授担任主审，瞿教授在百忙之中阅读了全书，并提出了许多宝贵的意见和建议，在此深表感谢。

由于编者水平和经验有限，书中难免出现这样或那样的缺点和错误，恳请同行和读者批评指正。

编　者

目 录

前言

第一篇　机械加工常识

第一章　机械制造基础知识 …………… 1
 第一节　机械制造的一般过程 …………… 1
 第二节　金属切削加工的基础知识 ……… 3
 复习思考题 ……………………………… 10

第二章　金属材料与钢的热处理 ……… 11
 第一节　金属材料的基本性能 …………… 11
 第二节　常用金属材料及其牌号 ………… 14
 第三节　钢铁材料的常用鉴别方法 ……… 19
 第四节　钢的热处理 ……………………… 21
 第五节　相关知识 ………………………… 24
 复习思考题 ……………………………… 27

第三章　常用量具的测量技术 ………… 29
 第一节　概述 ……………………………… 29
 第二节　常用量具 ………………………… 30
 第三节　量具的使用与维护 ……………… 46
 复习思考题 ……………………………… 47

第四章　零件图的识读 ………………… 49
 第一节　概述 ……………………………… 49
 第二节　基本知识 ………………………… 49
 第三节　基本技能 ………………………… 63
 复习思考题 ……………………………… 66

第二篇　毛坯制造基本方法

第五章　砂型铸造 ……………………… 68
 第一节　概述 ……………………………… 68
 第二节　基本知识 ………………………… 70
 第三节　基本技能 ………………………… 76
 第四节　质量控制与检验 ………………… 81
 第五节　相关知识 ………………………… 84
 复习思考题 ……………………………… 86

第六章　锻压 …………………………… 88
 第一节　概述 ……………………………… 88
 第二节　锻造 ……………………………… 89
 第三节　板料冲压 ………………………… 97
 第四节　质量控制与检验 ……………… 100
 第五节　相关知识 ……………………… 102
 复习思考题 …………………………… 103

第七章　焊接 ………………………… 105
 第一节　概述 …………………………… 105
 第二节　焊条电弧焊 …………………… 106
 第三节　气焊 …………………………… 116
 第四节　其他电弧焊方法 ……………… 119
 第五节　质量控制与检验 ……………… 120
 复习思考题 …………………………… 123

第三篇　机械加工基本方法

第八章　钳工 ………………………… 124
 第一节　概述 …………………………… 124
 第二节　钳工常用设备 ………………… 125
 第三节　划线 …………………………… 127
 第四节　锯削 …………………………… 134
 第五节　锉削 …………………………… 137
 第六节　钻孔、扩孔及铰孔 …………… 142
 第七节　攻螺纹与套螺纹 ……………… 147
 第八节　装配与拆卸 …………………… 151
 复习思考题 …………………………… 153

第九章　车削 ………………………… 154
 第一节　概述 …………………………… 154
 第二节　基本知识 ……………………… 156
 第三节　基本技能 ……………………… 169

第四节　质量控制与检验……………… 183	第二节　基本知识………………………… 203
复习思考题………………………………… 185	第三节　刨削基本技能…………………… 209
第十章　铣削…………………………… 186	复习思考题………………………………… 211
第一节　概述……………………………… 186	**第十二章　磨削**………………………… 212
第二节　基本知识………………………… 187	第一节　概述……………………………… 212
第三节　基本技能………………………… 197	第二节　基本知识………………………… 213
复习思考题………………………………… 202	第三节　基本技能………………………… 222
第十一章　刨削………………………… 203	复习思考题………………………………… 226
第一节　概述……………………………… 203	

第四篇　现代加工技术

第十三章　数控加工技术……………… 227	第二节　特种加工方法…………………… 261
第一节　概述……………………………… 227	复习思考题………………………………… 270
第二节　数控编程基础知识……………… 230	**第十五章　快速成形技术**……………… 271
第三节　数控车床手工编程……………… 237	第一节　快速成形技术的原理及特点…… 271
第四节　数控铣床手工编程……………… 245	第二节　几种典型快速成形技术介绍…… 272
第五节　加工中心………………………… 253	第三节　快速成形的基本工艺流程……… 273
复习思考题………………………………… 259	第四节　快速成形技术的应用…………… 274
第十四章　特种加工…………………… 260	第五节　快速成形技术的发展…………… 275
第一节　概述……………………………… 260	复习思考题………………………………… 275

第五篇　工 程 素 质

第十六章　常见表面的机械加工与经济性分析……………………… 276	第一节　安全意识………………………… 287
	第二节　设备的维护与管理意识………… 288
第一节　机械加工经济精度相关知识…… 276	第三节　在机械制造业中的环境保护意识…………………………………… 290
第二节　常见表面加工工艺路线的拟定…… 277	
第三节　零件加工成本估算……………… 284	第四节　社会能力培养…………………… 293
复习思考题………………………………… 286	第五节　法律意识………………………… 296
第十七章　机械工程技术人员的工程意识………………………………… 287	复习思考题………………………………… 297
	参考文献………………………………… 298

第一篇　机械加工常识

本篇主要介绍机械制造基础知识、金属材料与钢的热处理、常用量具的测量技术、零件图的识读等。涵盖了机械加工的基本知识，为后续章节的学习打下基础。

第一章　机械制造基础知识

第一节　机械制造的一般过程

任何机械产品，都是由若干部件组成，部件又可分为不同层次的子部件（也称分部件或组件）直至最基本的零件单元。如，汽车车身就是汽车的一个部件，其由底板、侧围、顶盖以及4门2盖（4个车门、发动机盖和后备箱盖）的分部件构成，而每个分部件又由若干个零件构成。只有制造出合乎要求的零件，才能装配出合格的机械产品。机械制造过程的主要工作，就是利用各种工艺和设备将原材料加工成合格的零部件。例如，一个车身（车架子）是由17个冲压零件和435个其他零部件，经过244道工序5853个焊点组装完成的（北京现代二工厂提供）。每个零件的生产过程都要经过层层严格的检验。图1-1所示为汽车车身生产现场场景。

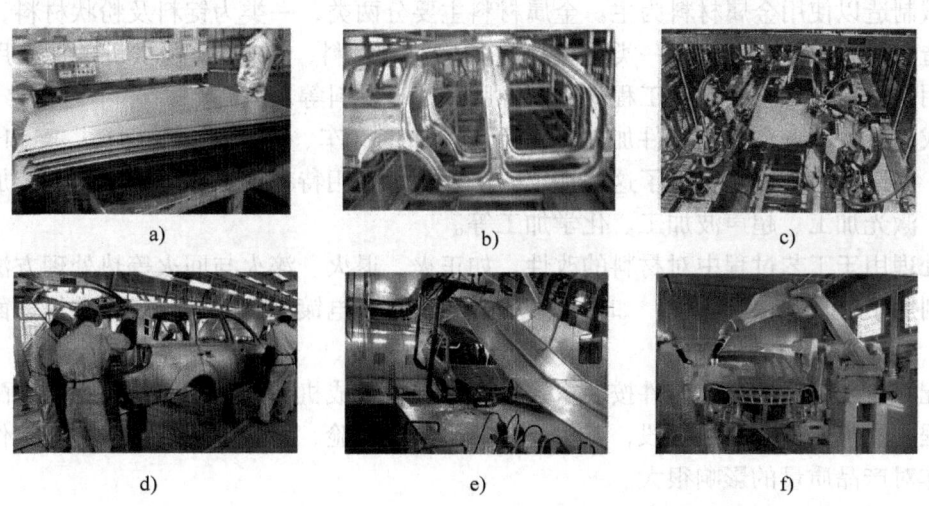

图1-1　汽车车身生产现场
a）钢板（原材料）　b）冲压　c）机器人自动焊接车身　d）严格检验测试
e）电泳防锈　f）喷漆

当然，机器产品的生产过程，不一定完全由一个企业（车间）完成，可以分散在多个企业（车间）进行协作生产。

机械产品的生产过程是一个复杂的生产系统。首先要根据市场的需求作出生产什么产品的决策；接着要完成产品的设计工作；而后需综合运用工艺技术理论和知识来确定制造方法和工艺流程；最后才进入制造过程，实现产品的输出。

因此，机械制造的一般过程可简要归纳为生产技术准备、机械产品加工、辅助生产和生产服务四个过程。

一、生产技术的准备过程

生产技术准备是指产品在投入生产前所进行的各种准备工作。如产品设计、工艺设计和专用工夹具的设计与制造、生产计划的编制、生产资料的准备、生产管理内容的制定、劳动组织的组建以及新产品的试制和鉴定工作等。

二、机械产品的加工过程

机械产品的加工是指把原材料变为成品的全过程。一般情况下，原材料经过铸造、锻压、冲压、焊接等方法制成毛坯，然后由毛坯经机械加工制成零件（有的零件在毛坯制造和加工过程中穿插不同的热处理工艺），最后经装配调试、验收合格后，产品出厂，机械产品生产过程如图1-2所示。

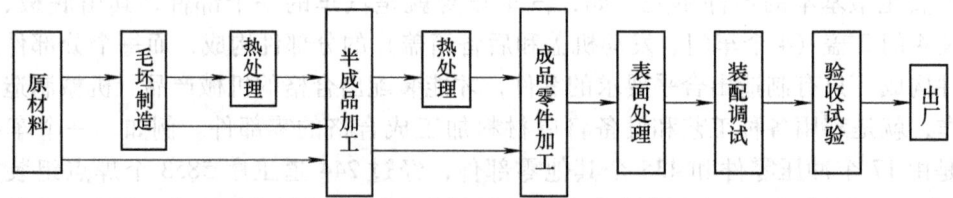

图1-2 机械产品生产过程

机械制造以使用金属材料为主。金属材料主要分两类，一类为锭料及粉状材料，用于铸造、锻造及烧结等加工用；另一类为型材（如棒料、管料、板带料），供机械加工用。有些零件所用的材料为工程塑料、工程陶瓷、橡胶及复合材料等。

半成品零件加工和成品零件加工多采用切削加工（车、铣、刨、钻、镗、磨和钳工等）及焊接、冲压等工艺方法。除了这些加工方法外，还采用特种加工方法，如电火花加工、电解加工、激光加工、超声波加工、化学加工等。

热处理用于工艺过程中对材料的改性，如正火、退火、淬火与回火等热处理方法。而表面处理则用于装饰和保护零件，如发蓝、喷丸、抛光、电镀、阳极氧化、涂装等表面处理方法。

装配是将生产出的各种零件按要求连接在一起，组成机械产品的工艺过程。装配是机械制造过程中的最后一个生产阶段，其中还包括调整、试验、检验、涂装和包装等工作。因此装配工作对产品质量的影响很大。

验收试验是按产品的技术要求，对产品的有关性能进行试验，只有验收试验合格的产品才能出厂。验收试验和贯穿于整个机械制造工艺过程的检验工作，都是保证产品质量和工艺过程正确实施的主要措施。验收试验方法有用测量器具测量、目视检验、无损探伤、力学性能试验及金相检验等。

三、辅助生产过程

辅助生产是指为保证产品加工过程所必需的各种辅助生产活动。如包括各种动力及工艺工装的提供，设备备件的制造及设备维修等。辅助生产过程是整个生产过程不可分割的组成部分。

四、生产服务过程

生产服务包括原材料的供应、外购件和工具的供应、运输及搬运、检验、仓库保管等。实际上生产服务是为产品加工过程和辅助生产过程服务的。

第二节　金属切削加工的基础知识

金属切削加工是刀具对工件作用的过程，刀具从工件上切去一部分金属，使工件的形状、尺寸精度和表面质量符合技术要求的加工过程。实现这一过程必须具备以下三个条件：①工件与刀具之间必须有相对运动，即切削运动；②刀具材料必须承担切削性能；③刀具必须具有好的几何形态，即切削角度等。本节主要阐明与切削运动、刀具角度及刀具材料有关的基本概念和定义。

一、切削运动和切削用量

1. 切削运动

在金属切削加工中，为了切除多余的金属，刀具和工件间必须有相对运动——切削运动。切削运动由金属切削机床来实现。外圆车削和平面刨削是金属切削加工中常见的加工方法。现以它们为例来分析工件与刀具间的切削运动。外圆车削时的情况如图1-3a所示，工件旋转，车刀作连续纵向直线进给，形成工件的外圆柱表面。图1-3b为平面刨削，表示了在牛头刨床上刨平面时的情况，刀具作直线往复运动，工件作间歇的直线运动。同样，在其他切削加工方法中，刀具和工件也必须完成一定的切削运动。通常，切削运动包括主运动和进给运动。

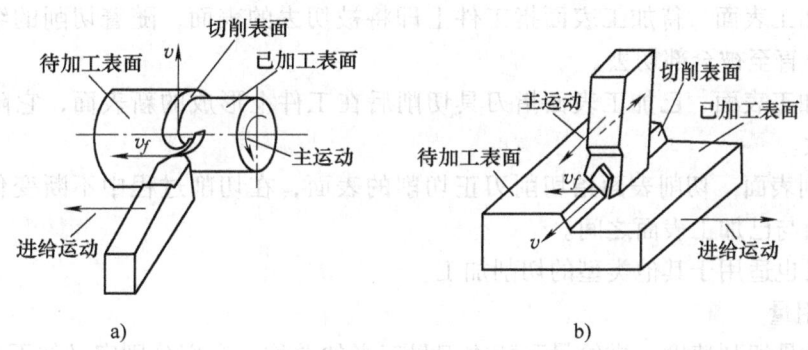

图1-3　切削运动与加工表面
a) 外圆车削　b) 平面刨削

（1）主运动　主运动是工件与刀具的相对运动，是切削的最基本的运动。这个运动的速度最高，消耗功率最大。如外圆车削时，工件的旋转运动和平面刨削时刀具的直线往复运动都是主运动。其他切削加工方法中的主运动也同样是由工件或刀具来完成的，其形式可以是旋转运动，也可以是直线运动，通常每种切削加工方法的主运动只有一个。

（2）进给运动　进给运动是使主运动能够不断切除工件上多余的金属，以形成工件新的表面所需的运动。例如，外圆车削时车刀的纵向连续直线进给运动，平面刨削时工件的间歇直线进给运动等都属于进给运动。进给运动可能不止一个，其运动形式可以是直线运动、旋转运动或两者的组合。无论哪种形式的进给运动，它所消耗的功率都比主运动小。

总之，切削加工方法都必须有一个主运动及一个或几个进给运动。主运动和进给运动可以由工件或刀具分别完成，也可以由刀具单独完成，图1-4所示为几种切削加工运动示意图。

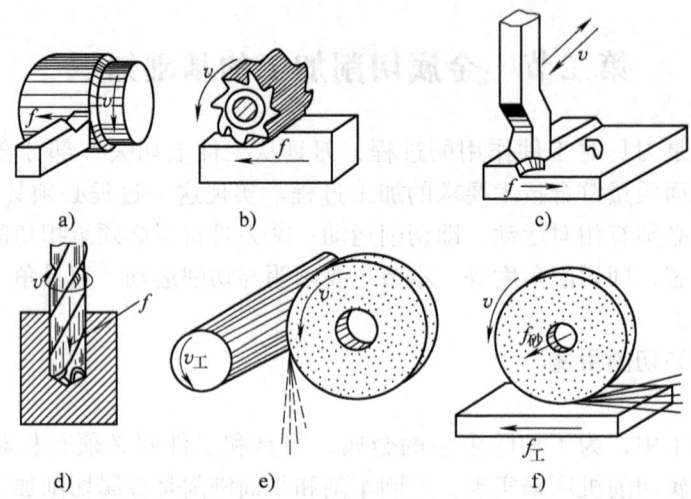

图1-4　几种切削加工运动

a）车削　b）铣削　c）刨削　d）钻削　e）外圆磨削　f）平面磨削

2. 工件加工表面

在切削过程中，通常工件上有三个不断变化的表面：待加工表面、已加工表面和切削表面，如图1-3所示。

（1）待加工表面　待加工表面指工件上即将被切去的表面，随着切削的继续，待加工表面逐渐减小直至被全部切去。

（2）已加工表面　已加工表面指刀具切削后在工件上形成的新表面，它随着切削的继续而逐渐扩大。

（3）切削表面　切削表面指切削刃正切削的表面，在切削过程中不断变化，但总是处在待加工表面与已加工表面之间。

上述定义也适用于其他类型的切削加工。

3. 切削用量

切削用量是切削速度、进给量和背吃刀量三者的总称。它们分别定义如下：

（1）切削速度 v　切削速度指切削加工时，切削刃上选定点相对于工件的主运动速度。切削刃上各点的切削速度可能是不同的。

当主运动为旋转运动时，刀具或工件最大直径处的切削速度可（m/s 或 m/min）由下式确定

$$v = \frac{\pi d n}{1000}$$

式中，d 为完成主运动的刀具或工件的最大直径（mm）；n 为主运动的转速（r/s 或 r/min）。

当主运动为往复运动时,其平均速度 v(m/s 或 m/min)为

$$v = \frac{2Ln_r}{1000}$$

式中,L 为往复运动行程长度(mm);n_r 为主运动每秒或每分钟往复次数(Str/s 或 Str/min);

(2)进给速度 v_f 与进给量 f 进给速度 v_f(mm/s)是切削刃上选定点相对于工件进给运动的速度。当进给运动为直线运动时,其进给速度在切削刃上是各点相同的。进给量 f 是主运动每转一周或一个行程时,工件和刀具在进给运动方向上的相对位移量。例如,外圆车削时的进给量 f(mm/r)是指工件每转一转时车刀相对于工件在进给运动方向上的位移量;又如在牛头刨床上刨削平面时,进给量 f 指的是刨刀每往复一次,工件在进给运动方向上相对于刨刀的位移量。

(3)背吃刀量 a_p 背吃刀量 a_p(过去称为切削深度)指主切削刃与工件切削表面接触长度在主运动方向和进给运动方向所组成平面的法线方向上的测量值。对于外圆车削,背吃刀量 a_p(mm)等于工件已加工表面与待加工表面间的垂直距离,即

$$a_p = \frac{d_w - d_m}{2}$$

式中,d_w 为工件待加工表面的直径(mm);d_m 为工件已加工表面的直径(mm)。

对于平面刨削,背吃刀量也是工件待加工表面与已加工表面的垂直距离。

切削速度 v、进给量 f 和背吃刀量 a_p 称为切削用量三要素。

二、刀具材料的种类、性能与用途

刀具材料是指刀具切削部分的材料。在金属切削过程中,刀具参与切削部分是在高温条件下工作的,同时受较大的切削力、冲击、振动和摩擦作用。为了获得理想的切削效果,刀具必须具有高硬度、良好的耐磨性、足够的强度及韧度、高的耐热性及良好的工艺性。表1-1 为常用刀具材料的主要性能和用途。

表 1-1 常用刀具材料的主要性能和用途

种类及常用牌号	硬度 HRC	红硬温度 /℃	抗弯强度 /MPa	使用性能	用途
碳素工具钢 (T8A、T10A、T12A)	60~64	200	2500~2800	切削温度超过275℃就会变软烧毁,目前已很少使用,只在低速刀具上选用	少数手动刀具,如锉刀、手用锯条
合金工具钢 (9SiCr、CrWMn)	60~65	250~300	2500~2800	热处理变形小,多用于制作细长刀具和淬火后不刃磨的复杂刀具	低速刀具,如锉刀、丝锥、板牙等
高速钢 (W18Cr4V、W9Cr4V2)	62~67(淬火后)	550~600(热硬性较差)	2500~4500(抗弯强度较高,抗冲击性能好)	它是含有钨、铬、钒元素的合金钢,是目前制造刀具的常用材料,刃磨方便,坚韧性较好,能承受较大的冲击力	形状复杂的机用刀具,如钻头、铰刀、铣刀、精加工车刀以及成形刀具等

(续)

种类及 常用牌号	硬度 HRC	红硬温度 /℃	抗弯强度 /MPa	使用性能	用途
硬质合金 （YG3、YG3X、 YT5、YT14 YW1、YW2）	74～82 （硬度高，仅 次于金刚石）	800～1000 （耐高温，热 硬性较好，耐磨 损、耐蚀。适用 于高速切削，切 削速度是高速钢 的5～8倍）	900～2500 （抗弯强度 较低，较脆， 抗冲击性能比 高速钢差）	硬质合金是由一种或多种 难溶金属的碳化物（碳化 钨、碳化钛等）用粉末冶金 方法制造的合金材料。常压 制烧结后作镶片使用，不能 热加工成形，无需热处理	车刀刀头，铣刀、钻 头、滚刀、刨刀等刀具 上也可作为镶片或整体 使用

三、切削刀具主要几何角度及选择

要使刀具顺利地进行切削加工，除刀具材料要具备应有的材料性能外，还要有合格的几何形状。如果刀具的几何角度不合适，即使刀具材料再好，也不能充分发挥它的性能。另外，通过改善刀具的几何角度，可以弥补材料的不足。

金属切削刀具的种类很多，结构各异，但参加切削的部分在几何特征上都具有共性的内容，图1-5所示为刀具的刃和切削部分表面。外圆车刀的切削部分可以看作是各类刀具切削部分的基础形态。其他各类刀具，包括复杂刀具，都是在这个基础形态上根据各自的工作要求演变而来的。下面以外圆车刀为例说明切削刀具的主要几何角度及选用原则。

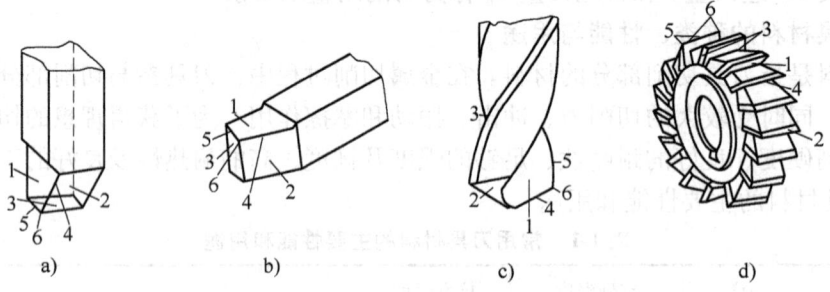

图1-5 刀具的刃和切削部分表面
a）刨刀 b）外圆车刀 c）钻头 d）铣刀
1—前刀面 2—主后刀面 3—副后刀面 4—主切削刃 5—副切削刃 6—刀尖

1. 切削刀具的几何角度

（1）切削部分的组成 切削部分的组成如图1-5所示，由前刀面、主后刀面、副后刀面、主切削刃、副切削刃和刀尖组成。

1）前刀面 刀具上切屑流过的表面；

2）主后刀面 刀具上与工件上的加工表面，即过渡表面，相对的表面；

3）副后刀面 刀具上与工件上的已加工表面相对的表面；

4）主切削刃 刀具上前刀面与主后刀面的交线，它负担主要切削工作；

5）副切削刃 刀具上前刀面与副后刀面的交线，它负担少量的切削工作；

6）刀尖 主切削刃与副切削刃的交点称为刀尖。刀尖实际是一小段曲线或直线，其目的是提高刀尖强度和改善散热条件。

（2）确定刀具几何角度的辅助平面　为了确定和测量刀具的几何角度，需要选取三个辅助平面作为基准，这三个辅助平面是切削平面、基面和正交平面，如图1-6所示。

1）基面 P_r。基面是过主切削刃某一选定点并平行于刀杆底面的平面。

2）切削平面 P_s。切削平面是通过切削刃上选定点且与切削刃相切，并垂直于基面的平面，车刀的切削平面一般是铅垂面。

3）正交平面 P_o。正交平面通过切削刃上选定点并同时垂直于基面又垂直于切削平面的平面。

（3）切削刀具的主要几何角度及选择原则　切削刀具主要几何角度的定义，如图1-7所示。车外圆时车刀的几何角度标注，如图1-8所示。

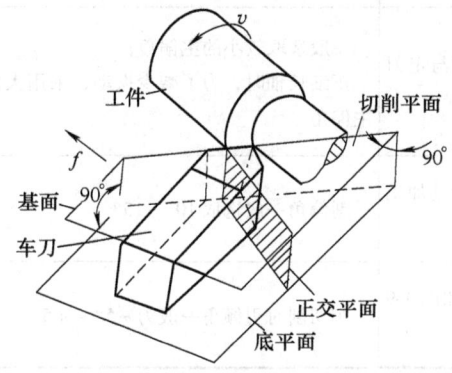

图1-6　测量车刀角度的辅助平面

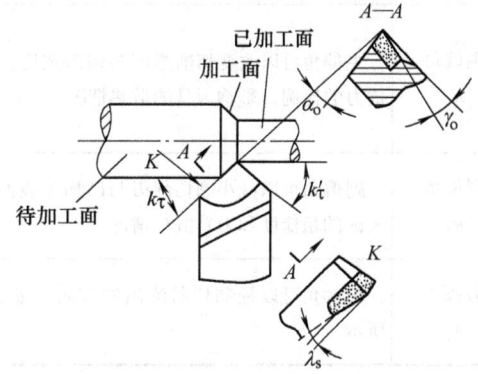

图1-7　切削刀具主要几何角度的定义
γ_o—前角　α_o—后角　κ_r—主偏角
κ_r'—副偏角　λ_s—刃倾角

1）前角 γ_o。在正交平面内测量的前刀面与基面间的夹角为前角，如图1-7所示，或定义为刀具上切屑流过的表面与水平面的夹角，如图1-8所示。

2）后角 α_o。在正交平面内测量的主后刀面与切削平面间的夹角为后角，如图1-7所示，或定义为刀具上与切削表面相应的刀面和切削运动方向的夹角，如图1-8所示。

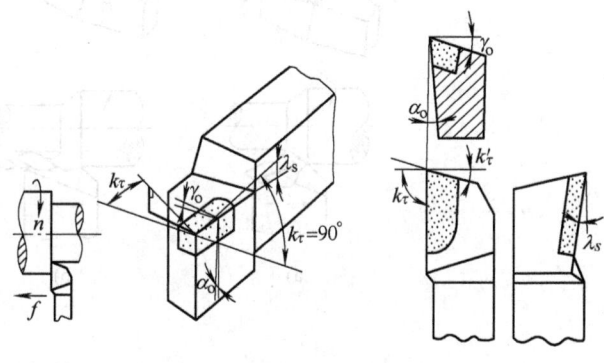

图1-8　车外圆时车刀角度的标注

3）主偏角 κ_r。在基面内测量的主切削刃在基面上的投影与进给运动方向的夹角为主偏角，如图1-7、图1-8所示。

4）副偏角 κ_r'。在基面内测量的副切削刃在基面上的投影与进给运动反方向的夹角为副偏角，如图1-7、图1-8所示。

5）刃倾角 λ_s。在切削平面内测量的主切削刃与基面间的夹角为刃倾角，如图1-7、图1-8所示。

2. 切削刀具主要几何角度的作用及选择原则

切削刀具主要几何角度的作用及选择原则见表1-2，刃倾角对排屑方向的影响如图1-9所示。

表 1-2 切削刀具主要几何角度的作用及选择原则

角度名称	作用	选择原则
前角 γ_0	增大前角，可减小切屑与前刀面的摩擦，使切削刃锋利，切削轻快，切削变形减小。但前角过大会减弱刀头及切削刃口的强度，刀具寿命缩短	加工塑性材料时，选择大前角；加工脆性材料时，选择小前角；高速钢刀具前角较大；硬质合金刀具前角稍小
后角 α_0	它是刀具切削加工时需要的角度，可避免或减小刀具后刀面与工件切削表面和已加工表面间的摩擦。当前角确定后，后角越大，刃口越锋利，但后角过大会减弱刀头及切削刃口的强度	高速钢刀具后角为 $6°\sim12°$；硬质合金刀具后角为 $2°\sim12°$；粗车时取较小值，精车时取较大值
主偏角 κ_r	主偏角可以改变切削厚度与切削宽度，改变吃刀抗力与走刀抗力的比例，影响刀具的散热情况	一般选取较小的主偏角；车细长轴时，为了减少振动，采用大的主偏角
副偏角 κ_r'	副偏角可以减小副切削刃与已加工表面的摩擦，影响已加工表面的粗糙度和刀具散热情况	副偏角一般选取 $10°\sim15°$
刃倾角 λ_s	刃倾角可以控制切屑流出的方向，影响刀头强度，如图 1-9 所示	车切削时刃倾角一般为 $-5°\sim+5°$

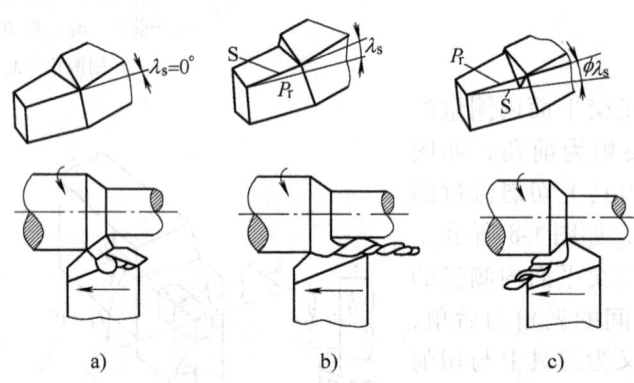

图 1-9 刃倾角对排屑方向的影响

a) 主切削刃呈水平，切屑向垂直于切削刃的方向流出（$\lambda_s=0°$） b) 刀尖为主切削刃上最低点，切屑流向已加工表面（$\lambda_s<0°$） c) 刀尖为主切削刃上最高点，切屑流向待加工表面（$\lambda_s>0°$）

λ_s—刃倾角 S—主切削刃 P_r—基面

四、切削热与切削液

1. 切削热及切削温度

（1）切削热的产生和传导 在切削加工过程中，由于被切削金属层的变形、分离及刀具和被切削材料间的摩擦而产生的热量称为切削热。

切削热主要通过切屑、刀具、工件、切削液和周围空气传导出去。如果切削加工时不加切削液，则大部分切削热就会由切屑传出。

（2）切削热对切削过程的影响　切削热会影响切削过程。切削热使刀具温度升高。切削热当超过刀具材料所能承受的温度时，刀具材料硬度降低，迅速丧失切削性能，磨损加快，寿命缩短。切削热传入工件后，工件温度升高并产生热变形，影响加工精度和表面质量。所以，必须对刀具和工件的温度加以控制。

（3）切削温度及其控制措施　表现在工件、刀具、介质和切屑上的切削热为切削温度。一般来说，切屑传出来的热量最多，其次为工件、刀具和介质。切削温度的高低，取决于产生热量的多少和热传导的快慢，其具体受工件材料的性质（塑性、强度和硬度等）、切削用量、刀具角度和切削液等因素的影响，影响切削温度的因素见表1-3。

为了控制切削温度，可采用以下措施：合理选择刀具材料和刀具几何角度，提高刀具的刃磨质量；合理选择切削用量；适当选择和使用切削液。

表1-3　影响切削温度的因素

影响因素		对切削温度的影响
工件材料		材料的硬度、强度越高，热导率就越小，则切削温度就越高
切削用量		切削速度、进给量及切削深度三个参数中的任一个增大，都会使切削温度升高。其中切削速度对切削温度的影响最大，进给量次之，背吃刀量的影响最小
刀具几何角度	前角	在一定范围内，前角增大，切削温度略有下降；但当前角增大到某一数值后，由于刀具的散热条件变差，切削温度反而会随着前角的增大而上升
	主偏角	减小主偏角虽然会使切削力有所增大，但切削热也会增多，但由于切削刃的工作长度及切削刃尖角均增大，改善了散热条件，切削温度会降低
切削液		切削液的冷却性能越好，则切削温度下降得越多

2. 切削液

（1）切削液的作用　切削液的作用见表1-4。

表1-4　切削液的作用

作用	说　　明
冷却	能降低工件和刀具的温度，从而可提高刀具的耐用度和加工质量。在刀具材料耐热性较差、工件热胀系数较大的情况下，切削液的冷却作用显得更为重要。粗加工时切削温度较高，更需要冷却，应选择以冷却为主的切削液
润滑	切削时工件与切屑及刀具之间的压力较大，相互间的摩擦很严重，使用切削液可减少这种摩擦，起到润滑的作用。精加工时主要是提高加工精度和表面加工质量，应选用以润滑性能为主的切削液
清洗排屑	可将切削过程中产生的细小切屑冲走，以免挤在刀具与工件间划伤已加工表面
防锈	使用切削液可使机床、刀具、工件不会产生锈蚀，起到防锈的作用

（2）切削液的种类及其应用　应根据工件材料、刀具材料、加工方法、加工要求、机床类别等情况综合考虑合理选用切削液，如表1-5所示。

表 1-5 切削液的种类及其应用

切削液类别		成分	应用	
水溶性	水溶液	以软水为主加入防锈剂、防霉剂。有的还加有油性添加剂及表面活性剂	常用于粗加工及普通磨削加工	
水溶性	乳化液	乳化液是水和乳化油混合搅拌形成的乳白色液体。乳化油是由矿物油、脂肪酸、皂及表面活性剂乳化剂配制而成的一种油膏。混合后的乳化剂再加稳定剂,以防油、水分离。含乳化油较少的称为低浓度乳化液,含乳化液较多的称为高浓度乳化液	体积分数	适用加工方法
			3%~5%	粗车、普通磨削
			10%~20%	切割、拉削
			5%	粗铣
			10%~15%	铰孔
			15%~25%	齿轮加工
水溶性	合成切削液	由水、表面活性剂和化学添加剂组成,具有良好的冷却、润滑、清洗和防锈作用	适用于磨削、铣削、钻削、攻螺纹	
油溶性	切削油	切削油中含有矿物油、植物油和复合油。矿物油中又有机油,轻柴油和煤油	主要用于易切削钢、铝合金、铸铁的精加工及铰孔	
油溶性	极压切削油	极压切削油是在矿物质中添加氯、硫、磷等极压添加剂配制而成,具有很好的润滑效果。可分为硫化极压切削油、氯化极压切削油、复合极压切削油等	硫化极压切削油多用于钢材的钻、铣、铰、拉削及齿轮加工;氯化极压切削油多用于难加工钢材的车、铰、钻、拉削及齿轮加工	
固体润滑剂	二硫化钼	主要由二硫化钼(MoS_2)组成。形成的润滑膜具有很小的摩擦因数和极高的熔点(1185℃)	可以抑制积屑瘤的产生,减小切削力,能显著延长刀具寿命,减小工件的表面粗糙度	

复习思考题

1. 试述机械产品的生产过程。
2. 什么是切削热?它对切削过程有何影响?怎样控制切削温度的升高?
3. 说明前角的大小对切削过程的影响。
4. 说明后角的大小对切削过程的影响。
5. 从刀具耐用度的角度分析,如何合理选择刀具的前、后角?
6. 说明刃倾角的作用。
7. 分析主、副偏角的大小对切削过程的影响。
8. 常用刀具材料的种类有哪些?它们有什么特性?
9. 简述高速钢和硬质合金刀具的主要用途。
10. 切削热是怎样传导的?影响切削热传导的因素有哪些?
11. 切削液的作用有哪些?
12. 粗、精加工时,为何选用不同的切削液?

第二章 金属材料与钢的热处理

第一节 金属材料的基本性能

一、概述

金属材料是各种金属及其合金的统称,分为黑色和有色金属两大类。黑色金属即是铁及其合金,如钢和铸铁。除黑色金属以外的金属及其合金都是有色金属,如黄铜、铝、锌等。

从日常生活、机械制造到航空航天都离不开金属材料。在不同场合、不同条件下所用的金属材料各不相同,因为不同金属材料具有不同的性能。例如,日常生活所用的铝锅是用铝或铝合金制成,因为铝具有重量轻、耐蚀,热传导快的属性;机床床身使用铸铁是由于铸铁易成型,具有润滑、减振的属性。不同的金属材料具有不同的属性。同一类材料的元素含量不同、牌号不同其属性也有差异。把金属材料在不同条件下所表现出来的属性称为金属材料的性能。研究材料性能的目的是扬其所长、避其所短、满足需要。金属的力学性能如图 2-1 所示。

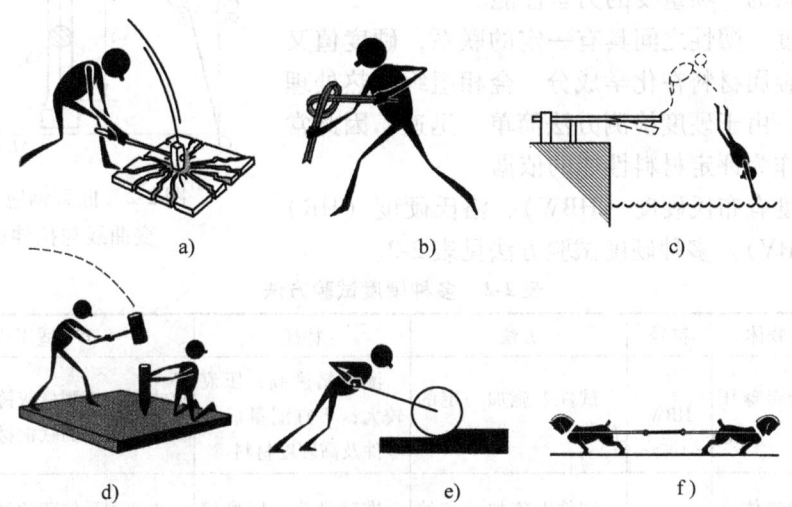

图 2-1 金属的力学性能
a) 脆性金属易碎但不易弯曲 b) 韧性金属易变形 c) 载荷撤消后,弹性金属恢复原状
d) 硬质金属不易穿透 e) 延性好的金属易成形 f) 抗拉强度是金属抵抗拉伸的能力

二、金属材料的力学性能

金属材料的力学性能是指金属材料在外力作用下表现出来的性能,如强度、塑性、硬度和冲击韧度等。在机械制造工业中,金属材料的力学性能是选择工程材料的主要依据。

(一) 强度和塑性

强度是在静载荷作用下,金属材料抵抗塑性变形和断裂的能力。根据载荷作用形式的不同,强度可分为抗拉强度、抗弯强度、抗剪强度和抗扭强度等,实际工程中使用最多的是抗拉强度。

塑性是指金属材料断裂前产生永久变形的能力。常用的塑性指标有伸长率 δ 及断面收缩率 ψ。伸长率或断面收缩率越高,表示金属材料的塑性越好。

拉伸试验是将材料的拉伸试样装在拉伸试验机上进行的。通过拉伸试验,可以得到表 2-1 所示的强度、塑性衡量指标。图 2-2 为低碳钢的应力—应变曲线与拉伸试样。抗拉强度 σ_b 表征了金属材料抵抗断裂的能力,屈服强度 σ_s 表征了金属材料抵抗微量变形的能力。

表 2-1 金属材料的强度及塑性衡量指标

力学性能	性能指标				说 明
	符号	名称	单位	计算式	
强度	σ_s	屈服强度	MPa	$\sigma_s = F_S/S_0$	S_0 为试样原截面积(mm^2);S_1 为试样拉断后缩颈处截面积(mm^2);L_1 为试样拉断后的标距(mm);L_0 为试样原始标距(mm);F_S 为试样屈服时所承受的载荷(N);F'_S 为试样拉断前所承受的载荷(N)
	σ_b	抗拉强度	MPa	$\sigma_b = F'_S/S_0$	
塑性	δ	伸长率	%	$\delta = (L_1 - L_0)/L_0 \times 100\%$	
	ψ	断面收缩率	%	$\psi = (S_0 - S_1)/S_0 \times 100\%$	

(二) 硬度

硬度是指材料抵抗局部变形,特别是塑性变形、压痕或划伤的能力,是用来衡量金属材料软硬的一项指标,是金属材料的一项重要的力学性能。

硬度与强度、塑性之间具有一定的联系,硬度值又可间接地反映金属材料在化学成分、金相组织和热处理工艺上的差异。由于硬度检测方法简单、迅速,因此常常会选择硬度作为评定材料性能的依据。

常用的硬度有布氏硬度(HBW)、洛氏硬度(HR)和维氏硬度(HV)。多种硬度试验方法见表 2-2。

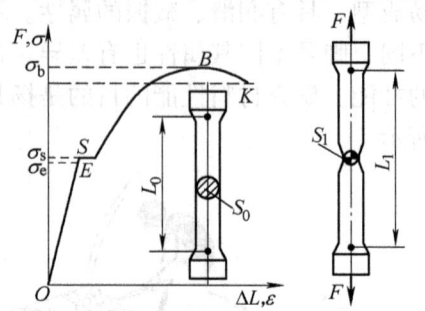

图 2-2 低碳钢应力—应变曲线与拉伸试样

表 2-2 多种硬度试验方法

种类	使用的物体	符号	方法	特征	适用范围
布氏硬度	硬质合金球压头	HBW	试件上施加一定的荷载	测量精度高;压痕较大;不宜测量成品零件及高硬度材料	主要用于测量灰铸铁、有色金属及硬度不很高的软钢材料
维氏硬度	正四棱锥体金刚石压头	HV	试件上施加一定的荷载,试验力小	准确性高;压痕较浅	主要测量较薄的材料,也可测量从较软到很硬的各种材料
洛氏硬度	120°金刚石圆锥压头	HRA	试件上施加载荷 60kg	直接读取;设备简单;硬度强度有一定换算关系	表面淬火钢和硬质合金,测量范围 20~88HRA
	钢球压头	HRB	试件上施加载荷 100kg		退火钢、软钢及铜合金,测量范围 20~100HRB
	120°金刚石圆锥压头	HRC	试件上施加载荷 150kg		淬火钢材料,测量范围 20~70HRC

(三) 冲击韧度

金属材料受冲击载荷作用,在断裂前吸收的变形能量称作冲击韧度。

三、金属材料的物理、化学及工艺性能

（一）物理性能

金属材料的物理性能是指材料在力、热、光、电等物理作用下所反映的各种特性，包括密度、熔点、热导性、导电性、热胀性等。

（二）化学性能

金属材料的化学性能是指金属在化学介质作用下所表现出来的性能，通常是指对周围介质侵蚀的抵抗能力，主要包括耐蚀性和抗氧化性。

（三）工艺性能

工艺性能是金属材料的物理、化学和力学性能在加工过程中的综合反映，是指是否易于进行冷、热加工的性能。按工艺方法的不同，可分为铸造性、锻造性、焊接性、冲压性、热处理工艺性和切削加工性，下面分别加以简单叙述。

（1）铸造性　金属材料的铸造性是指金属熔化成液态后，在铸造成形时所具有的一种特性。衡量铸造性的指标有流动性、断面收缩率和偏析趋势等。

1）流动性。流动性是指液态金属充满铸型的能力。流动性越好，液态金属充满铸型的能力越强，从而可获得外形完整、尺寸精确、轮廓清晰的铸件。

2）收缩性。收缩性是指铸件在凝固时，其体积和尺寸减小的程度。用于铸造的断面收缩率越小越好，这样可以减少铸件产生缩孔、变形、裂纹等缺陷。

3）偏析趋势。偏析趋势是指铸件凝固后，出现化学成分和组织上不均匀的现象，从而导致铸件各部位的力学性能有很大的差异，降低了铸件的力学性能。

（2）可锻性　可锻性是指金属材料在锻造过程中承受塑性变形的性能，可锻性好的金属材料易于锻造成形而不会发生破裂。

（3）焊接性　焊接性是指金属材料对焊接加工的适应性，即一定焊接工艺条件下获得优良性能焊缝的难易程度。

（4）冲压性　冲压性是指金属材料经过冲压变形而不产生裂纹等缺陷的性能。

（5）热处理工艺性能　热处理工艺性能是指金属材料经过热处理后，其组织和性能改变的能力。

（6）切削加工性　切削加工性是指材料加工时的难易程度。切削加工性一般由工件切削后的表面粗糙度及刀具寿命等指标来衡量。一般情况下，有色金属的切削加工性比黑色金属的切削加工性好，铸铁的切削加工性比钢的切削加工性能好，中碳钢的切削加工性比低碳钢的切削加工性能好，金属材料的切削加工性级别见表2-3。

表2-3　金属材料的切削加工性级别

级别	材料类别	代表性材料举例
很容易加工的材料	一般有色金属材料	镁合金、铸造铝合金、锻铝、防锈铝
		铅黄铜、铅青铜及锡青铜
易加工的材料	铸铁	灰铸铁、可锻铸铁、球墨铸铁
	易切削钢	易切结构钢及易切不锈钢
	较易切削钢	正火或热轧的30、35钢，冷作硬化的20、25、15Mn、20Mn、25Mn、30Mn，正火或调质的20Cr，易切不锈钢

(续)

级别	材料类别	代表性材料举例
普通材料	一般钢铁材料	正火或热轧的40、45、50及55钢,冷作硬化的低碳钢(08、10及15钢),退火的40Cr、45Cr、35CrMo及碳素工具钢,铁素体不锈钢及铁素体耐热钢
	稍难切削材料	热轧低碳钢、热轧高碳钢、马氏体不锈钢
难加工材料	较难切削材料	调质的60Mn,马氏体不锈钢,铝青铜、锡青铜及锰青铜,热轧低碳钢
	难加工材料	奥氏体不锈钢的耐热钢、正火的硅锰弹簧钢、钨系及钼系高速钢、超高强度钢
	很难切削材料	高温合金、钛合金、耐低温的高合金钢

第二节 常用金属材料及其牌号

一、金属材料分类

通常把金属材料分为黑色金属材料和有色金属材料两大类。常用金属材料分类如图2-3所示。

1. 黑色金属材料

铁、锰、铬及其合金称为黑色金属材料,如碳素钢、合金钢、铸铁等,习惯上把 $w_C > 2.11\%$ 的归类于铸铁, $w_C \leq 2.11\%$ 的归类于钢。

2. 有色金属材料

除黑色金属材料以外的其他金属材料,称为有色金属材料,如黄铜、硬铝等。

工程上所用的金属材料以合金为主,很少使用纯金属。合金是以一种金属为基础,加入其他的金属或非金属,经过熔炼或烧结制成的具有金属特性的材料。最常用的合金是铁基的铁碳合金,如工业用钢、铸铁等黑色金属;还有以铜或铝为基础的黄铜、青铜等有色金属材料。

二、碳素钢

碳素钢具有良好的力学性能和工艺性能,且价格低廉,能满足一般使用要求,应用非常广泛。碳素钢的分类方法有很多,碳素钢的分类方法见表2-4。下面按用途分类,介绍碳素钢的牌号、性能和用途。

表2-4 碳素钢分类方法

分类	名称	备注
按碳的质量分数	低碳钢	$w_C < 0.25\%$
	中碳钢	$0.25\% \leq w_C \leq 0.6\%$
	高碳钢	$w_C > 0.6\%$
按杂质的含量	普通碳素结构钢	$w_P < 0.045\%$, $w_S < 0.050\%$
	优质碳素结构钢	$w_P < 0.035\%$, $w_S < 0.035\%$
	高级优质碳素结构钢	$w_P < 0.030\%$, $w_S < 0.030\%$
按用途	碳素结构钢	主要用于制造各类工程结构件和机器零件
	碳素工具钢	优质钢,主要用于制造工具、刀具、量具和模具等

1. 碳素结构钢

(1) 普通碳素结构钢　普通碳素结构钢属于低碳钢和含碳较少的中碳钢。尽管硫、磷等有害杂质的含量较高，但仍能满足一般工程结构、建筑结构及一些机件的使用要求，且价格低廉，因此在国民经济各个部门得到了广泛应用。

普通碳素结构钢的牌号以代表屈服强度"屈"字的汉语拼音首位字母 Q 和后面三位数字来表示，如 Q235，每个牌号中的数字表示该钢种在厚度小于 16 mm 时的最低屈服强度（MPa）。

Q235 是用途最广的普通碳素结构钢，属于低碳钢，通常热轧成钢板、型钢、钢管、

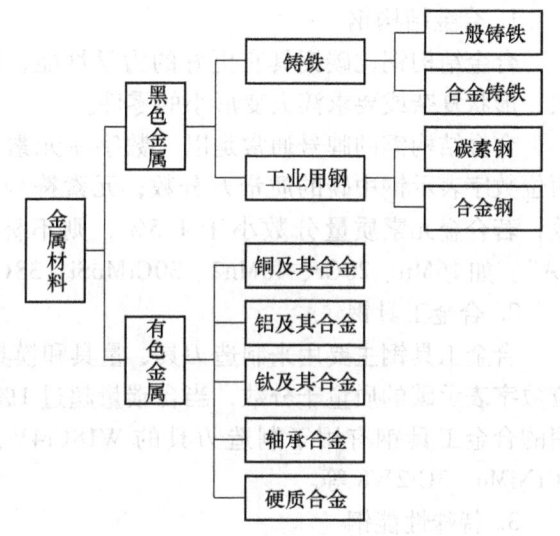

图 2-3　常用金属材料分类

钢筋等。常用来制造建筑构件，不重要的轴类、螺钉、螺母、冲压件、锻件以及焊接件等。

(2) 优质碳素结构钢　优质碳素结构钢的硫、磷含量较低，主要用来制造较为重要的机件。优质碳素结构钢的牌号用两位数字表示，为钢中碳的质量万分数，如 20 钢表示碳的平均质量分数为 0.20% 的优质碳素结构钢。

08、10、15、20、25 等牌号属于低碳钢，其塑性好，易于拉拔、冲压、挤压、锻造和焊接。其中 20 钢用途最广，常用来制造螺钉、螺母、垫圈、小轴以及冲压件、焊接件，有时也用于制渗碳件。

30、35、40、45、50、55 等牌号属于中碳钢，强度和硬度有所提高，淬火后的硬度可显著增加。其中，以 45 钢最为典型，它不仅强度、硬度较高，且兼有较好的塑性和韧性，即综合性能优良。45 钢在机械结构中用途最广，常用来制造轴、丝杠、齿轮、连杆、套筒、键、重要的螺钉和螺母等。

60、65、70、75 等牌号属于高碳钢。它们经过淬火、回火后，不仅强度、硬度提高，且弹性优良，常用来制造小弹簧、发条、钢丝绳、轧辊等。

2. 碳素工具钢

碳素工具钢属优质钢。牌号以"T"起首，其后面的一位或两位数字表示钢中平均含碳的质量千分数。例如，T8 表示 w_C 为 0.8% 的碳素工具钢。对于硫、磷含量更低的高级优质碳素工具钢，则在数字后面加"A"表示，如 T8A。淬火后，碳素工具钢的强度、硬度较高。为了便于加工，常以退火状态供应，使用时再进行相应的热处理。

碳素工具钢随着含碳量的增加，硬度和耐磨性增加，而塑性、韧性逐渐降低。所以 T7、T8 钢常用来制造要求韧性较高、硬度中等的零件，如冲头、錾子等；T10 钢用来制造韧性中等、硬度较高的零件，如钢锯条、丝锥等；T12、T13 用来制造硬度高、耐磨性好、韧性较低的零件，如量具、锉刀、刮刀等。

三、合金钢

合金钢是为改善钢的某些性能，特意加入一种或几种合金元素的钢。合金钢都是优质钢，按用途可分为以下几种。

1. 合金结构钢

合金结构钢比碳钢具有更好的力学性能，特别是热处理性能好，因此便于制造尺寸较大、形状复杂或要求淬火变形小的零件。

合金结构钢的牌号通常是以"数字＋元素符号＋数字"的方法来表示。牌号中起首的两位数字表示钢中碳的质量万分数；元素符号及其后的数字表示所含合金元素及其质量分数；若合金元素质量分数小于1.5%，则不标其含量；高级优质钢在牌号尾部增加符号"A"。如16Mn、20Cr、40Mn2、30CrMnSi、38CrMoAlA等。

2. 合金工具钢

合金工具钢主要用来制造刃具、量具和模具。其牌号与合金结构钢相似，不同的是以一位数字表示碳的质量千分数，当含碳量超过1%时，则不标出。如9SiC，其 w_C =0.9%。常用的合金工具钢有用于制造刃具的 W18Cr4V、9SiCr、CrWMn 等；用于制造模具的 Cr12、5CrNiMo、3Cr2W8 等。

3. 特殊性能钢

特殊性能钢包括不锈钢、耐热钢、导磁钢、耐磨钢等。其中不锈钢在食品、化工、石油、医药工业中得到了广泛的应用。常用不锈钢的牌号有 Cr13 系列等。

四、铸铁

w_C >2.11%并含有较多硅、锰、磷、硫杂质元素的铁碳合金称为铸铁。生产上常用的铸铁其 w_C 一般为2.5%~4%之间。

铸铁具有优良的铸造性，良好的切削性能，耐磨性和减振性也很好，而且有较低的缺口敏感性。铸铁是铸造生产中极为重要的合金，铸铁的生产工艺简单、成本低，广泛应用于机械制造业、交通运输、冶金矿山等部门。它大量用于制造机器设备，通常铸铁件占机器总重量的40%~90%。

由于铸铁的含碳量高，除了一部分碳固溶在铁的基体中，剩余的碳以两种形式存在于铸铁中。一种是化合物形式，即渗碳体（Fe_3C）；另一种是游离状态的碳，即石墨，根据铸铁中碳存在的形式不同，可以分为以下几种。

1. 白口铸铁

除了少量的碳溶于铁素体外，其余都以渗碳体形式存在于铸铁中，其断口呈白色，所以称为白口铸铁。大量 Fe_3C 使白口铸铁性能硬而脆，不能进行切削加工，主要用来炼钢和作可锻铸铁用。

2. 灰铸铁

碳主要以片状石墨存在，如图2-4a所示，因断口呈暗灰色，所以称为灰铸铁。

灰铸铁的牌号由"HT"（"灰"、"铁"两字的汉语拼音字首）和一组数字（表示最低抗拉强度，单位为MPa）组成，如 HT100、HT150 等。

灰铸铁是使用最广泛的一种铸铁，主要用作机床、齿轮箱、气缸体、高压泵体、阀体、手轮、支架、轴承座等。如果按重量百分数来统计，在工业上约有50%要用到铸铁，在农业机械、拖拉机、机床中成为主要材料，其应用如图2-5a所示。

3. 可锻铸铁

由白口铸铁经石墨化退火，使渗碳体转变为球状或团絮状的石墨，如图2-4b所示，对基体的割裂和应力集中作用的危害性大大减轻，因此抗拉强度得到显著提高，特别是这种铸

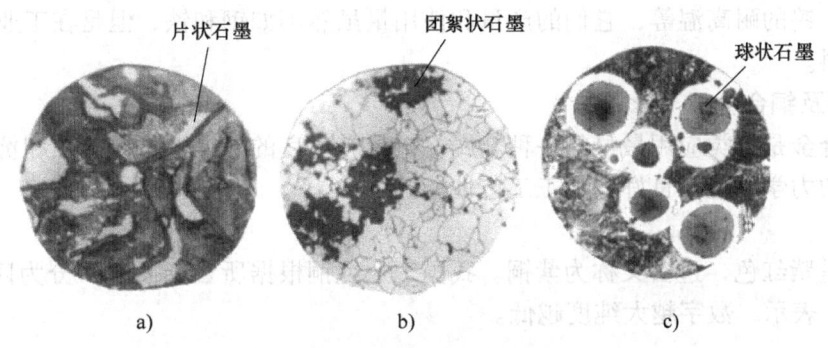

图 2-4 常用灰铸铁金相图
a) 灰铸铁（石墨呈片状） b) 可锻铸铁（石墨呈团絮状） c) 球墨铸铁（石墨呈球状）

铁有着相当高的塑性和韧性，因此称为可锻铸铁，其实可锻铸铁并不可锻。

可锻铸铁的牌号用"KT"表示，并在其后加注两组数字，分别表示最低抗拉强度和最低伸长率，如 KT300-06 表示最低抗拉强度为 300 MPa，最低伸长率为 6% 的可锻铸铁。

可锻铸铁是一种高强度铸铁，也称为韧性铸铁。适合制造受冲击、振动的机械零件，可代替部分碳结构和低合金结构钢使用，如制造曲轴、连杆、凸轮轴、阀体等，其应用如图 2-5b 所示。

4. 球墨铸铁

球墨铸铁就是在灰铸铁的铁液中，加入一定数量的球化剂，促使铸铁中的碳大部分以球状石墨形态存在，如图 2-4c 所示，所以称为球墨铸铁，由于球状石墨可进一步减轻对金属基体的割裂作用，所以强度、塑性、韧性大大超过灰铸铁，接近 45 钢的强度指标，屈服强度高，疲劳强度为灰铸铁的 1.5~2 倍，耐磨性好，又具有灰铸铁良好的铸造性。

球墨铸铁的牌号与可锻铸铁相似。如 QT600-02，"QT"表示球墨铸铁，后面第一组数字表示最低抗拉强度（MPa），第二组数字表示最低伸长率（%）。

球墨铸铁的力学性能是铸铁中最好的，可实现以铁代钢。常用来制造受力复杂，要求强度、韧性、疲劳强度较高的零件，如泵、阀体、摇臂、连杆、曲轴、凸轮轴、传动轴等，其应用如图 2-5c 所示。

图 2-5 铸铁的实际应用
a) 灰铸铁制造的铣床立柱 b) 可锻铸铁制造的管接头 c) 球墨铸铁管

五、有色金属

狭义的有色金属又称非铁金属，是铁、锰、铬以外的所有金属的统称。广义的有色金属还包括有色合金。有色合金是指以一种有色金属为基体（通常大于 50%），加入一种或几种其他元素而构成的合金。

有色金属的种类很多，具有许多特殊性能。如银、铜、铝具有良好的导电性；镁、铝的密度小；钼、钨的耐高温等，它们的产量和使用量虽然不如钢和铁，但是在工业上已成为不可缺少的材料。

（一）铜及铜合金

铜及铜合金是人类应用最早的一种金属。它具有优良的导电性、导热性和抗大气腐蚀能力，有一定的力学性能和良好的加工工艺性能。

1. 纯铜

纯铜因呈紫红色，过去又称为紫铜。我国工业纯铜根据所含杂质多少分为四级，用 T1、T2、T3 和 T4 表示，数字越大纯度越低。

2. 黄铜

黄铜是以锌为主要合金元素的铜合金。按照化学成分，黄铜可分为普通黄铜和特殊黄铜两类。黄铜的牌号用字母"H"和一组数字表示，数字的大小表示铜的质量分数，如 H62 表示 $w_{Cu}=62\%$ 左右的普通黄铜。如果是铸造黄铜，则在牌号前加上字母"Z"。

在普通黄铜中加入铝、铁、硅、锰、铅、锡等合金元素，即可制成性能得到进一步改善的特殊黄铜。特殊黄铜依加入元素的名称命名，其编号方法是"H + 主加元素符号 + 铜的质量分数 + 主加合金元素质量分数"。如 HSn62-1 表示 $w_{Cu}=62\%$、$w_{Sn}=1\%$ 的锡黄铜。工业上常用的特殊黄铜有铝黄铜、锡黄铜和硅黄铜等。

黄铜不仅有良好的力学性能、耐蚀性能和工艺性能，而且价格也较纯铜便宜，因此广泛用于制造机械零件、电器元件和生活用品。

3. 青铜

青铜原指铜锡合金，但在工业上习惯称含铝、硅、铅、铍、锰等的铜合金为青铜，所以青铜实际上包括锡青铜、铝青铜、铍青铜、硅青铜和铅青铜等。

（二）铝及铝合金

铝及铝合金是工业生产中用量最大的非铁金属材料，由于它在物理、力学和工艺等方面的优异性能，使得铝，特别是铝合金，广泛用作工程结构材料和功能材料。

（1）纯铝　纯铝密度小，导电、导热性好，耐蚀性强，在电气、航空航天和机械工业中，不仅用作功能材料，而且也是一种应用广泛的工程结构材料。按其纯度可分为高纯铝和工业纯铝两种。高纯铝的牌号为 L01~L04 四种，编号越大纯度越高。工业纯铝分为 L1~L5 五种，编号越大纯度越低。

（2）铝合金　铝中加入合金元素后就形成了铝合金。铝合金具有较高的强度和良好的加工性能。根据成分和加工特点，铝合金分为变形铝合金和铸造铝合金。

1）变形铝合金包括防锈铝合金、硬铝合金、超硬铝合金、锻铝合金几种。除防锈铝合金外，其他三种都属于可以热处理强化的合金。常用来制造飞机大梁、桁架、起落架及发动机风扇叶片等高强度构件。

2）铸造铝合金是制造铝合金铸件的材料，按主要合金元素的不同，铸造铝合金分为铝硅合金、铝铜合金、铝镁合金、铝锌合金，其中使用最广泛的是铝硅合金，铸造铝合金主要用于制造形状复杂的零件，如仪表零件、各类壳体等。

（三）硬质合金

硬质合金是在难熔的高硬度碳化钨、碳化钛、碳化钽和钴、镍等金属粉末中加入粘接剂，经混合、压制成形及高温烧结而制成的一种粉末冶金材料。

（1）硬质合金的特点　硬质合金具有高硬度，热硬性高，耐磨性好的特点。在常温下的硬度可达75HRC以上，在800~1000℃的温度下仍然有较高的硬度。用硬度合金制作的切削刀具，在切削速度、耐磨性与使用寿命等方面都比高速钢优越。抗压强度也比高速钢高，但抗弯强度及韧性差。

（2）常用硬质合金　按成分与性能的不同，常用的硬质合金有钨钴类硬质合金、钨钛钴类硬质合金及钨钛钽（铌）钴硬质合金三类，钨钛钽（铌）钴硬质合金又称为通用硬质合金。常用硬质合金的牌号、化学成分、力学性能及用途见表1-1中的硬质合金刀具。

第三节　钢铁材料的常用鉴别方法

钢铁材料品种繁多、性能各异，因此对钢铁材料的鉴别非常必要。常用的鉴别方法有火花鉴别法、色标鉴别法等。

一、火花鉴别法

钢材火花鉴别法是根据钢材试样在砂轮上磨削时所产生的火花的形状、颜色、火束长短、节花、花粉多少等特征，对钢材的成分进行定性或半定量分析。

钢材在砂轮上磨削时产生的火花各部分的名称及组成见表2-5。常用钢铁材料的火花特征见表2-6。碳素钢不同含碳量对火花特征的影响见表2-7。

表2-5　火花组成及各部分名称

名称	说明
火束	磨削时产生的全部火花叫火束，由根部、中部及尾部组成
流线	被磨削下来的炽热铁粉飞过时所产生的光亮轨迹为流线。钢材的化学成分不同，流线的形状也不同，有直线流线、断续流线和波浪流线等几种
节点	流线中途爆裂的地方
芒线	由节点射出的流线称为芒线。随着钢材碳含量的不同，有两根、三根、四根及多跟分叉之分
节花	由节点及芒线组成的火花称为节花。根据芒线爆裂的次数不同，有一次节花、二次节花和三次节花等
花粉	节花爆发处的细小亮点
花朵	节花和花粉的总称

表 2-6 常用钢铁材料的火花特征

钢材	火花图	火花特征
20钢	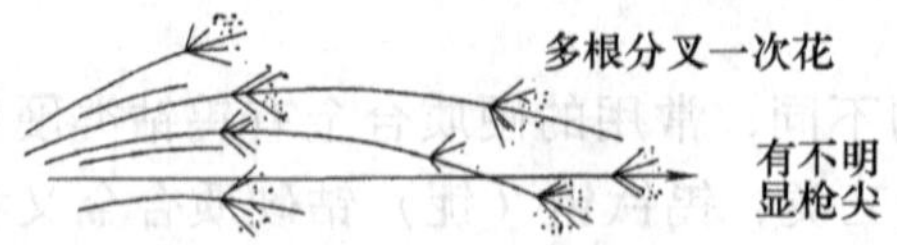 多根分叉一次花；有不明显枪尖	流线多，带红色，火束长，芒线稍短，节花量较多，多根分叉爆裂，色泽呈草黄色，磨削时手感较软
45钢	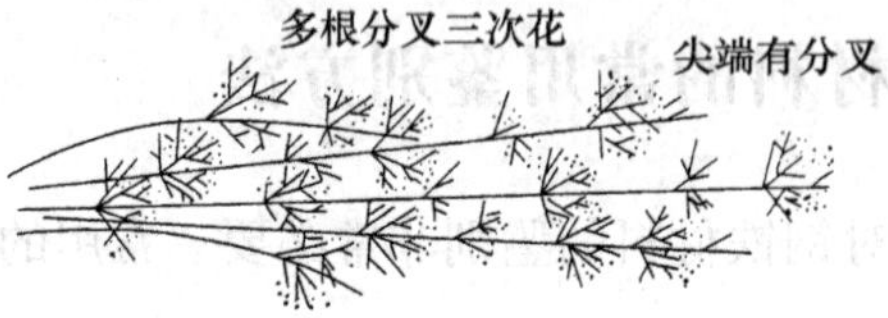 多根分叉三次花；尖端有分叉	流线多而稍细，火束短，发光大，爆裂为多根分叉三次花，有小花及花粉，磨削时手感反抗力稍硬
T10	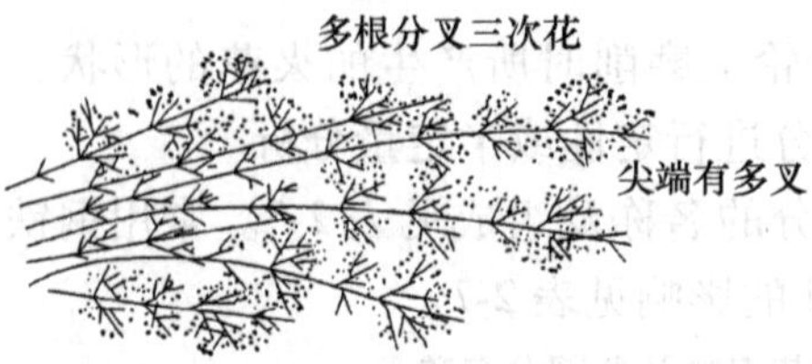 多根分叉三次花；尖端有多叉	流线多而细，火束短而粗，多根分叉三次花，爆花稍弱带红色爆裂，碎花及小花极多，磨削时手感较硬
灰铸铁		火花束短而细，流线呈暗橙红色，尾部渐粗，下垂呈弧形，呈羽毛状尾花，有少量二次爆花，磨削时手感较软
W18Cr4V	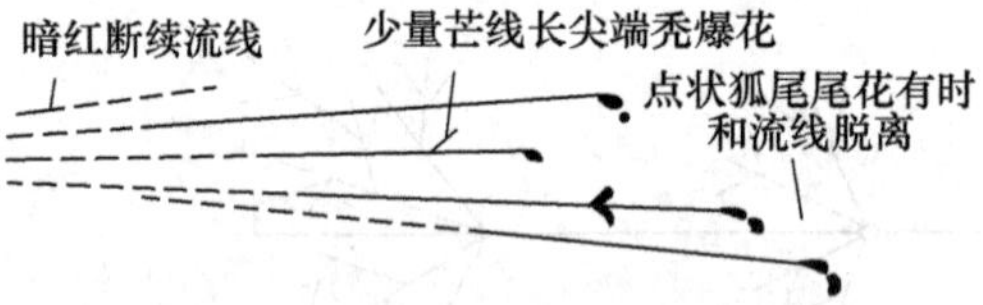 暗红断续流线；少量芒线长尖端秃爆花；点状狐尾尾花有时和流线脱离	火束细长，呈极暗红色，无火花爆裂，仅在尾部有少量分叉，中部和根部为断续流线，有时呈波浪状，尾部下垂成点状狐尾尾花，磨削时手感较硬

表 2-7 碳素钢不同含碳量对火花特征的影响

含碳量	火束		流线				花朵	
	颜色	爆裂	长度	密度	粗细	多少	节花	花粉
低	橙黄	少叉	长	稀	粗	少	一次	无
中	亮黄	↓	↓	↓	↓	↓	二次	有
高	暗黄	多叉	短	密	细	多	三次	多

二、色标鉴别法

为了便于识别金属类别，常在型材的端部或表面用各色油漆涂上识别标记。常见金属材料涂色标记见表 2-8。

表 2-8 常见金属材料涂色标记

材料种类	牌号	标记	材料种类	牌号	标记
碳素结构钢	Q235	红色	合金结构钢	20CrMnTi	黄色 + 黑色
优质碳素结构钢	20	棕色 + 绿色		42CrMo	绿色 + 紫色
	45	白色 + 棕色	铬轴承钢	GCr15	蓝色
	60Mn	绿色三条	不锈钢	1Cr18Ni9	绿色 + 蓝色
高速钢	W18Cr4V	棕色 + 蓝色	热作模具钢	5CrMnMo	紫色 + 白色

为了准确地鉴别材料，在以上几种现场鉴别的基础上，一般还可采用化学成分分析、金相检验以及硬度试验等手段进行鉴别。

第四节 钢的热处理

一、热处理的概念

1. 热处理

热处理是将固态金属或合金采用适当的方式进行加热、保温和冷却，以改变其组织结构，从而获得所需性能的工艺方法。

2. 热处理的作用

热处理在机械制造业中的应用极为广泛。它能够提高零件的使用性能和承载能力，充分发挥钢材的潜力，延长零件的使用寿命。此外，热处理还可以改善工件的工艺性能，提高加工质量，减小刀具磨损。

3. 热处理分类

根据加热和冷却方法不同，热处理的分类大致如图 2-6 所示。

二、铁碳合金相图在热处理中的作用

钢和铸铁是工业上广泛应用的金属材料，主要由铁和碳两种元素组成，统称铁碳合金。不同成分的铁碳合金在不同温度下具有不同的组织，因而表现出不同的性能。铁碳合金相图表示在缓慢冷却（或缓慢加热）的条件下，不同成分铁碳合金的状态或组织随温度变化的曲线。图 2-7 所示为简化的

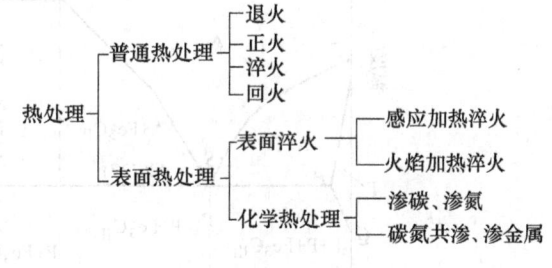

图 2-6 热处理的分类

Fe-Fe₃C 相图。图中纵坐标为温度，横坐标为碳的质量分数，由左向右表示 w_C 由零增加到 6.67%。因为更高含碳量的铁碳合金脆性很大，加工困难，没有实用价值，现在只研究 Fe-Fe₃C 部分。Fe-Fe₃C 相图中主要点的含义见表 2-9，Fe-Fe₃C 相图中主要特性线的含义见表 2-10。

热处理就是通过控制钢的加热温度、保温时间以及冷却速度来改变钢的性能，以满足加工或使用要求的工艺过程。而温度时间的选择和冷却速度的确定都离不开各类钢的相图和各个钢的等温转变图。从 Fe-Fe₃C 相图上（图 2-7），可以知道不同成分的铁碳合金，在不同温度下，所具有的状态或组织图形。钢的牌号不同，即其化学成分不同，在相图上的转变温度

也不同,各个临界点不相同,这是决定热处理工艺参数的主要依据。当然,影响热处理工艺参数的选择还有许多因素,如同一牌号的钢,其铸件、锻件、焊接件的组织就有差异;尺寸不同,其保温时间、冷却速度也受影响。还有使用的设备和工夹具等,这些都是选择工艺参数时应考虑的因素。

表 2-9　Fe-Fe₃C 相图中主要点的含义

点的符号	温度/℃	w_C(%)	说　明
A	1538	0	纯铁熔点
C	1148	4.3	共晶点
D	1227	6.69	渗碳体熔点
E	1148	2.11	碳在 γ-Fe 中最大溶解度点
G	912	0	纯铁的同素异构转变点
S	727	0.77	共析点

表 2-10　Fe-Fe₃C 相图中主要特性线的含义

点的符号	说　明	点的符号	说　明
ACD	铁碳合金液相线	ES	碳在奥氏体中的溶解度曲线,常用 A_{cm} 表示
AECF	铁碳合金固相线	ECF	共晶转变线
GS	冷却时,从奥氏体中析出铁素体的开始线,常用 A_3 表示	PSK	共析转变线,常用 A_1 表示

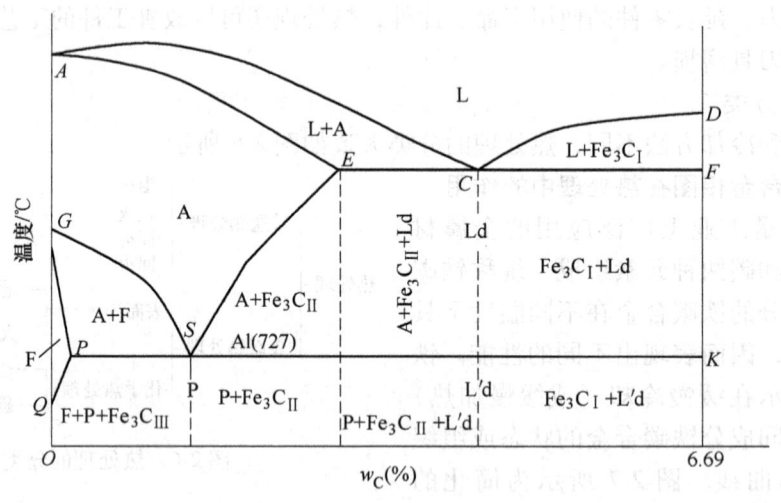

图 2-7　简化的 Fe-Fe₃C 相图

三、钢的热处理工艺

钢的热处理工艺有三大要素:①加热的最高温度;②保温时间;③冷却速度。图 2-8 就是热处理工艺曲线示意图,其工艺过程用温度-时间坐标的曲线图表示。同种材料,由于采用不同的加热温度、保温时间、冷却速度,甚至不同的加热、冷却介质,工件所获得的组织和性能千差万别。对于不同材料、不同结构的零件,要根据具体的加工工艺性能和力学性能要求,制定具体的热处理工艺,并穿插于其他各种工艺间进行。因此,要正确掌握热处理工艺，就必须根据铁碳相图了解在不同的加热及冷却条件下钢的组织变化规律。

热处理工艺分为预先热处理和最终热处理两类。预先热处理的目的是清除铸造、锻压加工过程中所造成的缺陷和内应力，改善切削加工性能，为最终热处理作组织准备，如退火、正火。最终热处理是使钢满足性能要求的热处理，目的是改善零件的力学性能，延长零件的使用寿命，如淬火、回火、表面淬火、化学热处理等。

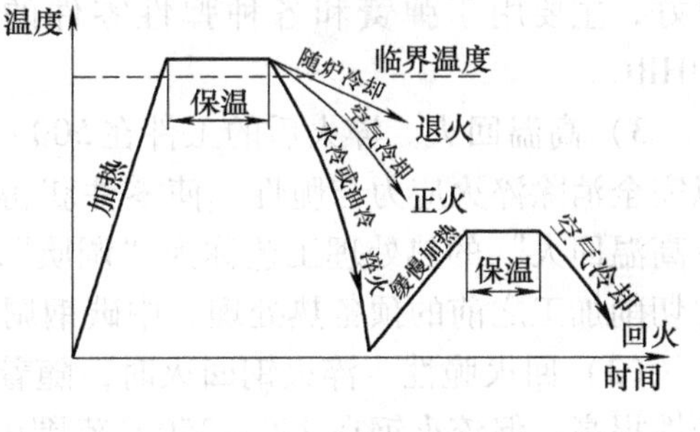

图 2-8　热处理工艺曲线示意图

（一）退火和正火

（1）退火　将钢材加热到 800~900℃ 并保温一段时间，然后随炉缓慢冷却的热处理工艺称退火。退火后钢件的内部晶粒细小，组织均匀，降低了硬度并消除了应力，切削加工性能得到了改善，主要适用于含碳量较高的碳钢和各类合金钢。

有时为了消除内应力，防止材料变形和开裂，可将工件加热到 600~650℃，保温一段时间后缓慢冷却，称为去应力退火（低温退火）。

通常情况下，退火时的冷却速度十分缓慢，所需时间很长。

（2）正火　正火是将工件加热到 800~900℃ 范围并保温一段时间，然后从炉中取出置于干燥空气中冷却的热处理工艺。在实际生产中，材料正火的目的与退火相似，但正火时的冷却速度快，不仅生产效率较高，而且正火后钢材的组织更为细小致密，更适合于切削加工。所以，正火广泛用作改善切削加工性能的钢材预备热处理。对于普通要求的工件，有时也以将正火作为达到最终使用性能的热处理工艺。

（二）淬火与回火

（1）淬火　淬火是将工件加热到 780~880℃ 并保温一段时间，然后投入水中或油中急速冷却的热处理工艺。淬火后，材料的内部组织发生了变化，工件的硬度和耐磨性得到提高，但塑性和韧性下降，脆性加大，并产生了较大的内应力，因此必须及时地进行回火处理，以消除内应力，防止工件的变形开裂。

淬火时常用的冷却介质为水和矿物油。水是最便宜而且冷却能力很强的一种冷却介质，主要用于一般碳钢工件的淬火。如果在水中加盐，则其冷却能力可以进一步提高，有利于一些大尺寸碳钢件的淬火冷却。油的冷却能力比水低，工件在油中淬火时的冷却速度较慢，因此可避免出现淬火开裂缺陷，适宜于合金钢零件的淬火。

（2）回火　将淬火后的工件再次加热，在一定温度下保温一段时间（2~4 h），然后缓慢冷却下来称为回火。钢材淬火后必须尽快回火，回火的目的，在于减小和消除淬火工件的残留应力，防止工件的开裂和变形，调整工件的力学性能，使零件达到图样规定的技术要求。

根据回火时的加热温度不同，回火可分为低温回火、中温回火和高温回火三种。

1) 低温回火。淬火后的工件在 150~250℃ 的温度下回火，称为低温回火。低温回火可以部分消除淬火应力与脆性，使工件保持淬火后的高硬度与高耐磨性，适用于硬度要求较高、耐磨性较好的刀具、量具和模具等工件。淬火钢低温回火后的硬度可达 58~64HRC。

2) 中温回火。淬火后的工件在 350~500℃ 的温度下回火，称为中温回火。中温回火可以基本上消除淬火之后的残留应力与脆性，使工件获得较高的强度与较好的韧性，而且弹性良好，主要用于弹簧和各种弹性零件的热处理。淬火钢中温回火后的硬度一般为 35～50HRC。

3）高温回火。淬火后的工件在 500～650℃ 的温度下回火，称为高温回火。高温回火可以完全消除淬火应力与脆性，使零件获得良好的综合力学性能。在生产中，习惯把"淬火＋高温回火"的热处理工艺称为"调质"，调质广泛应用于齿轮、主轴、连杆等重要机械工件切削加工之前的预备热处理。中碳钢调质后的硬度约为 200～330HBW。

（3）回火脆性　淬火钢回火时，随着回火温度的提高，通常其强度、硬度降低，塑性、韧性提高。但淬火钢在 250～350℃ 范围内回火时，钢的冲击韧度反而显著降低，这种现象称为第一类回火脆性，它是不可逆的，故钢件尽量避免在 250～350℃ 温度范围内回火。

（三）表面热处理

有些工件（如齿轮、链轮、主轴等）要求整体强度韧性较好、表面硬度与耐磨性较高，这时采用表面热处理。机械制造中广泛应用的表面热处理法有表面淬火和化学热处理两种。

（1）表面淬火　表面淬火是采用氧气—乙炔高温加热，或采用感应加热，将工件表面迅速加热到淬火温度，然后快速冷却的热处理工艺方法。由于只对工件表面进行快速加热和快速冷却，故工件的心部组织和性能并不发生变化。中碳钢和合金调质钢的零件，常采用表面淬火法获取表面所需的高硬度与高耐磨性，其中，火焰加热表面淬火用于单件小批生产，感应加热表面淬火用于批量生产。

（2）化学热处理　化学热处理是将工件置于高温活性介质中保温，使一种或几种元素渗入工件表层，以改变表层的化学成分，从而改变表层的组织和性能的热处理工艺。常用的化学热处理方法有渗碳、渗氮、氰化（碳—氮共渗）、渗硼、渗钒等。

第五节　相关知识

你知道钢铁是怎样炼成的吗？本节介绍钢铁的冶炼过程和钢材的生产方法。

一、冶金工业

冶金工业是指对金属矿物的勘探、开采、精选、冶炼以及轧制成材的工业部门。包括黑色冶金工业（即钢铁工业）和有色冶金工业两大类。黑色冶金工业主要包括生铁、钢和铁合金（如铬铁、锰铁等）的生产，有色冶金指除黑色金属以外其余各种金属的生产。

二、钢铁冶炼的一般流程

炼钢首先要炼铁，炼铁的原材料是铁矿石。即钢铁冶炼的第一步是将铁矿石在高炉中冶炼出生铁，然后再经过炼铁—炼钢—钢材生产。

1. 铁矿石的加工

铁矿石的加工过程，如图 2-9 所示。采矿厂开采的原铁矿，为了增大铁矿石的冶炼效果，要经过铁矿石的粒化过程，以除去大部分石块，被选出的粗大铁矿石再经过碾压磨碎成粉末，再通过磁力选矿机筛选，这样铁矿石原料中 w_{Fe} 可达到 40%，如图 2-9a 所示；这种高等级的矿石在 1290℃ 下烧结，最后烧结出生产铁和钢的原料——铁矿石（$w_{Fe}=65\%$），如图 2-9b 所示。所谓铁矿石，就是磁铁矿（Fe_3O_4 或赤铁矿 Fe_2O_3）或褐铁矿（$2Fe_2O_3 \cdot 3H_2O$）等氧化铁。

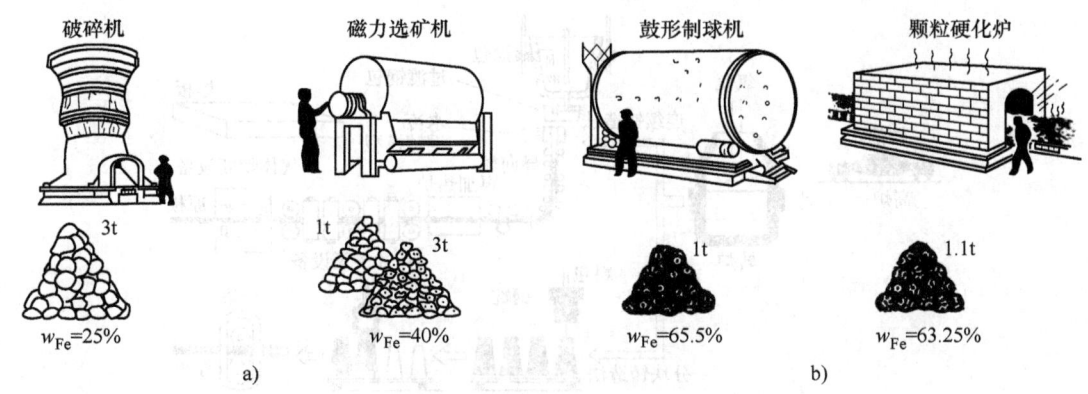

图 2-9 铁矿石的粒化过程
a）把铁矿石分离出来　b）铁矿石颗粒在炉中烧结硬化

2. 炼铁

通过炼铁厂的高炉用铁矿石制造生铁的过程称为炼铁，如图 2-10 所示。从高炉的顶部循环加入铁矿石、焦炭、石灰石等原料，从高炉的底部吹入高温空气。这样，通过焦炭的燃烧，炉底温度可达 2000℃。这时，封闭的炉内因高温而产生大量的一氧化碳（CO），一氧化碳从炉底往上升，铁矿石中的氧化铁被 CO 或焦炭中的碳去氧（还原），溶化后积存在炉底，这就是熔化的生铁，即铁液。

生铁为 $w_C > 2.11\%$，杂质元素含量也较高的铁碳合金。生铁硬度高、性脆，很少直接使用，但生铁是炼钢和生产铸件的原料，因此，生铁分炼钢用生铁和铸造用生铁。铸造用生铁作为商品会直接销售到铸造厂，作为铸造用原料，所以把它做成便于运输的块状生铁，称为铸锭。

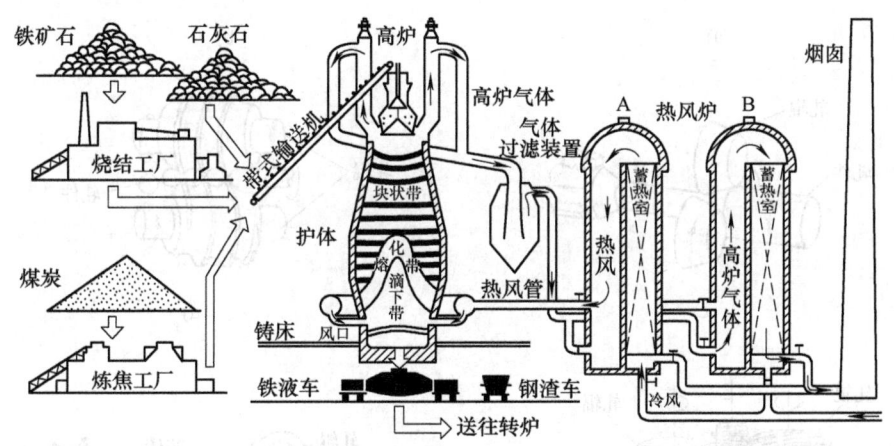

图 2-10 炼铁的生产过程

3. 炼钢

从生铁中去除磷、硫等杂质及其碳化物以改变基体内碳存在的形态，这个过程叫做炼钢。炼钢过程如图 2-11 所示。将高炉炼出的生铁液体，通过转炉精炼和脱氧处理完成炼钢，即精炼过程就是去除杂质的过程。氧气（O_2）能起到去除生铁中杂质的作用。精炼钢时，在转炉中通入大量的氧气，和炼铁一样，往生铁中加入石灰石溶剂，杂质变成炉渣而分离出来，然后清除炉渣，最后积存下钢。但其中还残留有氧（O）和氮（N）等气体，为了去除

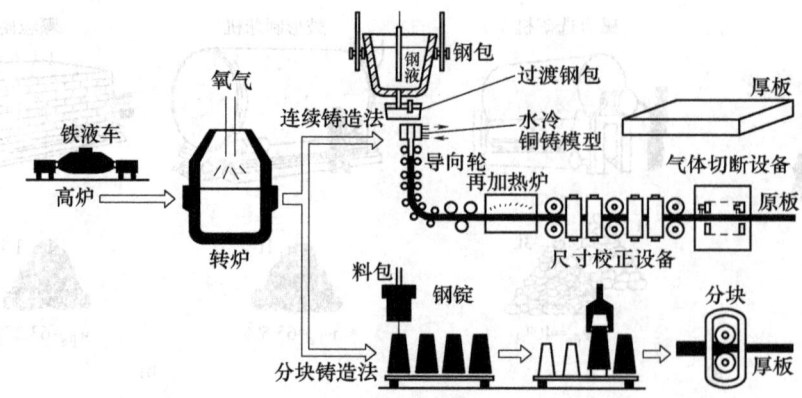

图 2-11 炼钢生产过程

这些气体,还需加入 FeSi、FeMn 等物质进行脱氧处理。通过精炼和脱氧处理即可完成炼钢,然后把它浇注入铸型内制成钢锭或钢坯,作为商品被售到钢材厂,作为钢材的生产原料。或直接铸造成钢材(连续铸造方法),如图 2-11 所示,大大降低了能源消耗,减少了污染物的排放。

钢是 $w_C \leqslant 2.11\%$,杂质元素的含量也较低的铁碳合金,钢一般具有较好的强韧性,是

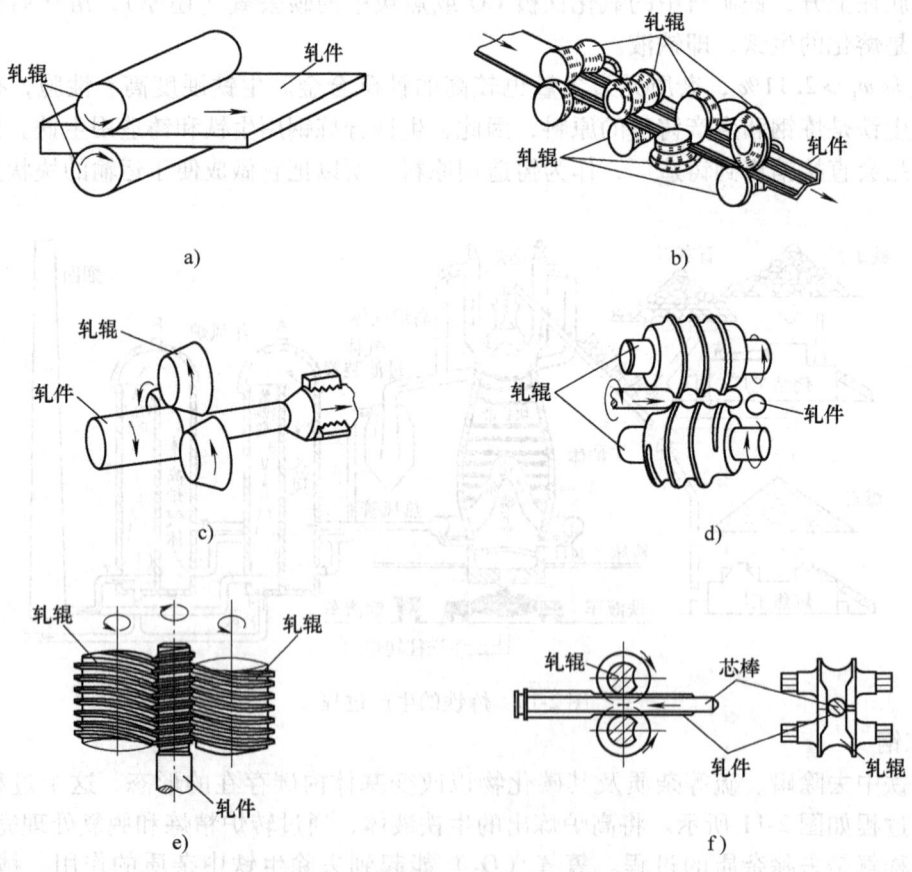

图 2-12 各种轧制方法

a)板材轧制 b)型材轧制 c)仿形轧制 d)钢球轧制 e)丝杆轧制 f)无缝钢管轧制

常用的金属材料。

三、钢材的加工方法

炼钢厂炼出的钢一般为钢锭,经过压延(轧制)、冷拔、挤压、锻造等加工方法,制成钢材供应市场。

钢材的压力加工分冷加工和热加工两种,其主要加工方法有:

(1) 轧制　轧制是将金属坯料通过一对旋转轧辊的间隙(各种形状),因受轧辊的压缩使材料截面减小、长度增加的压力加工方法,这是生产钢材最常用的生产方式,主要用来生产型材、板材、管材,分冷轧、热轧两种。各种轧制方法如图 2-12 所示。

(2) 锻造　锻造是利用锻锤的往复冲击力或压力机的压力使坯料成为所需形状和尺寸的一种压力加工方法。一般分为自由锻和模锻。

(3) 拉拔　拉拔是将已经轧制的金属坯料(型、管、制品等)通过模孔拉拔成截面减小、长度增加的工件的加工方法,大多用作冷加工。

(4) 挤压　挤压是将金属放在密闭的挤压筒内,一端施加压力,使金属从规定的模孔中挤出而得到有同形状和尺寸的成品的加工方法,多用于生产有色金属材料。

钢材应用广泛、品种繁多,根据断面形状的不同,钢材一般分为型材、板材(板、带、条)、管材、棒材等四大类,如图 2-13 所示。

a)　　　　　　　　　　b)　　　　　　　　　　c)　　　　　　　　　　d)

图 2-13　钢材坯料的四种形式

a) 型材　b) 板材　c) 管材　d) 棒材

复习思考题

1. 金属材料常用的力学性能指标有哪些?各代表什么意义?
2. 布氏硬度和洛氏硬度各有什么优缺点?下列情况应采用哪种硬度法来检验其硬度?如库存钢材、硬质合金刀头、锻件、台虎钳钳口。
3. 铸铁如何分类?工业上广泛应用的是哪类铸铁?
4. 如何鉴别 20 钢、45 钢、T12 钢、灰铸铁?
5. 根据用途,下列钢属于哪类钢?其中的数字和符号各代表什么意义?
   Q235A　45　T10A　40Cr　W18Cr4V
6. 试比较退火与正火两种热处理工艺方法的主要异同之处。
7. 淬火后为什么一定要进行回火处理?
8. 什么叫调质?钢件调质处理后,其力学性能有什么特点?
9. 钢和铁的区别是什么?

10. 什么是黑色金属？黑色金属是如何分类的？
11. 什么是有色金属？请列举2种有色金属，并说明其特征。
12. 什么是铸铁？根据铁碳存在的形态，铸铁分为哪几类？各有什么特征？
13. 什么是合金钢？合金钢有哪些优越性能？
14. 碳素结构钢和碳素工具钢，在化学成分和性能要求上有什么不同？
15. 钢材是怎样生产出来的？

第三章 常用量具的测量技术

第一节 概　　述

一、测量技术的重要性

在机械制造行业中，质量就意味着精度，无论采用怎样的设计和制造过程，都需要通过测量来检验零件的尺寸和形状。测量技术是保证加工质量的关键。为了有更强的竞争力，机械工程师们必须能够熟练使用各种常用的测量工具，能够合理选择工具和测量方法，控制加工精度。

二、测量和误差

1. 测量

所谓测量就是将被测量与计量器具上具有计量单位的标准量进行比较，从而确定测量值的过程。测量值可用数值或符号表示出来。

2. 误差

所谓误差就是实际测量值与被测量的真值之间的差。无论测量工具多么精密，操作者的技术多么高超，测量值和真实值之间总会有误差。误差的产生可能来自工具的磨损、机械系统难以观察、温度、湿度或测量者变化等因素。人们不可能消除误差，但是可以控制误差，让误差在允许范围内。

测量误差按性质可分为三类，见表3-1。操作者真正重要的工作是尽量将测量误差控制在最小限度内，测量误差越小，测量精度越高。

表3-1　误差分类

名称	分　类		说　　明
误差	系统误差	理论误差	在长期测量中，量块处理中的热膨胀等
		机器误差	机器刻度的偏移、量块尺寸或砝码质量的变化等
		人为误差	测量者的视觉误差以及操作技术的熟练程度和个人的习惯差异产生的误差等
	随机误差		来自电子零件的热量、噪声、机器可动部分的摩擦、照明的变化及振动等（原因不明确，不能校正的误差）
	偶然误差		测量者偶然的读数错误或记录错误等

3. 分辨率与重复精度

（1）分辨率　测量工具的分辨率是它可读出的分度值（最小刻度值）。

（2）重复精度　精度是测量值接近真实值的程度，即绝对误差或相对误差的大小，重复精度是反复测量的结果。

（3）两者关系　分辨率高是精度高的必要条件，不是充分条件。分辨率高不等于精度高，因为测量精度（测量误差）受到诸多因素的影响。要提高测量精度，首先要了解各种测量工具的不精确因素，然后根据其特性加以练习，正确选用并能熟练使用测量工具很重要。表3-2为常见测量工具的分度值。

表3-2　常用测量工具的分度值

公差/mm	0.001	0.005	0.01	0.02	0.04	0.05	0.1	0.2	0.3	0.4	0.5	1.0	2.0
量规仪器		—————	———投影仪———	————									
			—————	———数字式卡尺———	————								
				——————	———千分尺———	————							
				——————	———百分表———	————							
					—————	———高度规———	————						
					——————	———游标卡尺———	——————					
											———卷尺———	

4. 导致测量精度不精确的8种因素

（1）触力和压力　在测量过程中要保持相同的触力和压力，否则每次测量误差不同，要学会操纵触力和压力。

（2）与物体的对齐方式　在测量过程中，如果测量器具没有对正（偏向某一边）而带来的误差，这是不熟练的机械工程师常犯的错误。

（3）清除废屑和毛刺　切削后金属边缘的毛刺，测量工具及工件不清洁等都会造成测量的误差。

（4）校准量具　工量具要定期送到专门的检测机构进行校准，消除量具自身的误差。

（5）视差　由于没有从正确的方位观察测量工具上的数值而引起读数错误。

（6）工具磨损变形　这种不精确因素通常难以发现，甚至会阻碍测量工作的正常进行。

（7）测量环境　机械加工会引起工件发热，扩大工件尺寸，环境温度会引起测量工具本身的热效应，这些都会带来测量误差。

（8）"制造读数"　这个因素是心理学的问题，但它真实存在。为了得到正确值，机械工程师的手会不自主地把工具握得太紧或太松，即本能地去"制造读数"，而不是"得到读数"，这时误差就产生了。

第二节　常用量具

一、钢直尺

产品执行标准为 GB/T 9056—2004，如图 3-1 所示。钢直尺是采用不锈钢 1Cr18Ni9、1Cr13 或其他类似性能的材料制造，其硬度应不低于 342HV。米制钢直尺通常分度到 1mm 和 0.5mm，用于精度不高的米制长度测量，普通米尺的长度范围从 150mm ~ 2000mm。

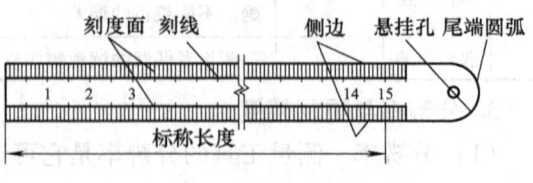

图 3-1　钢直尺

钢直尺使用及注意事项：如果精度允许，在中等精度测量中可以使用钢直尺。尺的一端尽量顶住轴肩或台阶，以保证其测量精度，如图 3-2a 所示。经过长期使用，直尺的端部产生磨损，因此，从端部测量时，就会产生误差。为了保证精度，一般在测量时可以从 1cm 的地方算起，读数时再减去 1cm，如图 3-2b 所示。

钢直尺上不应有碰伤划痕、刻度线断线以及漆层脱落等影响使用性能的外观缺陷,包装前应经防锈处理,并妥善包装。

业内小提示:钢直尺的边缘是绝对平直,因此它可以作为平尺来检测工件的平直度,将尺的边缘靠在工件的表面,然后观察是否有间隙,如图3-3所示,这种方法可以很容易地检测出0.05mm的误差。

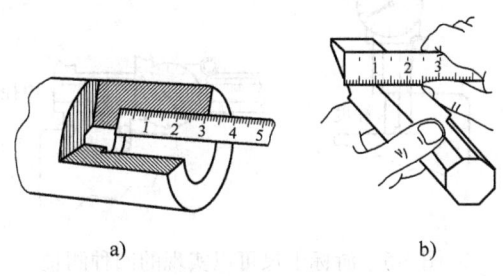

图3-2 钢直尺测量

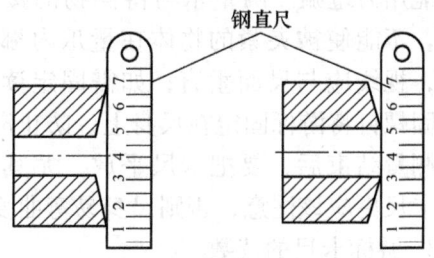

图3-3 钢直尺检测平直度

二、游标卡尺

1. 结构

游标卡尺(简称卡尺),是中等精度的测量工具,其规格有0~125mm、0~200mm、0~300mm、0~500mm等几种。常用游标卡尺的分度值(精度值)有0.1mm、0.05mm和0.02mm三种。游标卡尺的结构如图3-4所示。游标卡尺由尺身及能在尺身上滑动的游标等组成,若从背面看,游标是一个整体,游标与尺身之间有一弹簧片(图中未能画出),利用弹簧片的弹力使游标与尺身靠紧。游标上部有一紧固螺钉4,可将游标7和尺框3固定在尺身上的任意位置。尺身和游标都有量爪,利用内径测量爪2可以测量槽的宽度和管的内径,利用外径测量爪6可以测量零件的厚度和管的外径。深度测标5与游标7连在一起,可以测槽和孔的深度。

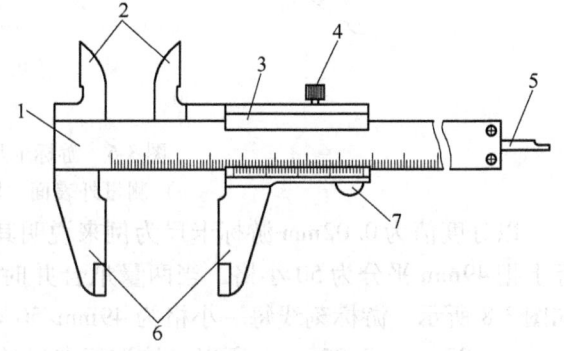

图3-4 游标卡尺的结构
1—尺身 2—内径测量爪 3—尺框 4—紧固螺钉
5—深度测标 6—外径测量爪 7—游标

游标卡尺分为三个类型:Ⅰ型、Ⅱ型、Ⅲ型卡尺。Ⅰ型卡尺,即为普通的卡尺;Ⅱ型卡尺与Ⅰ型卡尺相比,Ⅱ型卡尺没有深度测标;Ⅲ型卡尺与Ⅰ及Ⅱ型相比除了没有深度测标外,而且还没有内量爪。普通游标卡尺可以实现四种测量:外径(测量一直径或厚度)、内径(测量对立面或表面为一沟槽或孔的内径)、深度(测量一个表面到另一对立面的长度)和节距(在同一方向上两表面间的距离),如图3-5所示。

2. 游标卡尺的使用方法

测量前,用软布将量爪擦干净,使其并拢并校准零位(游标和尺身的零刻度线应对齐),检查量爪间测量面的密合性,应密不透光,否则,应进行修理或更换。

测量时，右手拿住尺身，大拇指移动游标，左手拿待测物体，使待测物位于量爪之间，当待测物与量爪紧紧相贴时（注意拇指用力要适中），即可读数，如图3-6所示。游标卡尺正确和错误的测量接触位置，如图3-7所示。

测量时注意：应先拧松紧固螺钉，移动游标不能用力过猛。两量爪与待测物的接触不宜过紧。不能使被夹紧的物体在量爪内挪动；读数时，视线应与尺面垂直；如需固定读数，可用紧固螺钉将游标固定在尺身上，防止滑动。

测量结束后，要把卡尺平放，尤其是大尺寸的卡尺更应该注意，否则尺身易弯曲变形。

3. 游标卡尺的读数

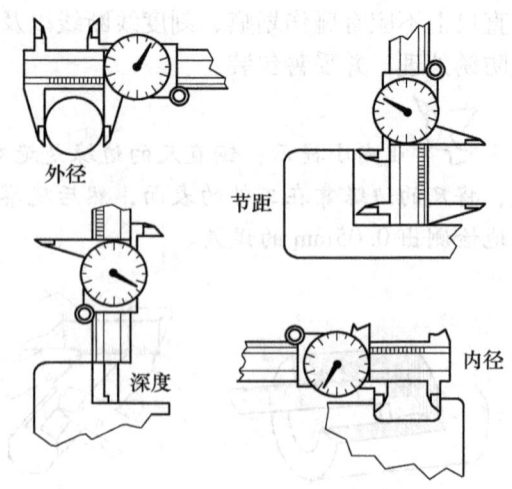

图3-5 游标卡尺可以实现的四种测量

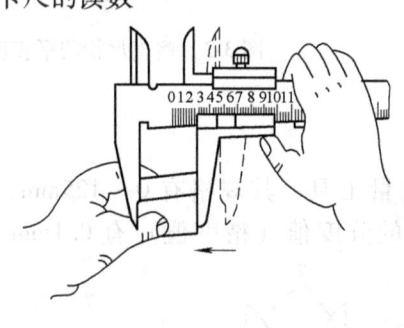

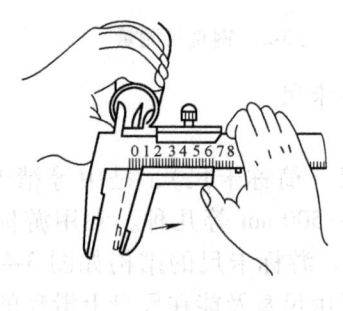

a)   b)

图3-6 游标卡尺的使用方法
a) 测量外表面 b) 测量内表面

以分度值为0.02mm游标卡尺为例来说明其刻线原理。一般尺身每一分格为1mm，在游标上把49mm平分为50小格，当两量爪合并时，游标上50小格刚好与尺身的49mm对正，如图3-8所示。游标刻线每一小格为49mm/50 = 0.98mm，尺身1小格与游标1小格之差为1mm − 0.98mm = 0.02mm。所以，该游标卡尺的分度值（精度值）为0.02mm。

游标卡尺读数时可分三步：

（1）先读整数 看游标零线的左边，尺身上最靠近游标零刻度线的一条刻线数值，读出被测尺寸的整数部分。

（2）再读小数 看游标零线的右边，数出游标第几条刻线与尺身的数值刻线对齐，读出被测尺寸的小数部分（即尺身和游标重合线数乘以精度值）。

（3）得出被测尺寸 把上面两次读数的整数部分和小数部分相加，就是卡尺的所测尺寸。图3-9a所示为游标卡尺的三个使用位置，测量的结果为：

读数 = 游标0位指示的尺身整数 + 游标与尺身重合线数 × 精度值；

若该卡尺精度为0.1mm，读数 = 30mm + 7 × 0.1mm = 30.7mm，如图3-9b所示。

4. 相关知识

现在有游标卡尺采用无视差结构，使游标刻线与尺身刻线处在同一平面上，消除了在读

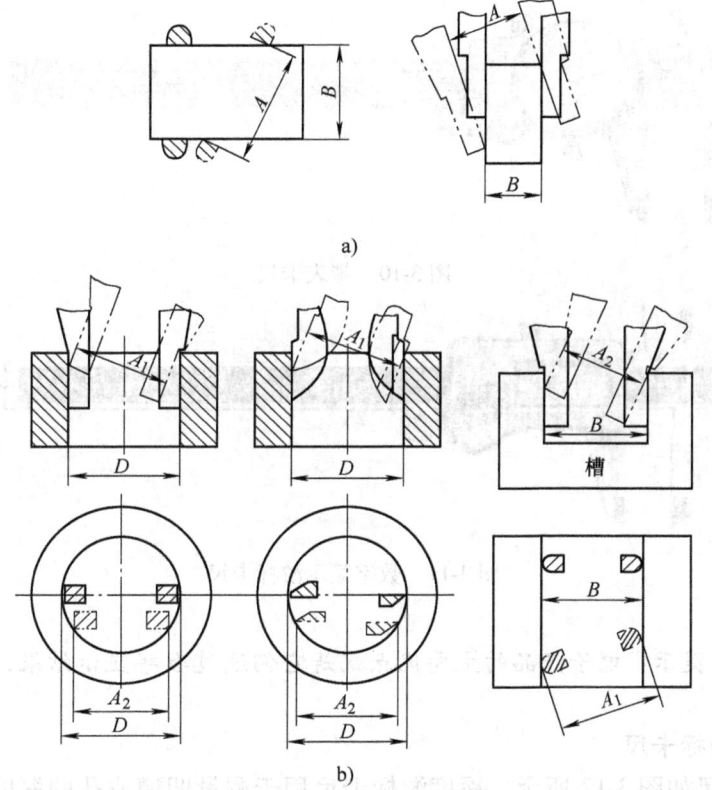

图 3-7 游标卡尺正确和错误的测量接触位置
a) 测量外尺寸的接触位置（最小尺寸点）　b) 测量内尺寸的接触位置（最大尺寸点）

数时因视线倾斜而产生的视差；有的卡尺装有测微表成为带表卡尺（图 3-10），便于读数准确，提高了测量精度；还有一种带有数字显示装置的游标卡尺（图 3-11），在工件表面上量得尺寸时，就直接用数字显示出来，其使用极为方便。

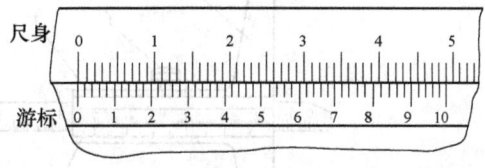

图 3-8 分度值为 0.02mm 游标卡尺的刻线原理

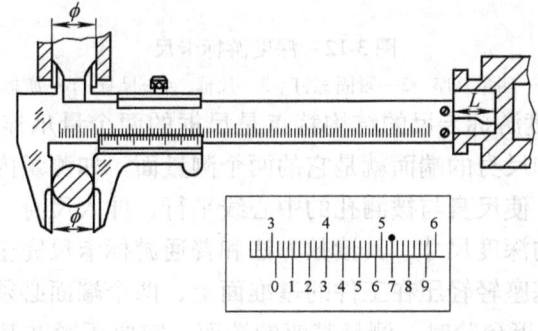

图 3-9 游标卡尺的读数方法
a) 卡尺的三个使用位置　b) 读数的方法

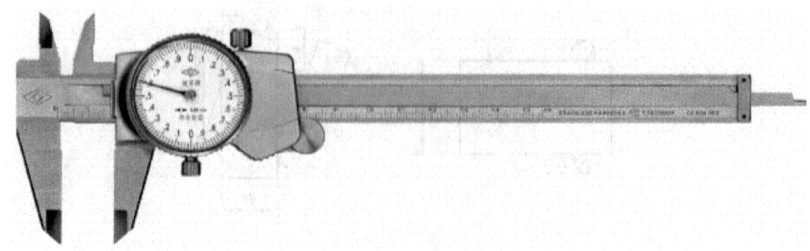

图 3-10 带表卡尺

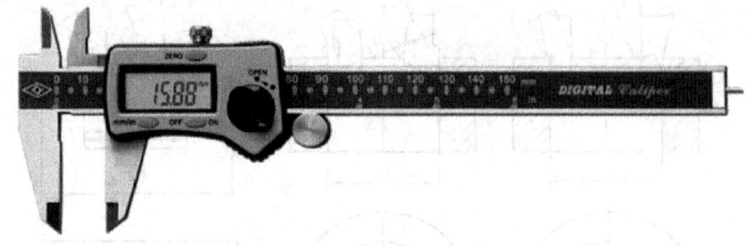

图 3-11 数字显示游标卡尺

业内小提示：电子产品的主要优点就是它们通过数字显示结果，从而完全消除了视差。

（二）深度游标卡尺

深度游标卡尺如图 3-12 所示。深度游标卡尺用于测量凹槽或孔的深度、梯形工件的梯层高度、长度等尺寸，常被简称为"深度尺"。

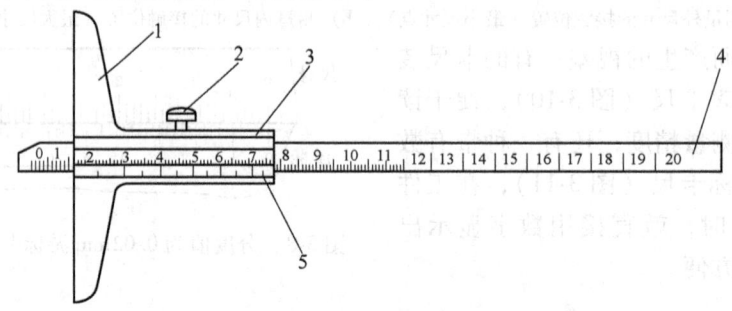

图 3-12 深度游标卡尺
1—测量基座 2—紧固螺钉 3—尺框 4—尺身 5—游标

如图 3-12 所示，深度游标卡尺的结构特点是尺框的两个量爪连成一起成为一个带游标测量基座，基座的端面和尺身的端面就是它的两个测量面。如测量内孔深度，应把基座的端面紧靠在被测孔的端面，使尺身与被测孔的中心线平行，伸入尺身，则尺身端面至基座端面的距离，就是被测零件的深度尺寸，其读数方法和普通游标卡尺完全一样。

测量时，先把测量基座轻轻压在工件的基准面上，两个端面必须接触工件的基准面，如图 3-13a 所示。测量轴类等台阶时，测量基座的端面一定要压紧在基准面上，如图 3-13b，c 所示，再移动尺身，直到尺身的端面接触到工件的量面（台阶面）上，然后用紧固螺钉固定尺框，提起卡尺，读出深度尺寸。多台阶小直径的内孔深度测量，要注意尺身的端面是否在要测量的台阶上，如图 3-13d 所示。当基准面是曲线时，测量基座的端面必须放在曲线的最高点上，测量出的深度尺寸才是工件的实际尺寸，否则会出现测量误差，如图 3-13e 所示。

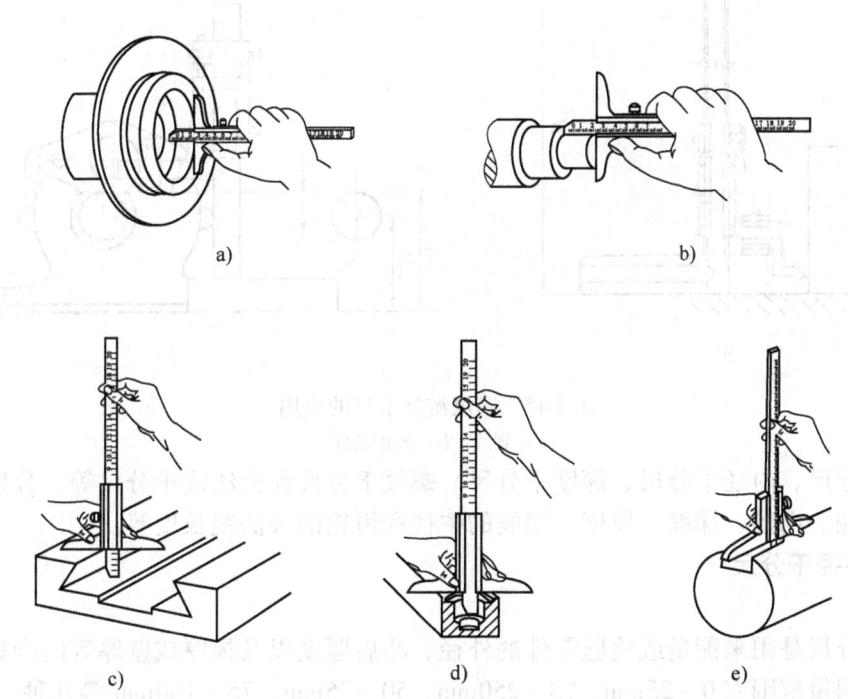

图 3-13 深度游标卡尺的使用方法

（三）高度游标卡尺

高度游标卡尺如图 13-14 所示。高度游标卡尺的主要用途是测量工件的高度，另外还经常用于测量形状和位置公差，有时也用于精密划线。

根据读数形式的不同，高度游标卡尺可分为普通游标式和电子数显式两大类。它的结构特点是用质量较大的基座代替固定量爪，而移动的尺框则通过横臂装有测量高度和划线用的量爪来实现，量爪的测量面上镶有硬质合金，以提高量爪使用寿命。高度游标卡尺的测量工作，应在平台上进行。当量爪的测量面与基座的底平面位于同一平面时，如在同一平台平面上，尺身与游标的零线相互对准。所以在测量高度时，量爪测量面的高度，就是被测量零件的高度尺寸，它的具体数值，与游标卡尺一样可在尺身（整数部分）和游标（小数部分）上读出。应用高度游标卡尺划线时，调好划线高度，用紧固螺钉把尺框锁紧后，也应在平台上先调整再进行划线（图3-15a），用高度游标卡尺还可以测量孔的中心距（图3-15b）等。

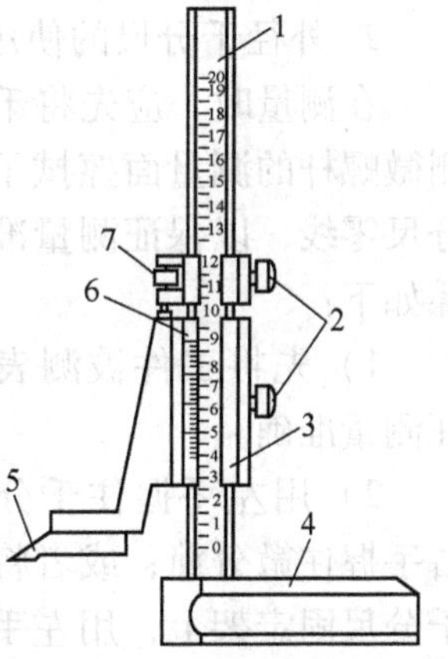

图 3-14 高度游标卡尺
1—尺身 2—紧固螺钉 3—尺框
4—基座 5—量爪 6—游标
7—微动装置

三、千分尺

产品执行标准为 GB/T 1216—2004。千分尺是应用螺旋测微原理制成的量具。千分尺测量精度比游标卡尺高，并且测量比较灵活，因此，多被应用于加工精度要求较高的测量。千分尺的分度值（精度值）为 0.01mm。千分尺的种类很多，常用

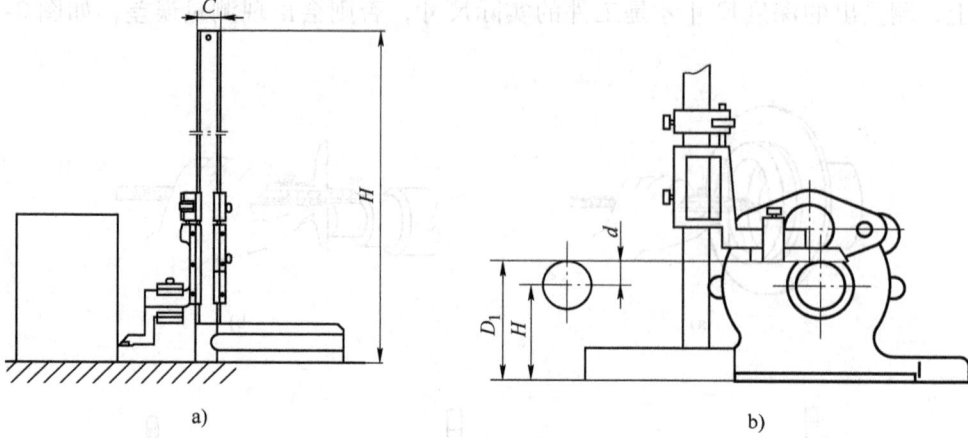

图 3-15 高度游标卡尺的应用
a) 划线 b) 测中心距

的有外径千分尺、内径千分尺、深度千分尺、螺纹千分尺和公法线千分尺等,分别测量或检验零件的外径、内径、深度、厚度、螺纹的中径和齿轮的公法线长度等。

(一) 外径千分尺

1. 结构

外径千分尺是用来测量或检验零件的外径、凸肩厚度以及板厚或壁厚等的测量工具。外径千分尺的测量范围有 0~25mm、25~250mm、50~75mm、75~100mm 等几种。图 3-16 是测量范围为 0~25mm 的外径千分尺,尺架 1 的一端装着固定测砧 2,另一端装着测微螺杆 3。固定测砧和测微螺杆的测量面上都镶有硬质合金,以提高测量面的使用寿命。尺架的两侧面覆盖着隔热装置 8,使用千分尺时,手拿在隔热装置上,防止人体的热量影响千分尺的测量精度。

2. 外径千分尺的使用方法

在测量时,应先将千分尺的测砧和测微螺杆的测量面擦拭干净,并校准千分尺零线,以保证测量准确性。测量步骤如下:

1) 先将工件被测表面擦净,以保证测量准确。

2) 用左手握住千分尺的尺架,用右手握住微分筒;或者将千分尺固定在千分尺固定架上,用左手握住工件,用右握住微分筒。

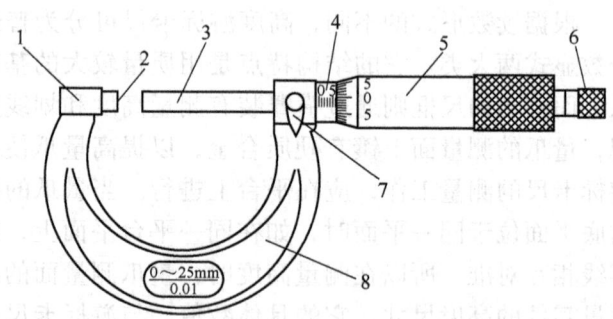

图 3-16 外径千分尺
1—尺架 2—测砧 3—测微螺杆 4—固定套管 5—微分筒
6—测力装置 7—锁紧装置 8—隔热装置

3) 将被测件放到测砧和测微螺杆的测量接触面之间,先用右手转动微分筒,测微螺杆前移,当测微螺杆快接触到被测件时,右手调测力装置,直至听到三声"咔、咔、咔"时停止。

4) 注意当测微筒转动带动测微螺杆向前移动,快接近被测件时,应转动测力装置,不要转动微分筒,转动微分筒将会产生高的测量压力而影响测量的正确性,如图 3-17 所示。

3. 外径千分尺的读数

如图 3-18 所示,在固定套管基准线之上是整毫米数的分度刻线,在基准线之下是半毫米数(0.5 毫米)的分度刻线。在微分套筒的圆周上共刻有 50 格等分刻线。转动微分套筒一格刻线则测微轴杆移动

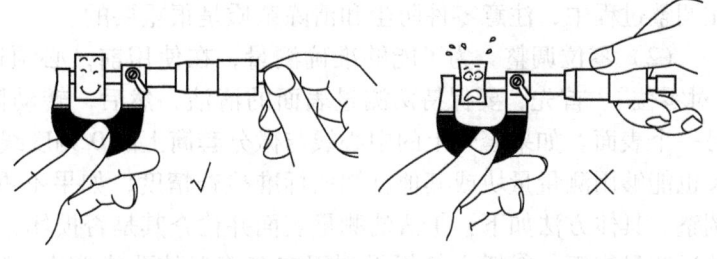

图 3-17 外径千分尺的正确测量方法

0.01mm,因此微分套筒转一圈,测微轴杆就移动 0.5mm。读数方法分以下三步:

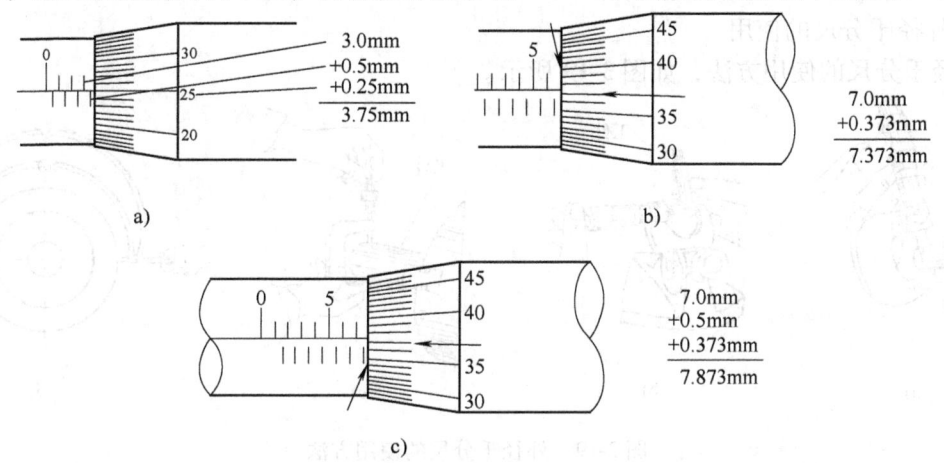

图 3-18 外径千分尺读数方法
a) 有对齐线的时候 b) 下刻线(半毫米刻线)未出现时 c) 下刻线(半毫米刻线)出现时

1) 先读出固定套管上露出刻线的整毫米数和半毫米数(0.5mm),注意看清楚露出的是上方刻线还是下方刻线,以免错读 0.5mm。

2) 看准微分筒上哪一格与固定套管纵向刻线对准,将刻线的序号乘以 0.01mm,即为小数部分的数值。

3) 上述两部分读数相加,即为被测工件的尺寸。

4. 使用螺旋量具的注意事项

1) 使用前必须对螺旋量具进行"0"位检查。若没有对齐,要先进行调整,然后才能使用。

2) 在比较大的范围内调整时,应旋转微分筒。当测量面靠近被测表面时,再用测力装置,这样既能节约测量时间,又能准确控制测量力,保证测量精度。

3) 测量时量具要放正,不能倾斜,并要注意温度对测量精度的影响。

4) 在读测量数值时,要防止在固定套管上多读或少读 0.5mm,建议与游标卡尺配合使用。

5) 不能用螺旋量具来测量毛坯或转动着的工件。

5. 千分尺的调整

(1) 磨损调整 千分尺测微螺旋线磨损引起的误差,可以进行小的调整。具体步骤如下:①拧下微分筒;②插入 C 扳手到修整孔;③顺时针旋转调整螺母,直到螺纹游隙消除。

在调整过程中,注意零件防尘和清除杂质是很重要的。

(2)零位调整 为了能够准确测量,在使用前,必须进行零位的测试与调整。也称为"对零位"。首先,要保持两测量表面的清洁,然后,转动微分套筒或测力装置直至接触到另一个表面。如果套管上的中心线与微分套筒上的0刻度线重合,那么千分尺就精确。千分尺也能够用测量量块或其他已知的标准检查精度,如果不重合,需要对千分尺进行"零位"调整。具体方法如下:①清洁测量表面并检查其是否损坏;②旋转测力装置或微分筒,小心接近测量表面;③插入C扳手到固定套管上的孔或槽中;④小心转动固定套管直到固定套管上的指示线与微分筒上的零线对齐;⑤转动测力装置或微分筒,打开和闭合测量面,重新检查千分尺精度。

6. 外径千分尺的使用

外径千分尺的使用方法,如图3-19所示。

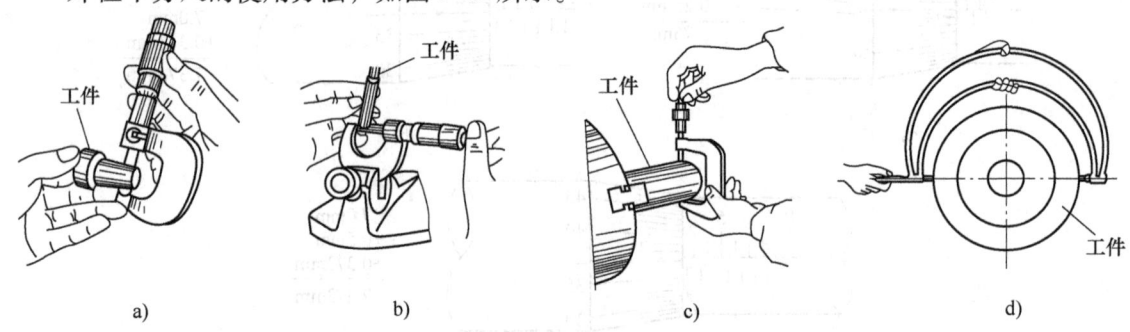

图3-19 外径千分尺的使用方法

(二)特殊用途的千分尺

(1)内径千分尺 用于内尺寸精密测量,内径千分尺如图3-20所示。产品执行标准为GB/T 8177—2004。

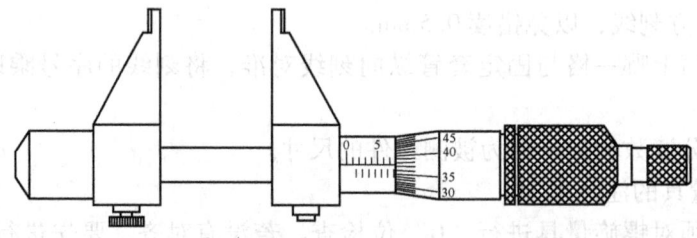

图3-20 内径千分尺

(2)公法线千分尺 公法线千分尺用于测量齿轮公法线长度,是一种通用的齿轮测量工具。它可方便地测量直齿轮和斜齿轮根切线方向的长度;0.7mm的边围厚度便于插入狭窄的凹进行测量;碟形测量面可测量齿轮公法线及纸张厚度等,如图3-21所示。产品执行标准为GB/T 1217—2004。

(3)尖头千分尺 尖型测量头可用于小凹槽、键沟等难以测量的位置,如螺纹中径;测量头采用特种钢材制成,保证高精度及稳定性,如图3-22所示。产品执行标准为GB/T

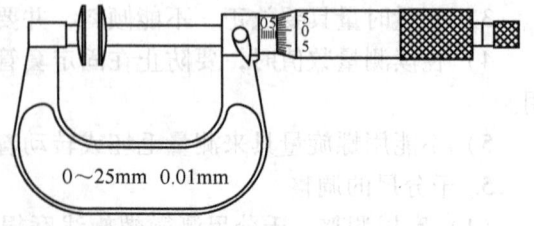

图3-21 公法线千分尺

6313—2004。

(4) 深度千分尺 深度千分尺用于机械加工中的深度、台阶等尺寸的测量,如图 3-22 所示。产品执行标准为 GB/T 1218—2004。

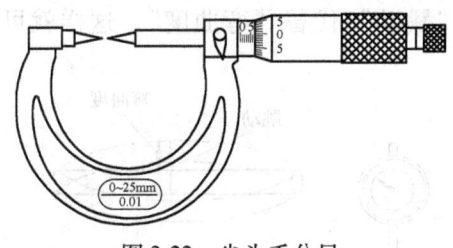

图 3-22 尖头千分尺

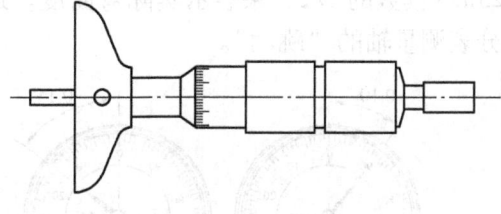

图 3-23 深度千分尺

业内小提示:当放置千分尺时,切忌将其完全闭合,以防气温高低变化造成热胀冷缩的物理性变形和内部应力集中导致其损坏。

四、百分表

(一) 百分表的结构和读数方法

1. 结构

产品执行标准为 GB/T 1219—2000,百分表是应用最多的一种机械测量仪,它的外形及传动原理如图 3-24 所示。百分表工作时,带有齿条的量杆 5 将上下移动,带动与齿条啮合的小齿轮 9 传动。由于小齿轮 9 与大齿轮 10 固定在同一个轴上,大齿轮也跟着转动。通过大齿轮又带动中心小齿轮 11 转动,与中心小齿轮固定在一起的指针也随之转动。这样通过齿轮的传动机构就将量杆的小位移转变为指针的偏转。

为了清除齿轮传动机构中的间隙引起的测量误差,在百分表内装有游丝,由游丝产生的扭转力矩作用在另一大齿轮 7 上,这个大齿轮也与中心小齿轮啮合,从而可保证齿轮在正反转时都与同一齿侧面啮合,表内的弹簧用来控制百分表的测量力。

2. 读数方法

表盘上有 100 格刻线,其分度值为 0.01mm。即每转动一格,相当于测量杆向上或向下移动 0.01mm;转一

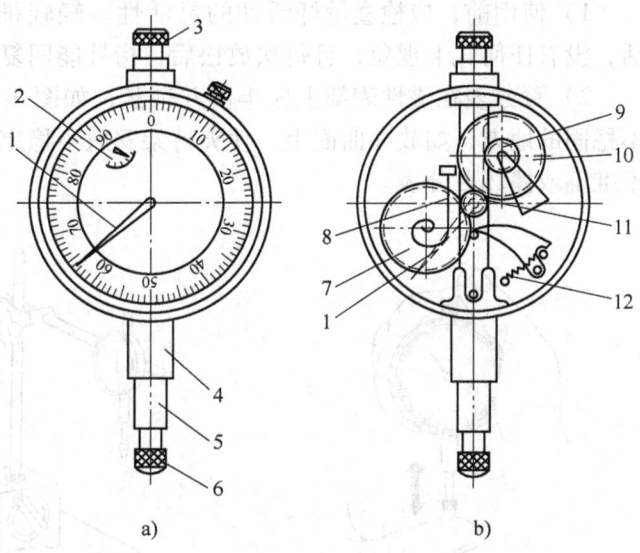

图 3-24 百分表外形及传动原理
a) 外形 b) 传动原理
1—指针 2—转数指针 3—测帽 4—装夹套 5—量杆
6—测头 7、10—大齿轮 8—游丝 9—小齿轮
11—中心小齿轮 12—弹簧

周,表示移动 1mm;转数指示盘上只刻有 10 格刻度,每格表示 1mm。百分表测量范围有 0~3mm、0~5mm 和 0~10mm 三种。在使用时,应按照工件的形状和精度要求,选用合适的百分表精度等级和测量范围。

当将百分表的指针置于表盘面上的零刻线后（图3-25a），慢慢地转动被测工件，指针将朝顺时针或逆时针方向振摆。两个方向内的最大振摆值即为读数，图3-25a 即为 0.1mm + 0.15mm = 0.25mm。如果用百分表测量的是轴的弯曲度（图3-25b），那么应该用上例中 0.25mm 读数的 1/2，来表示实际弯曲度。通常用"跳动"代替"弯曲度"，这样就可以用百分表测量轴的"跳动"。

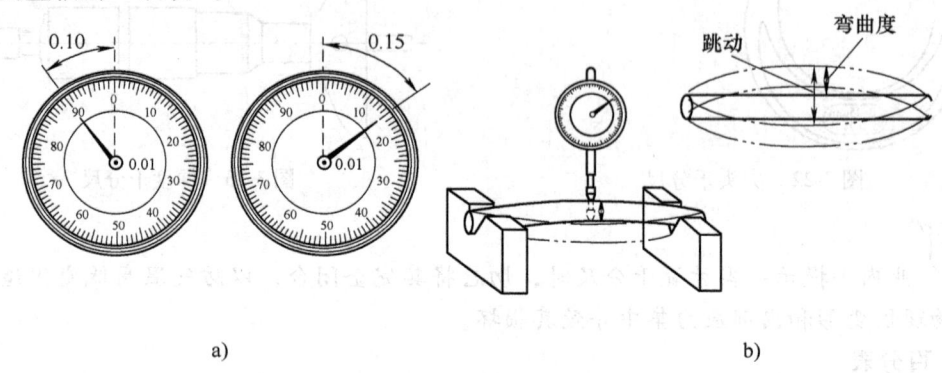

图 3-25 百分表读法
a）百分表读数方法 b）百分表测轴弯曲度

（二）百分表使用方法和注意事项

1. 百分表使用方法

1）使用前，应检查量杆活动的灵活性。轻轻推动量杆时，量杆在套筒内的移动要灵活，没有任何轧卡现象，且每次放松后，指针能回复到原来的刻度位置，如图3-26所示。

2）百分表在磁性表架上应牢固并锁紧，如图3-27a所示；切不可贪图省事，随便夹在不稳固的地方，如放在曲面上，使夹持架安放不稳定，如图3-27b所示，容易造成测量结果不准确或摔坏百分表。

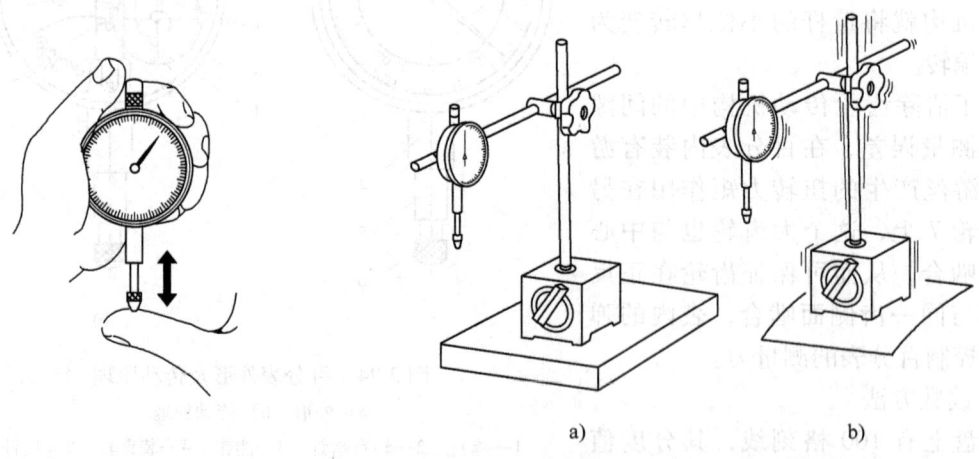

图 3-26 百分表检查

图 3-27 百分表的正确使用
a）夹持架安放稳定 b）夹持架安放不平稳

3）如图3-28所示，在将百分表置于被测工件上时，要对着工件推压量杆，至少使指针转动半圈，如图3-28a、b所示，推压多少取决于工件的变形程度。因此，必须判断各种情况以使量杆能跟随工件移动。设定好百分表后，转动表壳使指针与表盘面上的零刻线对齐

（为方便读数，在测量前一般都让大指针指到刻度盘的零位），如图 3-28c 所示。

4）测平面时，测量杆应与被测面表面垂直，如图 3-29a 所示，否则，不仅测量误差多而且可能会把测量杆卡住不能活动，损坏百分表；测量圆柱形工件时，测量杆的中心线要垂直地通过工件的轴心线，如图 3-29b 所示，否则，会使测量杆活动不灵敏或测量结果不准确。

2. 操作中的注意事项

1）轻拿轻放，并将测杆和被测工件表面擦拭干净。

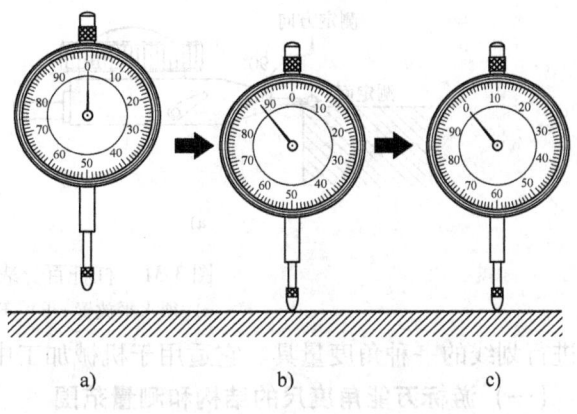

图 3-28 百分表的正确使用

2）测量时，测头要轻轻地接触测量物或方块规。不要使测量杆的行程超过它的测量范围，不要使测头突然撞到工件上。严禁用百分表测量粗糙表面，要求被测表面粗糙度不低于 $Ra3.2\mu m$。

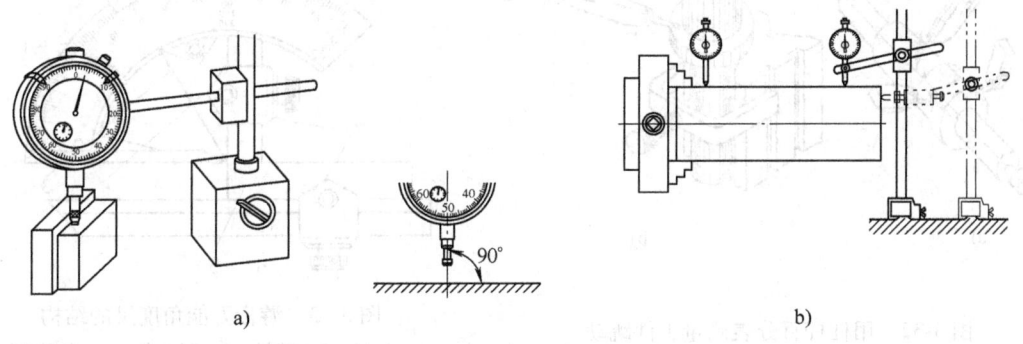

图 3-29 百分表的正确使用
a）测平面 b）测圆柱形工件

3）测量中，应先把测量杆提起再把工件推到测头下面，不得把工件强迫推入到测头下，以防止把测头撞坏。

4）如被测工件表面上有槽，则当测头接近沟槽时，应提起挡帽，待越过沟槽后，再放下挡帽，继续测量。

5）百分表用完后应擦拭干净放入盒中。

3. 其他类型的百分表

杠杆百分表的结构及应用，如图 3-30、图 3-31、图 3-32 所示。

五、游标万能角度尺

产品执行标准为 GB/T 6315—2008，游标万能角度尺又被称为角度规、游标角度尺和万能量角器，是利用游标读数原理来直接测量工件角度

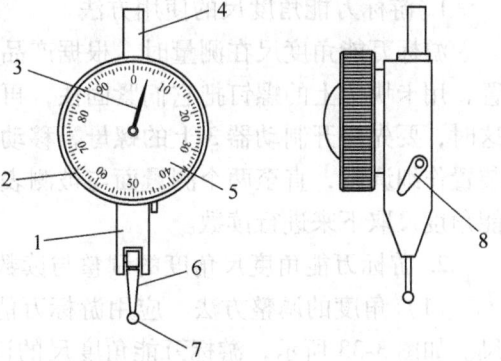

图 3-30 杠杆百分表的结构
1—表体 2—表圈 3—指针 4—夹持柄 5—表盘
6—测杆 7—测头 8—换向器

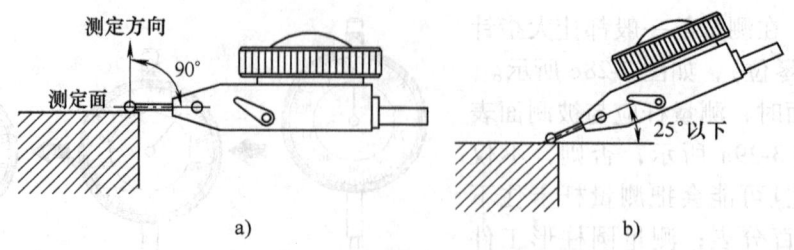

图 3-31 杠杆百分表的正确使用
a) 须水平放置 b) 不允许超过25°

或进行划线的一种角度量具。它适用于机械加工中的内、外角度测量。

(一) 游标万能角度尺的结构和测量范围

游标万能角度尺由尺身、直角尺、游标、制动器、基尺、直尺、卡块等组成，最常使用的游标万能角度尺的结构如图 3-33 所示，其测量范围为 0~320°。

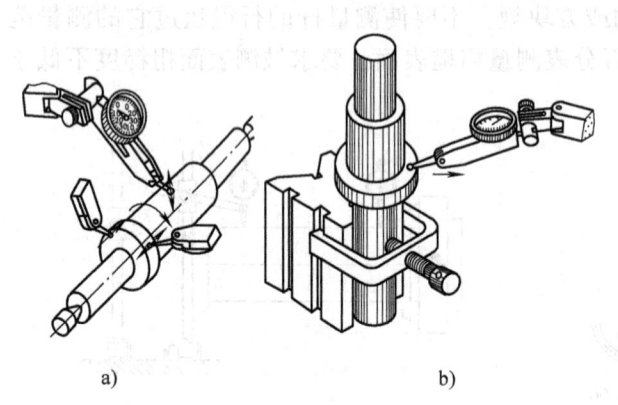

图 3-32 用杠杆百分表测量工件跳动
a) 径向圆跳动 b) 端面跳动

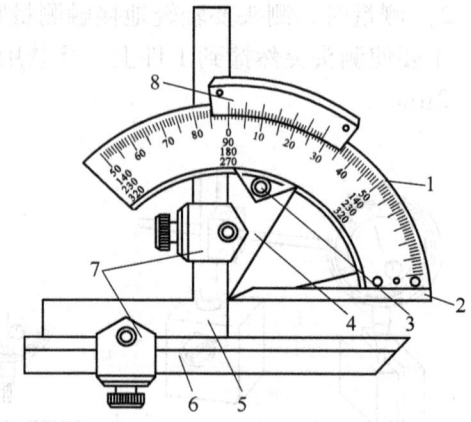

图 3-33 游标万能角度尺的结构
1—尺身 2—基尺 3—制动器 4—扇形连板
5—直角尺 6—直尺 7—卡块 8—游标

(二) 游标万能角度尺的读数及使用方法

1. 游标万能角度尺的使用方法

游标万能角度尺在测量时，根据产品被测部位的情况，先调整好直角 5 尺或直尺 6 的位置，用卡块 7 上的螺钉把它们紧固住，再调整基尺 2 测量面与其他有关测量面之间的夹角。这时，要先松开制动器 3 上的螺母，移动尺身 1 作粗调整，然后再转动扇形板 4 背面的微动装置作细调整，直至两个测量面与被测表面密切贴合，然后拧紧制动器上的螺母，把游标万能角度尺取下来进行读数。

2. 游标万能角度尺角度的调整与读数

(1) 角度的调整方法 应用游标万能角度尺测量工件时，要根据所测角度适当组合量尺。如图 3-33 所示，游标万能角度尺的读数装置，是由尺身和游标组成，也是利用游标原理进行读数。尺身上刻有 90 个分度和 30 个辅助分度。扇形连板上有游标，用两块卡块可把直角尺固定在扇形连板上，把直尺固定在直角尺上。尺身与基尺连成一体，并能沿扇形连板的圆弧面相对运动，用制动器可以把尺身固定在所需的位置上。当直尺和直角尺全部装上时，在尺身基面和直尺测量面之间可以测量 0~50° 的角度，如图 3-34a 所示；当取下直角尺装入直尺时，尺身基面与直尺测量面之间可以测量 50°~140° 的角度，如图 3-34b 所示；当装入直角尺时，尺身基面与直尺测量面之间可以测量 140°~230° 的角度，如图 3-34c 所示；当不用直角尺及直尺而仅使用尺身与扇形板时，则尺身基面与扇形板的一个测量面之间可以测量 230°~320° 的角度，如图 3-34d 所示。

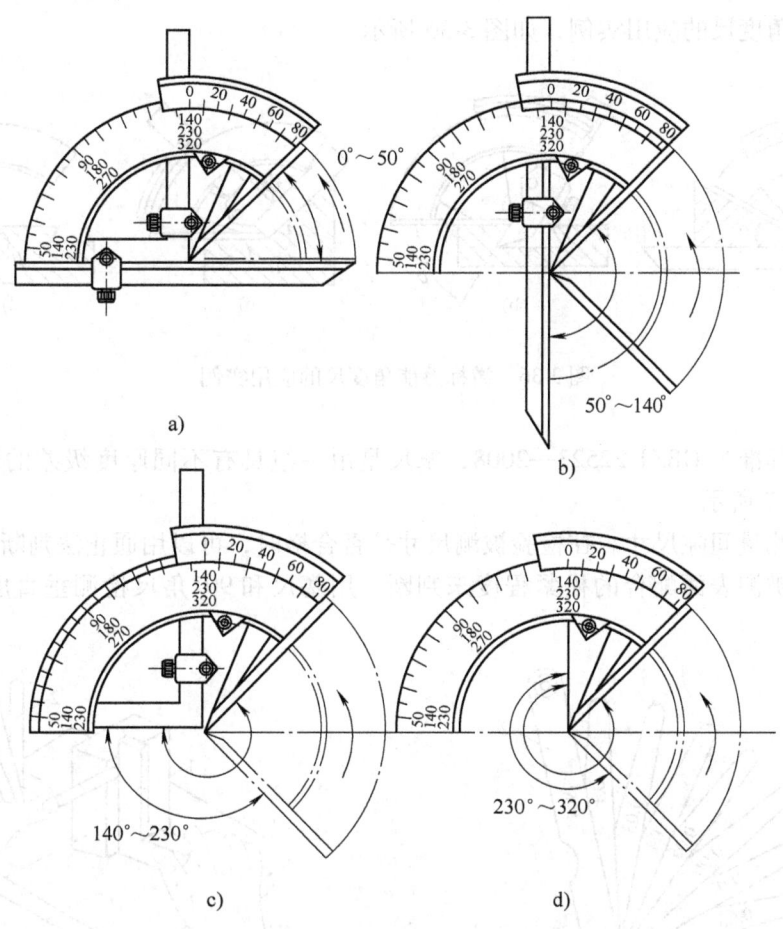

图 3-34 游标万能角度尺角度的调整方法
a) 测量 0~50° b) 测量 50°~140° c) 测量 140°~230° d) 测量 230°~320°

（2）读数方法 如图 3-35 所示，游标万能角度尺的读数方法分三步：①先读"度"的数值：看游标零线左边，尺身上最靠近一条刻线的数值，读出被测角"度"的整数部分，图示被测角"度"的整数部分为 16°；②再从游标尺上读出"分"的数值：看游标上哪条刻线与尺身相应刻线对齐，可以从游标上直接读出被测角"度"的小数部分，即"分"的数值。图示游标的 30 刻线与尺身刻线对齐，故小数部分为 30′；③被测角度等于上述两次读数之和，即 16° + 30′ = 16°30′。

尺身上基本角度的刻线只有 90 个分度，如果被测角度大于 90°，在读数时，应加上一基数

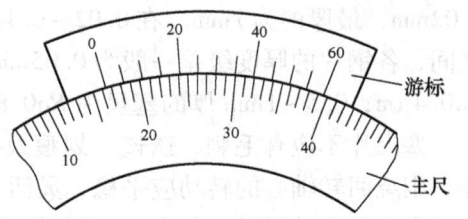

图 3-35 游标万能角度尺的读数方法

（90，180，270），即当：

被测角度为90°~180°时，被测角度=90°+角度尺读数；

被测角度为180°~270°时，被测角度=180°+角度尺读数；

被测角度为270°~320°时，被测角度=270°+角度尺读数。

（三）游标万能角度尺的应用实例

游标万能角度尺的应用实例，如图3-36所示。

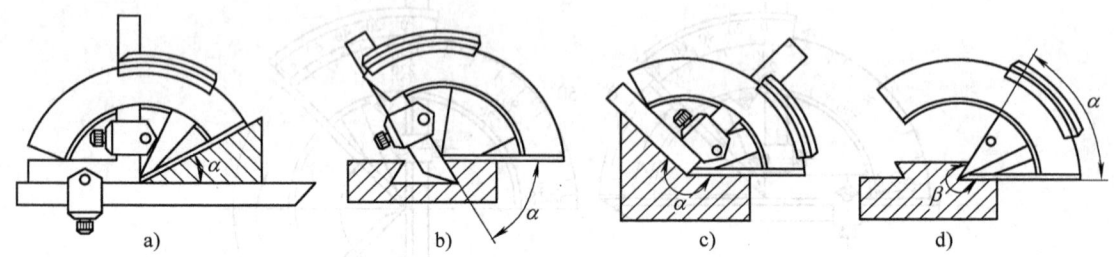

图3-36　游标万能角度尺的应用实例

六、塞尺

产品执行标准为GB/T 22523—2008，塞尺是由一组具有不同厚度级差的薄钢片组成的量规，如图3-37所示。

塞尺用于测量间隙尺寸。在检验被测尺寸是否合格时，可以用通止法判断；也可由检验者根据塞尺与被测表面配合的松紧程度来判断，用塞尺和90°角尺检测垂直度如图3-38所示。

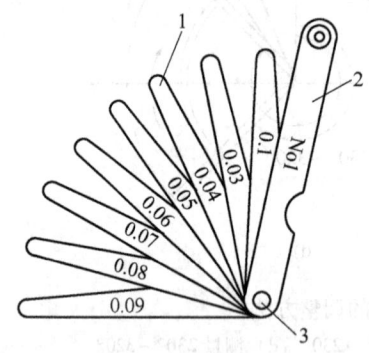

图3-37　塞尺
1—塞尺片　2—保护板　3—连接件

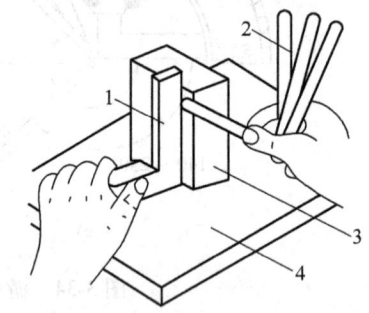

图3-38　用塞尺和90°角尺检测垂直度
1—90°角尺　2—塞尺　3—工件　4—精密平板

塞尺一般用65Mn钢或同等性能的材料制造，其硬度应在360~600HV。最薄的为0.02mm，最厚的为1mm。在0.02~0.1mm之间，各钢片厚度级差为0.01mm；在0.1~1mm之间，各钢片的厚度级差一般为0.05mm。塞尺片的工作表面粗糙度0.02~0.5mm厚的塞尺Ra0.4μm；0.5~1mm厚的塞尺为Ra0.8μm。

塞尺片不应有毛刺、锈迹、划痕及其他明显的外观缺陷；塞尺片与保护板的链接应可靠，围绕回转轴心的转动应平稳、灵活，不得有卡住或松动的现象。塞尺使用前必须先清除塞尺和工件上的污垢与灰尘。使用时可用一片或数片重叠插入间隙，以稍感拖滞为宜。测量时动作要轻，不允许硬插，不允许测量温度较高的零件。

七、卡钳

1. 卡钳的种类、用途及规格

卡钳按用途可分为外卡钳和内卡钳。按结构可分为普通式内外卡钳和弹簧式内外卡钳，普通式和弹簧式内外卡钳如图 3-39 所示。常用卡钳的规格有 0.152m（6in）、0.203m（8in）、0.254m（10in）等。

内外卡钳是最简单的比较量具，它们本身都不能直接读出测量结果，而是把测量得的长度尺寸（直径也属于长度），在钢直尺上进行读数，或在钢直尺上先取下所需尺寸，再去检验零件的直径是否符合。

选用卡钳时，卡脚应松紧均匀，对内外卡钳的测量口要求如图 3-40 所示。

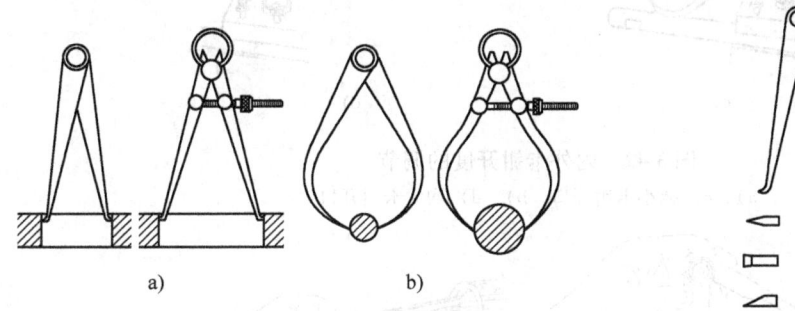

图 3-39　普通式和弹簧式内外卡钳
a）内卡钳　b）外卡钳

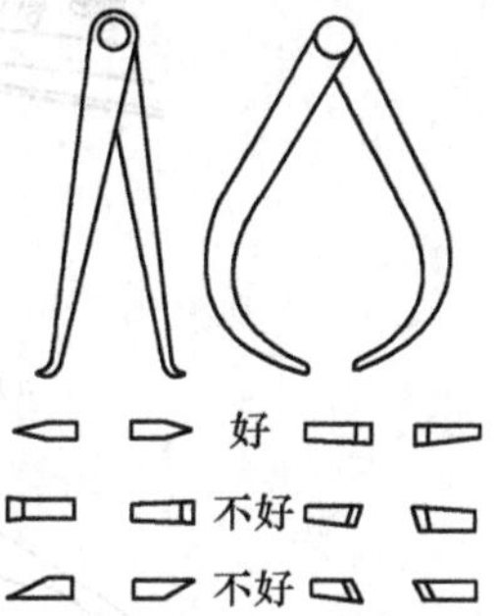

图 3-40　内外卡钳测量口形状的好与坏对比

2. 使用卡钳的注意事项

1）在钢直尺上取尺寸时，视线应垂直于钢直尺，卡钳的测量口应取钢直尺刻线线条的中心，如图 3-41a 所示。内卡钳在千分尺上取尺寸，如图 3-41b 所示。

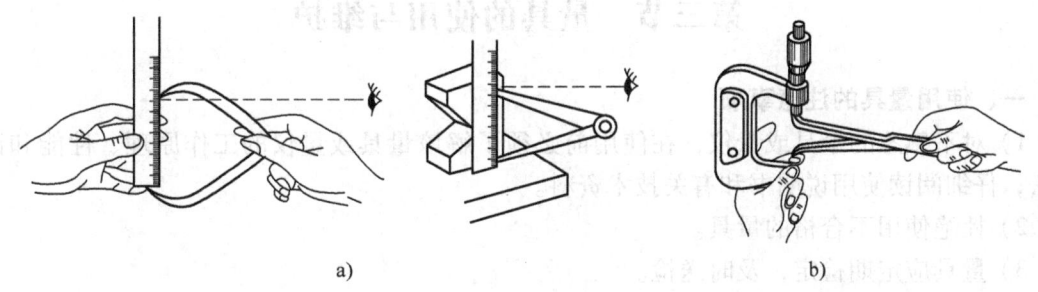

图 3-41　内外卡钳取尺寸的方法
a）内外卡钳在钢直尺上取尺寸的方法　b）内卡钳由千分尺取尺寸的方法

2）卡钳开度的调节。调节卡钳的开度时，先用两手把卡钳调整到和工件尺寸相近的开口，然后轻敲卡钳的外侧来减小卡钳的开口，如图 3-42a、c 所示。敲击卡钳内侧来增大卡钳的开口，如图 3-42b、d 所示。但不能直接敲击钳口，这会因卡钳的钳口损伤量面而引起测量误差；更不能在机床的导轨上敲击卡钳。

3）内外卡钳测量方法。如图 3-43 所示，卡钳两脚连线垂直于工件的轴心线，测量时与工件接触的松紧程度，以在卡钳自重作用下，感觉稍带停滞，随之轻轻滑下为宜。

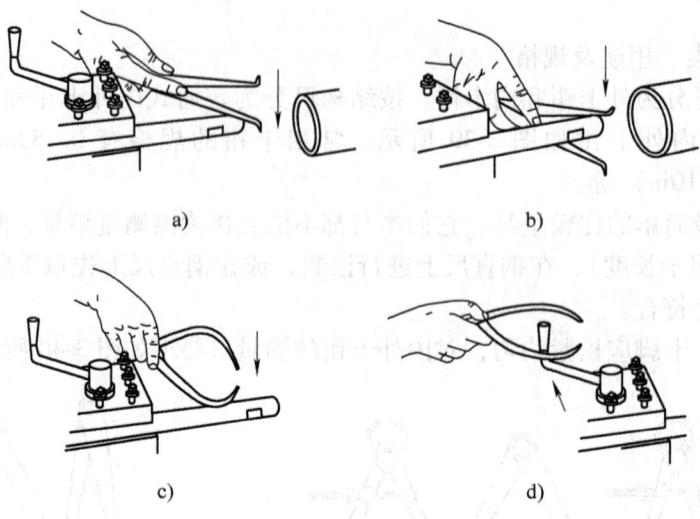

图 3-42 内外卡钳开度的调节
a)、c) 减小卡钳开口 b)、d) 增大卡钳开口

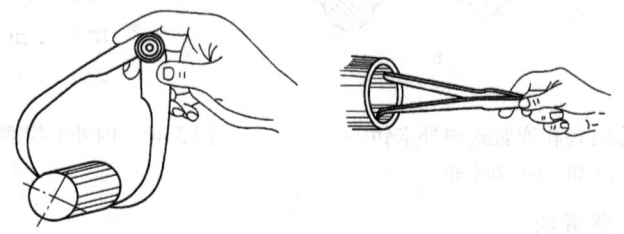

图 3-43 内外卡钳测量方法

第三节　量具的使用与维护

一、使用量具的注意事项

1）对不熟悉的量具或量仪，在使用前必须了解该量具或量仪的工作原理、性能和读数方法，仔细阅读使用说明书和有关技术资料。

2）杜绝使用不合格的量具。

3）量具应定期检定，及时送检。

4）对于需在使用前校零的量具和量仪，应在使用前先校零。

5）使用量具前应擦净量具或量仪的测量面。

6）使用精密量具或量仪时，不能用力过猛。

7）不能用量具或量仪测量运动中的工件。因为在运动中测量不仅容易损坏量具或量仪，也极易发生工伤事故。

8）为了减小测量误差，对于重要尺寸最好在同一位置多测量几次，取其平均值。

9）在测量精密零件时，为防止温度引起测量误差，在有条件时应使测量房间的温度达到要求。

10）为减小测量读数误差，应在光线充足的地方用双眼正视进行测量读数。

二、维护量具的注意事项

1）不要用油石、砂纸等硬的东西擦拭量具或量仪的测量面；非计量人员不得随便拆卸量具，量具的维修应由专门检修部门进行。

2）存放量具的地方要清洁、干燥，无腐蚀性气体，也不允许把量具放在磁场旁，以免磁化。

3）当手上有汗或潮湿时，不允许用手摸量具或量仪的测量面，以免测量面锈蚀。

4）对于有光学读数装置的量仪、量具，不要用手摸光学镜面，以免弄脏镜面而影响测量。

5）对于有电气装置的量具或量仪，使用时要注意使用电压，不能弄错。

6）量具、量仪在存放时，不要和其他工具放在一起，以防碰伤损坏。

7）带深度尺的游标卡尺，用完后，要把深度测标收回，否则较细的深度尺露在外边，容易变形甚至折断。

8）量具、量仪用完后要擦拭干净，松开紧固装置，在测量面涂上少许防锈油后，存放在合适的地方，注意不要锈蚀或弄脏。

复习思考题

1. 说出5种影响测量精度的因素。
2. 游标卡尺的游标读数值（俗称测量精度）是指什么？常用的游标卡尺游标读数值有哪几种？
3. 千分尺的测量精度指什么？其数值是多少？
4. 判断以下测量结果的读数是否正确：

    用精度0.1mm的游标卡尺测得物长3.251cm。

    用精度0.05mm的游标卡尺测得物长2.853cm。

    用精度0.02mm的游标卡尺测得物长1.286cm。
5. 简述游标卡尺的读数方法，并正确读出表3-3中游标卡尺的读数。

表3-3 游标卡尺读数练习

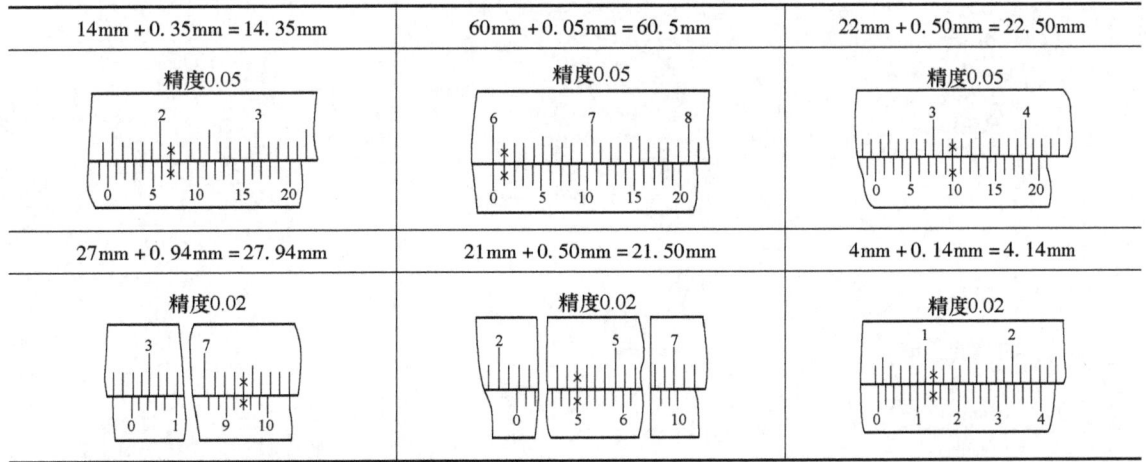

6. 简述千分尺的读数方法，并正确读出表3-4中的读数。
7. 请问千分尺有几种，并简述各自的使用特性。
8. 简述百分表的工作原理，以及在使用中的注意事项。
9. 简述游标万能角度尺的工作原理，有几种类型？怎么使用？

10. 使用量具时,应该注意些什么?

表 3-4　千分尺读数练习

12mm + 0.24 mm = 12.24 mm 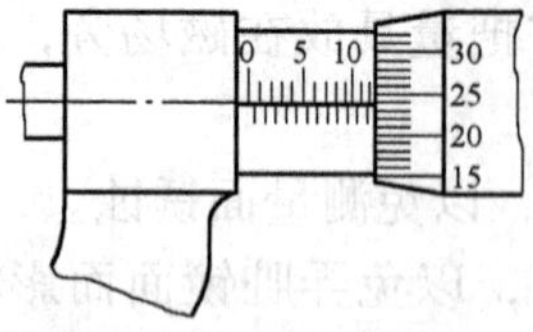	32.5mm + 0.15mm = 32.65mm 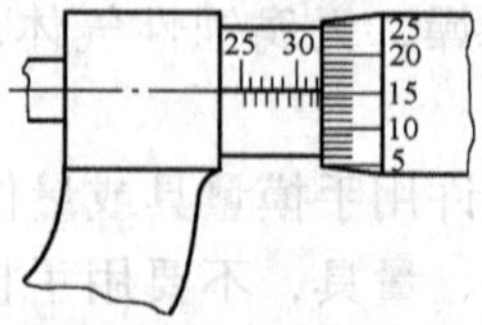	5mm + 0.49 mm = 5.49mm 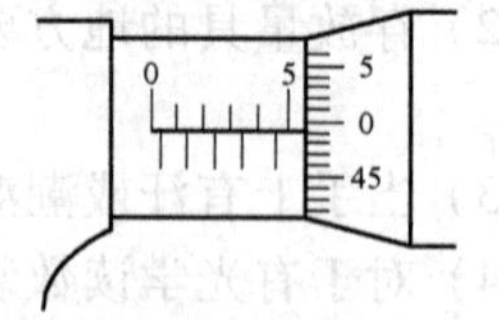
6mm + 0.05mm = 6.05mm 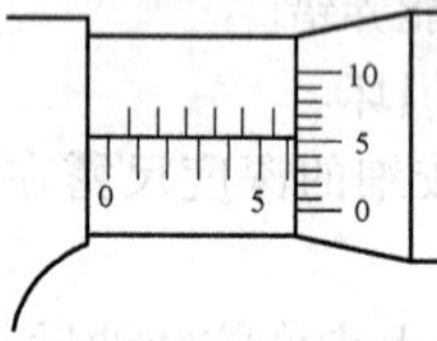	12.5mm + 0.24 mm = 12.74mm 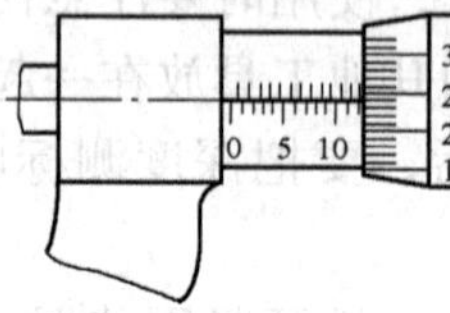	33mm + 0.15mm = 33.15mm 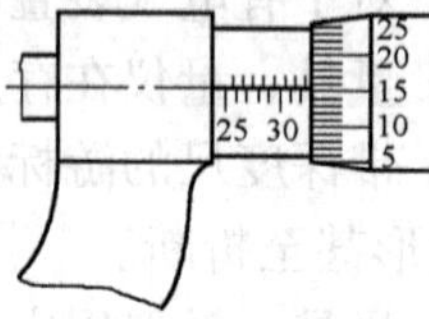

第四章 零件图的识读

第一节 概　　述

任何机器都是由许多零件组成的，制造机器就必须先制造零件。零件图是机械工程技术交流的语言，也是设计者与生产者交流技术思想的一项重要工具，它能准确表达物体的形状、大小及其加工时所需要的全部技术要求。想加工合格的零件，首先要学会绘制和阅读零件图。

为了正确地绘制和阅读零件图，必须熟悉和掌握有关标准和规定。我国国家标准（简称国标）的代号为"GB"（"GB/T"为推荐性国标），字母后面的两组数字，分别表示标准顺序号和标准批准的年份，例如"GB/T17451—1998"表示技术制图：图样画法的视图部分，顺序号为17451，批准发布年份为1998年。每一个工程技术人员都应该树立标准化的概念，自觉贯彻执行国家标准。

第二节 基 本 知 识

一、零件图的内容

一张完整的零件图应包括以下内容，如图4-1所示。

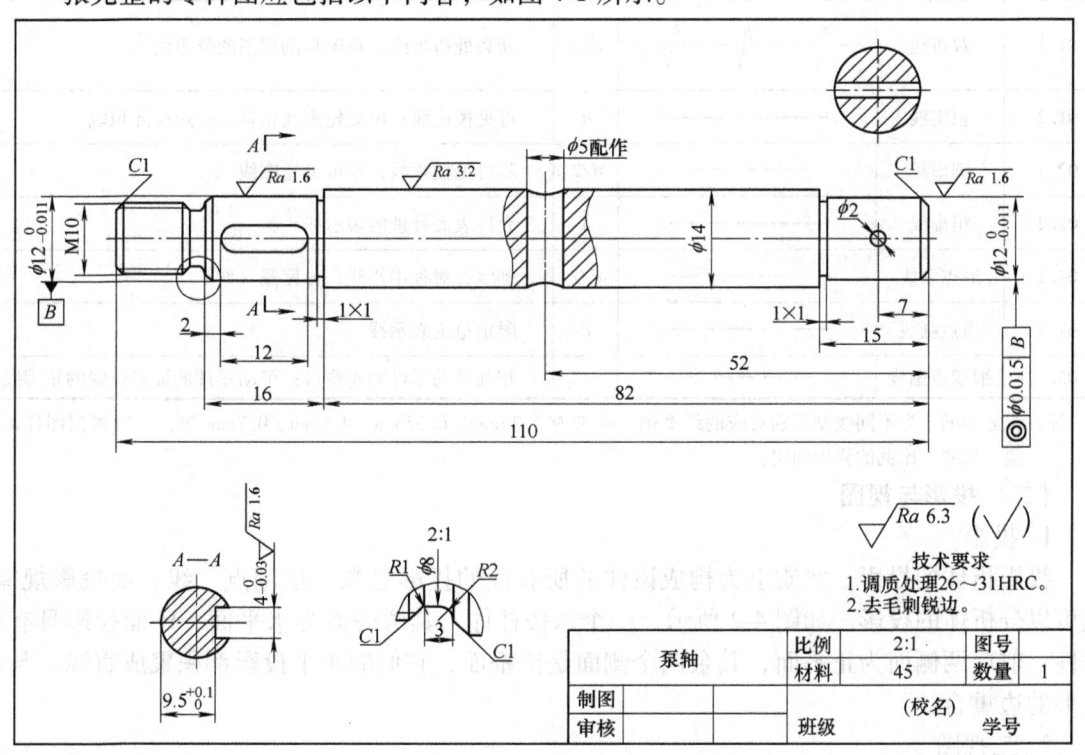

图4-1　轴零件图

1. 一组图形

用一组图形正确、清晰、完整地表达零件的结构形状,可以采用视图、剖视、断面、规定画法和简化画法等表达方法来表达。

2. 完整的尺寸

反映零件各部分结构的大小和相对位置关系,满足零件制造和检验的要求。

3. 技术要求

给出零件的表面粗糙度、尺寸公差、形状和位置公差以及材料的热处理和表面处理等要求。

4. 标题栏

位于图中的右下角,一般填写零件名称、材料、数量、图样的比例、代号及图样的责任人签名和单位名称等。

二、零件图的绘制

(一) 图线的线宽和应用

零件图样中的图形是用各种不同粗细和型式的图线画成的,不同的图线在图样中表示不同的含义。绘制图样时,应采用表 4-1 中规定的图线型式来绘图。

表 4-1 图线线宽及其应用

代码 No.	图线名称	线型	线宽	一般应用
01.1	细实线	———————	$d/2$	过渡线;尺寸线;尺寸界线;指引线和基准线;剖面线
01.1	波浪线	～～～～	$d/2$	断裂处边界线;视图与剖视图的分界线
01.1	双折线	∿∿∿	$d/2$	断裂处边界线;视图与剖视图的分界线
01.2	粗实线	———————	d	可见棱边线;可见轮廓线相贯线;螺纹牙顶线
02.1	细虚线	- - - - - -	$d/2$	不可见棱边线;不可见轮廓线
02.2	粗虚线	— — — —	d	允许表面处理的表示线
04.1	细点画线	—·—·—·—	$d/2$	轴线;对称中心线;分度圆(线)
04.2	粗点画线	—·—·—·—	d	限定范围表示线
05.1	细双点画线	—··—··—	$d/2$	相邻辅助零件的轮廓线;可动零件的极限位置的轮廓线

注:线宽中的 d 为不同线型组别对应的线宽值,一般有 0.25mm、0.35mm、0.5mm、0.7mm 等,一般根据图样的类型、尺寸、比例的要求确定。

(二) 投影与视图

1. 投影

投影指体的投影,实质上为构成该体的所有面的投影总和。运用点、线、面投影规律,就可以分析体的投影。如图 4-2 所示,一个六棱柱体,其两底面为水平面,H 面投影具有全等性;前后两侧面为正平面,其余四个侧面是铅垂面,它们的水平投影都积聚成直线,与六边形的边重合。

2. 三视图

视图就是将产品向投影面投影所得的图形。如图 4-2 所示,六棱柱体在三个基本投影面上所得的三视图分别称为：主视图：由前向后投影，在 V 面上所得的视图。俯视图：由上向下投影，在 H 面上所得的视图。左视图：由左向右投影，在 W 面上所得的视图。三投影面展开后，平面体的三视图如图 4-3 所示。一般在主视图中表达实体的长、高；在俯视图中表达实体的长、宽；在左视图中表达实体的高、宽。利用"长对正，高平齐，宽相等"，可以找出三视图中实体对应点的位置、尺寸关系，从而看懂图样所要表达的实体的形状。

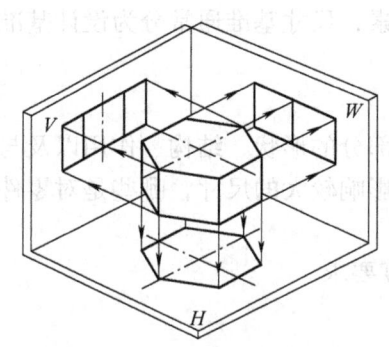

图 4-2　六棱柱体的三面投影

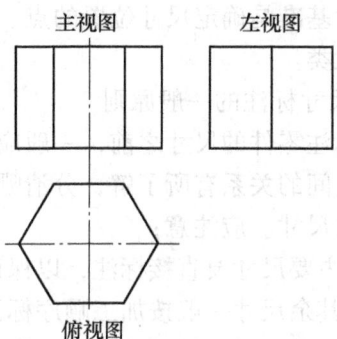

图 4-3　六棱柱体的三视图

3. 剖视图

在用视图表达零件时，其内部结构都用虚线来表示，内部结构形状越复杂，视图中就会出现越多的虚线，这样会影响图面清晰，不便于看图和标注尺寸。为了减少视图中的虚线，使图面清晰，可以采用剖视的方法来表达零件的内部结构和形状。假想用剖切面剖开零件，将观察者和剖切面之间的部分移去，而将其余部分全部向投影面投影所得的图形称为剖视图，并在剖面区域内画上剖面符号，图 4-4 所示为全剖切面图。

剖视图的画法：①剖切平面的选择：一般都选特殊位置平面，如通过零件的对称面、轴线或中心线，被剖切到实体的投影反映实形；②剖切是一种假想过程，其他视图仍完整画出；③剖切面后面的可见部分应该全部画出；④在剖视图上已经表达清楚的结构，其表示内部结构的虚线省略不画。但没有表示清楚的结构，允许画少量虚线；⑤剖面线为细实线，最好与主要轮廓或剖面区域的对称线成 45°角；同一物体的剖面区域，其剖面线画法应一致。

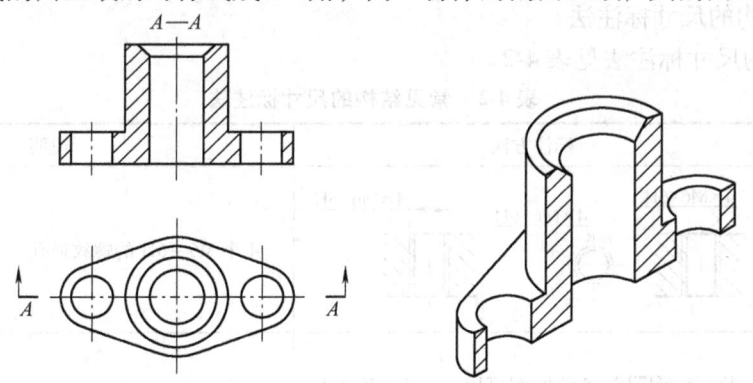

图 4-4　全剖切面

4. 断面图

假想用剖切平面将零件的某处切断，仅画出断面的图形，这样的图形称为断面图，移出断面一般用剖切符号表示剖切的起止位置，用箭头表示投影方向，并注上大写拉丁字母，在断面图的上方用同样的字母标出相应的名称"×—×",如图 4-1 中的 A—A。

三、零件图的尺寸标注

在零件图上标注尺寸,除了要符合正确、完整、清晰的要求之外,还要尽可能做到标注合理。即符合工艺要求,便于制造、测量、检验和装配。

1. 尺寸基准的选择

尺寸基准是确定尺寸位置的点、线、面等几何元素,尺寸基准通常分为设计基准和工艺基准两大类。

2. 尺寸标注的一般原则

在标注零件的尺寸之前,一般应先对零件各组成部分的形状、结构、作用以及与其相连的零件之间的关系有所了解,分清哪些是对零件质量影响较大的尺寸,哪些是对零件质量影响不大的尺寸。应注意:

1) 主要尺寸要直接标注,以保证设计零件的精度要求。
2) 其余尺寸一般按加工顺序标注。
3) 避免注成封闭尺寸链,如图 4-5 所示。

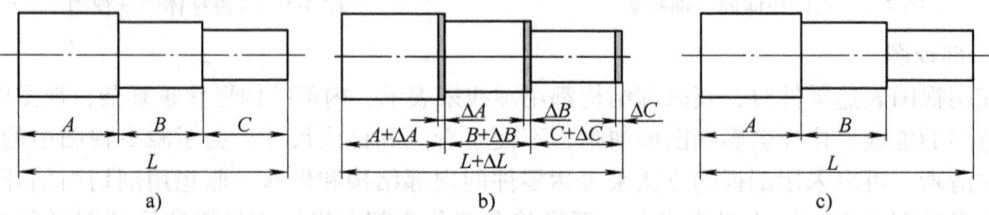

图 4-5 避免封闭尺寸链
a) 错误 b) 加工计算 c) 正确

在加工过程中,由于各段尺寸不可能加工得绝对准确,总存在一定的误差。如各段误差以 ΔA、ΔB、ΔC 和 ΔL 表示。标注尺寸时,在尺寸链中通常选一个不重要的环不注尺寸,这样就使加工误差积累在这个环上,从而保证了主要尺寸的精度要求,如图 4-5c 所示,C 环为不重要环,不注尺寸,从而保证了 A、B、L 的尺寸精度要求。

3. 常见结构的尺寸标注法

常见结构的尺寸标注法见表 4-2。

表 4-2 常见结构的尺寸标注法

零件结构类型		标注方法	说明
螺孔	通孔	4×M6-6H	4 个 M6-6H 的螺纹通孔
	不通孔	4×M6-6H▽10 孔▽12	4 个 M6-6H 的螺纹盲孔,螺纹孔深 10mm,作螺纹前钻孔深 12mm

（续）

零件结构类型		标注方法	说明
光孔	一般孔	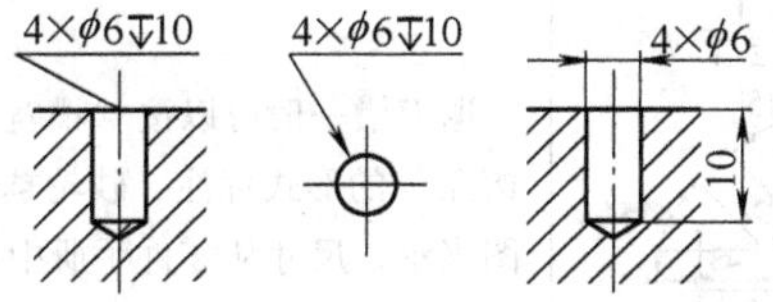	4个 $\phi 6$ 深10的孔
	精加工孔	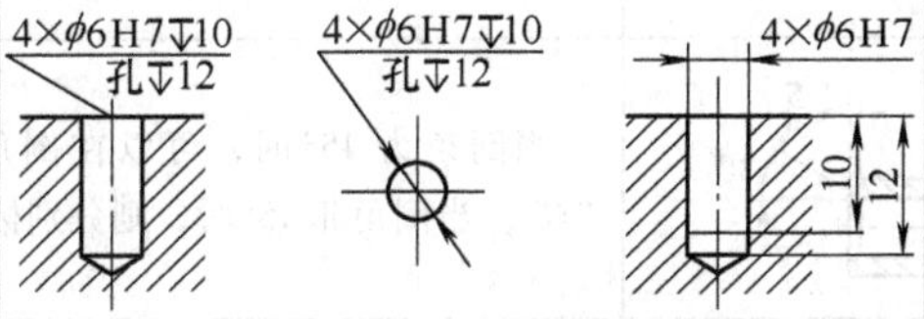	4个 $\phi 6$ 钻孔深12mm，精加工深10mm的孔
	锥销孔	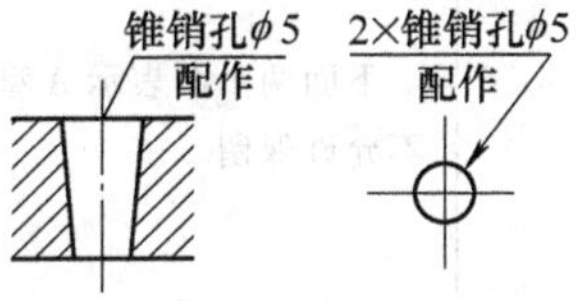	$\phi 5$ 为圆锥销的小头直径
沉孔	锥形沉孔	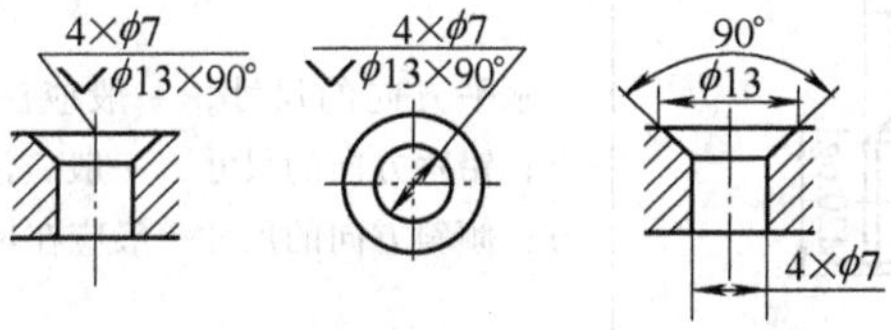	4个 $\phi 7$ 带锥形埋头孔，锥孔口直径为13mm，锥面顶角为90°的孔
	柱形沉孔	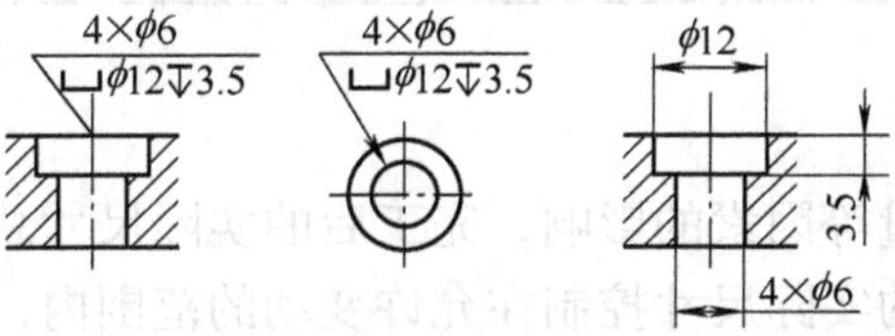	4个 $\phi 6$ 带圆柱形沉头孔，沉孔直径12mm，深3.5mm的孔
	锪平面	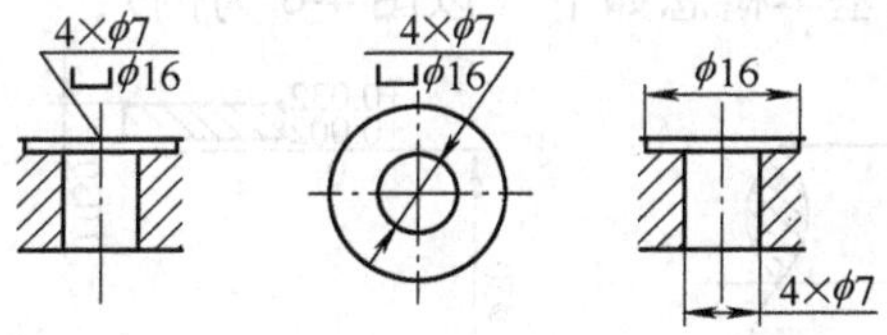	4个 $\phi 7$ 带锪平孔，锪平孔直径为16mm的孔。锪平孔不需标注深度，一般锪平到不见毛面为止
键槽	平键键槽	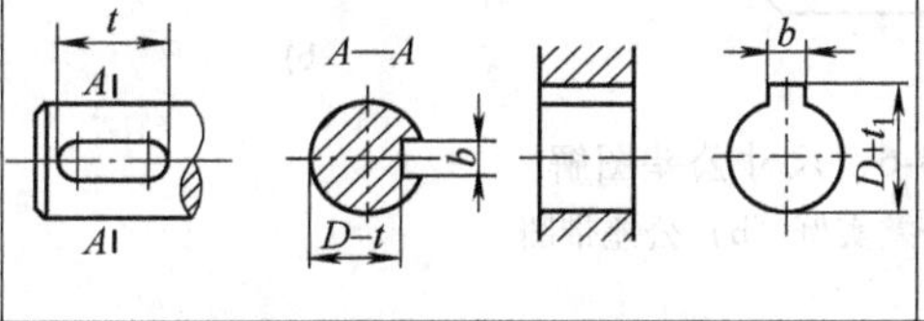	这样标注便于测量
	半圆键键槽	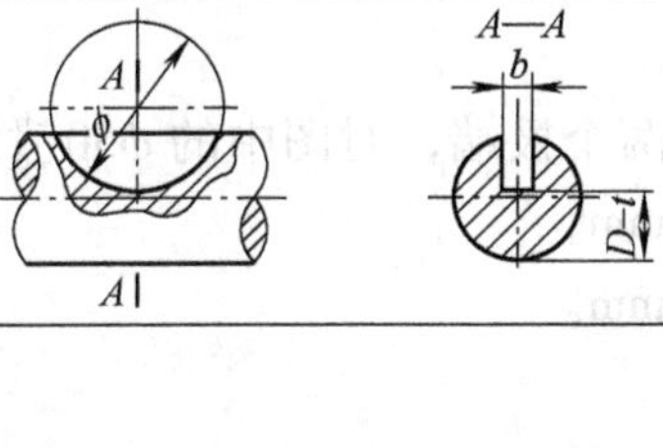	这样标注便于选择铣刀（铣刀直径为 ϕ ）及测量

(续)

零件结构类型	标注方法	说明
退刀槽 越程槽		退刀槽一般可以按"槽宽×直径"或"槽宽×槽深"的形式标注,砂轮越程槽一般用局部放大图表示,尺寸从零件手册中查
倒角		当倒角为 45°时,可以在倒角距离前加符号"C",当倒角非 45°时,则分别标注
中心孔		下面两个图表示 A 型中心孔,完工后在零件上不允许保留
线性尺寸标注		水平方向的尺寸,一般应注写在尺寸线的上方;铅垂方向的尺寸,一般应注写在尺寸线的左方;倾斜方向的尺寸一般应在尺寸线靠上的一方

四、零件图的技术要求

(一)极限与配合

零件在制造过程中,由于加工或测量等因素的影响,完工后的实际尺寸总存在一定的误差。为保证零件的互换性,必须将零件的实际尺寸控制在允许变动的范围内,这个允许的尺寸变动量称为极限偏差。关于极限偏差的基本概念如下(以图 4-6 为例):

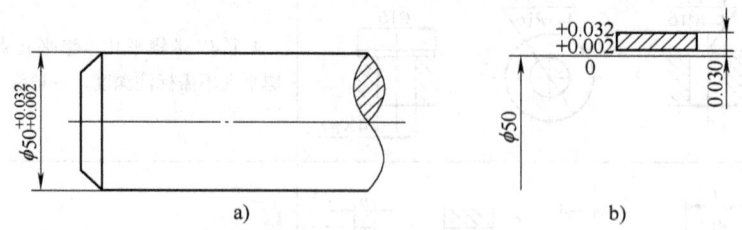

图 4-6 尺寸公差图解
a)公差实例 b)公差带图

1. 偏差与公差

(1) 公称尺寸 设计给定的尺寸 $\phi 50$mm。

(2) 极限尺寸 尺寸要素允许的尺寸的两个极端,对图中的 $\phi 50^{+0.032}_{+0.002}$,有:

上极限尺寸 = 50mm + 0.032mm = 50.032mm,

下极限尺寸 = 50mm + 0.002mm = 50.002mm。

(3) 极限偏差　极限尺寸减公称尺寸所得的代数值。即上极限尺寸和下极限尺寸减公称尺寸所得的代数差，分别为上极限偏差和下极限偏差，统称极限偏差。孔（轴）的上、下极限偏差分别用字母 ES（es）和 EI（ei）表示：

轴上极限偏差 es = 50.032mm – 50mm = +0.032mm；

轴下极限偏差 ei = 50.002mm – 50mm = +0.002mm。

(4) 尺寸公差（用 T 表示）　其为允许尺寸的变动量，即上极限尺寸减下极限尺寸之差，也等于上极限偏差减下极限偏差所得的代数差的绝对值。尺寸公差是一个没有符号的绝对值。孔公差用 Th 表示，轴公差用 Ts 表示。即：

公差为 50.032mm – 50.002mm = 0.03mm 或 0.0032mm – 0.002mm = 0.03mm

(5) 尺寸精度　尺寸精度包括零件表面本身的尺寸精度（如圆柱面的直径）和表面间尺寸的精度（如孔间的距离）。尺寸精度的高低，用尺寸公差大小来表示。同一公称尺寸的零件，公差值小的精度高，公差值大的精度低。

国家标准 GB/T 1800.1—2009 规定，尺寸精度分 20 级，即将确定尺寸精度的标准公差等级分为 20 级，分别用 IT01、IT0、IT1～IT18，IT 表示标准公差。数字越大，精度越低。

2. 配合

配合是指公称尺寸相同的一批相互结合的孔和轴公差带之间的关系，三类配合的公差带图如图 4-7 所示。

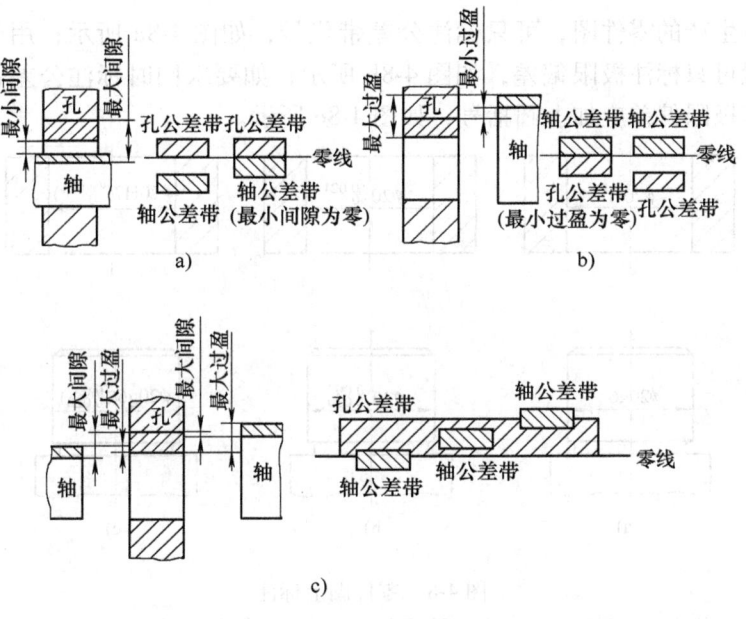

图 4-7　基本偏差系列图
a) 间隙配合　b) 过盈配合　c) 过渡配合

(1) 间隙配合　具有间隙（包括最小间隙等于零）的配合称为间隙配合，如图 4-7a 所示。此时，孔的公差带完全在轴的公差带之上。

(2) 过盈配合　具有过盈（包括最小过盈等于零）的配合称为过盈配合，如图 4-7b 所示。此时，孔的公差带完全在轴的公差带之下。

(3) 过渡配合　可能具有间隙或过盈的配合称为过渡配合，如图 4-7c 所示。此时，孔和轴的公差带相互交叠。

3. 配合制

国家标准对孔与轴公差带之间的相互关系规定了两种制度,即基孔制与基轴制。

(1) 基孔制　基本偏差为一定的孔的公差带,与不同基本偏差的轴的公差带形成各种配合的一种制度。基孔制的孔为基准,其下偏差为零,基本偏差代号为 H。

(2) 基轴制　基本偏差为一定的轴的公差带,与不同基本偏差的孔的公差带形成各种配合的一种制度。基轴制的轴为基准轴,其上偏差为零,基本偏差代号为 h。

由于孔是内表面,相对于轴(外表面)来说加工难些,所以在机械制造也中,多采用基孔制,只有特殊情况下采用基轴制。

(3) 极限与配合标注

1) 零件图上的标注。零件图上,一些重要的尺寸,一般应标注出极限偏差或公差带代号。公差带代号标注含意如下所示。

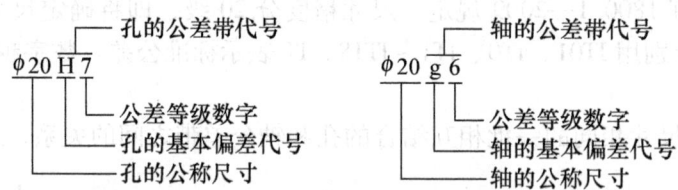

用于大批量生产的零件图,可只标注公差带代号,如图 4-8a 所示;用于中小批量生产的零件图,一般可只标注极限偏差,如图 4-8b 所示;如要求同时标注公差带代号及相应的极限偏差时,其极限偏差应加上圆括号,如图 4-8c 所示。

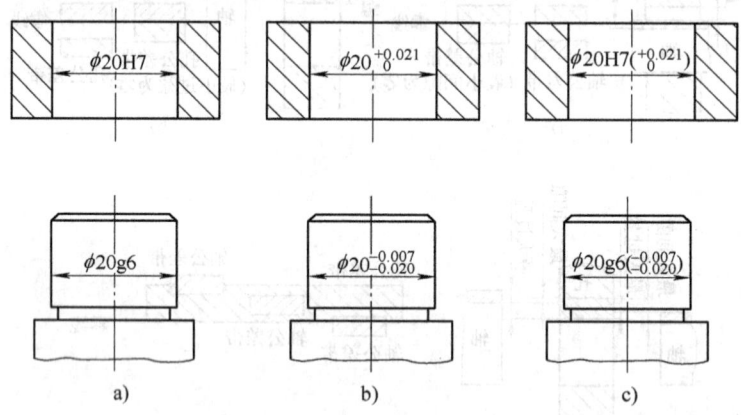

图 4-8　零件图上标注

a) 用公差代号标注　b) 用极限偏差标注　c) 公差带代号与极限偏差一起标注

2) 装配图上的标注。在装配图上,一般标注配合代号,也可标注极限偏差。用配合代号标注时,配合代号必须注写在公称尺寸的右边,用分数形式注出,分子为孔的公差带代号,分母为轴的公差带代号,如图 4-9 所示。

4. 一般线性尺寸的未注公差

在零件图上只标注公称尺寸而不标注极限偏差的尺寸称为未注公差尺寸,这类尺寸主要用于某些非配合尺寸。未注公差尺寸同样是有公差要求的,国标 GB/T1804—2000 对这类尺寸的极限偏差作了较简明的规定，把这类公差称为一般公差。一般公差是普通工艺条件下的经济加工精度，未注公差尺寸的公差等级规定为 IT12～IT18。

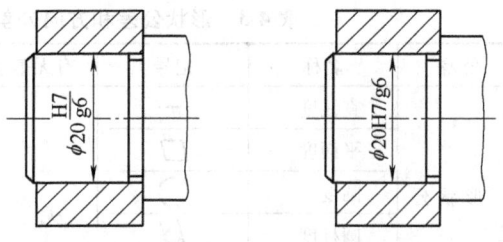

图 4-9 装配图上标注

（二）几何公差

几何公差是指零件的实际形状、方向、位置和跳动相对于理想状态的允许变动量。几何公差反应了零件的精度，所谓精度是指零件加工后的几何参数与理想参数的符合程度。相符程度越高，即偏差（加工误差）越小，加工精度越高。

1. 形状公差和方向公差

形状精度是指实际形状相对于理想形状的准确程度。在零件加工中出现不圆、不平等误差不可避免。以图 4-10 所示的轴为例，虽然都在尺寸公差范围内，却可能加工成 8 种不同形状的轴，把这些形状不同的轴装在精密仪器上，效果显然有差别。因此，为了满足产品质量的需要，必须对零件表面的形状加以控制，规定允许的变动范围，即设计者要在图样上给出零件允许的变动范围，即形状公差。

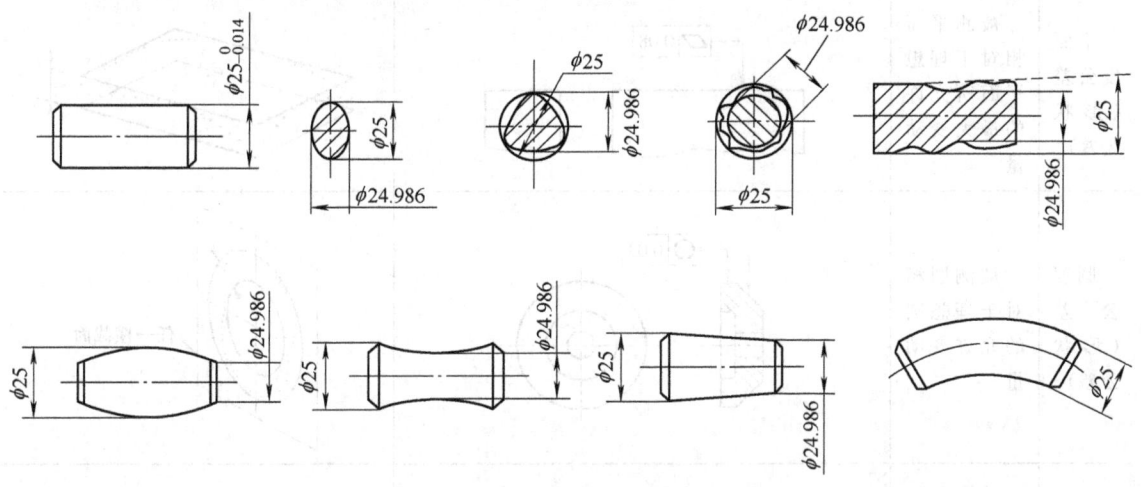

图 4-10 轴加工后可能产生的形状误差

形状公差和方向公差反映了几何精度。国家标准 GB/T 1182—2008 规定的 6 项形状公差和 5 项方向公差。形状公差所反映的准确度是无基准的，如直线度、平面度、圆度、圆柱度、线轮廓度和面轮廓度，其符号见表 4-3。方向公差所反映的准确度是有基准的，如平行度、垂直度、倾斜度、线轮廓、面轮廓，其符号见表 4-3。公差等级分为 1～12 级（圆度和圆柱度分为 0～12 级），1 级精度最高，公差值最小。

形状公差和方向公差在图样上用两个框格标注，前一格标注形状公差或方向公差符号，后一格填写公差值。常用的形状公差和方向公差的标注与测量，见表 4-4。

2. 位置公差和跳动公差

国家标准 GB/T 1182—2008 规定的位置公差和跳动公差项目有位置度、同轴度、同心度、对称度、线轮廓度、面轮廓度、圆跳动和全跳动，其符号见表 4-5。位置公差分为 1～12 共 12 个等级。

表 4-3　形状公差和方向公差的名称及符号（GB/T 1182—2008）

公差	名称	记号	有无基准	公差	名称	记号	有无基准
形状公差	直线度	—	无	方向公差	平行度	∥	有
	平面度	▱			垂直度	⊥	
	圆度	○			倾斜度	∠	
	圆柱度	⌭			线轮廓度	⌒	
	线轮廓度	⌒			面轮廓度	⌓	
	面轮廓度	⌓					

表 4-4　常用的形状公差和方向公差的标注及测量

名称	含义	标注	测量方法
直线度公差（形状公差）	被测直线相对于理想直线所允许的最大变动量	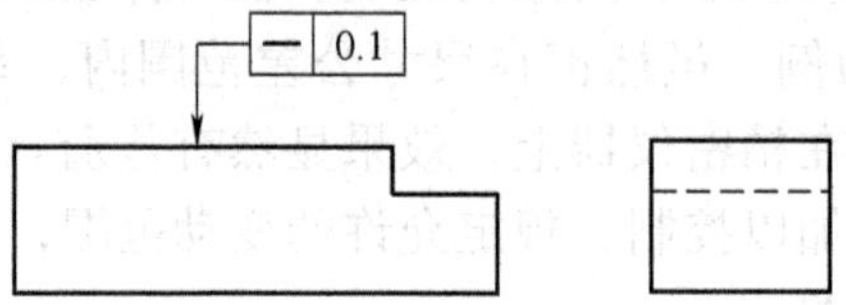 — 0.1	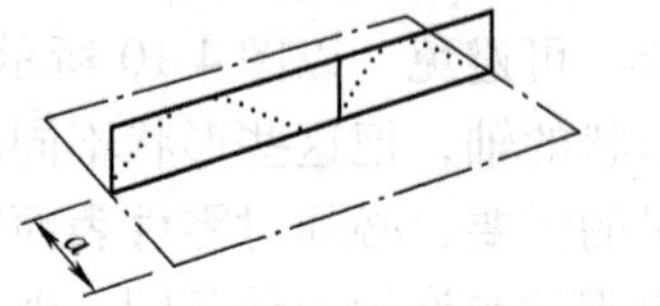
平面度公差（形状公差）	被测平面相对于理想平面所允许的最大变动量	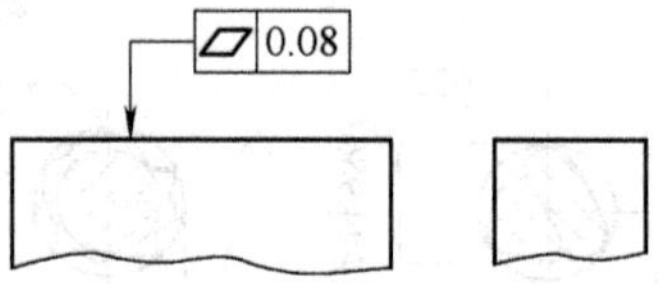 ▱ 0.08	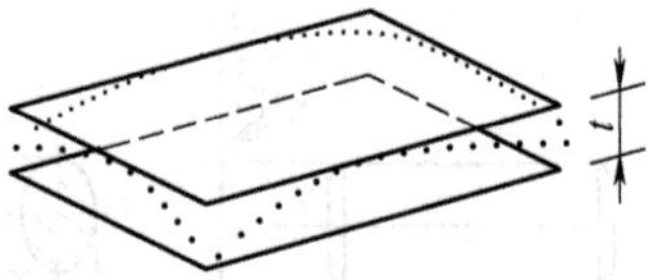
圆度公差（形状公差）	被测圆相对于理想圆的允许变动量	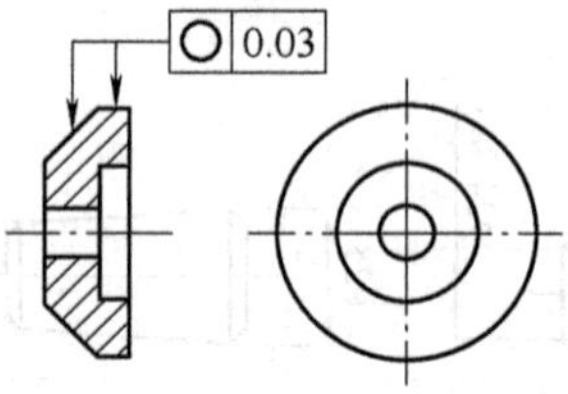 ○ 0.03	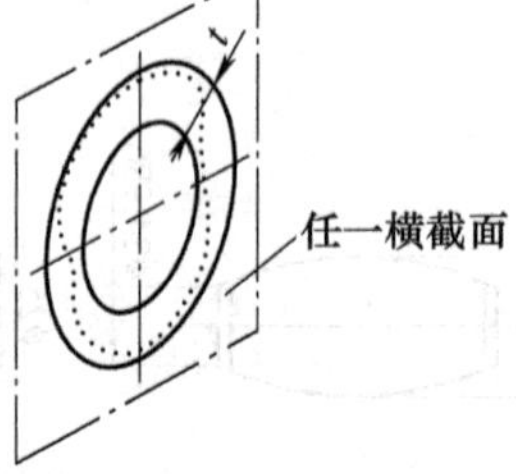 任一横截面
圆柱度公差（形状公差）	被测圆柱面相对于理想圆柱面所允许的变动量	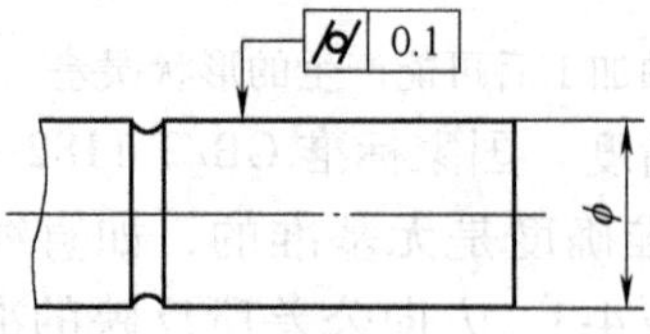 ⌭ 0.1	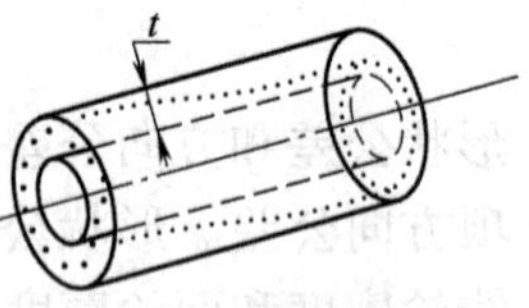
无基准的线轮廓度公差（形状公差）	公差带是指直径等于公差值 t，圆心位于具有理论正确几何形状上的一系列圆的两包络线所限定的区域	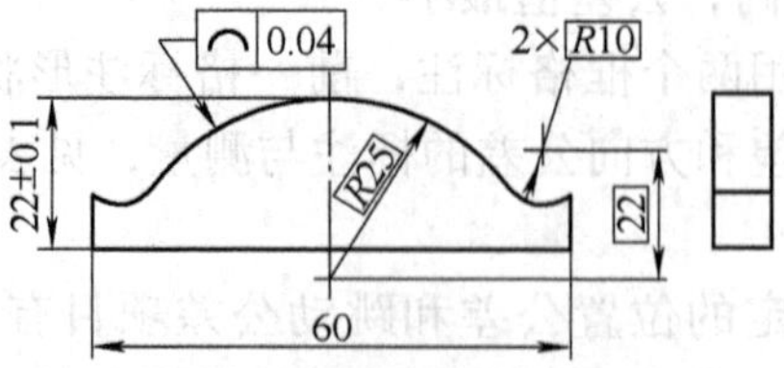 ⌒ 0.04　2×R10　22±0.1　R25　22　60	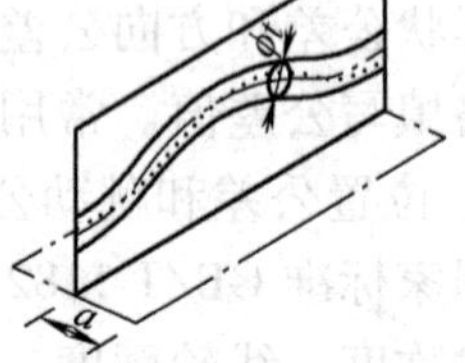

第四章 零件图的识读

（续）

名称	含义	标注	测量方法
无基准的面轮廓度公差（形状公差）	公差带为直径等于公差 t，球心位于被测要素理论正确形状上的一系列圆球的两包络面所限定的区域	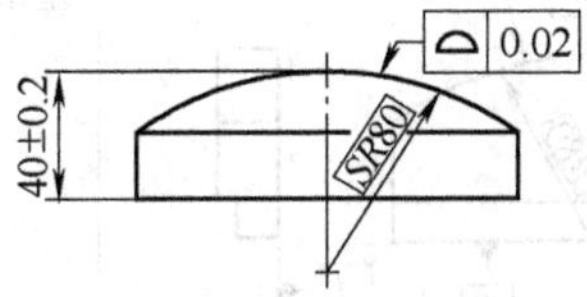	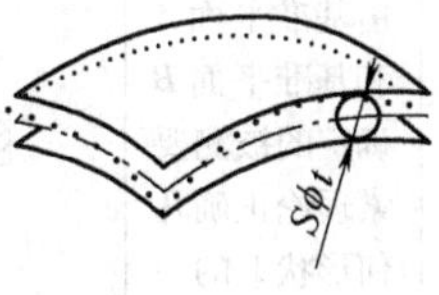
平行度公差（方向公差）	被测要素（线和面）相对于基准平行方向所偏离的程度	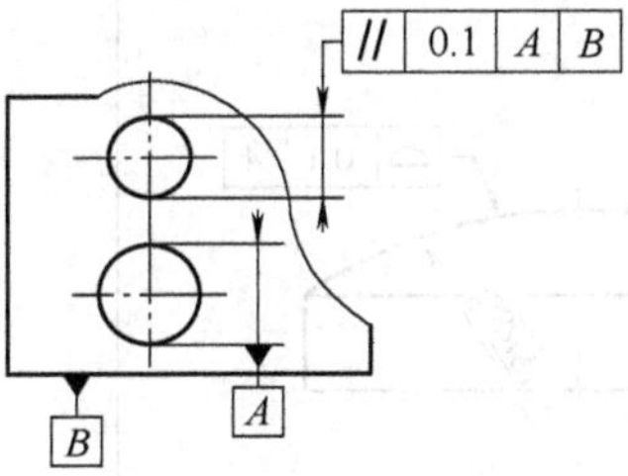	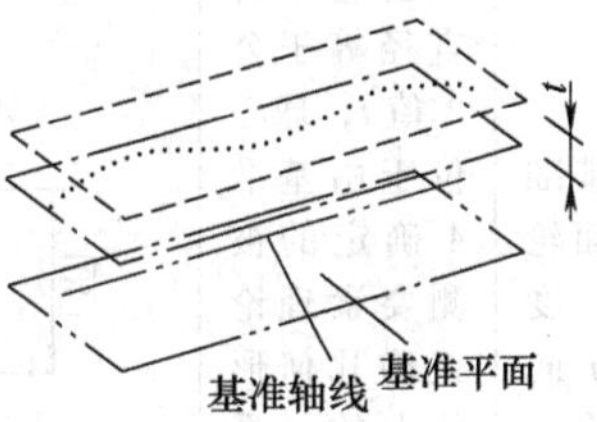
垂直度公差（方向公差）	零件上被测要素（线或面）相对于基准垂直方向所偏离的程度	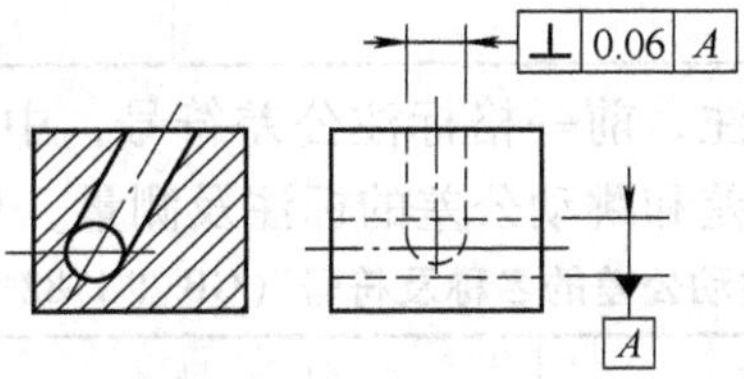	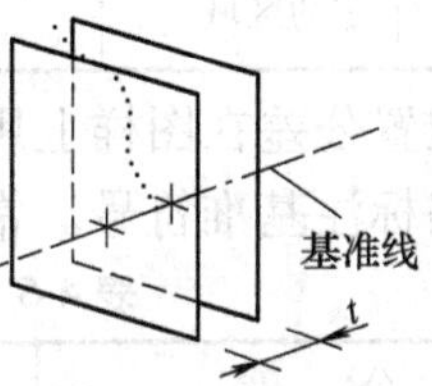
倾斜度公差（方向公差）	公差带为间距等于公差值 t 的两平行平面所限定的区域，该两平行平面按给定角度倾斜于基准平面	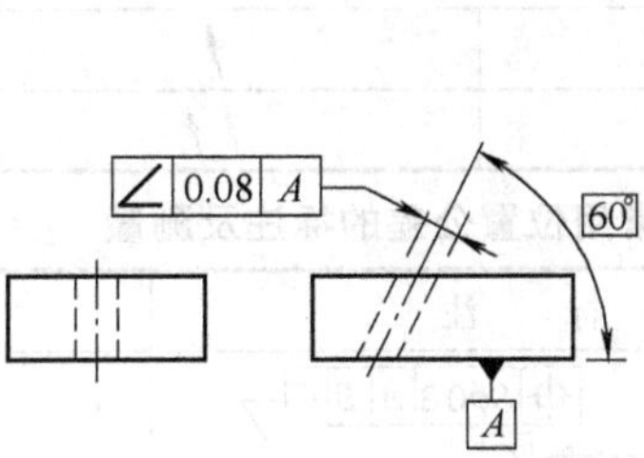	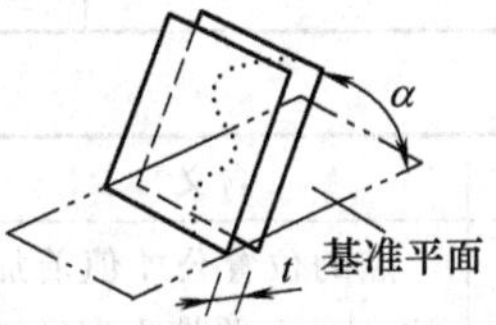

名称	含义	标注	测量方法
有基准的线轮廓度（方向公差）	公差带为直径等于公差值 t_1，圆心位于由基准平面A和基准平面B确定的被测要素理论正确几何形状上的一系列圆的两包络线所限定的区域	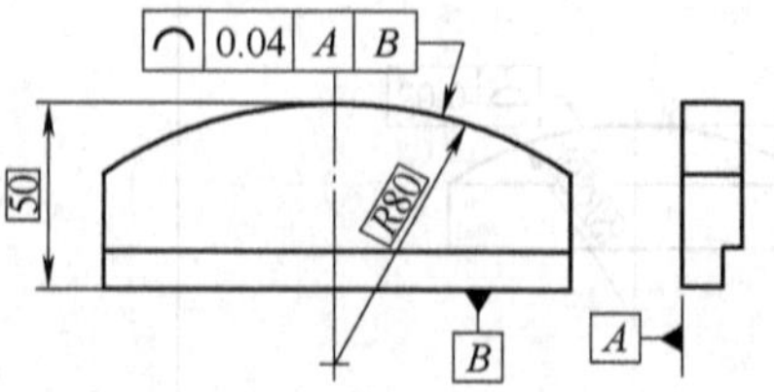 ⌒ 0.04 A B	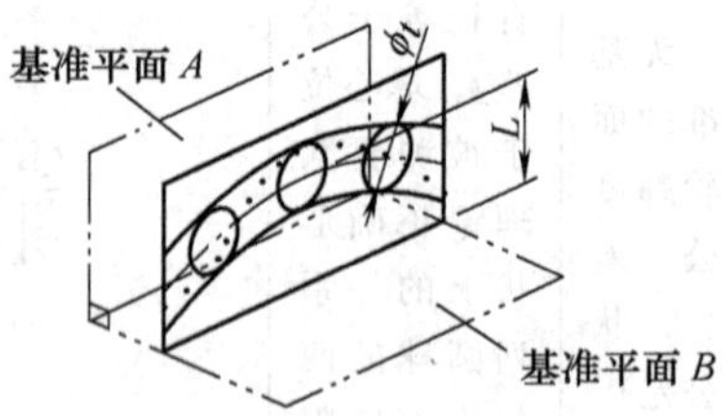 基准平面A，基准平面B
有基准的面轮廓度（方向公差）	公差带为直径等于公差值 t，球心位于由基准A确定的被测要素理论正确几何形状上的一系列圆球的两包络面所限定的区域	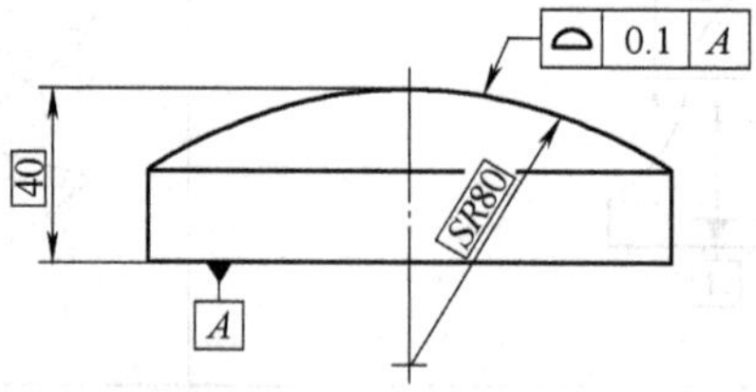 ⌓ 0.1 A	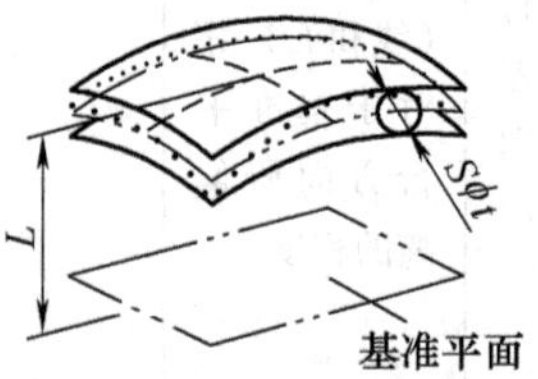 基准平面

位置公差在图样上用三个框格标注，前一格标注公差符号，中间一格填写位置公差值，后一格标注基准符号。常用的位置公差和跳动公差的标注及测量，见表4-6。

表4-5 位置公差和跳动公差的名称及符号（GB/T 1182—1996）

公差	名称	记号	有无基准
位置公差	位置度	⊕	有或无
	同轴度	◎	有
	同心度	◎	有
	对称度	≡	有
跳动公差	圆跳动	↗	有
	全跳动	⇗	有

表4-6 常用位置公差的标注及测量

名称	含义	标注	测量方法
位置公差	点的位置公差值前加注 $S\phi$，公差带为直径等于公差值 $S\phi t$ 的圆球面所限定的区域，该圆球中心的理论正确位置由基准A、B、C和理论正确尺寸确定	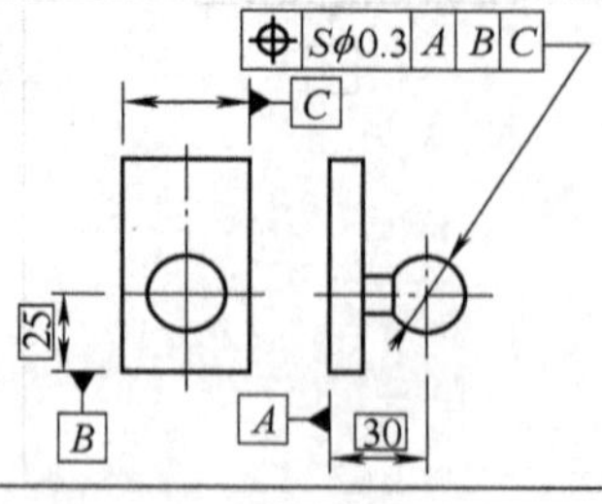 ⊕ $S\phi0.3$ A B C	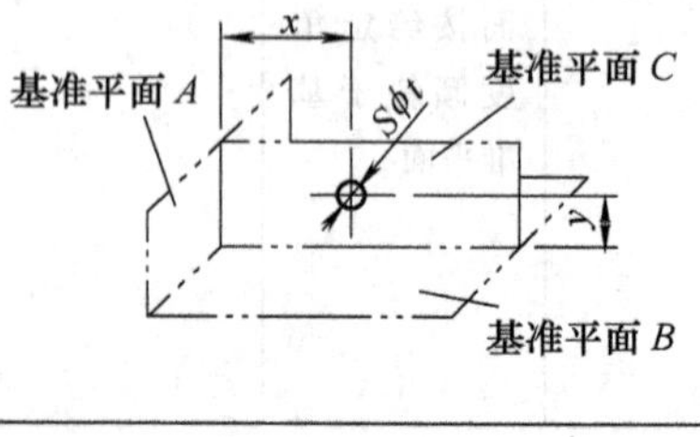 基准平面A，基准平面C，基准平面B

名称	含义	标 注	测量方法
对称度公差	面的对称度；公差带为间距等于公差值 t，对称于基准中心平面的两平行平面所限定的区域		
同轴度公差	是指零件上被测轴线对于基准轴线的偏离程度		
圆跳动公差	圆跳动是指在被测圆柱面的任何一横截面上或端面的任何一直径处，在无轴向移动的情况下，围绕基准轴线回转一周时，沿径向或轴向的跳动程度		

四类几何公差的相互关系：如果功能需要，可以规定一种或多种几何特征的公差以限定要素的几何误差。限定要素某种类型几何误差的几何公差，亦能限制该要素其他类型的几何误差。要素的位置公差可同时控制该要素的位置误差、方向误差和形状误差。要素的方向公差可同时控制该要素的方向误差和形状误差。要素的形状公差只能控制该要素的形状误差。

3. 几何公差标注实例（图 4-11）

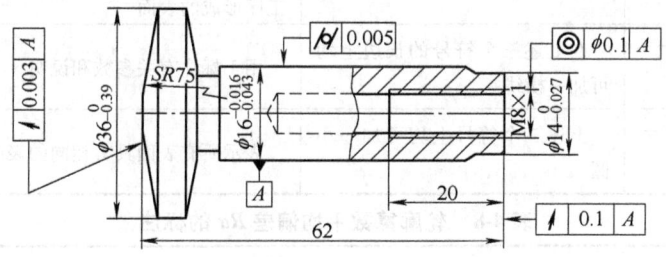

图 4-11 在零件图中几何公差的标注

（三）表面粗糙度

1. 表面粗糙度概念

在机械加工过程中，由于各种切削留下的刀痕、切屑分离时的塑性变形以及机床的振动等原因，会使被加工表面产生微小的峰谷。这些具有较小间距的峰和谷所组成的微观几何形状特征称为表面粗糙度。表面粗糙度体现零件表面的微观几何形状误差。这种误差使零件表面粗糙不平，即使经过精细加工的表面，如果用仪器仍然能测量出表面的峰谷形态。峰谷的高低差越小，则表面粗糙度越小，零件外观越光洁。国家标准 GB/T 131—2006 规定，表示粗糙度的评定参数主要有两种。常用的是轮廓算术平均偏差 Ra，单位 μm。Ra 是指在取样长度 L 内轮廓偏距 y 的绝对值的算术平均值，如图 4-12 所示。Ra 值已经标准化，如 100，50，25，12.5……0.4，…，0.012，0.008。表示方法是在符号上标以参数值，见表 4-7、表 4-8 所示。一般来说，Ra 值越小，零件表面越光洁，质量越高。

一般零件尺寸精度越高的表面，其表面粗糙度值也越小。但表面粗糙度值越小的表面，尺寸精度不一定很高，如手柄等非公差配合尺寸表面。

零件表面粗糙度影响零件的使用性能和使用寿命，在保证零件的尺寸、形状和位置精度的同时，不能忽视表面粗糙度的影响，特别是转速高、密封性能要求好的部件要格外重视。

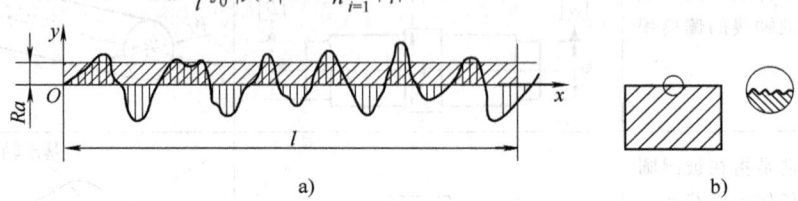

图 4-12 表面粗糙度概念
a）轮廓算数平均偏差 b）工件表面

表 4-7 表面粗糙度符号说明及应用（GB/T 131—2006）

符号	符号说明	应 用
∨	基本符号，两条不等的倾斜的细实线组成	表示表面可用任何方法获得。未指定工艺方法的表面，当通过一个注释解释时可单独使用
∨̄	扩展图形符号，基本符号加一短划	用去除材料的方法获得，例如：车、铣、钻、磨、剪切、抛光、腐蚀、电火花加工、气割等
∨°	扩展图形符号，基本符号加一小圆	用不去除材料的表面方法获得，例如：铸、锻、冲压变形、热轧、粉末冶金等。或者用于表示保持上道工序形成的表面
∨̄ ∨̄ ∨°̄	在上述三个符号的长边上均可加一横线	用于标注有关参数和说明
∨° ∨̄° ∨°°	上述三个符号上均可加一小圆	表示所有表面具有相同的表面粗糙度要求

表 4-8 轮廓算数平均偏差 Ra 的标注

代 号	意 义
∨ $Ra\ 3.2$	用任何方法获得的表面粗糙度，Ra 的上限值为 $3.2\mu m$
∨̄ $Ra\ 3.2$	用去除材料的方法获得的表面粗糙度，Ra 的上限值为 $3.2\mu m$
∨° $Ra\ 3.2$	用不去除材料方法获得的表面粗糙度，Ra 的上限值为 $3.2\mu m$
∨̄ $URa\ 3.2$ $LRa\ 1.6$	用去除材料方法获得的表面粗糙度，Ra 的上限值为 $3.2\mu m$，Ra 的下限值为 $1.6\mu m$

2. 表面粗糙度标注

表面粗糙度在图样上的注法，在同一图样上每一表面只注一次粗糙度代号，且应注在可见轮廓线、尺寸界线、引出线或它们的延长线上，并尽可能靠近有关尺寸线。当零件大部分表面具有相同的粗糙度要求时，对其中使用最多的一种代（符）号，可统一标注在图样的右上角，并加注"其余"两字。所注代号和文字大小是图样上其他表面所注代号和文字的1.4倍，如图4-13所示。

3. 表面粗糙度参数确定原则

1）在满足表面性能要求的前提下，应尽量选用较大的粗糙度参数值。

2）工作表面的粗糙度参数值应小于非工作表面的粗糙度参数值。

3）配合表面的粗糙度参数值应小于非配合表面的粗糙度参数值。

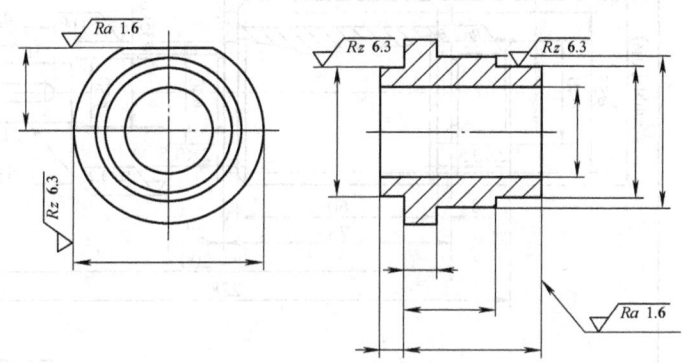

图 4-13 粗糙度的标注

4）运动速度高、单位压力大的摩擦表面的粗糙度参数值应小于运动速度低、单位压力小的摩擦表面的粗糙度参数值。

5）一般接触面 Ra 值取 $6.3\sim3.2\mu m$；配合面 Ra 值取 $0.8\sim1.6\mu m$；钻孔表面 Ra 值取 $12.5\mu m$。

（四）其他技术要求

零件图中除了对零件制造提出尺寸公差、表面粗糙度、形状和位置公差等技术要求外，还给出了零件的材料、表面硬度以及热处理等方面的要求。

第三节 基 本 技 能

一、识读零件图的方法和步骤

1）看标题栏，了解概况。

2）分析图形，想形状。

3）分析尺寸，定大小。

4）看技术要求，明确质量指标。

业内小提示：对于复杂的零件图，先看主要部分，后看次要部分；先看整体，后看细节；先看容易看懂部分，后看难懂部分。

二、零件图识读举例

1. 识读轴套类零件图

轴套类零件的主要工序是在车床和磨床上进行的。图4-14所示为轴套类零件图，识图步骤如下：

1）看标题栏，了解概况。从标题栏可知，该零件叫齿轮轴。齿轮轴是用来传递动力和运动的,其材料为45钢,属于轴类零件。最大直径60mm,总长228mm,属于较小的零件。

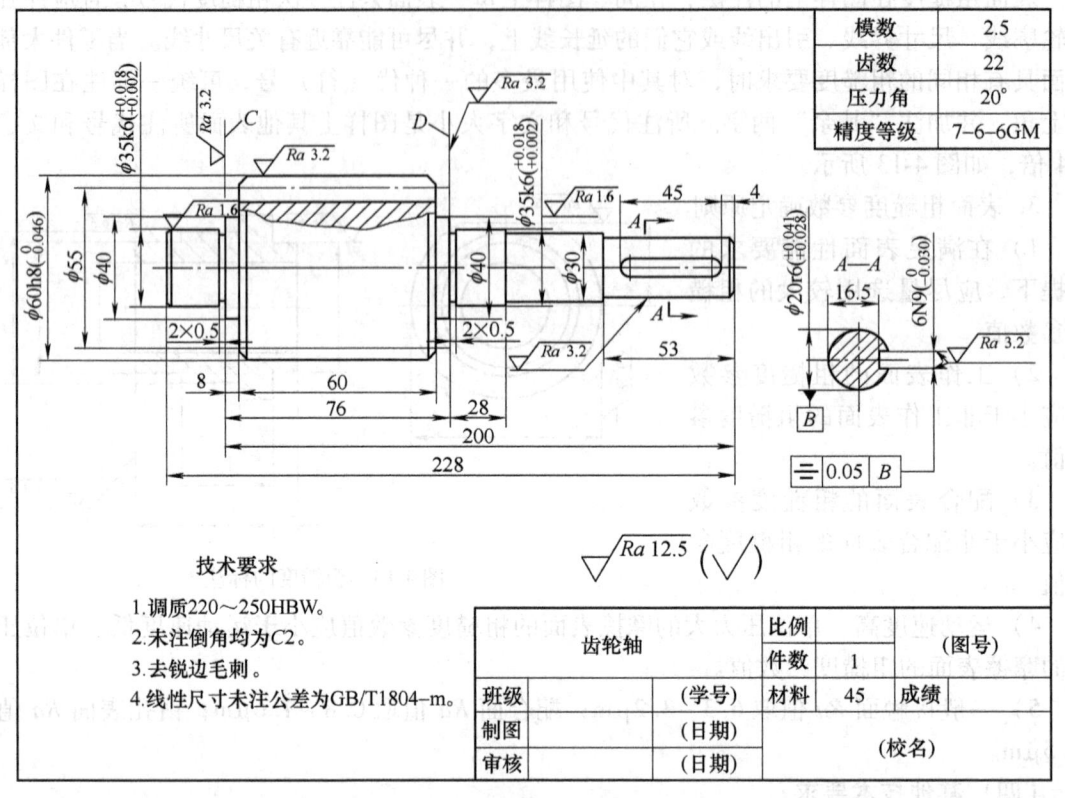

图4-14 轴套类零件图

2)分析图形,想形状。表达方案由主视图和移出断面图组成,轮齿部分作了局部剖。主视图(结合尺寸)已将齿轮轴的主要结构表达清楚,该齿轮轴由几段不同直径的回转体组成,最大直径的圆柱上有轮齿,最右端圆柱上有一键槽,零件两端及轮齿两端有倒角,C、D两端面处有砂轮越程槽。移出断面图用于表达键槽深度和进行有关标注。

3)分析尺寸,定大小。齿轮轴中两ϕ35k6轴段及ϕ20r6轴段用来安装滚动轴承及联轴器,径向尺寸的基准为齿轮轴的轴线。端面C用于安装挡油环及轴向定位,所以端面C为长度方向的主要尺寸基准,注出了尺寸2、8、76等。端面D为长度方向的第一辅助尺寸基准,注出了尺寸2、28。齿轮轴的右端面为长度方向尺寸的另一辅助基准,注出了尺寸4、53等。键槽长度45,齿轮宽度60等为轴向的重要尺寸,已直接注出。

4)看技术要求,明确质量指标。两个ϕ35及ϕ20的轴颈处有配合要求,尺寸精度较高,均为6级公差,相应的表面粗糙度要求也较高,分别为$Ra1.6\mu m$和$3.2\mu m$。对键槽提出了对称度要求,对热处理、倒角、未注尺寸公差等提出了4项文字说明要求。

通过上述看图分析,对齿轮轴的作用、结构形状、尺寸大小、主要加工方法及加工中的主要技术指标要求,就有了较清楚的认识。综合起来,即可得出齿轮轴的总体印象。

2. 识读箱体类零件图

箱体类零件的毛坯多为铸件,加工工序较多,一般是按它的工作位置选择主视图。如图4-15所示,识图步骤如下:

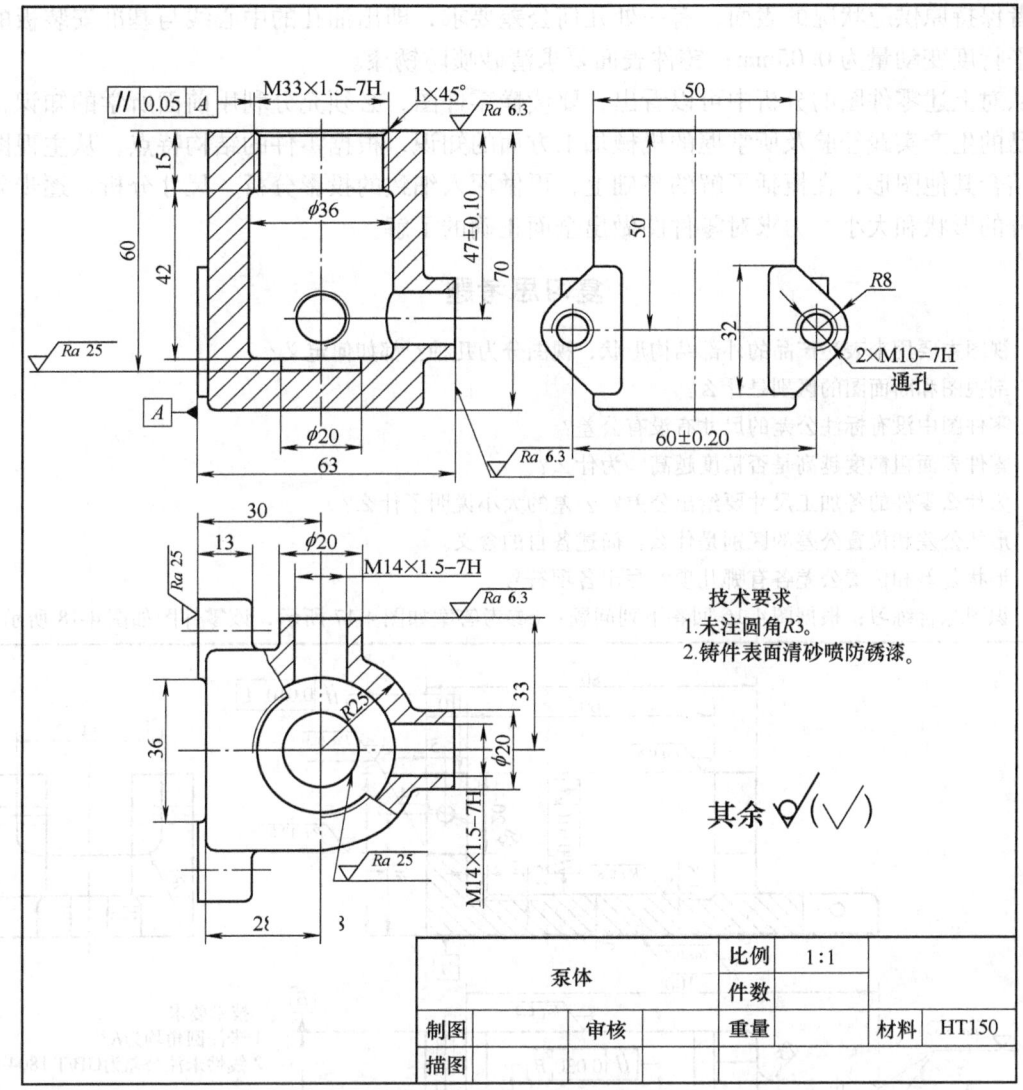

图 4-15 箱体类零件

1)看标题栏,概括了解。从标题栏中可知该零件名称是泵体,属于箱体类零件;采用 1:1 比例绘制;材料 HT150 灰铸铁,最小抗拉强度 150MPa。

2)分析图形,想形状。该零件用了三个基本视图,即主视图、俯视图、左视图。采用全剖和局部视图来表达内部结构。

3)分析尺寸,定大小。首先找出长、宽、高三个方向的尺寸基准,然后找出主要尺寸。长度方向的基准在安装板的端面;宽度方向的基准在泵体前后对称面;高度方向的基准在泵体的上端面。47 ± 0.1、60 ± 0.2 是主要尺寸,加工时必须保证。从进出油口及顶面尺寸 M14×1.5—7H 和 M33×1.5—7H 可知,它们都属于细牙普通螺纹,同时这几处端面粗糙度 Ra 值为 $6.3\mu m$,要求较高,以便对外连接紧密,防止漏油。

4)看技术要求,明确质量指标。零件的进出油孔端面等 4 处给出了表面粗糙度的要求,其中要求最高的是 $Ra2.5\mu m$,最低的是 $Ra6.3\mu m$,其余用不去除材料方法获得的表面粗糙度或者保持原供应状况的表面；有一处几何公差要求，即出油孔的中心线与基准安装板的端面的平行度变动量为 0.05mm；铸件表面要求清砂喷防锈漆。

从对上述零件图的分析中可以看出，要读懂零件图，必须充分利用前面所学的知识，结合自己的生产实践经验及所掌握的机械加工方面的知识，根据零件的结构特点，从主视图着手并结合其他图形，在概括了解的基础上，再做深入细致的投影分析、尺寸分析，逐步弄清各部分的形状和大小，力求对零件图做出全面正确的了解。

复习思考题

1. 视图主要用来表达产品的外部结构形状，视图分为几种？都如何定义？
2. 剖视图和断面图的区别是什么？
3. 零件图中没有标注公差的尺寸有没有公差？
4. 零件表面粗糙度越高是否精度越高？为什么？
5. 为什么零件的各加工尺寸要给出公差？公差的大小说明了什么？
6. 形状公差和位置公差的区别是什么？简述各自的含义。
7. 形状公差和位置公差各有哪几项？写出各项符号？
8. 识图综合练习：根据图4-16回答下列问题：（参考答案如图4-17所示，该零件图如图4-18所示）

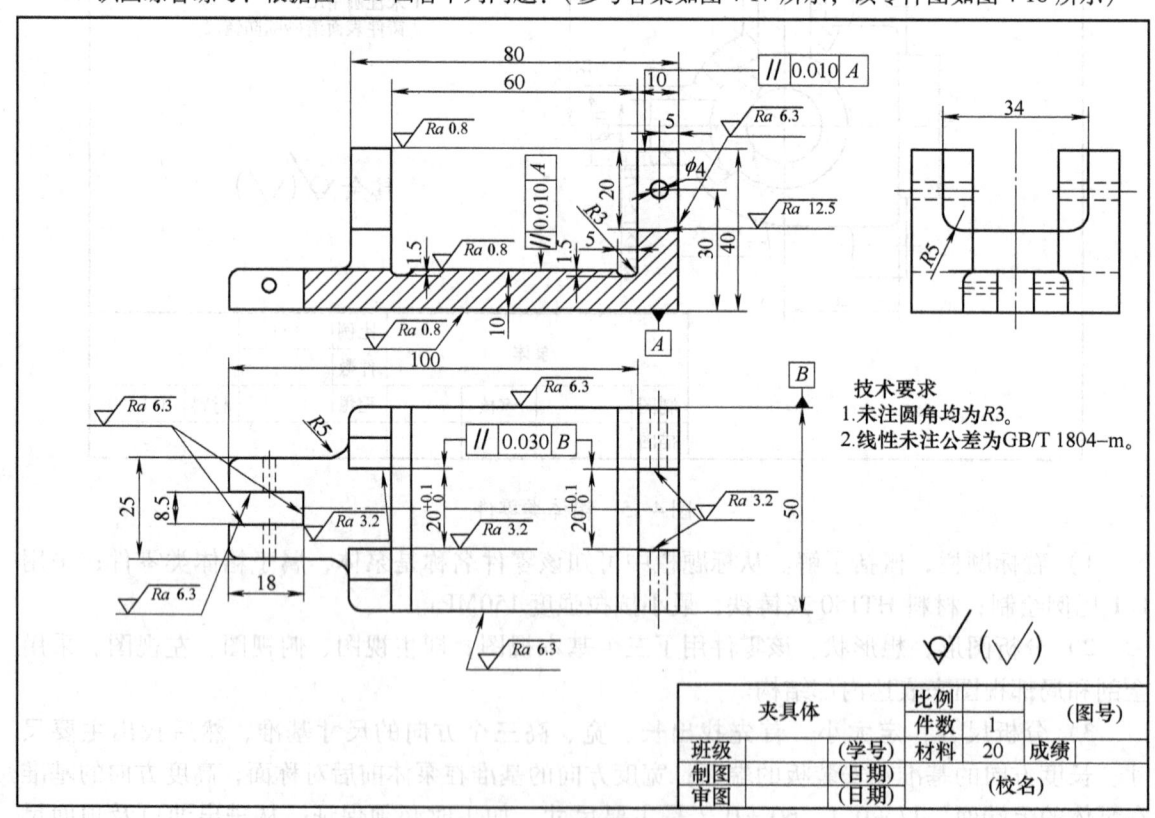

图4-16　综合练习识图

1）主视图为什么要采用全剖视图？不采用全剖视图是否可以？
2）该零件左上方的开口形状是怎样的？
3）指出长宽高三个方向的主要基准？

4）说明图中各几何公差的含义？

答：1）该零件外形较简单，采用全剖视图不影响外部结构的表达，但不采用全剖也是可以的，比如用两个局部剖也可以表达清楚。

2）该零件左上方的开口形状如图 4-17 所示。

3）长度方向的主要基准为右端面。

　　宽度方向的主要基准为前后对称面。

　　高度方向的主要基准为底面。

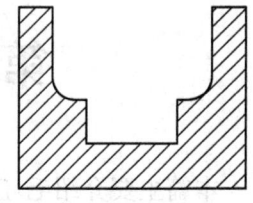

图 4-17　零件左上方开口形状

4）上方 ⫽ 0.010 A 表示顶面相对于底面 A 的平行度公差为 0.010mm。

　　槽底 ⫽ 0.010 A 表示槽底面相对于底面 A 的平行度公差为 0.010mm。

　　⌯ 0.030 B 表示槽 $20^{+0.100}_{0}$ 的对称相对于 50 的对称度公差为 0.030mm。

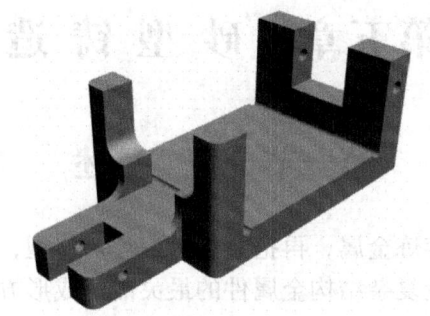

图 4-18　夹具体零件

第二篇 毛坯制造基本方法

本篇主要介绍毛坯制造的基本方法。随着新工艺、新设备的出现,毛坯制造技术的概念已越来越模糊,如精密铸造已不属于毛坯制造范畴。本篇重点介绍了砂型铸造、锻压和焊接等传统制造方法。

第五章 砂型铸造

第一节 概述

铸造是通过制造铸型,熔炼金属,再把金属熔液注入铸型,经凝固和冷却,从而获得所需铸件的成形方法。它是制造复杂结构金属件的最灵活的成形方法,如机床床身、发动机气缸体、各种支架和箱体等。

铸造在我国已有几千年的历史,出土文物中大量的古代生产工具和生活用品就是用铸造方法制成的。今天,铸造在国民经济中仍然占有很重要的地位,广泛应用于工业生产的很多领域,特别是机械工业,以及日常生活用品、公用设施、工艺品等的制造和生产。

铸造生产具有以下特点:
1)铸造可以生产出外形尺寸从几毫米到几十米、质量从几克到几百吨、结构从简单到复杂的各种铸件,尤其是可以形成具有复杂形状内腔的铸件。
2)铸造的生产成本低。因为铸件的尺寸、形状与零件要求相近,能节省大量的材料和加工费用;铸造还可以利用回收的废旧金属,节约成本和资源。
3)铸造工艺灵活性大,不受零件尺寸及形状结构复杂程度的限制。
4)铸造工序多,生产工艺复杂,生产周期长,劳动条件差,且常常伴随环境污染;铸件成品率低,力学性能差,质量难以控制,易产生各种缺陷且不易发现。

常用的铸造方法有砂型铸造和特种铸造两大类。特种铸造又分为熔模铸造、金属型铸造、压力铸造、实型铸造、离心铸造等多种铸造方法,且各种新方法还在不断出现。砂型铸造是应用最广泛的一种铸造方法,其生产的铸件约占铸件总量的80%以上。本章重点介绍砂型铸造。

常用铸造方法及特点见表5-1,图5-1所示为铸件制品的实物照片。

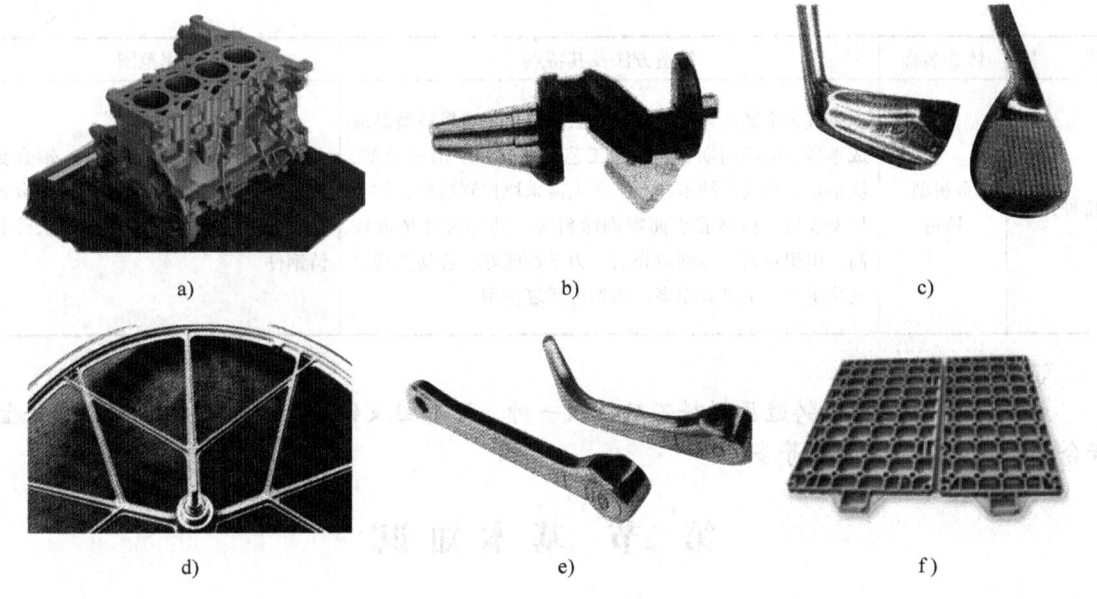

图 5-1 铸件制品

a) 砂型铸造气缸制品（复杂形状内腔） b) 砂型铸造曲轴制品 c) 熔模铸造不锈钢制品
d) 压力铸造制品（细部不产生砂眼） e) 金属型铸造制品（右侧零件宁弯不折）
f) 消失模铸造（没有接缝与缺陷）

表 5-1 常用铸造方法及特点

类别	铸造名称	铸造方法及其特点	适用范围
砂型铸造	砂型铸造	将液态金属浇入砂型获得铸件。使用的材料为原砂、粘接剂和煤粉等附加物。砂型的制造方法有手工造型和机器造型两种。铸件的尺寸精度较低，表面较粗糙，生产成本低，手工造型的效率不高。但砂型铸造是一种传统的铸造成形方法，目前仍在普遍使用	手工造型：单件、小批量和难以使用造型机的形状复杂的大型铸件；机械造型：适用于批量生产的中、小铸件
特种铸造	压力铸造（压铸）	将液态金属在高压下快速充型，在压力下凝固形成铸件，是目前铸造生产中先进的加工工艺之一。铸件的尺寸精度高，表面较光洁，生产容易实现自动化，生产效率高，产品质量好，产品成本低，但压铸设备投资大，制造压铸型费用高、周期长，只适用于大量生产。普通压铸件不能热处理	可铸材料范围广，常用于汽车、拖拉机、医疗器械、日用五金以及航空航天工业等精度要求高的零件，如气缸体、箱体、喇叭外壳等铝、镁、锌合金铸件生产
特种铸造	熔模铸造（失蜡铸造）	先用石蜡做出模样，在石蜡模样周围涂覆耐火材料制成型壳，熔掉模样后高温焙烧，再用液体金属浇注成形而得到铸件。铸件的尺寸精度高，表面较光洁，但生产工序繁多，生产周期长，多用于小尺寸铸件的生产，是少无切削加工的重要方法之一	难加工技术材料和难加工形状零件，如铸造刀具，涡轮叶片，仪表元件，汽车、拖拉机、机床上的小型零件等
特种铸造	实型铸造（消失模铸造）	模样用泡沫塑料制造，造型后不取出模样，浇注液态金属时，模样汽化消失获得铸件。铸件尺寸精度较高，工序少，生产效率高。但模样只能使用一次，泡沫塑料汽化时对生产环境有一定影响	几乎不受铸造合金、铸件大小及生产批量限制，尤其适用于形状复杂，如模具、气缸体、管件、曲轴、叶轮、壳体、艺术品、床身、机座等

(续)

类别	铸造名称	铸造方法及其特点	适用范围
特种铸造	金属型铸造	将液态金属浇入金属铸型内获得铸件。金属铸型制造成本高，生产周期长，铸造工艺要求高，易出现冷壁、浇不足、裂纹等缺陷，在工艺上需采取控制措施，如金属型预热、在型腔表面喷刷涂料等。铸件尺寸精度较高，组织致密，表面较光洁，力学性能好，容易实现自动化生产，生产效率高，铸型可反复使用	主要生产非铁合金铸件，铝合金活塞、气缸体、泵壳体、铜合金轴瓦轴套等，也可生产某些铸铁件和铸钢件

业内小提示：铸造原材料不只铸铁一种，还有铝及铝合金、铜及铜合金、镁合金、锌合金、锡合金、铅合金等多种。

第二节 基本知识

一、砂型铸造的工艺过程

砂型铸造是用型砂制成铸型并进行浇注而生产铸件的铸造方法。其生产工序包括配制型（芯）砂、制作模样和芯盒、造型、制芯、合箱、金属的熔化与浇注以及落砂、清理与检验等，如图 5-2 所示。砂型铸造工艺过程如图 5-3 所示。

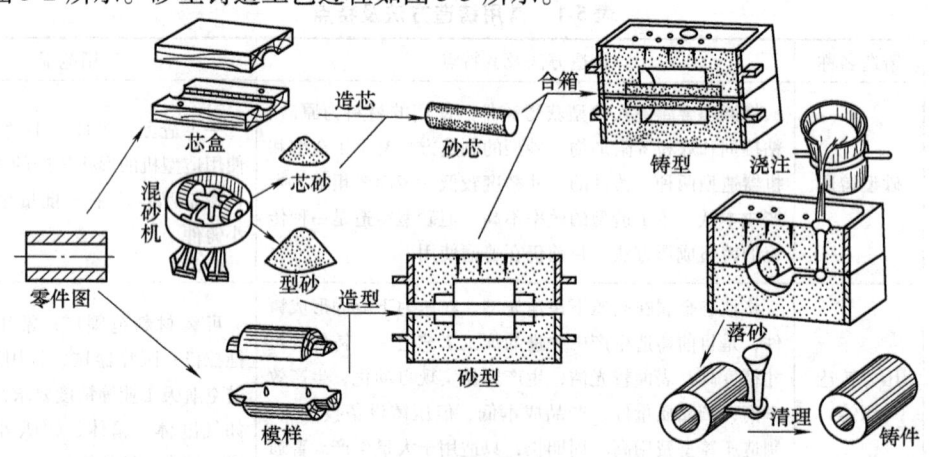

图 5-2 砂型铸造的工艺过程

1. 基本术语

1）铸件。用铸造方法制成的金属件，一般作为毛坯使用。

2）零件。铸件经切削加工制成的金属件。

3）铸型。用型砂、金属或耐火材料制成；包括形成铸件形状的空腔、型芯和浇冒系统的组合整体。

4）型腔。铸型中造型材料所包围的空腔部分。

5）模样。由木材、金属或其他材料制成的模具，用来形成铸型型腔的工艺装备。

6）砂芯。为获得铸件的内孔或局部外形，用芯砂或其他材料制成，安放在型腔内部的铸型组元。

第五章 砂型铸造

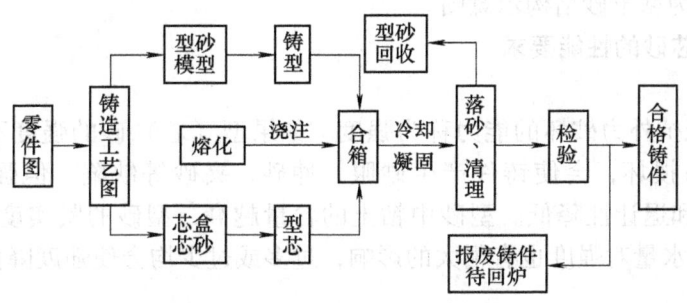

图 5-3 砂型铸造的工艺过程

7) 芯盒。制造砂芯或耐火材料所用的装备。
8) 分型面。铸型组元间的接合面。
9) 分模面。模样组元间的接合面。

二、铸造用砂

砂型铸造的造型材料由原砂、粘接剂、附加物等按一定比例和制备工艺混合而成，它具有一定的物理性能，能满足造型的需要。制造铸型的造型材料称为型砂，制造型芯的造型材料称为芯砂。型砂和芯砂性能的优劣直接关系到铸件质量的好坏和成本的高低。

（一）型砂和芯砂的组成

1. 原砂

只有符合一定技术要求的天然矿砂才能作为铸造用砂，这种天然矿砂称为原砂。天然硅砂因资源丰富，价格便宜，是铸造生产中应用最广的原砂，它含有 85% 以上的 SiO_2 和少量其他物质等。原砂的粒度一般为 270~104μm（50~140 目）。

2. 粘接剂

砂粒之间是松散的，且没有粘接力，不能形成具有一定形状的整体。在铸造生产过程中，须用粘接剂把砂粒粘接在一起，制成砂型或型芯。铸造用粘接剂的种类较多，按其组成可分为有机粘接剂（如植物油类、合脂类、合成树脂类粘接剂等）和无机粘接剂（如粘土、水玻璃、水泥等）两大类。粘土是最常用的一种粘接剂，它价廉而丰富，具有一定的粘接强度，可重复使用。用合成树脂作为粘接剂的型（芯）砂，具有硬化快、生产效率高、硬化强度高、砂型（芯）尺寸精度高、表面光洁、退让性和溃散性好等优点，但由于成本较高，应用还不普遍。用粘土作为粘接剂的型（芯）砂称为粘土砂，用其他粘接剂的型（芯）砂则分别称为水玻璃砂、油砂、合脂砂和树脂砂等。

3. 涂料

对于砂型和型芯，常把一些防粘砂材料（如石墨粉、石英粉等）制成悬浊液，涂刷在型腔或型芯的表面上，以提高铸件表面质量，这称之为上涂料。涂料最常使用的溶剂是水，而快干涂料常用煤油、酒精等作为溶剂。对于湿型砂，可直接把涂料粉（如石墨粉）喷洒在砂型或型芯表面上，同样起涂料作用。

铸型所用材料除了原砂、粘接剂、涂料外，还加入某些附加物，如锯木屑等，以增加砂型或型芯的透气性和提高铸件的表面

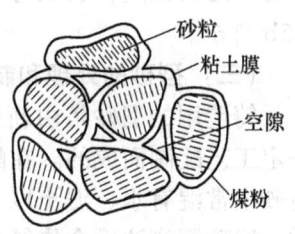

图 5-4 粘土砂结构

质量。图 5-4 所示为粘土砂结构示意图。

(二) 型砂和芯砂的性能要求

1. 强度

型（芯）砂抵抗外力破坏的能力称为强度。如果型（芯）砂的强度不够，则在生产过程中铸型（芯）易损坏，会使铸件产生砂眼、冲砂、夹砂等缺陷。但强度过高，会使型（芯）砂的透气性和退让性降低。型砂中粘土的含量越高，型砂的紧实度越高，砂粒越细，则强度就越高。含水量对强度也有很大的影响，过多或过少均会使强度降低。

2. 透气性

让气体通过和使气体顺利逸出型（芯）砂的能力称为透气性。型砂透气性不好，则易在铸件内形成气孔，甚至引起浇不足现象。砂粒越粗大、均匀，且为圆形，砂粒间孔隙就越大，透气性就越好。随着粘土含量的增加，型砂的透气性通常会降低；但粘土含量对透气性的影响与水分的含量密切相关，只有含适量的水分时，型砂的透气性才能达到最大值。型砂紧实度增大，砂粒间孔隙就越少，型砂透气性降低。

3. 耐火性

型砂在高温作用下不熔化、不烧结、不软化且保持原有性能的能力称为耐火性。耐火性差的型砂易被高温熔化而破坏，产生粘砂等缺陷。原砂中 SiO_2 的含量越高，杂质越少，则耐火性越好。砂粒越粗，其耐火性越好，圆形砂粒的耐火性比较好。

4. 退让性

在铸件冷却收缩时，型砂能相应地被压缩变形，而不阻碍铸件收缩的性能称为型砂的退让性。型砂的退让性差，易使铸件产生内应力、变形或裂纹等缺陷。使用无机粘接剂的型砂，高温时发生烧结，退让性差；使用有机粘接剂的型砂，退让性较好。为提高型砂的退让性，可加入少量木屑等附加物。

此外，型（芯）砂还应具有较好的可塑性、流动性、耐用性等。

芯砂在浇注后处于金属液的包围中，工作环境差，除应具有上述性能外，必须有较低的吸湿性、较小的发气性、良好的溃散性（也称落砂性）等，因此，芯砂的性能要求比型砂要高。

业内小提示：在单件小批量生产的铸造车间里，常用手捏法来粗略判断型砂的某些性能，如用手抓起一把型砂，紧捏时感到柔软容易变形；放开后砂团不松散、不粘手，并且手印清晰，如图 5-5a 所示；把它折断时，断面平整均匀并没有碎裂现象，同时感到具有一定的强度，就认为型砂具有了合适的性能要求，如图 5-5b 所示。

(三) 型砂的处理和制备

铸造用的型砂是由新砂、旧砂、粘接剂、附加物和水按一定工艺配制而成的。在配制前，这些材料需经一定的处理。新砂中常混有水、泥土以及其他杂质，须烘干并筛去固体杂质。旧砂因浇注后会烧结成很多大块的砂团，需经破碎后才能使用。旧砂中含有铁钉、木块等杂物，需拣出或经筛分后

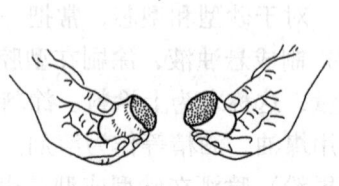

图 5-5 手捏判断法

除去。一般，生产小型铸件的型砂配比是（质量分数）：旧砂90%左右，新砂10%左右，粘土占新旧砂总和的5%~10%，水占新旧砂总和的3%~8%，其余附加物如木屑、煤粉占新旧砂总和的2%~5%。

按一定比例选择好的制砂材料一定要混合均匀，才能使型砂和芯砂具有良好的强度、透气性和可塑性等性能。一般情况下，混砂工作是在混砂机中进行。

三、铸造用模型

模样和芯盒是制作铸件的模具。模样用来获得铸件的外部形状，芯盒用于制造芯子，以获得铸件的内腔。制造模样与芯盒的材料有：木材、铝合金、塑料等。模样、芯盒与砂箱是造型时用到的主要工艺装备。

（一）模样

模样是与铸件外形及尺寸相似并且在造型时形成铸型型腔的工艺装备。模样的结构应便于制作加工，具有足够的刚度和强度，表面光滑，尺寸精确。模样的尺寸和形状是根据零件图和铸造工艺得出的。图5-6a是零件图，图5-6b是考虑铸造工艺参数而得出的铸造工艺图，图5-6c是铸件，图5-6d是模样。

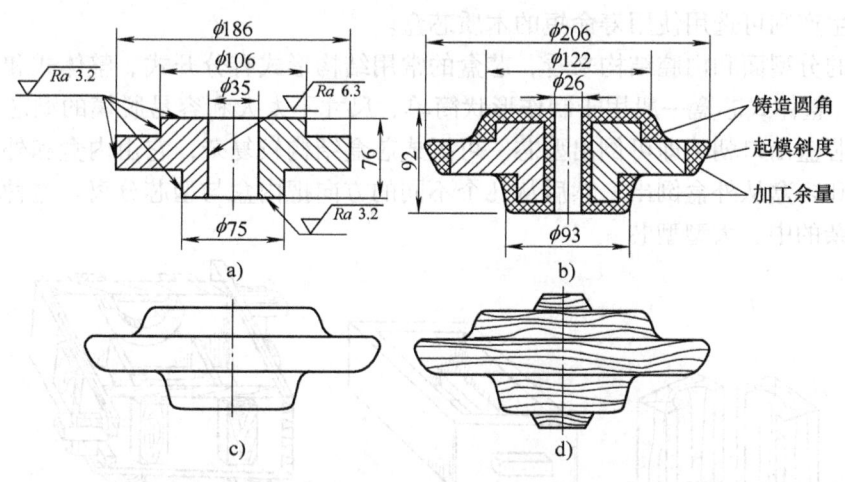

图5-6 法兰的零件图、铸造工艺图及铸件和模样
a) 零件图 b) 铸造工艺图 c) 铸件 d) 模样

设计模样时，要考虑的铸造工艺参数主要有：

1. **收缩率**

金属在铸型内凝固冷却时要收缩，因此模样的尺寸应比铸件尺寸大一些。其大小主要取决于所用铸造合金的种类。

2. **加工余量**

铸件的加工表面必须留有适当的加工余量，机械加工时，切去这层加工余量，才能使零件达到图样要求的尺寸和表面质量。

3. **起模斜度**

为了使模样从铸型中顺利取出，在平行于起模方向的模样壁上留出的向着分型面逐渐增大的斜度称为起模斜度。

4. **铸造圆角**

为了便于金属熔液充满型腔和防止铸件产生裂纹，把铸件转角处设计为过渡圆角。

5. 芯座

造型时，在型腔中留出用于安放芯头以支撑型芯的孔洞称为芯座。

根据制造模样材料的不同，常用的模样分为：

（1）木模　用木材制成的模样称为木模，木模是铸造生产中用得最广泛的一种。它具有价廉、质轻和易于加工成形等优点。其缺点是强度和硬度较低，容易变形和损坏，使用寿命短，一般适用于单件小批量生产。

（2）金属模　用金属材料制造的模样，具有强度高、刚性大、表面光洁、尺寸精确、使用寿命长等特点，适用于大批量生产；但它的制造难度大、周期长、成本也高。金属模样一般是在工艺方案确定后，并经试验成熟的情况下再进行设计和制造的。制造金属模的常用材料是铝合金、铜合金、铸铁、铸钢等，此外，还有塑料模、石膏模等。

（二）芯盒

铸件的孔及内腔是由型芯形成的，型芯又是由模芯制成的。应以铸造工艺图、生产批量和现有设备为依据，确定芯盒的材质和结构尺寸。大批量生产应选用经久耐用的金属芯盒，单件小批量生产则可选用使用寿命短的木质芯盒。

从芯盒的分型面和内腔结构来看，芯盒的常用结构形式有分开式、整体式和可拆式，如图 5-7 所示。整体式芯盒一般用于制作形状简单、尺寸不太大和容易脱模的型芯，它的四壁不能拆开，芯盒出口朝下即可倒出型芯。可拆式芯盒结构较复杂，它由内盒和外盒组成。起芯时，型芯和内盒从外盒倒出，然后从几个不同的方向把内盒与型芯分离。这种芯盒适用于制造形状复杂的中、大型型芯。

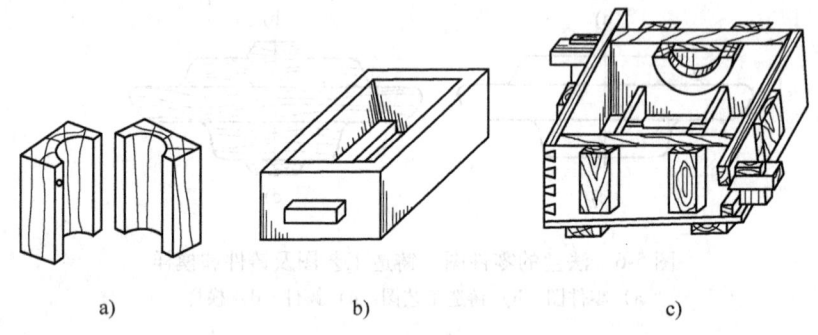

图 5-7　芯盒结构形式
a) 分开式　b) 整体式　c) 可拆式

（三）砂箱

砂箱是铸造生产常用的工装，造型时，用来容纳和支承砂型；浇注时，砂箱对砂型起固定作用。

四、常用铸型工具

图 5-8 所示为小型砂箱和造型工具，用于浇注尺寸较小的铸件。另外，还有大型砂箱，用于浇注尺寸较大的铸件。合理选用砂箱可以提高铸件质量和劳动生产率，减轻劳动强度。手工造型常用工具还有铁锹、筛子、排笔等。

五、铸造设备

主要铸造设备见表 5-2。

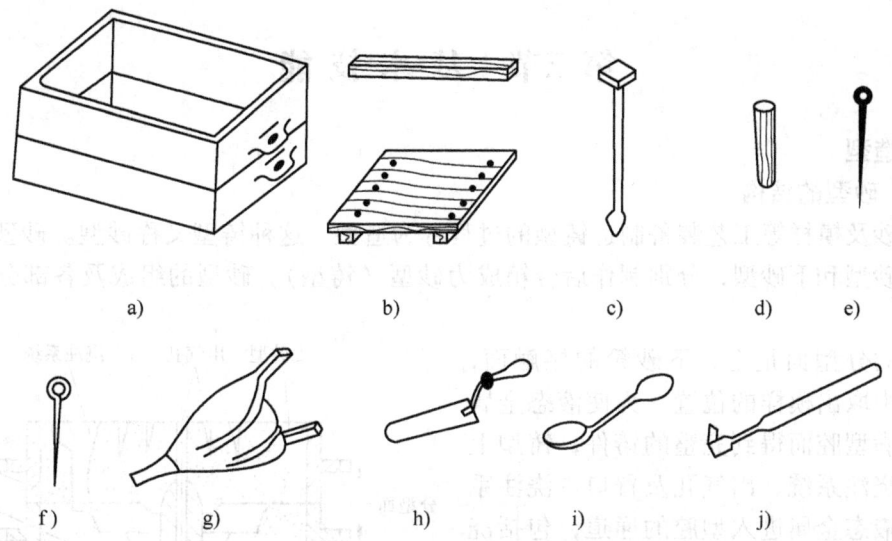

图 5-8　小型砂箱和造型工具
a）砂箱　b）刮砂板和底板　c）春砂锤　d）浇口棒　e）通气针　f）起模针
g）皮老虎　h）墁刀：修平面及挖沟槽用　i）秋叶：修凹的曲面用
j）砂勾：修深的底部或侧面，及钩出砂型中散砂用

表 5-2　主要铸造设备

设备类型	设备名称	主要用途
金属熔化	冲天炉、反射炉	熔炼一般铸铁合金，在熔炼过程中会产生氧化、增硫、增碳
	电弧炉、感应炉、平炉	熔炼高合金含量的铸铁及铸钢
	坩锅炉	熔炼非铁合金，可防止元素的氧化
浇注	浇包、浇注装置	放置液态金属及浇注用
运输	装料机械	向熔炼炉内送料
	金属输送机械	金属材料的搬运、浇包的运输、铸件的运输
型砂加工	混砂机、筛沙机	对铸造用的型砂进行处理
落砂	捅箱机、振动落砂机	使铸件和砂箱及型砂分离
清理	切割机	使铸件和浇冒口分离
	抛丸机、喷丸机、振动机	清除铸件上的型砂、氧化皮及飞边
特种铸造	压铸机	用于压力铸造，有普通压铸机、低压压铸机及差压铸造机等
	金属型铸造机	用于金属型铸造
	离心铸造机	将液态金属注入离心铸造机内，在离心力作用下填充铸型，凝固成型
	熔模铸造设备	用于熔模铸造，包括蜡的熔化、加工、焊接、焙烧等
检验	型砂试验仪器	对型砂的质量进行检验
	材料分析仪器	对熔炼前的材料、熔炼过程及铸件的化学成分进行分析
	铸件力学性能试验仪	对试件的力学性能进行试验
	无损检测仪器	用 X 射线、磁探伤等方法对铸件中的气孔、缩松及裂纹进行检查
	金相检查仪	检查试样断面来判断铸件是否有孔、夹杂、偏析、粗晶及脱碳层
环保	除尘装置	降低生产车间内的尘埃、保护生产有良好的环境

第三节 基本技能

一、造型

（一）砂型的结构

用型砂及模样等工艺装备制造铸型的过程称为造型。这种铸型又称砂型。砂型铸造的铸型分为上砂型和下砂型，分别制作后合箱成为砂型（铸型）。砂型的组成及各部分名称如图 5-9 所示。

铸型的分型面是上、下砂箱的接触面，是从铸型中取出模样的位置。为使液态金属快速地充满型腔而得到完整的铸件，铸型上必须设有浇注系统、出气孔及冒口。浇注系统是引导液态金属进入型腔的通道，包括浇口杯和各种浇道。冒口的主要作用是向铸件最后凝固部分补充金属液以消除缩孔。

（二）手工造型方法

手工造型是人工用造型工具来制造砂型。常用的方法有：整模造型、分模造型、挖砂造型、活块造型、三箱造型，适用于单件小批量生产。

1. 整模造型

整模造型过程如图 5-10 所示。特点是分型面多为平面，铸型型腔全部在一个砂箱内，

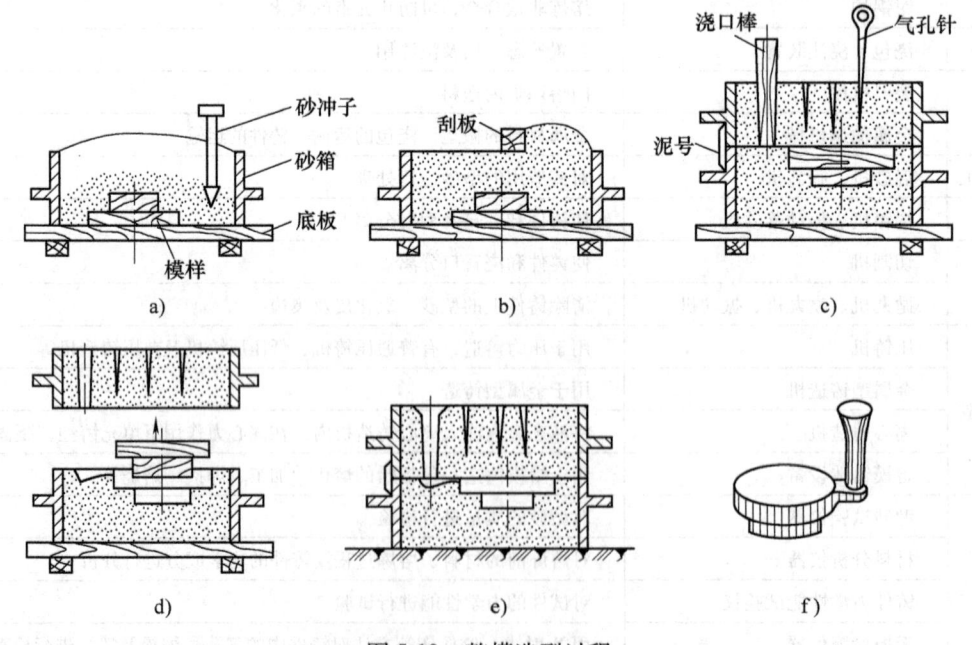

图 5-10 整模造型过程
a) 造下型、填砂、舂砂　b) 刮平、翻下型　c) 造上型、扎气孔、做泥号
d) 敞箱、起模、开浇口　e) 合型　f) 落砂后带浇口的铸件

造型简单,铸件不会产生错箱缺陷。应用范围:最大截面在模样一端且为平面,适用于形状简单的铸件,如盘、盖类。

2. 分模造型

分模造型的特点是:模样是分开的,模样的分开面(称分模面)必须是模样的最大截面,以利于起模,简便操作。分模造型过程与整模造型基本相似,不同的是造上型时增加放上半模样和取上半模样两个操作。套筒的分模造型过程如图 5-11 所示。分模造型适用于形状较复杂的铸件,如套筒、管子和阀体等。

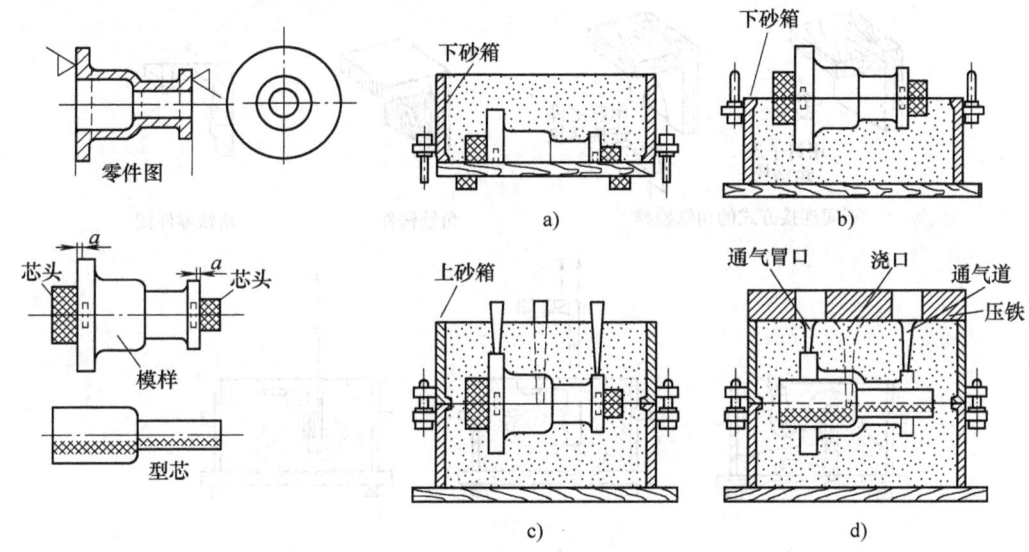

图 5-11 套管的分模造型过程
a)造下型 b)翻转下型合模样 c)造上型 d)铸型装配图

3. 挖砂造型

挖砂造型的特点是:模样为整体模,造型时需挖去阻碍起模的型砂,铸型的分型面是不平分型面,造型麻烦,挖砂操作技术要求较高,生产率低。应用范围:模样薄、分模后易损坏或变形的形状复杂铸件。手轮的挖砂造型过程如图 5-12 所示。

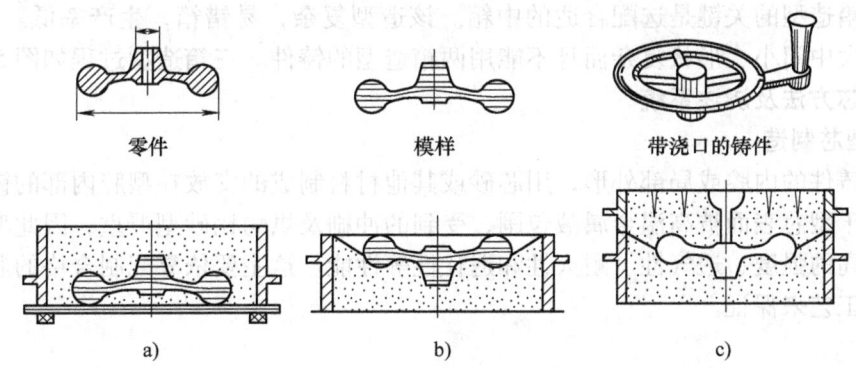

图 5-12 手轮的挖砂造型过程
a)放置模样开始造下箱 b)翻转挖出分型面 c)造上型后合箱

业内小提示：分型面挖砂时要注意挖到最大截面，分型面坡度尽量小并应修抹得平整光滑。

4. 活块造型

活块造型的特点是：将模样上妨碍起模的部分，做成能移出的活块便于起模；造型和制作模样都很麻烦，生产率低。应用范围：带有突起部分（如凸台、肋条）等结构的铸件。活块造型过程，如图5-13所示。

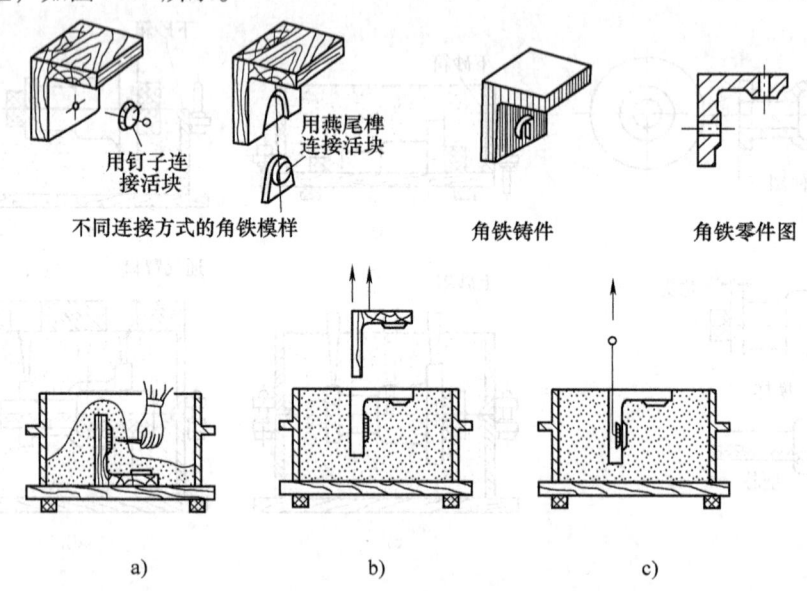

图 5-13 活块造型过程
a) 造下砂箱，拔出钉子 b) 取出模样主体 c) 用弯折的起模针取出活块

业内小提示：凸台厚度应小于该处模样的1/2，否则活块难以取出。

5. 三箱造型

特点：铸件两端截面尺寸比中间部分大，采用两箱无法起模，将铸型放在三个砂箱中组合而成。三箱造型的关键是选配合适的中箱。该造型复杂，易错箱，生产率低。应用范围：适用于两头大中间小、形状复杂而且不能用两箱造型的铸件。三箱造型过程如图5-14所示。

二、造芯方法及浇注系统

（一）型芯制造

为获得铸件的内腔或局部外形，用芯砂或其他材料制成的安放在型腔内部的铸型组元称为型芯。由于型芯表面被高温金属液包围，受到的冲刷及烘烤比砂型严重，因此型芯必须具有比砂型更高的强度、透气性、耐火性和退让性等性能。这主要依靠配制合格的芯砂及采用正确的造芯工艺来保证。

1. 芯砂

一般型芯可用粘土芯砂。但粘土量要比型砂高，有时也用活化膨润土。新砂比例要大并加入木屑以增加型芯的退让性和透气性。对于形状较复杂、强度要求较高的型芯多用合脂砂；少数薄壁、形状极复杂的型芯需用桐油砂；大批量生产的复杂型芯宜用树脂砂。

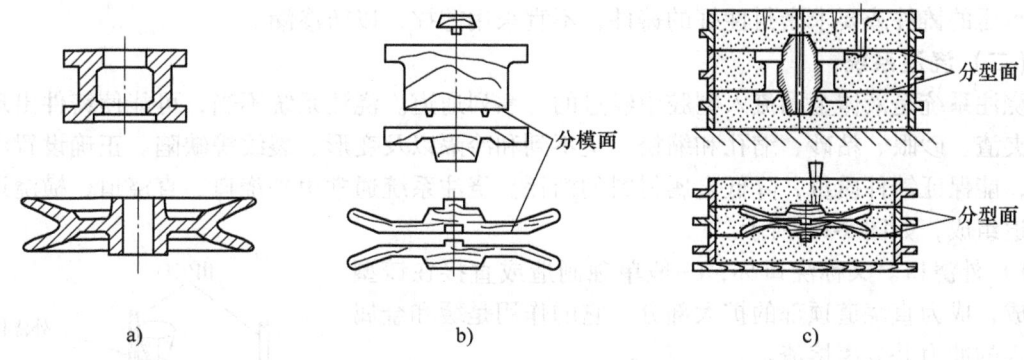

图 5-14 三箱造型过程
a) 典型零件示例　b) 模样　c) 铸型图

2. 造芯工艺特点

造芯工艺中应采取下列措施以保证型芯能满足各项性能要求。

（1）放芯骨　型芯中应放入芯骨以提高强度，小型芯的芯骨可用铁丝，大中型芯的芯骨要用铸铁制成，为了吊运型芯方便，往往在芯骨上做出吊环。

（2）开通气道　型芯中必须做出贯通的通气道，以提高型芯的透气性。型芯通气道一定要与砂型出气孔接通，对一些薄而较复杂的型芯，有时可采用蜡线法制作，造芯时，将蜡线埋入型芯中，当烘干时，芯中蜡线被烧掉，芯内形成通气道。对于大的型芯，在型芯中心或厚的部位填放焦炭或炉渣，可以提高排气能力，同时退让性也好。

（3）刷涂料　大部分型芯表面要刷涂料，以提高耐高温性能，防止铸件粘砂。铸铁件多用石墨粉涂料，铸钢件多用石英粉涂料。

（4）烘干　型芯与铸型不同，必须烘干使用。型芯烘干后强度和透气性都能得到提高。

（5）型芯的固定　型芯的固定依靠芯头，芯头必须有足够的尺寸和适当的形状，能够使型芯牢固地固定在铸型中，以免型芯在浇注时飘浮、偏斜或移动。

芯头按其固定方式可分为垂直式、水平式和特殊式（如悬臂式、吊芯等）几种，如图 5-15 所示。其中垂直式和水平式芯头的定位方式，方便可靠，应用最多。

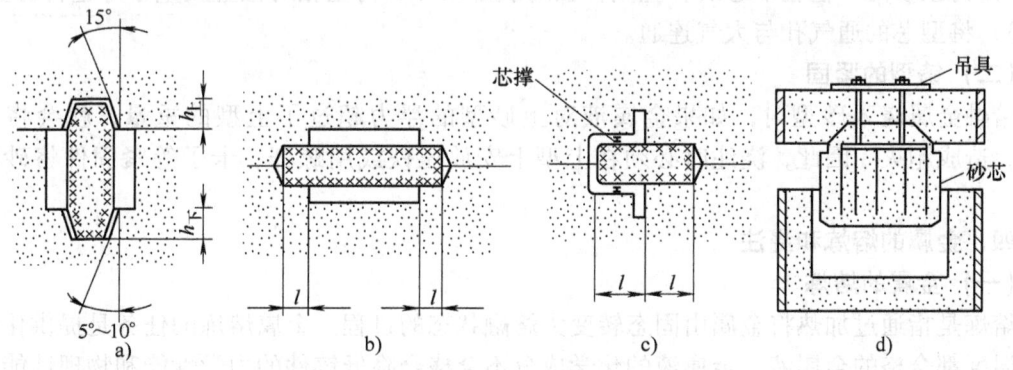

图 5-15 型芯的固定方式
a) 垂直式　b) 水平式　c) 悬臂式　d) 吊芯式

如果铸件的形状特殊，单靠芯头不能使型芯牢固定位时，可以采用钢、铸铁等金属材料制成的芯撑加以固定。芯撑在浇注时，和液态金属可以熔合在一起，但是致密性差。所以，要求承压的铸件或要求密封性好的铸件，不宜采用芯撑，以防渗漏。

（二）浇注系统

浇注系统是液体金属流入型腔中经过的一系列通道。浇注系统不当，可能使铸件出现气孔、夹渣、砂眼、粘砂、缩孔和缩松、浇不到和冷隔以及变形、裂纹等缺陷。正确设置浇注系统，能保证铸件质量，降低金属材料的消耗。浇注系统通常由外浇口、直浇道、横浇道和内浇道组成，如图 5-16 所示。

1）外浇口。又称浇口杯，一般单独制造或直接在铸型中形成，成为直浇道顶部的扩大部分。它的作用是缓和金属液浇入的冲力并分离熔渣。

2）直浇道。直浇道是浇注系统中的垂直通道，通常带有一定的锥度。利用直浇道的高度产生一定的静压力，使金属产生充型压力。直浇道高度越高，产生的充型压力越大，熔融金属流入型腔的速度越快，就越容易充满型腔的细薄部分。

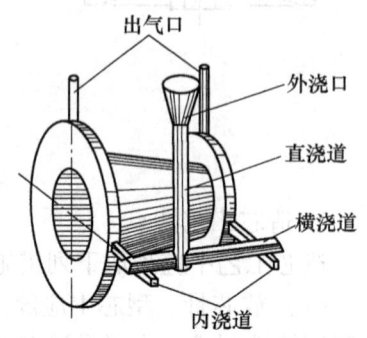

图 5-16　浇注系统

3）横浇道。横浇道是浇注系统中的水平通道部分，断面多为梯形。它的主要作用是挡渣。

4）内浇道。内浇道的作用是控制金属液流入型腔的速度和方向。截面形状一般是扁梯形和月牙形，也可用三角形。

三、合型

将上型、下型、砂芯、浇口杯等组合成一个完整铸型的操作过程称为合型，又称合箱。合型是造型的最后一道工序，直接关系到铸件的质量。即使铸型和砂芯的质量很好，若合型操作不当，也会引起气孔、砂眼、错箱、偏芯、飞边和跑火等缺陷。

（一）合型的步骤

1）下型芯。下芯前，应先清除型腔、浇注系统和砂芯表面的浮砂，并检验其形状、尺寸和排气道是否通畅，下芯应平稳、准确。

2）铸型装配、检验下芯后，应用样板对装配尺寸、铸型相对位置及壁厚等进行检查。

3）将型芯的通气孔与大气连通。

（二）铸型的紧固

熔融金属浇入砂型时，如果金属液对上砂型的浮力超过了上型的重量，就会将上型浮起，造成跑火。因此，浇注时必须在上型上安放压铁或用螺杆、卡子等紧固件将砂箱夹紧。

四、金属的熔炼和浇注

（一）金属的熔炼

熔炼是指通过加热将金属由固态转变为熔融状态的过程。金属熔炼的任务是提供化学成分和温度都合格的金属液。金属液的化学成分不合格会降低铸件的力学性能和物理性能；金属液的温度过低，会使铸件产生浇不足、冷隔、气孔和夹渣等缺陷。

在铸造生产中，用得最多的合金是铸铁，铸铁通常用冲天炉或电炉来熔炼。机械零件的强度、韧性要求较高时，可采用铸钢铸造，铸钢的熔炼设备有平炉、转炉、电阻炉以及感应电炉等。有些铸件是用有色金属制造的，如铜、铝合金等。铜、铝合金的熔炼特点是金属料不与燃料直接接触，以减少金属的损耗，保持金属的纯净，在一般的铸造车间内，铜、铝合金多采用坩埚炉来熔炼。

（二）金属的浇注

把液体金属浇入铸型的操作称为浇注。浇注不当会引起浇不到、冷隔、跑火、夹渣和缩孔等缺陷。

五、铸件的落砂与清理

（一）铸件的落砂

从砂型中取出铸件称为落砂。落砂时应注意铸件的温度。落砂过早，铸件温度过高，暴露于空气中急速冷却，易产生过硬的白口组织及形成铸造应力、裂纹等缺陷。但落砂过晚，将过长地占用生产场地和砂箱，使生产率降低。一般说来，应在保证铸件质量的前提下尽早落砂，一般铸件落砂温度为 400~500℃。铸件在砂型中的停留时间与铸件形状、大小、壁厚及合金种类等有关。形状简单、小于 10kg 的铸铁件，可在浇注后 20~40 min 落砂；10~30kg 的铸铁件，可在浇注后 30~60min 落砂。

落砂的方法有手工落砂和机械落砂两种，大批量生产中采用各种落砂机落砂。

（二）铸件的清理

落砂后，从铸件上清除表面粘砂和多余金属等过程称为清理，清理工作主要包括下列内容。

1）切除浇冒口。铸铁件性脆，可用铁锤敲掉浇冒口；铸钢件要用气割切除；有色金属铸件则用锯割切除。大量生产时，可用专用剪床切除。

2）清除砂芯。铸件内腔的砂芯和芯骨可用手工、振动出芯机或水力清砂装置去除。水力清砂方法适用于大、中型铸件砂芯的清理，可保持芯骨的完整，以便于回收再利用。

3）清理粘砂。铸件表面常粘接一层熔融态的砂子，需要清除干净。小型铸件广泛采用滚筒清理、喷丸清理，大中型铸件可用抛丸室、抛丸转台等设备清理，生产量不大时也可用手工清理。

4）铸件的修整。修整指最后要去掉在分型面或芯头处产生的飞边和残留的浇、冒口痕迹的操作，一般采用各种砂轮、手凿及风铲等工具进行。

5）铸件的热处理。铸件在冷却过程中难免会出现不均匀和粗大晶粒等组织，同时又难免会存在铸造热应力，故清理以后要进行退火、正火等热处理。

第四节　质量控制与检验

一、铸件的常见缺陷

铸造工艺比较复杂，容易产生各种缺陷，从而降低了铸件的质量和成品率。为了防止和减少缺陷，首先应确定缺陷的种类，分析其产生的原因，然后找出解决问题的最佳方案。常见的铸件缺陷有：气孔、缩孔、缩松、砂眼、渣孔、夹砂、粘砂、冷隔、浇不足、裂纹、错型、偏芯（见表 5-3），以及化学成分不合格、力学性能不合格、尺寸和形状不合格等。这些缺陷大多是在浇注和凝固冷却过程中产生的，主要与铸型、温度、工艺以及金属熔液本身特性等因素有关。有些缺陷是通过观察就可以发现的，有的需通过检验而查出。

表 5-3　铸件常见缺陷的特征及其主要产生原因

类别	缺陷名称和特征	主要产生原因
孔洞	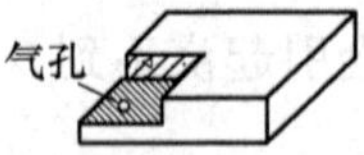 气孔：铸件内部出现的孔洞，常为圆形，孔的内壁较光滑	1. 砂型紧实度过高； 2. 型砂太潮，起模、修型时刷水过多； 3. 砂芯未烘或通气道堵塞； 4. 浇注系统不正确，气体排不出去
	 缩孔：铸件厚截面处出现的形状极不规则的孔洞，孔的内壁粗糙 缩松：铸件截面上细小而分散的缩孔	1. 浇注系统或冒口设置不正确，无法补缩； 2. 浇注温度过高，金属液收缩过大； 3. 铸件设计不合理，壁厚不均匀无法补缩； 4. 合金成分不合理，收缩过大
	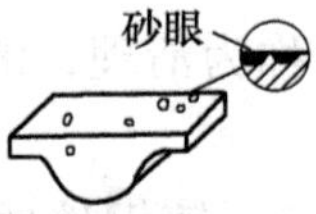 砂眼：铸件内部或表面带有砂粒的孔洞	1. 型砂强度不够或局部没舂紧，掉砂； 2. 造型时浮砂未吹净； 3. 合型时砂型局部损坏； 4. 浇注系统不合理，冲坏砂型（芯）
	 渣眼：孔眼内充满熔渣，孔形不规则	1. 浇注温度太低，熔渣不易上浮； 2. 浇注时没挡住熔渣； 3. 浇注系统不正确，挡渣作用差
表面缺陷	 粘砂：铸件表面粘附着一层砂粒和金属的机械混合物，使表面粗糙	1. 砂粒太粗，紧实度不够，涂料不好； 2. 浇注温度过高； 3. 型砂耐火性差
	 夹砂：铸件表面有一层突起的金属片状物，表面粗糙，在金属片和铸件之间夹有一层型砂	1. 型砂受热膨胀，表层鼓起或开裂； 2. 型砂湿态强度较低； 3. 砂型局部过紧，水分过多； 4. 内浇口过于集中，使局部砂型烘烤严重； 5. 浇注温度过高，浇注速度太慢

（续）

类别	缺陷名称和特征	主要产生原因
形状尺寸不合格	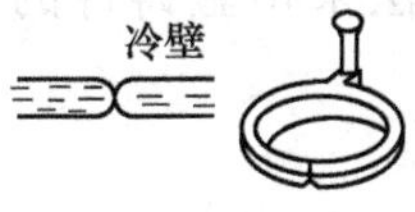 浇不到：铸件未浇满，形状不完整 冷隔：铸件上有未完全融合的缝隙，边缘呈圆角	1. 浇注温度过低； 2. 浇注速度过慢或断流； 3. 内浇道截面尺寸过小，位置不当； 4. 未开出气口，金属液的流动受型内气体阻碍； 5. 远离浇口的铸件壁过薄
	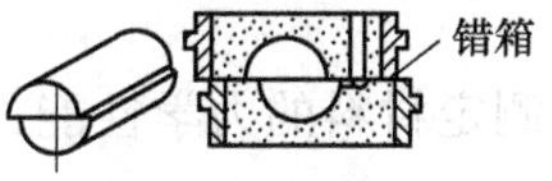 错箱：铸件在分型面处错开	1. 合箱时上、下箱未对准； 2. 定位销或合箱标记不准； 3. 造型时上、下模样未对准
	 偏芯：铸件局部形状和尺寸由于型芯位置偏移而变动	1. 型芯变形； 2. 下芯时放偏； 3. 型芯没固定好，浇注时被冲偏
	 变形：铸件翘曲	1. 铸件壁厚差太大； 2. 浇冒口不合适； 3. 开箱过早
裂纹	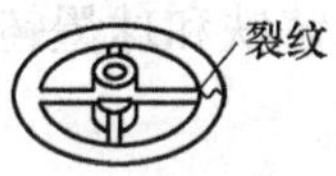 热裂：铸件裂纹处表面氧化，呈暗蓝色 冷裂：裂纹处表面不氧化，并发亮	1. 砂型（芯）退让性差，内应力过大； 2. 浇注系统开设不当，阻碍铸件收缩； 3. 铸件设计不合理，厚薄差别过大

二、铸件质量检验方法

所有铸件都要经过质量检验，以分清哪些是合格品和废品，哪些能经过修复变成合格品。检验方法取决于对铸件的质量要求，常用的铸件检验方法有以下几种。

（一）表面质量检查

1. 外观检验法

铸件的许多缺陷在其外表面，有一定经验的人可直接发现或用简单的工具和量具就可发现，例如，冷隔、浇不足、错型、粘砂、夹砂等缺陷就可直接看出；对于怀疑表皮下有缺陷的铸件，可用小锤敲击来检查，听其声音是否清脆来判定铸件是否有裂纹；用量具可检查铸件尺寸是否符合图样要求。外观检验法简单、灵活、快速，不需很高的技术水平。

2. 荧光及着色检查

对用目视外观检查不了的铸件表面缺陷,可用荧光着色方法检查。

3. 煤油浸润检验

目测检验对局部表面有怀疑时,可以采用煤油浸润方法来检验铸件的裂纹、疏松等缺陷。

(二) 内部质量检验

1. 化学成分检验

用来检验铸件材质是否符合要求,常用的方法是化学分析法和光谱分析法,有时也用最简单的火花鉴别法。

2. 力学性能检验

根据技术要求,制取铸件试样,在专用设备上测定材料的力学性能,如强度、硬度、伸长率等。

3. 金相组织检验

铸件的金相组织是影响其力学性能的重要因素,测定铸件的金相组织就能预知铸件大概的力学性能指标。常用金相组织的检验方法是制取试样,然后用金相显微镜观察,并加以分析研究。

(三) 无损探伤法

无损探伤是利用声、光、电、磁等各种物理方法和相关仪器检测铸件内部及表面缺陷,用这类方法不会损坏铸件,也不影响铸件的使用性能。这种方法设备投入大,检验费用较高,一般用于重要铸件的检验。常用的无损探伤方法有:磁力探伤、超声波探伤、射线探伤等。

第五节 相关知识

用于铸造的金属材料统称为铸造合金。常用的铸造合金有铸铁、铸钢及铸造有色金属,其中又以铸铁应用最为广泛。常用铸铁有灰铸铁、可锻铸铁和球墨铸铁。

一、常用铸铁的铸造性及用途

1. 灰铸铁

(1) 灰铸铁的性能　灰铸铁流动性很好,线收缩率与体积收缩率小,综合力学性能低,抗压强度大,为其抗拉强度的 3~4 倍,热稳定性差,消振能力比钢大 10 倍。

(2) 灰铸铁牌号及选用(GB/T 9439—2010)　见表 5-4。

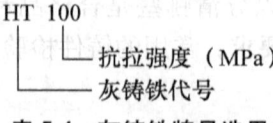

表 5-4　灰铸铁牌号选用

牌　号	硬度(HRS)	用途举例
HT150	129~192	用于制造端盖、泵体、轴承座、阀壳、管子及管路附件、手轮、一般机床附件、底座、床身以及其他复杂零件、滑座、工作台等
HT200	150~255	用于制造气缸、齿轮、底座、机体、飞轮、齿条、衬套;一般机床铸有导轨的床身以及中等压力的液压筒,液压泵及阀门壳体等

(续)

牌 号	硬度（HRS）	用途举例
HT250	163~255	用于制造阀门壳体、液压缸、气缸、联轴器、机体、齿轮、齿轮箱外壳、飞轮、衬筒、凸轮、轴承座等
HT300	185~278	用于制造齿轮、凸轮、车床卡盘、高压液压筒、液压泵和滑阀壳体等

🕊 业内小提示：灰铸铁的力学性能与铸件壁厚有关，同一牌号的铸铁，薄壁件的冷却速度快，石墨化程度低，组织细小，抗拉强度较高；厚壁件的冷却速度慢，内部组织粗大，抗拉强度较低。所以牌号中的抗拉强度只不过是用标准试样做出来的试验数值而已，它并不代表铸件的抗拉强度。在选用灰铸铁时，应特别注意铸件壁厚与性能的关系。

2. 可锻铸铁

（1）可锻铸铁的性能 可锻铸铁流动性比灰铸铁差，比铸钢好。体积收缩率比铸钢还大，综合力学性能稍次于球墨铸铁，冲击韧度比灰铸铁大3~4倍，热稳定性较好。可锻铸铁分黑心可锻铸铁和白心可锻铸铁。

（2）可锻铸铁的牌号及选用（GB/T 9440—2010） 见表5-5。

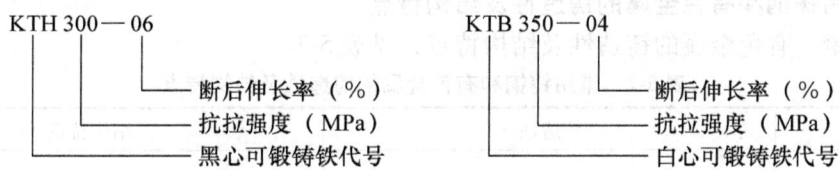

表5-5 可锻铸铁牌号选用

牌 号	硬度（HRS）	用途举例
KTH300—06	不大于150	具有高的冲击韧性和适度的强度，用于制造承受冲击、振动及扭转负荷下的工作的零件，如薄壁铸件、机床零件、管道配件、低压阀门、运输机零件等
KTH330—08		
KTH350—10		
KTH370—12		
KTB450—06	150~200	韧性较低、但强度高，耐磨性好，且加工性好，可用来代替低碳、中碳、低合金钢及有色金属，制造要求较高，强度和耐磨性的重要零件。例如曲轴、连杆、齿轮、摇臂、活塞环等，是近代机械工业中得到广泛应用极有发展前途的结构材料
KTB550—04	180~230	
KTB550—02	210~260	
KTB700—12	240~290	

🕊 业内小提示：可锻铸铁的名称并不表示它的锻造性能好，其实它并不能锻造，这个名称只表示它具有一定的塑性和韧性而已。

3. 球磨铸铁

（1）球磨铸铁的性能 球磨铸铁的流动性和线收缩率与灰铸铁相近、体积收缩率比灰铸铁大、易形成缩孔、缩松。力学性能比灰铸铁好，热稳定性好。

（2）球磨铸铁的牌号及选用（GB/T 1348—2009）

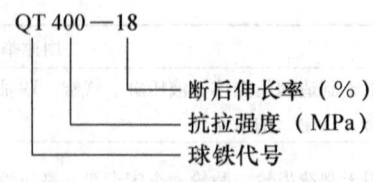

表 5-6　球墨铸铁牌号选用

牌　号	硬度（HRS）	用途举例
QT450—10	<207	具有较高的塑性、韧性和低温冲击韧性，用于制造1.6~6.4MPa的阀门壳体等
QT500—7	147~241	用于制造油泵齿轮、阀体以及承受中等载荷的夹具体和零件等
QT600—3	229~302	用于制造曲轴、凸轮轴、滚轮、机床主轴及重要夹具体和零件等
QT700—2	231~304	

> 业内小提示：球墨铸铁的切屑与灰铸铁不同，它是卷曲的，这是由于球墨铸铁具有延伸性的缘故。

二、常用铸钢和有色金属的铸造性及结构特点

常用铸钢、有色金属的铸造性及结构特点，见表5-7。

表 5-7　常用铸钢和有色金属的铸造性及结构特点

材料类别		铸造性	结构特点
铸钢		流动性差，收缩率大，易产生缩孔及裂纹。综合力学性能好，焊接性能好，热稳定性高	最小壁厚比灰铸铁大，不宜制造复杂零件。结构应带肋，减少热节，以防变形和产生裂纹，加工余量比灰铸铁大
铸造有色金属	铝合金	铸造性能类似铸钢，相对强度随截面积的增大而显著下降	壁厚不宜太厚，其余特点类似于铸钢件
	黄铜	铸造性、流动性好，收缩率较大，结晶温度范围小，易产生集中缩孔，生成气孔的倾向性较小	结构特点类似于铸钢
	锡青铜	铸造性与灰铸铁类似，但结晶间隔大，易产生缩松，强度随截面积的增大而显著下降	可用于铸造各种厚薄不均、尺寸准确的铸件，但壁厚不得过大，零件突出部分应设加强肋，不能用来制作要求高密封的铸件
	无锡青铜	流动性很好，结晶范围小，易产生集中缩孔，体积收缩率大，具有较高的强度和较好的耐磨性、耐热性	结构特点类似于铸钢件。无锡青铜具有很高的强度及冲击韧度，耐疲劳、耐低温、耐热，可获得致密铸件，可代替不锈钢

复习思考题

1. 铸造的优点与缺点。
2. 砂型铸造的工艺过程包括哪些？
3. 简述零件、模样与铸件三者之间的关系。

4. 型砂与芯砂应具备哪些基本性能？这些性能对铸件的质量有何影响？
5. 铸造有什么特点？用于铸造的金属有哪些？
6. 浇注系统由哪几部分组成，各部分的作用是什么？
7. 什么是分模面？如何选择？
8. 型（芯）砂的主要组成及作用是什么？
9. 型砂应具备哪些性能？这些性能如何影响铸件的质量？
10. 常用的特种铸造有哪些？各有哪些特点？
11. 缩孔是如何产生的，应该如何防止？
12. 简述铸铁的种类及其特征。

第六章 锻　压

第一节　概　述

锻压是锻造和冲压的总称，属于金属压力加工生产方法的一种。

一、锻造

金属的锻造是将金属坯料放在锻造设备的砧铁与模具之间，施加冲击力或静压力获得毛坯或零件的方法，分"热锻"和"冷锻"两种。同铸造相比，在锻造过程中，金属因塑性变形而使其内部组织更加致密、均匀，回复与再结晶过程使得晶粒得到细化，力学性能得到一定程度的改善。锻造和铸造一样是属于毛坯制造的一种方法，锻造之后还要进行切削加工。但由于锻造生产是在固态下进行的，因此同铸件相比，锻件的形状不能过于复杂，且为机械加工留的加工余量较大，金属材料的利用率较低。因此，锻件主要用作承受重载和冲击载荷的重要机器零件和工具的毛坯，如机床主轴、齿轮、连杆、曲轴、刀具、锻模等，图 6-1 所示为锻件实例。

a)　　　　　　　　　　b)　　　　　　　　　　c)

图 6-1　锻件实例
a) 热锻锥齿轮　b) 冷锻自行车的变速机零件　c) 热辊锻汽车曲轴

二、板料冲压

板料冲压是利用冲模使金属板料产生塑性变形或分离，而获得零件或毛坯的工艺方法。冲压一般在常温下进行，习惯称为冷冲压。金属冷变形时内部晶粒破碎，晶格扭曲，产生加工硬化现象，即金属的强度、硬度提高，塑性、韧性下降。因此，冲压件具有刚性好、重量轻、尺寸精度高以及表面粗糙度值低等特点，一般不再进行切削加工，只需钳工稍作加工，即可作为零件使用。广泛应用在各类机械、仪器仪表、电子器件、电工器材以及家用电器、生活用品制造中。冲压拉深件的实例，如图 6-2 所示。

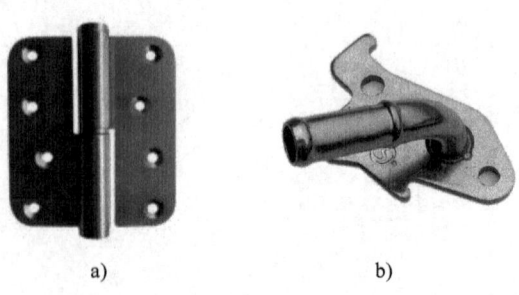

图 6-2　冲压拉深件实例
a) 冲压件（合页）　b) 可锻性冲压件（油管）

第二节 锻　造

一、基本知识
（一）锻造的分类
锻造的工艺方法多种多样，按加工温度可分为冷锻（室温）、温锻（200～850℃）及热（850～1200℃）；按所使用的工具可分为自由锻、模锻和胎膜锻。

（二）锻造生产过程
锻造生产过程主要为：坯料加热→受力成形→冷却→热处理。

1. 坯料加热

（1）可锻性能　金属材料的可锻性是指金属材料在锻造过程中经受塑性变形而不开裂的性能，一般随着钢的含碳量的增加而变坏，并与其内部组织和锻造规范有关。通常在锻造前要对坯料进行加热，使坯料在一定的变形温度下成形，其目的是提高坯料的塑性，降低变形抗力，改善其可锻性能，使金属材料可以在较小的锻打力作用下产生较大的变形而不破裂。一些金属材料的可锻性见表 6-1 所示。

表 6-1　一些金属材料的可锻性

材　料		可　锻　性
碳钢		低碳钢的可锻性最好，锻后不需热处理；中碳钢次之；高碳钢较差，锻后常需热处理，当 w_C >2.2% 时，就很难锻造
低合金钢		近似于中碳钢
高合金钢		可锻性差，其可锻性有以下特点：①热导率小；②锻造温度范围窄，为 100～200℃；③变形抗力大，塑性小
铝合金		可锻性好，但锻造温度范围窄，一般在150℃范围内，另外锻造时需用能量比低碳钢大30%，在锻造温度下的塑性比钢材低
锻造铝合金	Al-Mg-Si 系合金	具有高的塑性及耐蚀性，可锻性好，但强度较低
	Al-Mg-Si-Cu 系合金	强度较好，但塑性变差，适用于作高载荷而形状简单的锻件
	Al-Mg-Si-Fe-Ni 系合金	具有较高的抗热性，被称为耐热锻铝，常用于制作活塞、叶片、导轮等高温零件
铜合金		铜合金的可锻性一般较好，锻造黄铜、锡黄铜及锰黄铜的可锻性更好铜合金与碳钢相比具有以下特点：①铜合金的始锻温度较低，锻造温度范围窄，仅为 100～200℃；②铜及黄铜在 20～200℃ 的低温及 650～900℃ 的高温条件下都有很高的塑性，在冷态和热态下可以锻造，在 250～650℃ 范围内存有脆性区。有些特殊铜合金，如铅黄铜及铍青铜的塑性很差，很难锻造
不锈钢		可锻性不好，在锻造温度下的变形抗力比钢高很多
钛合金		可锻性不好，流动性差．模锻时粘模现象比其他金属严重

（2）锻造温度范围　锻造温度范围是指始锻温度到终锻温度之间的温度间隔。始锻温度是金属开始锻造的温度，其选择的原则是在加热过程中不产生过热和过烧的前提下，取上

限；终锻温度是金属停止锻造的温度，其选择原则是保证金属具有足够的塑性变形能力的前提下，取下限。这样才可以使金属材料具有较大的锻造温度范围，有充裕的变形时间来完成一定变形量，减少加热次数，降低能源及材料损耗，提高生产效率，并且可以避免金属材料变形过程中产生断裂和损坏设备等现象。常用钢材的锻造温度范围见表6-2。

表6-2 常见钢材的锻造温度范围

种类	始锻温度/℃	终锻温度/℃	种类	始锻温度/℃	终锻温度/℃
碳素结构钢	1200~1250	800	高速工具钢	1100~1150	900
合金结构钢	1250~1200	800~850	耐热钢	1100~1150	800~850
碳素工具钢	1050~1150	750~800	弹簧钢	1100~1150	800~850
合金工具钢	1050~1150	800~850	轴承钢	1080	800

业内小提示：锻造时由于无法用温度计测量具体温度，因此可以通过火色来判断锻件的大概温度，如表6-3所示。

表6-3 钢铁加热火色与温度之间的关系

火色	温度/℃	火色	温度/℃	火色	温度/℃
暗褐色	520~580	淡樱红色	780~800	黄色	1050~1150
暗红色	580~650	淡红色	800~830	淡黄色	1150~1250
暗樱色	650~750	桔黄微红	830~850	黄白色	1250~1300
樱红色	750~780	淡桔色	880~1050	亮白色	1300~1350

（3）加热设备 锻造加热炉按热源的不同，分为火焰加热炉和电加热炉两大类。

常用的火焰加热炉有手锻炉、反射炉（图6-3）、室式炉（图6-4），常用燃料有烟煤、焦炭、重油、煤气等。手锻炉、反射炉以烟煤、焦炭为燃料，温度控制较难，炉料氧化、脱碳现象严重，环境污染严重，正逐步淘汰。室式炉以重油、煤气等为燃料，炉体结构简单、紧凑，热效率高，对环境污染小。

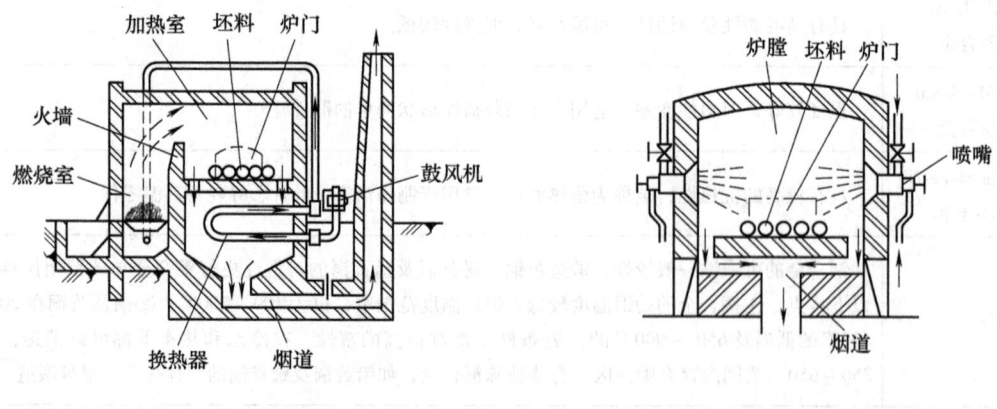

图6-3 反射炉　　　　　　　　　　图6-4 室式炉

电加热炉有电阻加热炉（图6-5）、接触电加热炉和感应加热炉等，具有加热速度快，温度控制准确，氧化、脱碳现象少，易于实现机械化和自动化等优点。但设备费用较高，电能消耗大，适用于规格品种变化小的锻件大批量生产。

(4) 加热缺陷

1) 氧化。氧化加热时，金属坯料的表层与高温的氧化性气体，如氧气、二氧化碳、水蒸气等发生化学反应，生成氧化皮，称为氧化，氧化皮的重量称为烧损量。每加热一次（称为一个火次），就会产生一定的烧损量。加热方法不同，烧损量不同。

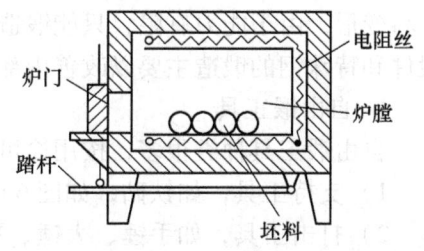

图 6-5　电阻加热炉

2) 脱碳。由于钢是铁元素与碳元素组成的合金，在加热时，碳元素与炉气中的氧或其他元素发生化学反应而烧损，造成金属表层碳含量降低，这种现象称为脱碳。脱碳可以使金属表层的强度和硬度降低，影响锻件质量，如果脱碳层过厚，可导致锻件报废。

3) 过热。坯料的加热温度超过始锻温度，或在始锻温度下保温时间过长的情况下，金属的内部显微组织会长大变粗，这种现象称为过热。过热组织的力学性能差，塑性降低，脆性增加，锻造时容易产生裂纹。矫正过热组织的方法是热处理（调质或正火），也可以采用多次连续锻打使晶粒细化。

4) 过烧。坯料加热温度超过始锻温度过高，或已产生过热的坯料在高温下保温时间过长，就会造成晶粒边界的氧化和晶界处低熔点杂质的熔化，致使晶粒之间连接力降低，这种现象称为过烧。产生过烧的坯料是无法挽回的废品，锻打时，坯料会像煤渣一样碎裂，碎渣表面呈灰色氧化状。

5) 加热尺寸较大的坯料，或高碳钢、高合金钢坯料（导热性差）。在加热时，如果加热速度过快，或装炉温度过高，会使坯料各部分间存在较大的温差，产生热应力，当高温下材料抗拉强度较低，易产生裂纹。因此加热大的坯料，或高碳钢、高合金钢坯料要严格遵守加热规范（装炉温度、加热速度、保温时间等）。

2. 锻件的冷却

1) 空冷。碳素结构钢和低合金结构钢的中小型锻件，锻后可散放于干燥的地面上，在无风的空气中冷却，此法冷却速度较快。

2) 坑冷。大型结构复杂件或高合金钢锻件，锻后一般放于有干砂、石棉灰或炉灰的坑内，或堆落在一起冷却，此法冷却速度较慢，可避免冷却速度较快而导致的表层硬化，难以进行切削加工，也可避免锻件内外温差过大产生的裂纹。

3) 炉冷。锻件锻造成形后在 500~700℃ 的加热炉内随炉缓慢冷却，此法冷却速度最慢，用于要求较高的锻件。

3. 热处理

锻件成形后，在切削加工之前一般都要进行一次热处理。热处理的主要目的是消除锻造残余应力，降低锻件硬度，以便于切削加工，同时还可以细化、均匀内部组织。常用的热处理方法有正火、退火等，具体的热处理方法和工艺要依据锻件的大小、材料种类及形状复杂程度确定。

(三) **常用自由锻设备与工具**

自由锻是采用通用工具或在锻造设备的上、下砧铁之间使坯料变形，从而获得所需几何形状及内部质量的锻件的加工方法，坯料受力变形时，沿变形方向可以自由流动，不受限制。根据自由锻对坯料施加外力性质的不同，分为锻锤和液压机两大类。锻锤产生冲击力使坯料变形，由于能力有限，只能锻造中小锻件。大型锻件只能在水压机上进行，另外，重要锻件和特殊钢的锻造主要以改善内部质量为主。

1. 自由锻工具

自由锻工具种类很多，按用途可分为：

1) 支持工具，如铁砧，如图 6-6 所示。
2) 打击工具，如手锤、大锤、平锤等，如图 6-7 所示。
3) 成形工具，如冲子、摔子等，如图 6-8 所示。
4) 夹持工具，如钳子等，如图 6-9 所示。
5) 量具，如直尺、卡钳等，如图 6-10 所示。

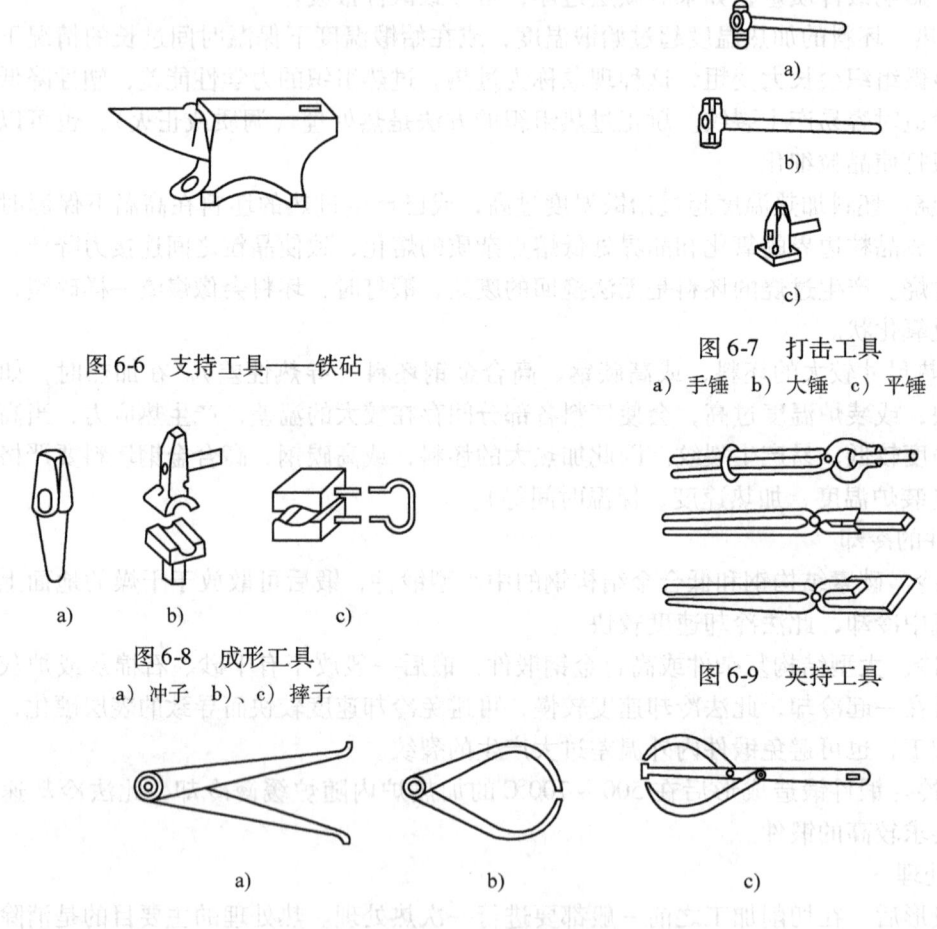

图 6-6 支持工具——铁砧

图 6-7 打击工具
a) 手锤　b) 大锤　c) 平锤

图 6-8 成形工具
a) 冲子　b)、c) 摔子

图 6-9 夹持工具

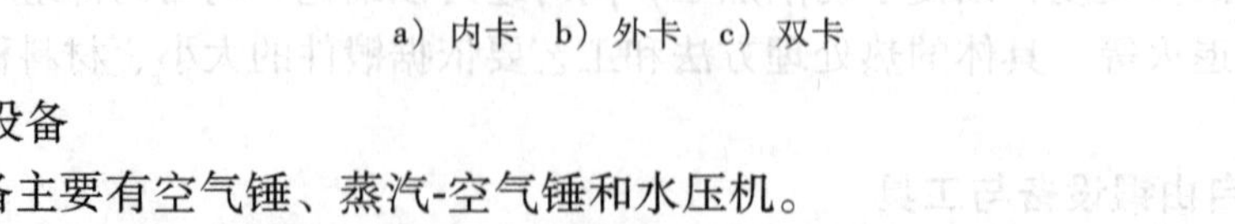

图 6-10 量具
a) 内卡　b) 外卡　c) 双卡

2. 自由锻设备

自由锻设备主要有空气锤、蒸汽-空气锤和水压机。

空气锤结构及规格：空气锤由锤身、压缩缸、工作缸、传动机构、操纵机构、落下部交砧座等几个部分组成。锤身和压缩缸及工作缸铸造为一体。传动机构包括电动机、减速机构及曲柄、连杆等。操纵机构包括手柄（或踏杆）、旋阀及其连接杠杆。落下部分包括工作活塞、锤杆、锤头和上砥铁等。落下部分的质量也是锻锤的规格参数。例如，150kg 空气锤，表示落下部分的质量为 150kg 的空气锤。空气锤的结构及工作原理如图 6-11 所示。

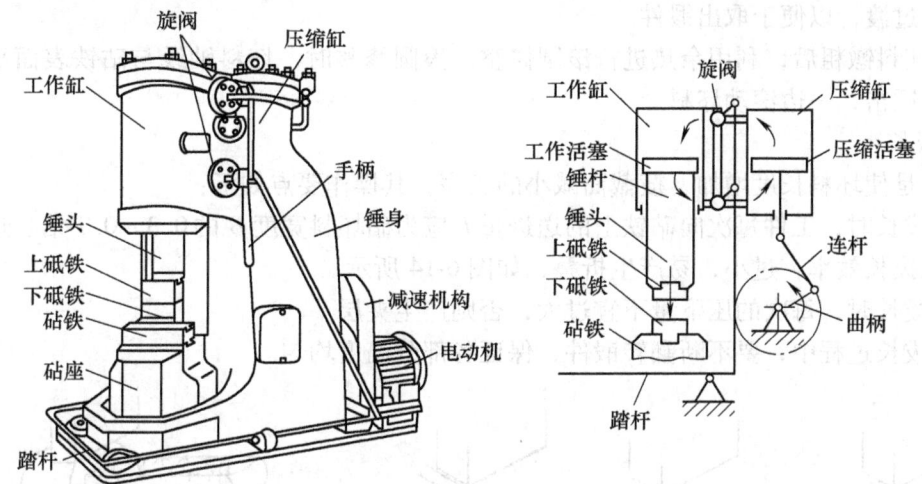

图 6-11 空气锤的结构及工作原理

电动机通过传动机构带动压缩缸内的压缩活塞作上下往复运动，将空气压缩，经过旋阀压入工作缸的上部或下部，推动工作活塞向下或向上运动。通过踏杆或手柄操纵旋阀，可实现空转、锤头上悬、锤头下压、连续打击、单次打击动作。

二、基本技能

（一）自由锻常用的基本工序

基本工序是实现锻件基本形状和尺寸的工序，包括镦粗、拔长、冲孔、弯曲、切割、扭转、错移等。

1. 镦粗

镦粗是使坯料的横截面积增大、高度减小的工序，分整体镦粗和局部镦粗，如图 6-12 所示，其操作要点如下所述。

1) 坯料的原始高度 H_0 与直径 D_0 之比，应小于 3（局部镦粗时，漏盘以上的镦粗部分的高径比也应小于 3）。若高径比过大，易发生镦弯现象。

2) 锤击力不足时，易产生双鼓形，若未及时纠正而继续变形，将导致折叠，使坯料报废，双鼓形和折叠如图 6-13 所示。

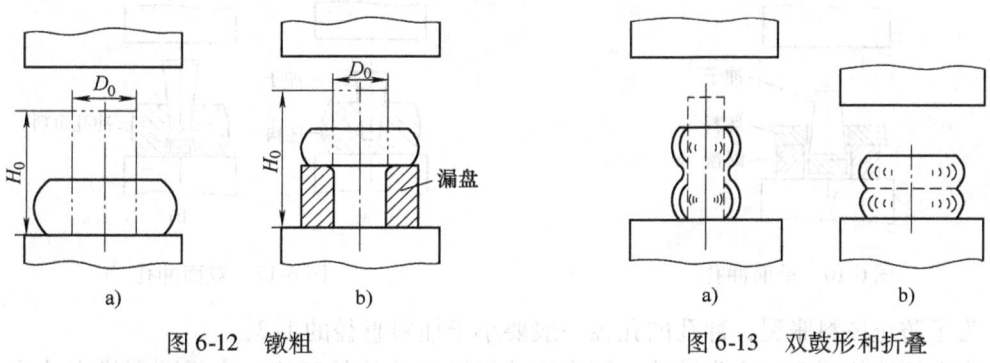

图 6-12 镦粗
a) 整体镦粗　b) 局部镦粗

图 6-13 双鼓形和折叠
a) 双鼓形　b) 折叠

3）坯料的端面应与轴线垂直，否则易镦歪。

4）局部镦粗时，应选择或加工合适的漏盘。漏盘要有5°～7°的斜度，且其上口部位应采取圆角过渡，以便于取出锻件。

5）坯料镦粗后，利用余热进行滚圆修整。滚圆修整时，坯料轴线与砧铁表面平行，要一边轻轻锤击，一边滚动坯料。

2. 拔长

拔长是使坯料长度增加、横截面减小的工序，其操作要点如下：

1）拔长时，工件每次向砧铁上的送进量 L 应为砧坯料宽度 B 的0.3～0.7倍。送进量过大，降低拔长效率；过小，易产生折叠，如图6-14所示。

2）拔长时，每次的压下量不宜过大，否则产生夹层。

3）拔长过程中，要不断翻转锻件，保证各部分温度均匀。

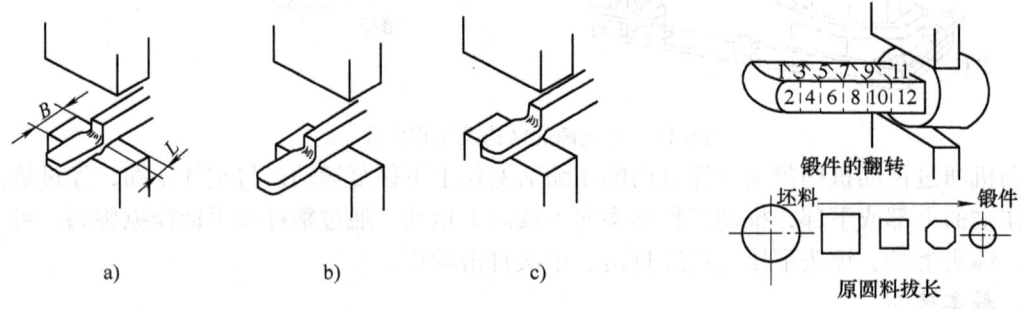

图6-14　拔长送进量

a）送进量合适　b）进给量太大，拔长效率低
c）送进量太小，产生折叠

图6-15　圆料拔长工序

4）无论锻件原始坯料截面和最终截面形状如何，拔长变形应在方形截面下进行，以避免中心裂纹，并提高拔长效率。圆料拔长工序，如图6-15所示，当圆截面拔长成直径较小的圆截面时，要先锻成方形截面，直到接近要的直径时，再锻成八角形，最后滚打成圆形。

5）拔长后应进行修整，提高锻件的尺寸精度并降低表面粗糙度。

3. 冲孔

冲孔是在坯料上锻出孔的工序，分为单面冲孔（图6-16）和双面冲孔（图6-17）。冲孔的操作要点如下：

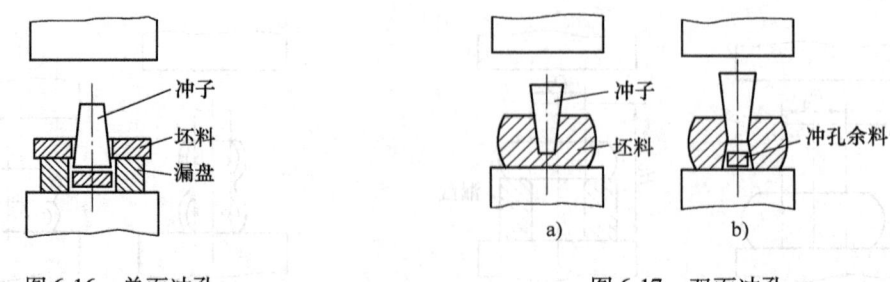

图6-16　单面冲孔

图6-17　双面冲孔

1）为了防止坯料胀裂，冲孔的孔径一般要小于坯料直径的1/3。

2）为保证孔位正确，应先试冲，即先用冲子压出孔位的凹痕。为了顺利拔出冲头，可在凹痕上撒一些煤粉，同时经常冷却冲头。

3) 冲孔前坯料必须先镦粗，以减少冲孔深度，使端面平整，防止将孔冲斜。双面冲孔时，先将冲头冲至约坯料高度的 2/3，翻转坯料后将孔冲通，可避免孔的周围冲出飞边。

4) 冲较大的孔时，要先用直径较小的开孔冲头冲出小孔，然后再用直径较大的冲头逐步将孔扩大到所要求的尺寸，如图 6-18 所示；或在心轴上扩孔，如图 6-19 所示。

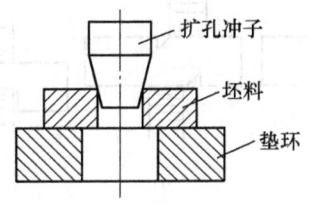

图 6-18　冲头扩孔

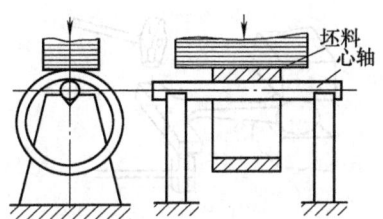

图 6-19　心轴上扩孔

4. 弯曲

弯曲是采用工模具将毛坯弯成一定角度或弧度的工序，包括角度弯曲（图 6-20）和成形弯曲（图 6-21）。弯曲主要用于锻造各种弯曲类零件，如起重机吊钩、弯曲轴杆、链环等。注意，弯曲时只需要在受弯部位加热坯料，但要进行弯曲部位的局部镦粗，并修出台肩，在被可锻性部分留出一定的多余金属，弥补弯曲后断面形状改变的需要。

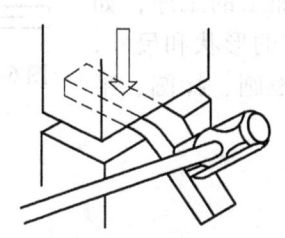

图 6-20　角度弯曲

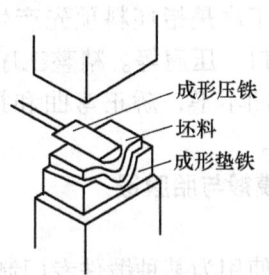

图 6-21　成形弯曲

5. 切割

切割是分割坯料或切除锻件余料的工序。步骤是先将剁刀垂直切入工件，至快要断开时翻转工件，再用剁刀或克棍截断，其过程如图 6-22 所示。注意，切割圆形工件时，需要带有凹槽的剁垫，如图 6-23 所示。切割后残留在右毛坯端面上的飞边，应在较低温度下及时去除，以免锻造时陷入锻件内部造成夹层缺陷。

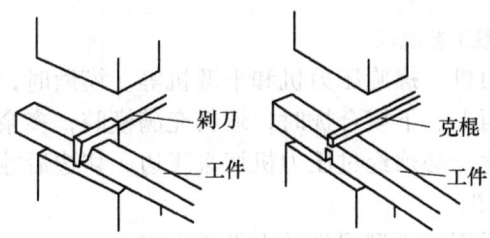

图 6-22　方料的切割

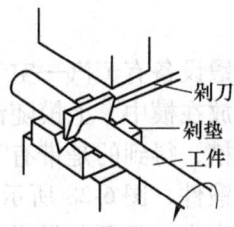

图 6-23　圆料的切割

6. 扭转

扭转是在保持坯料轴线方向不变的情况下，将坯料的一部分相对于另一部分扭转一定角度的工序，如图6-24所示。操作时应注意受扭部分沿全长横截面积要均匀一致，表面光滑无缺陷，面与面的相交处要有圆角过渡，以免扭裂。扭转工序主要应用于锻造曲轴、麻花钻、地脚螺栓等。

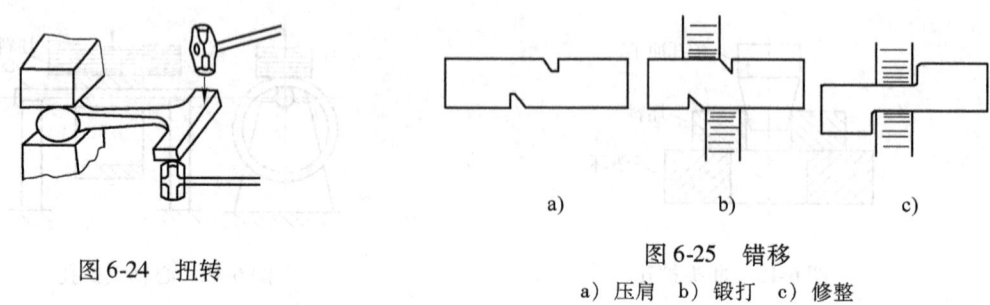

图6-24 扭转

图6-25 错移
a) 压肩 b) 锻打 c) 修整

7. 错移

错移是将坯料的一部分轴线相对于另一部分轴线平行错开的工序，如图6-25所示，用于锻造曲轴类零件。注意，错移前应先在错移部位压肩（图6-26），错移后还要进行修整。

自由锻除以上基本工序外，有时还需要一些辅助工序和精整工序。自由锻辅助工序是指坯料预先产生少量变形以方便后续加工的工序，如倒棱、压钳口、压肩等。精整工序是指为进一步修整锻件的形状和尺寸，消除表面凸凹不平，矫正弯曲和扭转等缺陷的工序，如滚圆、摔圆、平整、校直等。

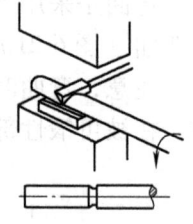

图6-26 压肩

（二）模锻与胎膜锻

1. 模锻

模锻是使用为某种锻件专门制造的锻模，将加热的坯料放入锻模中，通过锻锤或压力机的作用，使坯料在模腔形状的控制下塑性变形获得锻件。各种设备虽有各自的工艺特点，但一般的工艺流程相同，如图6-27所示。

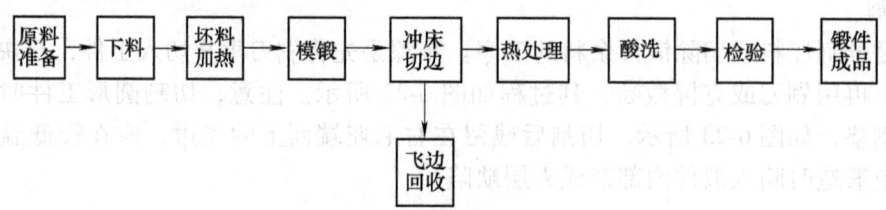

图6-27 模锻的一般工艺流程

常用的模锻设备有蒸汽—空气锻锤、锻造压力机、螺旋压力机和平锻机等。模锻时，将加热好的坯料放在模中，上模随锤头向下运动。当上、下模合拢时，坯料充满模腔，多余的坯料流入飞边槽，得到的是带有飞边的锻件。因此，必须经过压力机切去飞边，切边后才能得到所需要的锻件，图6-28所示为模锻工作示意图。

模锻的精度高，且可获得形状复杂的锻件，适用于小型锻件的大批量生产。

2. 胎膜锻

胎模锻和模锻的主要区别是：胎模不固定在锤头或砧座上，而是可移动的，它是兼有自由锻和模锻特点的一种锻造成形方法。锻造时，一般先用自由锻制工件毛坯，然后在胎模中最终成形，如图 6-29 所示。

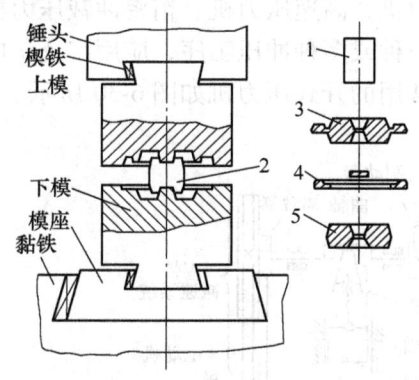

图 6-28　模锻工作示意图

1—坯料　2—锻造中的坯料　3—带飞边和连皮的锻件
4—飞边和连皮　5—锻件

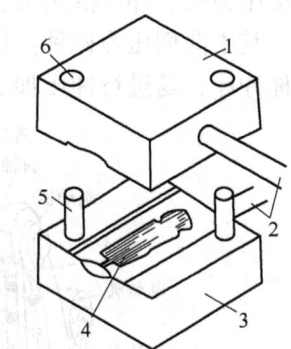

图 6-29　胎膜锻

1—上模块　2—手柄　3—下模块　4—模膛
5—导销　6—销孔

胎模锻和自由锻相比具有以下特点：
1）锻件的尺寸精度高，表面粗糙度小。
2）敷料少，加工余量小。
3）有较合理的组织结构。
4）生产效率高。

胎模锻和模锻相比具有以下特点：
1）胎模制造简单，且是在自由锻设备上生产，故投资小，生产成本低。
2）操作工艺灵活。
3）锻件的尺寸精度不如模锻的锻件。
4）生产效率低，模具使用寿命短。
5）工人的劳动强度大。

鉴于以上特点，胎模锻造适用于小型锻件的中小批量生产，或在没有模锻设备的中小型工厂中使用。

第三节　板料冲压

一、基本知识

（一）板料冲压

通过模具使板料产生分离或变形，从而获得一定形状、尺寸和性能的零件或毛坯的加工方法，称为板料冲压。

板料冲压的坯料厚度一般小于 4mm，通常在常温下冲压，故又称为冷冲压。

板料冲压的原材料为具有塑性的金属材料，如低碳钢、奥氏体不锈钢、铜或铝及其合金等，也可以是非金属材料，如胶木、云母、纤维板、皮革等。

(二) 板料冲压设备

在冲压生产中，为了适应不同的工作情况，采用各种不同类型的压力机。根据传动方式、产生压力的方法、结构形式及使用性质不同，压力机主要有曲柄压力机、摩擦压力机、多工位自动压力机、冲压液压机、冲模回转头压力机、高速压力机、精密冲裁压力机和电磁压力机等。其中曲柄压力机种类较多，可适用于一种或多种冲压工序，应用广泛。曲柄压力机过去又称冲床，是进行冲压加工的基本设备。常用的开式压力机如图 6-30 所示。

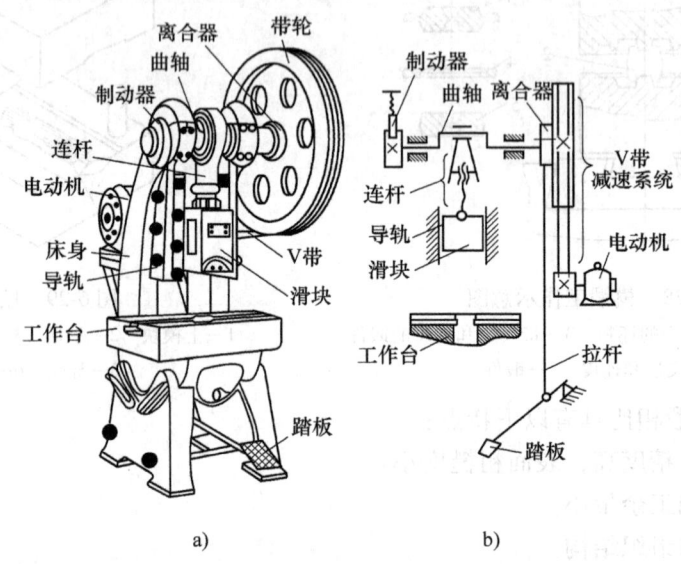

图 6-30 常用的开式压力机
a) 外观图 b) 传动简图

冲模的上模和下模分别装在滑块的下端和工作台上，电动机通过 V 带带动大带轮（飞轮）转动。踩下踏板，离合器闭合并传动曲轴旋转，再经过连杆带动滑块沿导轨作上下往复运动，进行冲压加工。如果将踏板踩下后立即抬起，离合器随即脱开，滑块冲压一次后便在制动器的作用下，停止在最高位置上；如果踏板不抬起，滑块就进行连续冲压。滑块和上模的高度以及冲程的大小，可通过曲柄连杆机构进行调节。

压力机的主要技术参数有：

1. 规格

压力机属于机械压力机类设备，其规格以公称压力表示压力机的吨位。压力机工作时，滑块上所允许的最大作用力，常用 kN 表示。例如 J23-63 型压力机，型号中的"J"表示机械压力机，"63"表示压力机的公称压力为 630kN（重量为 63t）（型号中的"23"表示机型为开式可倾斜式）。

2. 滑块行程

曲轴旋转时，滑块从最上位置到最下位置所走过的距离（m）。

3. 封闭高度

滑块在行程达到最下位置时，其下表面到工作台的距离（mm）。压力机的封闭高度应与冲模的高度相适应。压力机连杆的长度一般都是可调的，调节连杆的长度即可对压力机的封闭高度进行调整。

此外还有行程次数、工作台面和滑块底面尺寸、压力机的精度和刚度等。

操作压力机时应注意：冲压工艺所需的冲裁力或者变形力要低于或等于压力机的公称压力；开机前，应锁紧一切调节和紧固螺栓，以免模具等松动而造成设备、模具损坏和人身安全事故；开机后，严格避免将手或工具伸入上、下模之间；装拆或调整模具应停机进行。

二、基本技能

板料冲压的基本工序一般分为两大类：分离工序和成形工序。

（一）分离工序

1. 冲裁

冲裁分为落料和冲孔。落料是将材料以封闭的轮廓分离开，得到平整的零件，剩余的部分为废料，如图 6-31 所示。冲孔是将零件内的材料以封闭的轮廓分离开，冲掉的部分是废料，如图 6-32 所示。

图 6-31　落料　　　　　　　　　　　图 6-32　冲孔

业内小提示：冲裁间隙的大小非常关键，间隙过大，产品易产生飞边，但是模具寿命长；间隙过小，产品质量高，但模具寿命短。

2. 剪切

将材料以敞开的轮廓分离，得到平整的零件，如图 6-33 所示。

3. 切口

将零件以敞开的轮廓分离开，但仍保持为一个整体，而不是两部分，如图 6-34 所示。

4. 切边

将平的、空心的或立体实心件多余外边切掉，如图 6-35 所示。

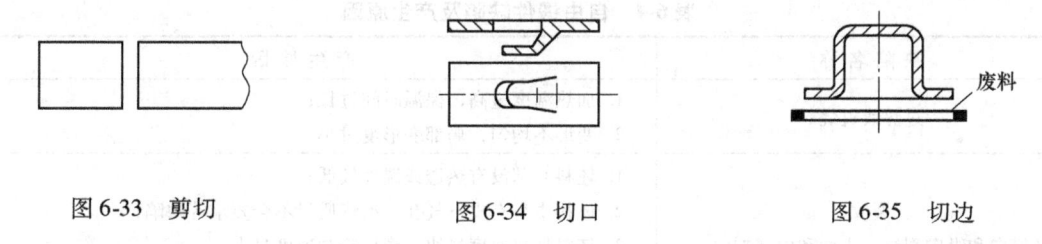

图 6-33　剪切　　　　　　　图 6-34　切口　　　　　　　图 6-35　切边

（二）成形工序

1. 拉深

将坯件压成任意形状的空心零件，或将其形状或尺寸作进一步改变，如减小坯件直径或壁厚等。如装饮料的铝罐和管状容器等都是带底的容器，它们是采用后部压出式的拉深成形加工。如图 6-36a 所示，把圆形的板料（坯料）放入模具内，对其进行冲压，通过冲压，坯料从模具和冲头的间隙向后压出薄型圆筒，如图6-36c所示的笔筒。铝制的牙膏管是前后通透的管料，它采用的是前后双面压出式的拉深成形加工，如图6-36b，d所示。由圆形的板料，经拉深冲压成为出口、肩部和本体是一体的管料，壁厚度为1.1~1.3mm。

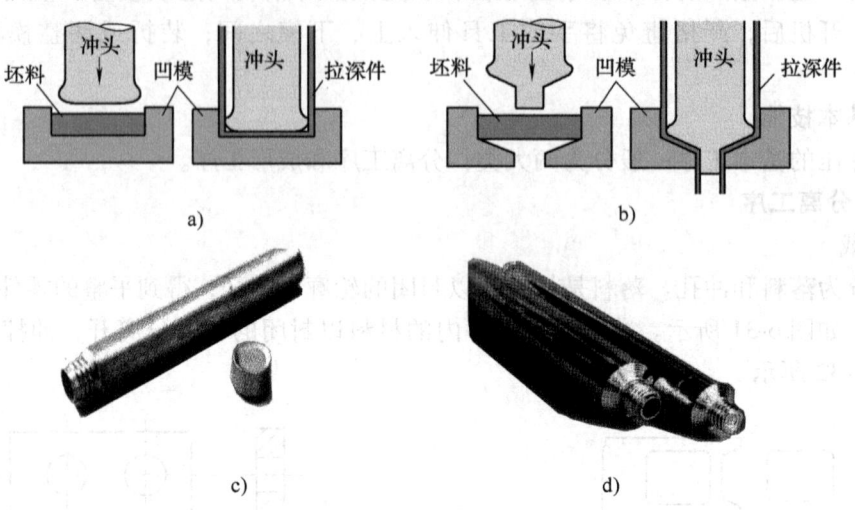

图6-36 拉深成形冲压过程
a）后部压出式 b）前后双面压出式 c）用右侧的材料冲压出的签字笔的笔管
d）牙膏的铝管是冲压机冲出来的

2. 弯曲

弯曲是使坯件一部分与另一部分形成一定角度。变形区仅限于曲率发生变化的部分，且内侧受压缩，外侧受拉，中间有一层材料既不被压缩也不被拉伸，称为中性层，如图6-37所示。

图6-37 弯曲

第四节 质量控制与检验

一、锻压件的缺陷分析

1. 自由锻件的缺陷分析（表6-4）

表6-4 自由锻件缺陷及产生原因

缺陷名称	产生原因
过热或过烧	1. 加热温度过高，保温时间过长； 2. 变形不均匀，局部变形度过小
裂纹 （横向和纵向裂纹，表面和内部裂纹）	1. 坯料心部没有热透或温度较低； 2. 坯料本身有皮下气孔、冶炼质量不合要求等缺陷； 3. 坯料加热速度过快，锻后冷却速度过大； 4. 变形量过大
折叠	1. 砧子圆角半径过小； 2. 送进量小于压下量
歪斜偏心	1. 加热不均匀，变形度不均匀； 2. 操作不当

(续)

缺 陷 名 称	产 生 原 因
弯曲和变形	1. 锻造后修整、矫直不够; 2. 冷却、热处理不当
力学性能偏低（锻件强度不够，硬度偏低，塑性和冲击韧度偏低）	1. 坯料冶炼成分不合要求; 2. 锻造后热处理不当; 3. 原材料冶炼时杂质过多，偏析严重; 4. 锻造比过小

2. 模锻件的缺陷分析（表6-5）

表6-5　模锻件的缺陷及其产生的原因

缺 陷 名 称	产 生 原 因
凹坑	1. 加热时间太长或粘上炉底熔渣; 2. 坯料在模膛中成形时氧化皮未清除干净
形状不完整	1. 原材料尺寸偏小; 2. 加热时间太长，火耗太大; 3. 加热温度过低，金属流动性差，模膛内的润滑剂未吹掉; 4. 设备吨位不足，锤击力太小; 5. 锤击轻重掌握不当; 6. 制坯模膛设计不当或毛边槽阻力小; 7. 终锻模膛磨损严重; 8. 锻件从模膛中取出不慎碰塌
厚度超标	1. 毛坯质量超差; 2. 加热温度偏低; 3. 锤击力不足; 4. 制坯模膛设计不当或飞边槽阻力太大
尺寸不足	1. 终锻温度过高或设计终锻模膛时考虑收缩率不足; 2. 终锻模膛变形; 3. 切边模安装欠妥，锻件局部被切
锻件上、下部分发生错移	1. 锻锤导轨间隙太大; 2. 上、下模调整不当或锻模检验角有误差; 3. 锻模紧固部分（如燕尾）有磨损或锤击时错位; 4. 模膛中心与打击中心相对位置不当; 5. 导锁设计欠妥
锻件局部被压伤	1. 坯料未放正或锤击中跳出模膛连击压坏; 2. 设备有毛病，单击时发生连击
翘曲	1. 锻件从模膛中撬起时变形; 2. 锻件在切边时变形
残余飞边	1. 切边模与终锻模膛尺寸不符; 2. 切边模磨损或锻件放置不正

(续)

缺陷名称	产生原因
锻件轴向有细小裂纹	钢锭皮下气泡被扎长
锻件端部出现裂纹	坯料在冷剪下料时剪切不当
夹渣	耐火材料等杂质混入钢液并注入钢锭中
夹层	1. 坯料在模膛中位置不对； 2. 操作不当； 3. 锻模设计有问题； 4. 操作时变形程度大，产生飞边，不慎将飞边压入锻件中

3. 冲压件的缺陷分析（表6-6）

表6-6 冲压件缺陷及其产生的原因

缺陷名称	产生原因
飞边	冲裁间隙过大、过小或不均匀，刃口不锋利
翘曲	冲裁间隙过大，材质不均，材料有残留内应力等
弯曲裂纹	材料塑性差，弯曲线与流线组织方向平行，弯曲半径过小等
皱纹	相对厚度小，拉深系数过小，间隙过大，压边力过小，压边圈或凹模表面磨损严重
裂纹和断裂	拉深系数过小，间隙过小，凹模或压料面局部磨损，润滑不够，圆角半径过小
表面划痕	凹模表面磨损严重，间隙过小，凹模或润滑油不干净
拉深件壁厚不均	润滑不够，间隙不均匀、过大或过小

二、锻压件的质量检验

质量检验是锻压生产过程中不可缺少的一个重要组成部分，通过检验能及时发现生产中的质量问题。常用的检验方法有：外观检验、力学性能试验、金相组织检验、无损检验等。检验时，应按照锻压件技术条件的规定或有关检验技术文件的要求进行。

外观检验包括锻压件表面、形状和尺寸检验。

1. 表面检验

主要是观看锻压件的外部是否存在飞边、裂纹、折叠、过烧和碰伤等。

2. 形状和尺寸检验

检验锻压件的形状和尺寸是否符合锻件图上的要求。一般自由锻件，大都使用钢直尺和卡钳来检验；成批的锻件，采用卡规、塞尺等专用量规来检验；对于形状复杂的锻件，一般量具无法测量，可用划线来检验。

对于重要的大型锻件，必须进行力学性能试验，如进行可锻性和冲击试验，测定硬度等；还要进行金相组织检验（如低倍检验、高倍检验）和探伤检验等。

第五节 相关知识

一、加工硬化和再结晶

金属是由非常小的晶体组成的。金属晶体在一定外力的作用下会发生变形或损坏。若在常温下发生形变会导致金属变硬，发生加工硬化现象。加工硬化是金属的强度、硬度增加，塑性降低，金属变脆。冷锻造就是利用加工硬化现象来提高金属硬度的。

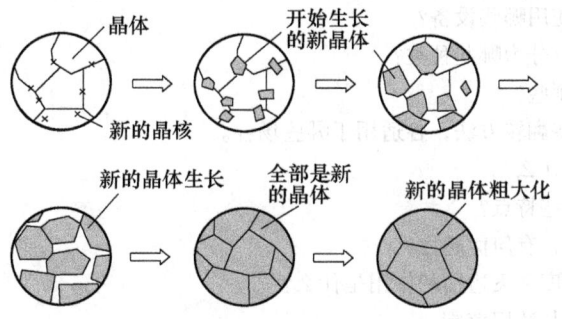

图 6-38　金属再结晶的过程

将因加工硬化而变脆的金属加热到某一温度，金属就会变软。这是因为金属中形成了新的晶核并长大的结果，称此现象为再结晶，金属再结晶的过程如图 6-38 所示。金属再结晶时，硬度下降，塑性增加，产生软化作用。金属的种类不同，其再结晶温度也有差异。有容易引起加工硬化的金属，也有不容易引起加工硬化的金属。如钢盔是用高锰钢进行冷冲压而制成的，通过冲压它的表面得到加工硬化；像铅是再结晶温度低的金属，因此加工硬化开始的同时就开始了再结晶，所以不产生加工硬化；加工硬化用在金属材料，特别是用在不锈钢板、铝板等不能进行热处理的板材上，可通过锻压、拉拔等获得加工硬化，从而提高其强度。

二、纤维组织

锻造是通过对金属坯料施加外力使坯料发生塑性变形。塑性变形会带来金属内部组织结构的变化。图 6-39a 中的晶体发生变形而呈相互连接状态，称为晶体的纤维组织。具有纤维组织的金属材料机械强度高，如图 6-39b，c 所示。锻造时所施加的作用力有利于形成纤维组织，所以常用此方法制作机械强度较高的零件。

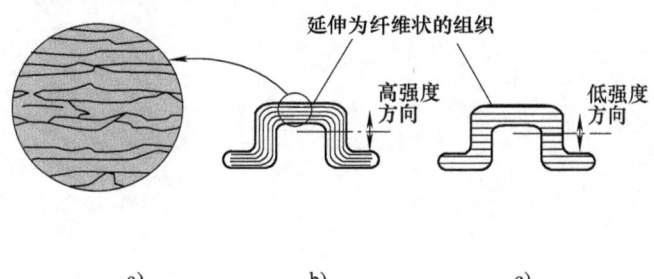

a)　　　　　　b)　　　　　　c)

图 6-39　具有纤维组织的零件强度
a）晶体的纤维组织　b）锻件的组织　c）切削加工件的组织

复习思考题

1. 如何衡量材料的可锻性能？常用材料中哪些材料可锻性能好？哪些可锻性能差？哪些材料不能锻造？
2. 金属坯料锻造前为什么要先加热？
3. 什么是锻造温度范围？为什么低于终锻温度后不易继续锻造？
4. 锻造加热炉有哪些？各有哪些特点？

5. 加热缺陷对锻造过程和锻件质量有何影响？如何防止或消除？
6. 什么是自由锻？可使用哪些设备？
7. 自由锻工具按用途可分为哪些种类？
8. 自由锻基本工序有哪些？
9. 试说明拔长时有哪些翻转方法，各适用于哪些场合。
10. 冲孔的操作要点是什么？
11. 锻模材料应具备哪些特点？
12. 模锻同自由锻相比，有何优越性？
13. 模锻圆角、模锻斜度和飞边槽的作用是什么？
14. 试叙述冲压的特点与适用范围。
15. 冲压设备有哪些？
16. 冲压基本工序有哪些？

第七章 焊 接

第一节 概 述

焊接就是通过加热、加压或两者并用，使工件达到原子结合的一种加工方法。焊接后的材料不仅在宏观上建立了永久性联系，而且在微观上建立了组织之间的内在联系，使分离的金属原子间产生足够的结合力，而形成牢固的接头。这对液体来说是很容易的，而对固体来说则比较困难，需要外部给予很大的能量，使金属接触表面达到原子间的距离。为此，金属焊接时必须采用加热、加压或两者并用的方法。

按焊接过程中金属所处状态的不同，可以把焊接方法分为熔焊、压焊和钎焊三种类型，焊接方法分类如图 7-1 所示。

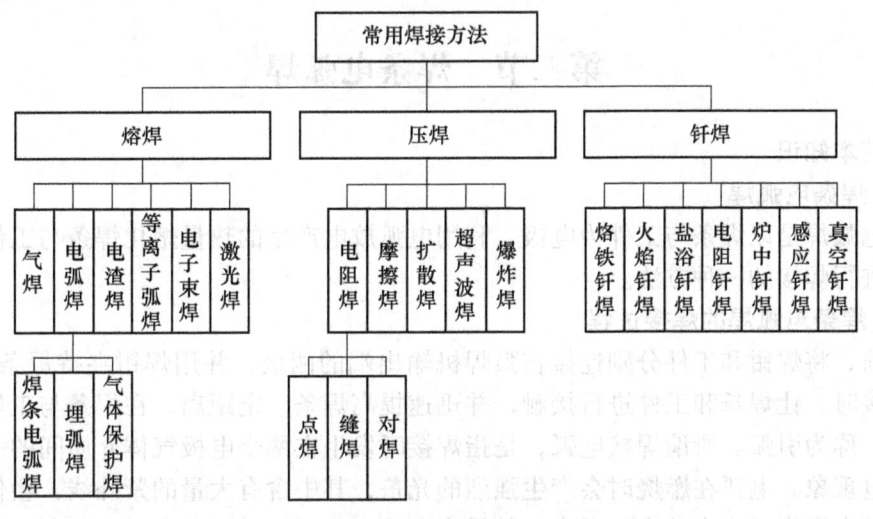

图 7-1 焊接方法分类

常用焊接方法的特点及应用见表 7-1。焊接实例如图 7-2 所示。

表 7-1 常用焊接方法的特点及应用

焊接方法	原理	特点及应用
熔焊	将待焊处的母材加热至熔化状态，加入（或不加入）填充金属不加压完成焊接	焊件间的结合为原子结合，焊接接头的力学性能较高，生产率高；缺点是会产生应力、变形较大。是工业生产中应用最广泛的焊接工艺方法
压焊	必须对焊件施加压力（加热或不加热），以完成焊接	焊接接头的力学性能较熔化焊稍差，适合于小型金属件的加工，焊接变形极小，机械化、自动化程度高
钎焊	采用比母材熔点低的金属材料作为钎料，将焊件和钎料加热到高于钎料熔点、低于母材熔化温度，利用液态钎料润湿母材，填充接头间隙并与母材相互扩散，以实现连接焊件	焊接时加热温度低，工件不熔化，焊后接头附近母材的组织和性能变化不大，压力和变形较小，接头平整光滑。焊件尺寸容易保证，同时也可焊接异种金属。钎焊的主要缺点是接头强度低，焊前对被焊处的清洁和装配工件要求较高，残余溶剂有腐蚀作用，焊后必须仔细清洗。目前，广泛应用在机械、仪表仪器、航空技术等领域

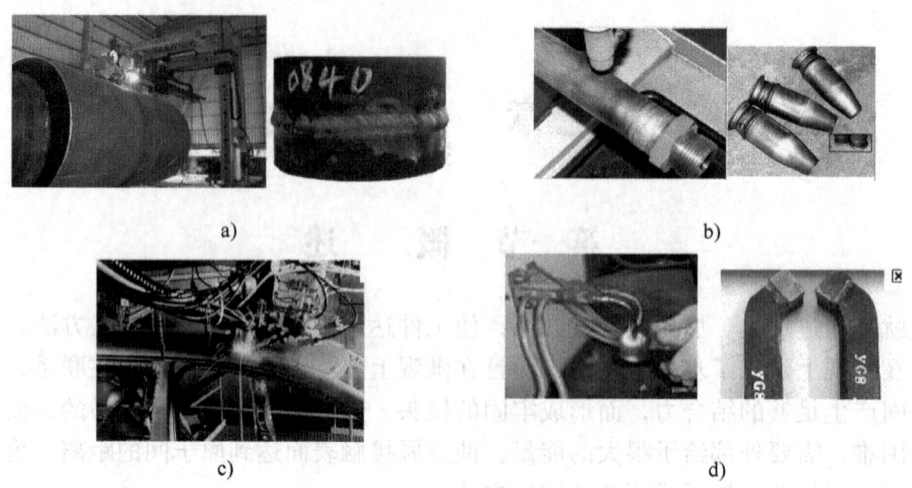

图 7-2 焊接实例

a) 电弧焊（管道） b) 环缝焊（高压油管） c) 激光焊（汽车车身） d) 高频感应钎焊（刀头）

第二节 焊条电弧焊

一、基本知识

（一）焊条电弧焊

焊条电弧焊是以焊条与工件为电极，利用电弧放电产生的热量熔化焊条与工件，用手工操作焊条进行焊接的一种方法。

（二）焊条电弧焊的焊接过程

焊接前，将焊钳和工件分别连接在弧焊机输出端的两极，并用焊钳夹持焊条，如图7-3所示。焊接时，让焊条和工件进行接触，并迅速提高焊条一定距离，在焊条与工件之间即可形成电弧，称为引弧。所谓焊接电弧，是指焊接时发生在两个电极气体介质间的一种长时间的剧烈放电现象。电弧在燃烧时会产生强烈的光芒，其中含有大量的紫外线，会伤害皮肤和眼睛。电弧在燃烧时产生较高的温度，其最高可达 6000~8000℃，如图7-4所示。电能以电弧的形式转化成热能，并利用转化的热能使焊条末端和工件表面熔化，形成熔池。随着电弧沿焊接方向移动，熔化金属迅速冷却凝固形成焊缝。即随着焊条的移动，新的熔池不断产生，原有熔池会不断地冷却、凝固，形成焊缝。

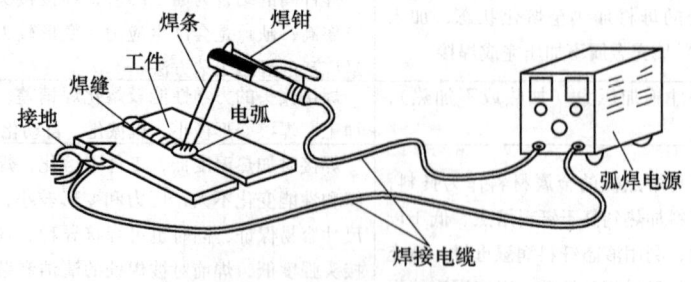

图 7-3 焊条电弧焊装置

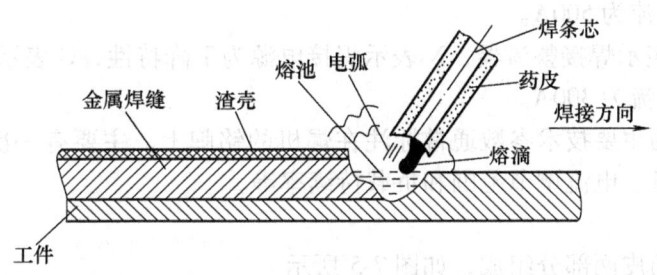

图 7-4 焊条电弧焊的焊接过程

（三）焊条电弧焊装置

焊条电弧焊的装置包括弧焊电源、焊钳及电缆等，如图 7-3 所示。

1. 弧焊电源

弧焊电源分为交流电源和直流电源两大类。

（1）交流电焊机 交流电焊机是一种具有下降外特性的降压变压器。它能将 220V 或 380 V 的电源电压降至 60～80V（即焊机的空载电压），以满足引弧的要求。焊接时，电压会自动下降到电弧正常工作所需的电压 20～40V。输出电流从几十安培到几百安培，可根据需要调整焊接电流的大小。交流电焊机有分体式弧焊机、同体式弧焊机、动铁漏磁式弧焊机、动圈式弧焊机和抽头式弧焊机等类型。交流电焊机的结构简单，制造和维修方便，价格低廉，工作时噪声小，应用比较广泛；它的主要缺点是焊接电弧不够稳定。

（2）直流电焊机 有直流弧焊发电机和弧焊整流器两种直流电焊机。直流弧焊发电机焊接时电弧稳定，焊接质量好，但结构复杂、噪声大、价格高、不易维修。另外因其耗电大，耗材多，目前已被淘汰。弧焊整流器通过整流器把交流电转变成直流电。它既弥补了交流电焊机电弧不稳定的缺点，又比直流弧焊发电机结构简单、维修容易、噪声小。在焊接质量要求高或焊接 2mm 以下薄板钢件、有色金属、铸铁和特殊钢件时，电源宜采用弧焊整流器。

直流电焊机在工作时有正接法和反接法两种接线方法。正接法为工件接正极，焊条接负极；反接法为工件接负极，焊条接正极。由于电弧正极区的温度较高，负极区的温度较低，因此采用正接法时工件的温度较高，能获得较大的熔深，适宜于黑色金属和厚板的焊接；采用反接法时工件的温度较低，可防止工件烧穿，常用于焊接有色金属和较薄钢板件。但如果使用碱性焊条，均采用直流反接。

（3）电焊机的型号 我国焊机型号是按统一规定编制的，焊机型号采用汉语拼音字母及阿拉伯数字组成，其编排次序如下：

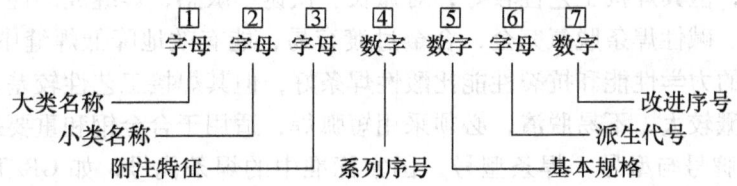

例如，BX1—500，B 表示弧焊变压器，X 表示焊接电源为下降特性，1 表示动铁芯式，

500 表示额定焊接电流为 500A。

ZXG—300，Z 表示焊接整流器，X 表示焊接电源为下降特性，G 表示焊机采用硅整流元件，300 表示额定电流为 300A。

焊条电弧焊机的主要技术参数通常标注在焊机的铭牌上，主要有一次电压、空载电压、工作电压、输入容量、电流调节范围和负载持续率等。

2. 焊条

焊条由焊芯及药皮两部分组成，如图 7-5 所示。

（1）焊芯 焊芯是焊条内的金属丝，它具有一定的直径和长度。焊接时焊芯有两个作用：一是作为电极传导电流，产生电弧；二是熔化后作为填充金属，与熔化的母材一起组成焊缝金属。

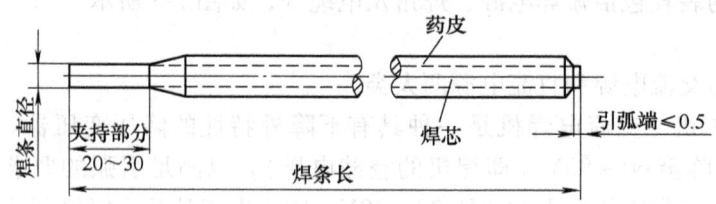

图 7-5 焊条结构

焊条的直径和长度就是以焊芯的直径和长度来表示的，常用的焊条直径有 $\phi 2$、$\phi 2.5$、$\phi 3.2$、$\phi 4$、$\phi 5$ 等几种。

如果焊芯外面没有涂敷药皮，则称为焊丝。焊芯和焊丝牌号用"H"，即"焊"字汉语拼音的首个字母表示，其后的牌号表示方法与钢号表示方法相同，国家标准规定的焊接用钢丝有 44 种，可分为碳素结构钢、合金结构钢、不锈钢三大类。

（2）药皮 药皮是压涂在焊芯表面的涂料层，由矿石粉、铁合金粉、粘接剂等原料按一定比例配制而成。药皮的主要作用是：使电弧容易引燃，保持电弧燃烧的稳定性；使熔滴向熔池顺利过渡，减少飞溅和热量损失，改善焊接工艺性，提高生产率；药皮内的造气剂、造渣剂可与熔池金属互相发生作用，产生大量的气体与熔渣，隔离空气，对液态金属起气渣联合保护作用；另外，药皮内加入一定量的合金元素，通过冶金反应去除有害杂质（O、H、N、S、P 等），同时添加有益的合金元素，使焊缝达到要求的力学性能。

（3）焊条的分类 按焊条的用途分类，可分为碳钢焊条、低合金钢焊条、不锈钢焊条、堆焊焊条、铸铁焊条、镍及镍合金焊条、铜及铜合金焊条、铝及铝合金焊条、特殊用途焊条共 9 种。

按焊条药皮熔化后的熔渣特性可分为酸性焊条与碱性焊条。酸性焊条脱氧、脱硫磷能力低，热裂倾向大，但其焊接工艺性较好，对弧长、铁锈不敏感，焊缝成形性、脱渣性好，广泛用于一般结构。碱性焊条脱氧完全，合金过渡容易，能有效地降低焊缝中的氢、氧、硫、磷，所以其焊缝的力学性能和抗裂性能比酸性焊条好，但其焊接工艺性较差，引弧困难，电弧稳定性差，飞溅较大，不易脱渣，必须采用短弧焊，适用于合金钢和重要碳钢的焊接。

（4）焊条的牌号与型号 焊条型号是国家标准中的焊条代号，如 GB/T 5117—1995 中的 E4303、E5015、E5016 等。其中"E"表示焊条；前两位数字表示焊缝金属抗拉强度的 1/10，单位为 MPa；第三位数字表示焊条的焊接位置；第三和第四位数字组合表示焊接电流的种类和药皮类型，如"03"表示钛钙型药皮，可使用交流或直流正、反接。

（5）焊条的选用原则 ①等强度原则，对于承受静载荷或一般载荷的工件或结构，通常选用抗拉强度与母材相等的焊条；②同等性能原则，在特殊环境下工作的结构，如要求耐磨、耐蚀、耐高温或低温等，具有较高的力学性能，则应选用能保证熔敷金属的性能与母材相近或相似的焊条，如焊接不锈钢时，应选用不锈钢焊条；③等条件原则，根据工件或焊接结构的工作条件和特点选择焊条。如焊件要求承受冲击载荷，应选用熔敷金属冲击韧度较高的低氢型碱性焊条。

3. 焊钳和面罩

焊钳的作用是夹持焊条和传递焊接电流，面罩的作用是保护工人的眼睛和面部免被弧光灼伤。焊条电弧焊时必须使用面罩方可作业，切不可裸眼直视弧光进行作业。

（四）焊条电弧焊工艺基础

1. 焊接接头与坡口形式

在焊条电弧焊中，由于产品结构形式、材料厚度和工件质量的要求不同，需要采用不同形式的接头和坡口进行焊接。焊接接头形式有对接、搭接、角接和T形接等多种，如图7-6所示。

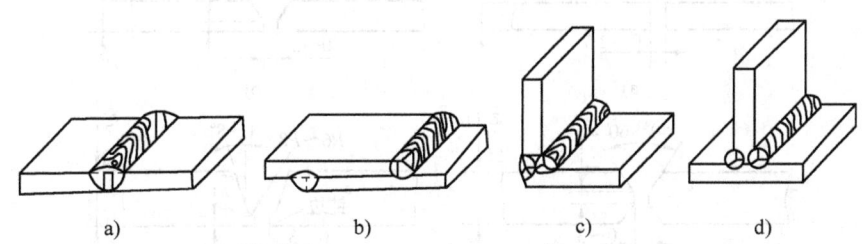

图7-6 焊接接头形式
a）对接 b）搭接 c）角接 d）T形接

对接接头的受力比较均匀，是最常用的焊接接头形式。当被焊工件较薄时，对接接头可不开坡口，仅需在被焊工件接头之间留出适当的间隙。当工件厚度小于3mm时，可以单面施焊；当工件厚度为4～6mm时，需要双面施焊；当工件厚度大于6mm时，为了保证焊透，必须预先开出焊接坡口，对接接头的坡口形式如图7-7所示。除了对接接头之外，T形接头在生产中也常采用；搭接接头在受力时将产生附加弯矩，且金属消耗量也较大，一般应避免采用；角接接头的受力情况相对复杂，强度比较低，在生产中很少采用。

2. 焊缝形式及尺寸

焊缝形式及尺寸见表7-2。

表7-2 焊缝形式及尺寸

焊缝形式及尺寸	焊缝示意图	说明
焊缝宽度（c）		在单道焊缝横截面中，两焊趾之间的距离，叫焊缝宽度。焊趾为焊缝表面与母材的交接处

焊缝形式及尺寸	焊缝示意图	说明
焊缝余高（h）		对接焊缝中超出表面焊趾连线上面的那部分金属的高度叫焊缝余高。余高使焊缝的截面积增加，强度提高，但易使焊趾处产生应力集中。国家标准规定焊条电弧焊的余高值为 0～3mm
焊缝厚度（s）		在焊缝横截面中，从焊缝正面到焊缝背面的距离叫焊缝厚度
熔深（t）		熔深为母材熔化的深度。当填充金属材料一定时，熔深决定焊缝的化学成分

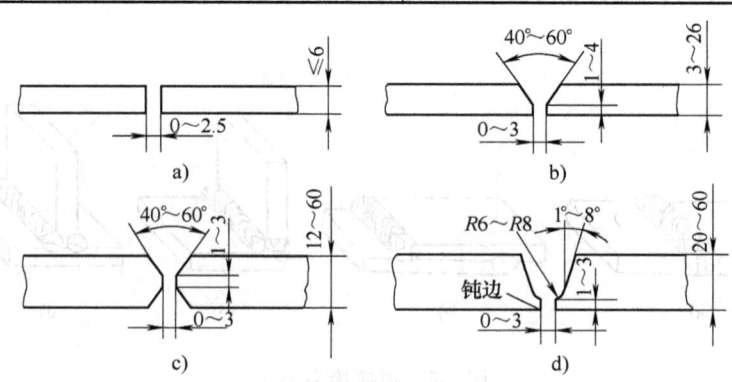

图 7-7 对接接头的坡口形式

a) I 形坡口　b) V 形坡口　c) X 形坡口　d) U 形坡口

3. 焊接位置

按照焊缝在空间操作位置的不同，焊接方法可分为平焊、立焊、横焊和仰焊四种，如图 7-8 所示。

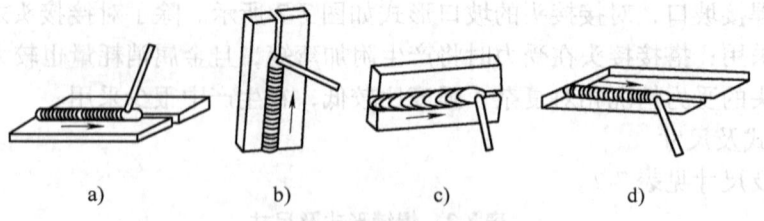

图 7-8 焊接的位置

a) 平焊　b) 立焊　c) 横焊　d) 仰焊

（1）平焊　平焊是在水平面上进行焊接的方法。由于焊缝处于水平位置，熔滴主要靠自重过渡，操作技术比较容易掌握，可以选择较大直径的焊条和焊接电流，生产率高，因此在生产中应用较普遍。如果焊接参数选择不当，容易造成根部焊瘤或未焊透。

（2）立焊　立焊是在垂直方向进行焊接的方法。由于受重力作用，焊条熔化所形成的熔滴及熔池金属要向下坠落，造成焊缝成形困难，影响质量。因此，立焊时选用的焊条直径和焊接电流均小于平焊，并同时采用短弧施焊。

(3) 横焊　横焊是在垂直面上焊接水平焊缝的方法。由于熔化金属受重力作用，容易下淌而产生各种缺陷。因此，应采取短弧焊接，并选较小直径的焊条和较小焊接电流以及适当的运条方法。

(4) 仰焊　仰焊是焊缝位于燃烧电弧的上方而进行焊接的一种方式，即焊工在仰视位置进行焊接。仰焊劳动强度大，是最难焊的一种焊接位置。在仰焊时，熔化金属在重力作用下容易坠落，熔池形状和大小不易控制，容易出现夹渣、未焊透、凹陷现象，运条困难，焊缝表面不易平整。焊接时，必须正确选用焊条和焊接电流，以便减少熔池的面积。尽量使用厚药皮焊条和维持最短的电弧，有利于熔滴在很短的时间内过渡到熔池中，促使焊缝成形。

4. 焊接参数

为了保证焊接质量所选定的各物理量的总称叫焊接参数。焊条电弧焊的焊接参数主要包括焊条直径、焊接电流、焊接电压和焊接速度等。

(1) 焊条直径　根据工件厚度选择焊条直径。平焊低碳钢时焊条的直径，可按表7-3选取。

表7-3　平焊低碳钢时焊条直径与工件厚度的关系

工件厚度/mm	2	3	4~5	6~12	>12
焊条直径/mm	1.6~2	2.5~3.2	3.2~4	4.0~5.0	5.0~6.0

为了提高生产率，通常选用直径较粗的焊条（但一般不大于6mm）。工件厚度在4mm以下的对接焊时，一般用直径小于等于工件厚度的焊条。大厚度工件焊时，一般接头处都要开坡口，在打底层焊时，可采用2.5~4mm直径的焊条，之后各层均采用5~6mm直径的焊条。立焊时，焊条直径一般不超过5mm；仰焊时，则不应超过4mm。

(2) 焊接电流　根据焊条直径选择焊接电流。焊接低碳钢时，按下面经验公式选择焊接电流

$$I = (30 \sim 50)d$$

式中，I为焊接电流（A）；d为焊条直径（mm）。

平焊低碳钢时焊条直径和焊接电流的参考值，见表7-4。

表7-4　平焊低碳钢时焊条直径和焊接电流的参考值

焊条直径/mm	2.5	3.2	4.0
焊接电流/A	70~90	100~130	170~190

应当指出，上述只提供了一个大概的焊接电流范围，实际生产中，还要根据工件厚度、接头形式、焊接位置、焊条种类等因素，通过试焊来调整和确定焊接电流大小。电流过小，易引起夹渣和未焊透；电流过大，易产生咬边、烧穿等缺陷。

(3) 电弧电压　电弧电压由电弧长度决定，即焊条焊芯端部与熔池之间的距离。电弧长，电弧电压高，燃烧不稳定，熔深减小，飞溅增加，且保护不良，易产生缺陷；电弧短，电弧电压低，对保证焊接质量有利。操作时一般要求电弧长度不超过焊条直径。

(4) 焊接速度　焊接速度是单位时间内完成的焊缝长度。焊接速度增加时，焊缝厚度和焊缝宽度都明显下降。焊条电弧焊时，焊接速度由焊工凭经验掌握。

焊接参数选择是否合适，直接影响焊接质量。焊接参数对焊缝成形影响，如图7-9所示。

图7-9a 所示为焊接电流和焊接速度合适，焊缝外形尺寸符合要求，形状规则，焊波均匀并呈椭圆形，焊缝到母材过渡平滑。

图7-9b 所示为焊接电流太小时，电弧不易引出，燃烧不稳定，焊波呈圆形，而且余高增大，熔宽和熔深都减小。

图7-9c 所示为焊接电流太大时，弧声强、飞溅增多，焊条往往变得红热，焊波变尖，熔宽和熔深增加，焊薄板时，有烧穿的可能。

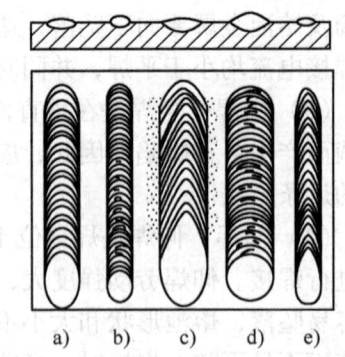

图7-9 焊接参数对焊缝成形影响
a）合适　b）电流太小　c）电流太大
d）焊速太慢　e）焊速太快

图7-9d 所示为焊接速度太慢时，焊波变圆而且余高、熔宽和熔深增加，焊薄板时，有烧穿的可能。

图7-9e 所示为焊接速度太快时，焊波变尖，焊缝形状不规则而且余高、熔宽和熔深都减小。

二、基本技能

（一）引弧

引弧就是将焊条与工件接触，形成瞬间短路，然后迅速将焊条提起2~4mm，使焊条与工件之间产生稳定的电弧。引弧方法通常有敲击法和擦划法两种，如图7-10所示。

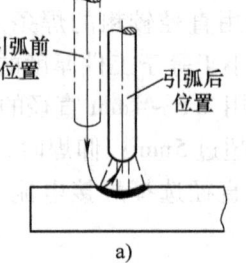
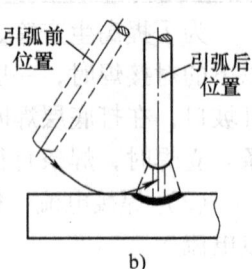

图7-10 引弧方法
a）敲击法　b）擦划法

1. 敲击法

将焊条末端对准焊件，然后手腕下弯，使焊条轻微碰一下焊件，再迅速将焊条提起2~4mm，引燃电弧后，手腕放平，使电弧保持稳定燃烧。这种引弧方法不会使工件表面划伤，又不受焊件表面大小、形状的限制，所以是生产中主要采用的方法。但该方法操作不易掌握，需提高熟练程度。

2. 划擦法

先将焊条对准工件，再将焊条像划火柴似地在工件表面轻轻划擦，引燃电弧，然后迅速将焊条提起2~4mm，并使之稳定燃烧。

业内小提示：①无论是敲击法还是划擦法引弧，都要注意手腕的运动，切不可靠手臂的动作来完成引弧动作；②焊条与工件接触后，焊条提起的时间要适当，太快，不宜产生电弧；太慢，焊条与焊件容易粘在一起而造成短路；③引弧时如焊条粘在焊件上，应立即将焊钳从焊条上取下，待焊条冷却后，用手将焊条取下。

（二）焊条运动的基本技术

当引燃电弧进行焊接时，焊条要有三个方向的基本动作，才能得到良好成形的焊缝。这三个方向的基本动作是：焊条轴线向下送进、焊条沿焊接方向移动以及焊条横向摆动，焊条的基本运动如图7-11所示。

1. 焊条送进动作

在电弧热的作用下，焊条会逐步熔化缩短，为了保持电弧长度，必须将焊条朝熔池方向逐渐送进。要求焊条送进的速度与焊条熔化的速度相等，如果焊条送进速度过快，则电弧长度迅速缩短，使焊条与工件接触，造成短路，使电弧熄灭；如果焊条送进速度过慢，则电弧的长度增加，直至断弧。

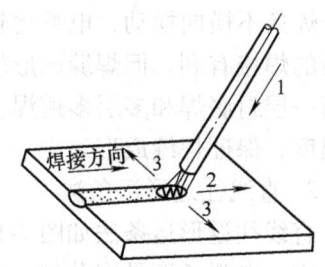

图7-11 焊条的基本运动
1—焊条轴线向下送进 2—焊条沿焊接方向移动 3—焊条横向摆动

电弧长度对焊缝质量有极大的影响，一般而言，长电弧不稳定，空气易侵入，导致产生气孔，热量不集中，热量损失大，焊缝熔深浅，电弧吹力小，易产生夹渣。因此，一般在焊接时，采用短弧和均匀的送进速度，保持电弧长度恒定，是获得质量优良焊缝的重要条件。

2. 焊条前移动作

焊条沿着焊接方向向前移动，对焊缝的成形质量影响很大。焊条前移的快慢，表示焊接速度的快慢，过快则电弧来不及熔化足够的焊条与母材金属，造成焊缝断面太小及未焊透等焊接缺陷；过慢则熔化金属堆积过多，产生溢流及成形不良，同时由于热量集中，薄件容易烧穿，厚件则产生过热，降低焊缝金属的综合力学性能。因此焊条前移速度应适当，应根据电流大小、焊条直径、工件厚度、装配间隙、焊缝位置、焊件材质等因素综合考虑。另外焊条前移速度应均匀，不能时快时慢，才能保证焊缝均匀一致。

3. 焊条横向摆动动作

焊条横向摆动的目的是得到一定宽度的焊缝。焊条摆动的幅度与焊缝要求的宽度、焊条的直径有关。摆动越大，则焊缝越宽，但要保证焊缝两侧的良好熔合。一般焊缝宽度为焊条直径的2.5倍左右。

（三）运条方法

焊条电弧焊运条方法是指焊接操作人员在焊接过程中焊条的运动方式。操作者根据不同的焊缝位置、工件厚度、接头形式、工件材质、焊条直径、焊接电源、焊缝层数等因素选择正确的运条方法，是保证焊缝的外表成形和内在质量的重要手段。基本运条方法如图7-12所示。

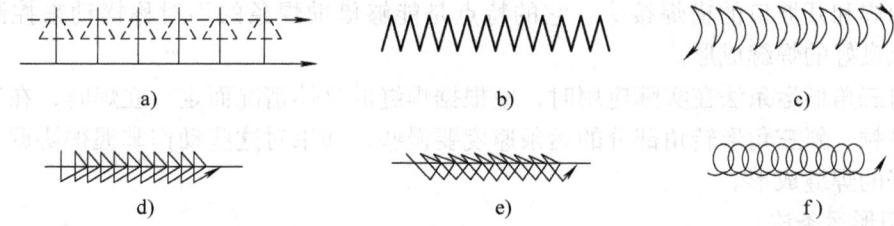

图7-12 基本运条方法
a) 直线形、直线往复形 b) 锯齿形 c) 月牙形 d) 正三角形 e) 斜三角形 f) 圆圈形

1. 直线形运条法

直线形运条法如图7-12a所示，是在焊接时保持一定弧长，沿着焊接方向不摆动前移。

由于焊条不横向摆动，电弧比较稳定，焊接速度也较快，熔深比较浅，对于易过热工件以及薄板的焊接有利，但焊缝成形较窄。适用于板厚在 3～5mm 的不开坡口的对接平焊、多层焊的第一层封底焊和多层多道焊。该法特别适用于不锈钢的焊接，有利于在焊接过程中控制熔池温度，保证焊缝成形。

2. 直线往返形运条法

直线往返形运条法如图 7-12a 所示，是焊条末端沿焊缝方向作来回直线形摆动。在实际操作中，电弧长度是变化的，焊接时保持较短的电弧。焊接一小段后，电弧拉长，向前跳动，待熔池稍凝，焊条又回到溶池继续焊接。该法焊接速度快、焊缝窄、散热快，适用于薄板和对接间隙较大的底层焊接。

3. 锯齿形运条法

锯齿形运条法如图 7-12b 所示，是将焊条末端向前移动的同时作锯齿形的连续摆动。摆动运条时两侧稍加停顿，停顿时间视工件厚度、电流大小、焊缝宽度及焊接位置而定，这主要是为了保证两侧熔化良好，不产生咬边。锯齿形摆动的目的是为了控制焊缝熔化金属的流动和得到必要的焊缝宽度，并获得较好的焊缝成形。应用于平焊、立焊、仰焊的对接接头和立焊的角接接头。

4. 月牙形运条法

月牙形运条法如图 7-12c 所示，在实际生产中应用较广泛，操作方法与锯齿形相似。采用月牙形运条法时，为了使焊缝两侧熔合良好、避免咬边，应注意在月牙两尖端的停留时间；对熔池的加热时间相对较长，金属的熔化良好，利于熔池中的气体析出和熔渣的浮出，能消除气孔和夹渣，焊缝质量较高。但由于熔化金属向中间集中，增加了焊缝表面的余高，所以不适用于宽度小的立焊缝。当对接接头平焊时，为避免焊缝金属过高和使两侧熔透，有时采用反月牙形运条法运条。月牙形运条法是单面焊、双面成形焊的主要运条方法之一。

5. 三角形运条法

三角形运条法是焊条末端在前移的同时，作连续的三角形运动。根据场合的不同，可分为正三角形和斜三角形两种。

正三角形运条法，如图 7-12d 所示，只适用于开坡口的对接焊缝和 T 形接头的立焊。它的特点是一次能焊出较厚的焊缝断面，当内层受坡口两侧斜面限制，宽度较小时，在三角形折角处要稍加停顿，以利于两侧熔化充分，避免产生夹渣。

斜三角形运条法，如图 7-12e 所示，适用于除立焊外的角焊缝、开坡口的对接焊缝、T 形接头的仰焊和开坡口的横焊接头。它的特点是能够借助焊条的不对称摆动来控制熔化金属，以形成良好的焊缝成形。

正、斜三角形运条法在实际应用时，应根据焊缝的具体情况而定，立焊时，在三角形折角处应作停顿；斜三角形转角部分的运条速度要慢些，如果对这些动作掌握得协调一致，就能取得良好的焊缝成形。

6. 圆圈形运条法。

圆圈形运条法如图 7-12f 所示，是焊条末端连续作圆圈运动，并不断前移。正圆圈形运条法，只适用于较厚工件的平焊缝。其优点是熔池在高温停留的时间长，使溶解在熔池中的氧、氮等气体有时间充分析出，同时也有利于熔渣的上浮。斜圆圈形运条法，适用于平、仰焊位置的 T 形接头和对接接头的横焊缝，其特点是有利于控制熔化金属受重力的影响而产生下淌现象，有助于横焊缝的成形。

> 业内小提示：运条速度要均匀，且沿焊接方向运动的速度不可太快，一般来说一根焊条焊完后其焊缝的总长度以不超过焊条长度的 4/5 为宜。

（四）焊缝的接头连接和收尾方法

1. 焊缝的接头连接

后焊焊缝与先焊焊缝的连接处称为焊缝的接头，焊缝接头方式如图 7-13 所示。由于受焊条长度限制，焊缝前、后两段的接头是不可避免的，但焊缝的接头要尽量保持均匀，防止产生过高、脱节、宽窄不一致等缺陷。

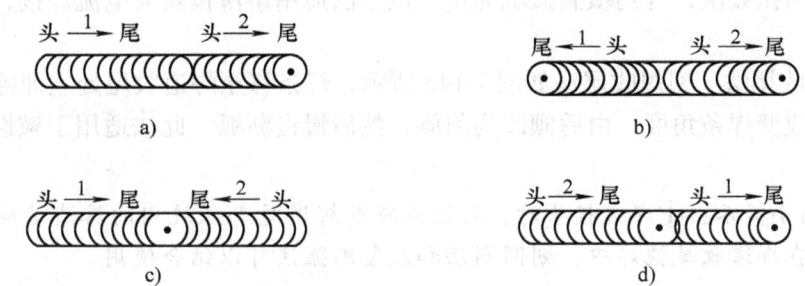

图 7-13 焊缝接头方式
a）中间接头 b）相背接头 c）相向接头 d）分段退焊接头
1—先焊焊缝 2—后焊焊缝

（1）中间接头 中间接头如图 7-13a 所示，后焊的焊缝从先焊的焊缝尾部开始焊接。要求在弧坑前约 10 mm 附近引弧，电弧长度比正常焊接时略长些，然后回移到弧坑，压低电弧，稍作摆动，再向前正常焊接。这种接头方法是使用最多的一种，适用于单层焊及多层焊的表层接头。

（2）相背接头 相背接头如图 7-13b 所示，两焊缝的起头相接。要求先焊缝的起头处略低些，后焊焊缝必须在前条焊缝始端稍前处起弧，然后稍拉长电弧，将电弧逐渐引向前条焊缝的始端，并覆盖前焊缝的端头，待焊平后，再向焊接方向移动。

（3）相向接头 相向接头如图 7-13c 所示，两条焊缝的收尾相接。当后焊的焊缝焊到先焊的焊缝收弧处时，焊接速度应稍慢些，填满先焊焊缝的弧坑后，以较快的速度再略向前焊一段，然后熄弧。

（4）分段退焊接头 分段退焊接头如图 7-13d 所示，先焊焊缝的起头和后焊焊缝的收尾相接。要求后焊的焊缝焊至靠近先焊焊缝始端时，改变焊条角度，使焊条指向前焊缝的始端，拉长电弧，待形成熔池后，再压低电弧，往回移动，最后返回原来熔池处收弧。

2. 焊缝的收尾方法

焊缝收尾时，为了不出现尾坑，焊条应停止向前移动，而采用划圈收尾法或反复断弧法等慢慢拉断电弧，以保证焊缝尾部成形良好，焊缝收尾方法如图 7-14 所示。

（1）划圈收尾法 划圈收尾法如图 7-14a 所示，焊条移至焊道的终点时，利用手腕的动作作圆圈运动，直到填满弧坑再拉断电弧。该方法适用于厚板焊接，若用于薄板焊接，会有烧穿危险。

（2）反复断弧收尾法 反复断弧收尾法如图 7-14b 所示，焊条移至焊道终点时，在弧坑

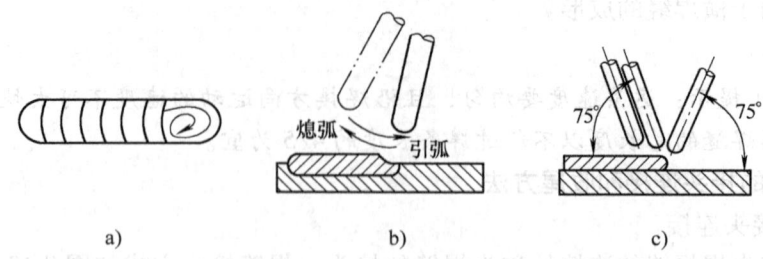

图 7-14 焊缝收尾方法
a) 划圈收尾法 b) 反复断弧收尾法 c) 回焊收尾法

处反复熄弧、引弧数次，直到填满弧坑为止。该方法适用于薄板及大电流焊接，但不适用于碱性焊条。

(3) 回焊收尾法 回焊收尾法如图 7-14c 所示，焊条移至焊道收尾处立即停止，但未熄弧，此时适当改变焊条角度，由后倾改为前倾，然后慢慢断弧，此法适用于碱性焊条焊接。

业内小提示：①焊道接头时，要注意将前焊道尾部弧坑内的熔渣清除掉后再进行接头焊接；②在焊道收尾施焊中，划圆圈法和反复断弧法可以结合使用。

第三节 气　焊

一、基本知识

(一) 气焊

气焊是一种利用氧和燃气混合燃烧产生的火焰热量熔化工件与焊丝以进行焊接的一种方法，气焊焊接如图 7-15 所示。

(二) 气焊设备

气焊主要采用氧乙炔火焰，所使用的设备如图 7-16 所示。

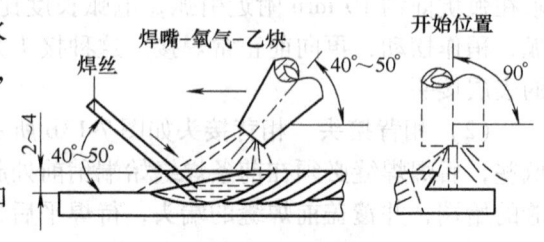

图 7-15 气焊焊接

1. 氧气瓶

氧气瓶是储存和运输氧气的高压容器，由瓶体、瓶箍、瓶阀、防振圈、瓶帽、底座等构成。氧气瓶外表漆成天蓝色，并标明黑色"氧气"字样。其容积为 40L、工作压力为 15MPa，可储存常压下 $6m^3$ 的氧气。氧气瓶应直立使用，若躺放时必须使减压器处于最高位置，操作时氧气瓶应距离乙炔发生器、明火或热源不小于 5m。

2. 乙炔瓶

乙炔瓶是储存和运输乙炔的高压容器，由瓶体、瓶阀、硅酸钙填料、易熔塞、过滤网、瓶帽、瓶座等构成。乙炔瓶外表漆成白色，并标明红色"乙炔"、"不可近火"等字样。其容积为 40 L、工作压力为 15MPa，可储存常压下 $5.3 \sim 6.3m^3$ 的乙炔气。乙炔瓶应直立使用，不得卧放，且卧放的乙炔瓶直立使用时，必须静置 20min 后方可使用。

3. 减压器

减压器是将高压气体降为低压气体的调节装置，使输送给焊炬的气体压力稳定不变，以保证火焰能够稳定燃烧。对不同性质的气体，必须选用符合各自要求的专用减压器，减压器禁止换用或替用。减压器在专用气瓶上应安装牢固。

4. 回火保险器

正常气焊时，火焰在焊炬的焊嘴外面燃烧，但当气体供应不足、焊嘴阻塞、焊嘴太热或焊嘴距离工件太近时，火焰会沿乙炔管路往回燃烧。这种火焰进入喷嘴内逆向燃烧的现象称为回火。如果回火蔓延到乙炔发生器，就可能引起爆炸事故。回火保险器的作用就是截留回火气体，保证乙炔发生器的安全。

5. 焊炬

焊炬又称焊枪，其作用是用来控制气体混合比例、流量以及火焰结构，是焊接的主要工具。所以对焊炬的要求是能方便地调节氧与乙炔的比例和热量的大小，同时要求结构重量轻、安全可靠。

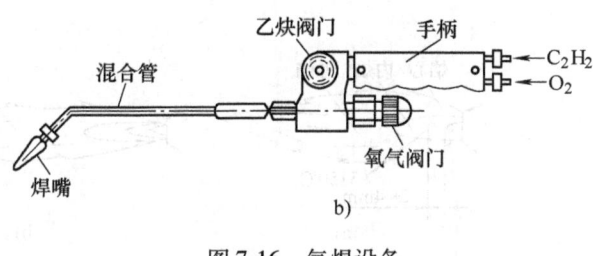

图 7-16 气焊设备
a）气焊设备 b）焊炬

（三）气焊用焊接材料

1. 氧气

气焊和气割的助燃气体，其纯度直接影响气焊和气割的质量与效率。目前大中型企业焊割时，氧气主要由管道输送或由氧气瓶提供。

2. 乙炔

乙炔是易燃、易爆气体，自燃点为 480℃，空气中着火温度为 428℃，工业乙炔是通过电石与水反应获得的。

3. 气焊丝

气焊丝是气焊时起填充作用的金属丝。气焊丝的化学成分直接影响焊缝金属的性能，常用的气焊丝种类有碳素结构钢用焊丝、合金结构钢用焊丝、不锈钢用焊丝、铸铁用焊丝、铜及铜合金用焊丝、铝及铝合金用焊丝、镁合金用焊丝。有时在无法获得与工件相当成分的焊丝时，可采用剪切工件来代替。焊接低碳钢时，常用的气焊丝的牌号有 H08 和 H08A 等。焊丝在使用前，应清除表面上的油脂和铁锈等。焊丝的直径要根据被焊工件厚度来选择，见表 7-5。

表 7-5 焊丝直径与工件厚度的关系 （mm）

焊件厚度	0.5~2	2~3	3~5	5~10
焊丝直径	1~2	2~3	3~4	3~5

4. 气焊熔剂

气焊熔剂的主要成分有硼酸、硼砂、碳酸钠等，具有很强的反应能力，可迅速溶解某些氧化物或高熔点化合物，以改善润湿性。因此，熔剂的作用是：保护熔池金属，减少空气的侵入，去除气焊时溶池中形成的氧化杂质，增加熔池金属的流动性。熔剂可预先涂在工件的待焊处或焊丝上，也可在气焊过程中在盛装熔剂的器具中将高温的焊丝端部定时地粘上熔剂，再添加到熔池中。

低碳钢气焊时，由于中性焰本身具有相当的保护作用，一般不使用熔剂。在气焊铸铁、合金钢和有色金属时，则需用相应的熔剂。我国气焊熔剂的牌号有 CJ101（焊接不锈钢、耐热钢）、CJ201（焊接铸铁）、CJ301（焊接铜合金）和 CJ401（焊接铝合金）等。

（四）气焊火焰（氧乙炔焰）

氧气和乙炔混合燃烧所形成的火焰称为氧乙炔焰。通过调节氧气阀门和乙炔阀门，可改变乙炔和氧气的混合比例，可以得到三种不同的火焰。即中性焰、碳化焰和氧化焰，如图7-17 所示。

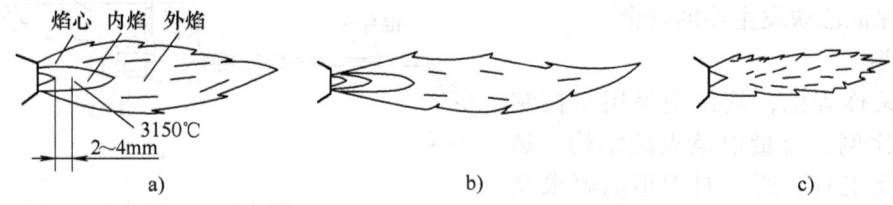

图 7-17 气焊火焰
a）中性焰 b）碳化焰 c）氧化焰

1. 中性焰

中性焰如图 7-17a 所示，氧气和乙炔的体积混合比为 1.1～1.2 时燃烧所形成的火焰称为中性焰，又称为正常焰。它由焰心、内焰和外焰三部分构成，靠近喷嘴处的焰心呈白亮色，其次内焰呈蓝紫色，最外层为外焰，呈桔红色。中性焰在距离焰心前面 2～4 mm 处的温度最高，可达 3150℃，焊接时应以此区域加热工件和焊丝。中性焰适用于焊接低碳钢、中碳钢、普通低合金钢、不锈钢、纯铜、铝及铝合金等金属材料，是应用最广泛的一种气焊火焰。

2. 碳化焰

碳化焰如图 7-17b 所示，碳化焰是指氧和乙炔的体积混合比小于 1.1 时燃烧所形成的火焰。由于氧气较少，燃烧不完全，过量的乙炔分解为碳和氢，其中碳会渗到熔池中使焊缝增碳。碳化焰比中性焰的火焰长，也由焰心、内焰和外焰构成。其明显特征是内焰呈乳白色，当乙炔过多时，出现黑烟（碳粒）。碳化焰最高温度为 2700～3000℃，适用于焊接高碳钢、铸铁和硬质合金等材料。

3. 氧化焰

氧化焰如图 7-17c 所示，氧和乙炔的体积混合比大于 1.2 时燃烧所形成的火焰称为氧化焰。氧化焰比中性焰短，分为焰心和外焰两部分。其明显特征是焰心呈锥形，火焰几乎消失，并有较强的咝咝声，氧化焰易使金属氧化，用途不广，仅在气焊黄铜、镀锌铁板时才采用轻微氧化焰，以利用其氧化性，在熔池表面形成一层氧化物薄膜，减少低沸点锌的蒸发。氧化焰的最高温度为 3100～3300℃。

二、基本技能

（一）气焊的基本操作

在操作时，一般右手持焊炬，将拇指位于乙炔开关处，食指位于氧气开关处，以便随时调节气体流量，用其他三指握住焊炬柄，左手拿焊丝。气焊的基本操作有：点火、调节火焰、施焊和熄火等几个步骤。

1. 点火和调节火焰

点火时，先稍开一点氧气阀门，再开乙炔阀门，随后用明火点燃，然后逐渐开大氧气阀门，调节到所需的火焰状态。在点火过程中，若有放炮声或火焰熄灭，应立即减少氧气或放掉不纯的乙炔，再点火。点火时，拿火源的手不要正对焊炬，也不要指向他人，以防烧伤。

2. 灭火

灭火时，应先关乙炔阀门，后关氧气阀门，否则会引起回火。

3. 回火现象的处理

一旦发生回火（火焰爆鸣熄灭，并发出"哧哧"的火焰倒流声），应迅速先关乙炔阀门，再关氧气阀门。当回火焰熄灭后，再打开氧气阀门，将残留在焊炬内的余焰和烟灰彻底吹除，再重新点燃火焰继续进行工作。

（二）平焊焊接

气焊时，右手握焊炬，左手拿焊丝。在焊接开始时，为了尽快地加热和熔化工件形成熔池，焊炬倾角应大些，接近于垂直工件，正常焊接时，焊炬倾角一般保持在 40°～50°之间，焊接结束时，则应将倾角减小一些，以便更好地填满弧坑并避免烧穿。焊炬向前移动的速度应使工件熔化并保持熔池具有一定的大小，工件熔化形成熔池后，再将焊丝适量地点入熔池内熔化，注意焊丝在使用前，应清除表面上的油脂和铁锈等。

第四节　其他电弧焊方法

（一）气体保护焊

用外加气体作为电弧介质并保护电弧和焊接区的电弧焊称为气体保护焊，气体保护焊分为惰性气体保护焊和二氧化碳气体保护焊。惰性气体保护焊中使用最普遍的是氩弧焊。

1. 氩弧焊

氩弧焊是利用氩气（惰性气体）作为保护介质，将高温熔焊区与周围空气隔绝，防止空气中的活泼气体对焊缝金属产生不良影响的一种焊接方法。按电极不同分为熔化极氩弧焊和钨极（非熔化极）氩弧焊两种。氩弧焊焊接过程如图 7-18 所示。

氩气属于惰性气体，它既不与金属起化学反应，也不溶于液态金属。在氩弧焊焊接时，氩气包围着电弧和焊接熔池，使电弧燃烧稳定，飞溅小，焊缝致密，表面无熔渣，成形美观。由于电弧在气流压缩下燃烧，热量集中、熔池小、焊接速度快、焊接热影响区窄、工件焊后变形小，易于实现全位置自动焊接。由于氩气价格较高，氩弧焊目前主要用于焊接易氧化的铜、铝、钛及其合金，也用于锆、钼、钽等稀有金属和不锈钢及耐热钢的焊接，以及用于重要的低合金结构钢工件。

2. 二氧化碳气体保护焊

二氧化碳气体保护焊简称 CO_2 焊，是利用 CO_2 作为保护气体的电弧焊。采用可熔化的

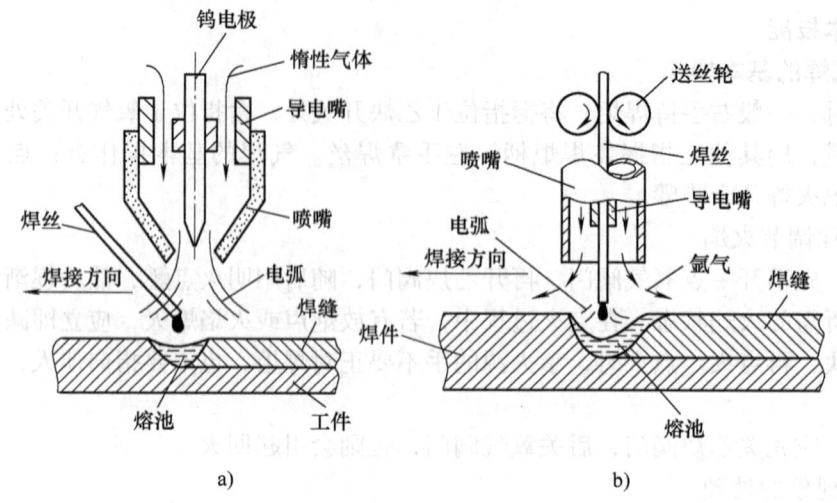

图 7-18 氩弧焊焊接过程
a) 非熔化极氩弧焊 b) 熔化极氩弧焊

焊丝做电极,有自动和半自动焊接两种方式。

CO_2 焊适用于低碳钢和普通低合金钢的焊接。由于 CO_2 是一种氧化性气体,焊接过程中会使部分金属元素氧化烧损,所以它不适用于焊接高合金和有色金属。CO_2 焊采用廉价的 CO_2 气体进行焊接,生产成本低;电流密度大,生产率高;焊接薄板时,比气焊速度快,变形小;操作灵活,适宜于进行各种位置的焊接;但焊接过程飞溅大,焊接成形性差,焊接设备也比焊条电弧焊机复杂。因此,广泛应用于车辆、船舶及农业机械的焊接。

(二) 埋弧焊

埋弧焊是电弧在焊剂层下燃烧以进行焊接的方法,电弧的引燃、焊丝的送进和电弧沿焊缝的移动,都是由设备自动完成的。埋弧焊的焊接过程如图 7-19 所示。

埋弧焊保护效果好,没有飞溅,冶金反应充分,性能稳定,成形美观;其焊接电流大,热量集中,损失少,焊缝熔深大,焊接速度快,中小工件可不开坡口,节省填充金属和电能;生产效率比焊条电弧焊要提高

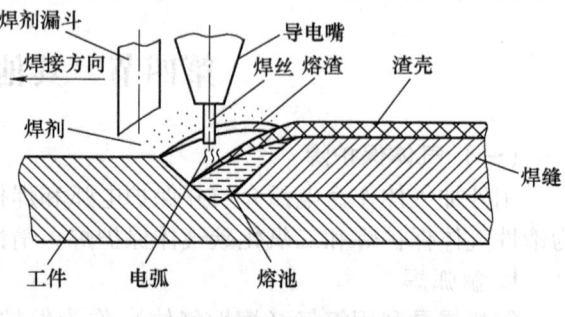

图 7-19 埋弧焊的焊接过程

5~10 倍,而且改善了劳动条件,减少弧光和有害气体对人身的危害。因此,埋弧焊适用于大批量生产。但埋弧焊只适合在水平位置上对长焊缝或大直径环焊缝的焊接,对气孔的敏感性大,不适合焊接厚度小于 1mm 的薄板,难以焊接铝、钛等氧化性强的金属和合金。

第五节 质量控制与检验

一、常见焊接缺陷分析

焊接过程中,由于各种原因,焊接接头因结构或工艺问题而形成缺陷,因此减小了焊缝有效承载面积,直接影响焊接结构的安全。常见焊接缺陷分析见表 7-6。

表 7-6 常见焊接缺陷分析

缺陷名称	图例	特征	产生原因
尺寸和外形不符合要求	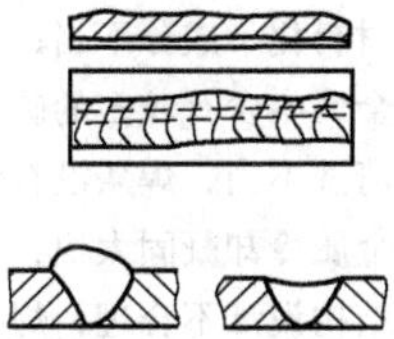	焊波粗劣，焊缝宽度不均，高低不平；焊缝余高过高或过低 危害：减少焊缝截面积，降低接头承载能力	①焊接电流过大或过小、焊接速度不当； ②焊件坡口选择不当或装配间隙不均匀
咬边	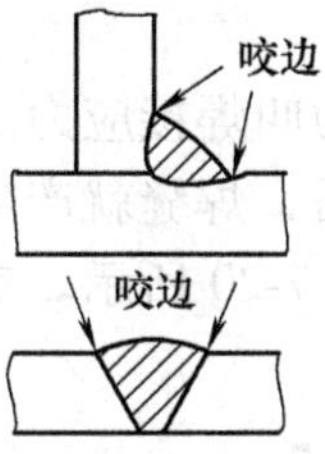	工件和焊缝交界处，在工件一侧上产生凹槽 危害：降低接头强度及承载能力，易产生应力集中，形成裂纹	①焊接电流过大，焊接速度太快； ②焊条角度和电弧长度不当、运条不当
气孔	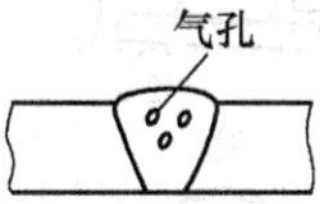	熔池中熔入过多的 H_2、N_2 及产生的 CO 气体，凝固时来不及逸出，形成气孔 危害：减少焊缝截面积，降低接头致密性，减小接头承载能力和疲劳强度	①焊接电流过小，焊接速度太快，焊缝金属凝固太快； ②焊前清洗不当，有水、铁锈或油污； ③电弧太长，保护不好，大气侵入； ④焊条药皮受潮或焊接材料化学成分不当
夹渣	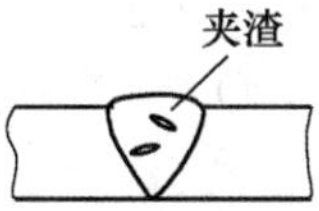	焊后残留在焊缝金属中的宏观非金属夹杂物 危害：减少焊缝截面积，降低接头强度和冲击韧度	①工件表面、边缘及多层焊道之间清理不干净 ②焊接电流过小，焊接速度过快，焊缝金属凝固过快 ③运条不当 ④焊接材料化学成分不当
未焊透	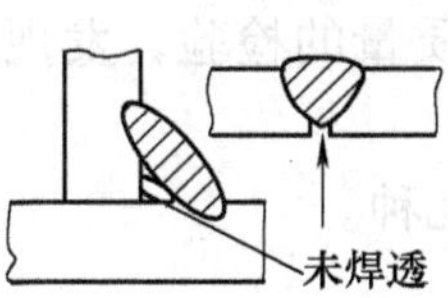	母材与母材之间，或母材与溶敷金属之间尚未熔合，如根部、边缘及层间未焊透 危害：易造成应力集中，产生裂纹，影响接头强度及疲劳强度	①焊接电流过小，焊接速度太快； ②工件制备和装配不当，如坡口太小、钝边太厚、间隙太小等； ③焊条角度不对
焊瘤	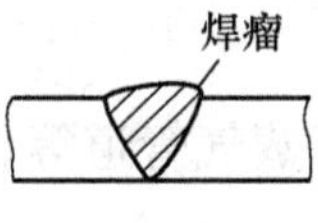	熔焊时熔化金属流淌到焊缝以外未熔合的母材上形成金属瘤 危害：影响焊缝美观，应形成尖角，产生应力集中	坡口尺寸小，电压过小
烧穿		熔焊时熔化金属自焊缝背面流出形成穿孔 危害：减小焊缝有效面积，降低接头承载能力	电流过大，焊接速度过小，坡口尺寸过大

缺陷名称	图例	特征	产生原因
裂纹	(裂纹图示)	在焊接过程中或焊接完成后，在焊接接头区域内所出现的金属局部破裂现象 危害：减少焊缝截面积，降低接头强度和冲击韧度	①焊接材料化学成分不当； ②熔池金属中含有较多的硫、磷杂质； ③焊前清洗不当，焊条没有烘干； ④焊缝金属冷却凝固太快； ⑤焊接结构设计不合理，焊接顺序不当

二、焊接变形

金属结构内部由于焊接时不均匀的加热和冷却所产生的内应力叫焊接应力。由于焊接应力造成的变形叫焊接变形。在焊接过程中，不均匀的加热和冷却后，焊缝就产生不同程度的收缩和内应力（纵向和横向），造成了焊接结构的各种变形，如图7-20所示。对于已经产生焊接变形的构件，可通过机械矫正或火焰矫正来校正变形。

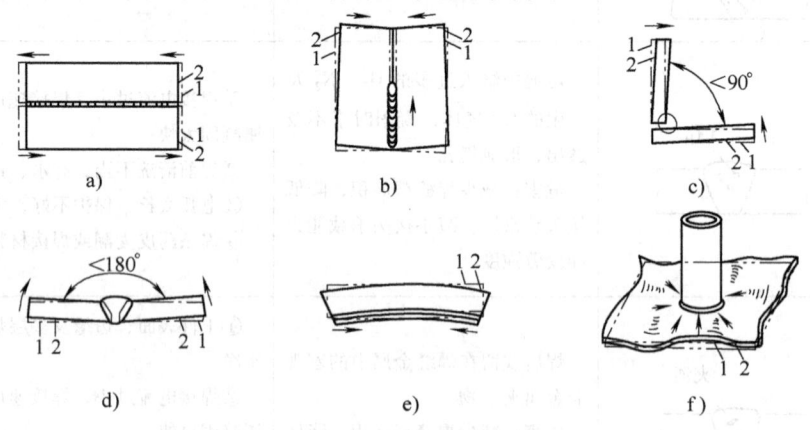

图 7-20 焊接变形

a）纵向变形 b）横向变形 c）角接的角变形 d）对接的角变形 e）弯曲变形 f）翘曲变形

三、焊接质量检验

焊接质量检验是焊接生产过程中的重要环节。通过对焊接质量的检验，发现焊接缺陷，及时采取措施，确保焊接产品的可靠性。

常用的检验方法有外观检验、致密性检验以及无损检验等几种。

1. 外观检验

外观检验主要是用肉眼或低倍放大镜（5~20倍）检验焊缝外形及尺寸是否符合要求，焊缝表面是否有裂纹、气孔、咬边、焊瘤等各种外部缺陷。

2. 致密性检验

对于储存气体或液体的压力容器或管道，如锅炉、储气球罐、蒸气管道等，焊后都要进行焊缝致密性检验。

1）水压检验。将容器装满水，并施加一定的压力，观察焊缝是否漏水。若发现有水滴或水渍出现，则表示该处有缺陷，需要进行补焊。

2）气压检验。将容器充以压缩空气，并在焊缝四周涂以肥皂水，如果发现肥皂水起泡，则说明该处有穿透性缺陷；也可将容器注入压缩空气并放入水槽，视是有否气泡冒出。

3）煤油检验。在焊缝的一面涂上白垩粉水溶液，待干燥后，在另一面涂刷煤油。由于煤油的渗透力很强，若焊缝有穿透性缺陷时，煤油会渗透过来，使涂有白垩粉的面上出现缺陷的黑色斑痕。

3. 无损检测

1）磁粉检验。利用磁粉在处于磁场中的焊接接头的分布特征，检验铁磁性工件表面或近表面处的缺陷。

2）渗透检验。采用带荧光染料（荧光法）或红色染料（着色法）渗透剂的渗透作用，显示接头表面的微裂纹。

3）射线检验。根据射线对金属具有较强穿透能力的特性和衰减规律对焊接接头内部缺陷进行无损检验。

4）超声波检验。利用超声波在金属及其他均匀介质中传播，由于在不同介质的界面上会产生反射，来检验焊接接头的缺陷。

复习思考题

1. 根据焊接过程中金属所处的状态不同，把焊接分为哪三大类？说出 5 种焊接方法，并指出它的类型。
2. 什么是焊接电弧？
3. 如何引弧？运条时有哪三个基本动作？
4. 焊条由哪两部分组成？各有何作用？
5. 酸性焊条与碱性焊条有何区别？
6. 如何选择焊条？
7. 焊接最基本的接头形式有哪些？焊接坡口的作用是什么？
8. 什么是焊接参数？它包括哪些内容？如何正确选择？
9. 说出 3 种常见焊接缺陷以及各自产生的原因。
10. 简述气焊用材料及设备在使用过程中应注意的问题。
11. 气焊火焰有哪几种？有何区别？
12. 在气焊中，发生回火的处理方法是怎样的？
13. 电弧焊有哪几种焊接方法？试说明各有什么特点？
14. 直流电焊机有哪两种接线方法？如何选择？
15. 简述焊接电流、焊接速度过大或过小，对焊缝的余高、熔深和熔宽的影响。
16. 焊接接头非破坏检验方法有哪些？

第三篇 机械加工基本方法

本篇主要介绍机械加工中的钳工、车削、铣削、刨削和磨削加工的基本技术和方法。章节中的"业内小提示",帮助读者进一步理解和掌握各工种的基本技能和技巧。

第八章 钳 工

第一节 概 述

一、钳工的基本操作

钳工主要是用手持工具对夹紧在钳工工作台虎钳上的工件进行切削加工的方法,它是机械制造中的重要工种之一。钳工的基本操作可分为:

1. 辅助性操作。即划线,它是指根据图样在毛坯或半成品工件上划出加工界线的操作。
2. 切削性操作。有錾削、锯削、锉削、攻螺纹、套螺纹、钻孔(扩孔、铰孔)、刮削和研磨等多种操作。
3. 装配性操作。将零件或部件按图样技术要求组装成机器的工艺过程。
4. 维修性操作。是指对机械、设备进行维修、检查、修理的操作。

二、钳工工作的范围及作用

1. 普通钳工工作范围

1) 加工前的准备工作,如清理毛坯,在毛坯或半成品工件上的划线等。
2) 单件或小批量生产的零件加工,如钻孔、扩孔、铰孔、攻螺纹、套螺纹、锉削和锯削等。
3) 零件、量具的精密加工,如零件、模具、夹具、量具配合表面的刮削、研磨和修配抛光等。
4) 机器产品的装配、调试和维修等。

2. 钳工在机械制造和维修中的作用

钳工是一种比较复杂、细微、工艺要求较高的工种。目前虽然有各种先进的加工方法,但有很多工作仍需要由钳工来完成,钳工在机械制造、机械维修中有着特殊的、不可替代的作用。钳工操作的劳动强度大、生产效率低、对工人技术水平要求较高。

第二节　钳工常用设备

一、台虎钳

台虎钳（图 8-1）是用来安全地夹紧小工件以完成锯、刮、挫、抛光、钻孔、铰孔和攻螺纹等操作。台虎钳安装在钳工台的边缘（图 8-2），台虎钳的主要作用是固定工件，方便钳工操作。

台虎钳一般由铸铁或铸钢制成，规格用钳口的宽度来表示，规格有 100mm、125mm、150mm 和 200mm。台虎钳有固定基座台虎钳和转座台虎钳两种类型。转座台虎钳底部有一个转盘连着钳身底部，这个转盘允许台虎钳转动钳身到圆周上的任意位置。为了避免已加工工件或较软的材料表面损坏，使用由黄铜、铝或纯铜制成的钳口帽来保护工件（图 8-1）。安装工件时，应尽可能地将工件夹持在钳口的中部，以使钳口、工件受力均匀。

二、钳工台

钳工台（图 8-2）是钳工操作的重要设备和场地，钳工台用硬木材、钢板、角钢等组成，高度为 800~900mm，钳工台上装有台虎钳和防护网。

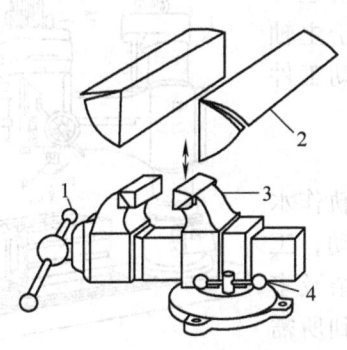

图 8-1　台虎钳
1—手柄　2—钳口帽　3—硬化钢钳口　4—转座锁

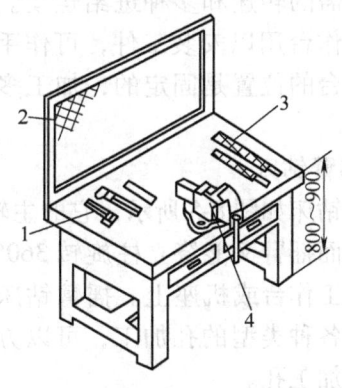

图 8-2　钳工台
1—量具单独放　2—防护网　3—锉刀　4—台虎钳

三、钻床

钳工在加工零件时通常需要钻孔，常用的钻床有台式钻床、立式钻床、摇臂钻床和手电钻。

1. 台式钻床

台式钻床如图 8-3 所示，是放在工作台上使用的钻床。钻孔直径一般为 $\phi1 \sim \phi13$ mm，台式钻床主轴下端带有钻夹头，用来安装钻头。通过变换三角带在带轮上的位置来调节主轴转速，通过手动可使钻头上、下作直线运动。台式钻床常用于单件、小件加工。

2. 立式钻床

立式钻床如图 8-4 所示，以主轴为竖直布局，其规格以加工的最大直径表示，常用的有 25mm、35mm、40mm、50mm 等几种。立式钻床电动机的运动通过主轴变速箱和进给箱，得

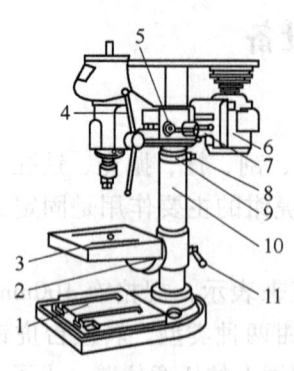

图 8-3 台式钻床

1—机座 2—锁紧螺钉 3—工作台 4—钻头进给手柄
5—主轴架 6—电动机 7—锁紧手柄 8—锁紧螺钉
9—定位环 10—立柱 11—锁紧手柄

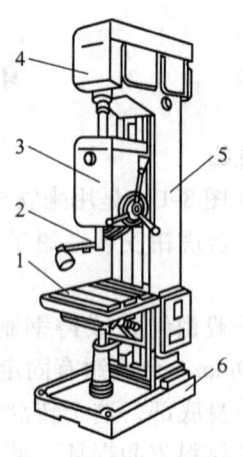

图 8-4 立式钻床

1—工作台 2—主轴 3—进给箱
4—主轴变速箱 5—立柱 6—底座

到主轴所需的转速和多种进给运动。进给运动既可手动也可自动。工作台用以安装工件，可作手动升降调整。由于主轴相对工作台的位置是固定的，加工多孔工件时需要移动工件来完成。

3. 摇臂钻床

摇臂钻床如图 8-5 所示，它的主轴箱能沿着摇臂导轨作水平移动，而摇臂又能绕立柱旋转 360°且沿立柱上下移动，工件固定在工作台或机座上。摇臂钻床适用于大型、复杂及多孔工件上各种类型的孔加工，可以方便地将刀具调整到所需的位置来加工孔。

4. 手电钻

手电钻一般用于不方便用钻床的场合，钻 $\phi 12mm$ 以下的孔。手电钻的电源有 220V 和 380V 两种，它携带方便、操作简单、使用灵活、应用广泛，如图 8-6 所示。

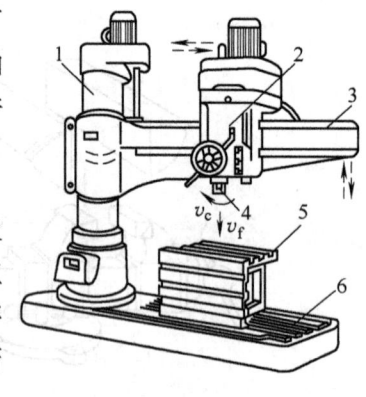

图 8-5 摇臂钻床

1—立柱 2—主轴箱 3—摇臂
4—主轴 5—工作台 6—机座

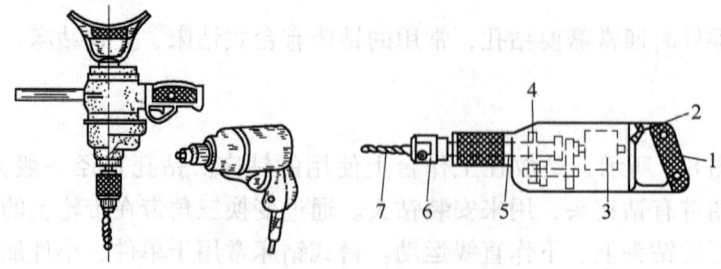

图 8-6 手电钻

1—手柄 2—开关 3—电动机 4—齿轮轴 5—主轴 6—钻夹头 7—钻头

第三节 划线

一、基本知识

（一）划线的作用及方法

划线是指钳工根据图样要求，在毛坯上明确表示出加工余量、划出加工位置尺寸界线的操作过程。划线既可作为工件装夹及加工的依据，又可检验毛坯的合格性，还可以通过合理分配加工余量尽可能挽救废品。

划线的种类有平面划线和立体划线两种。平面划线是在工件的一个表面上划线（图8-7a），立体划线是在工件的几个表面划出所需的线条（图8-7b），多数是在长、宽、高三个方向上划线。

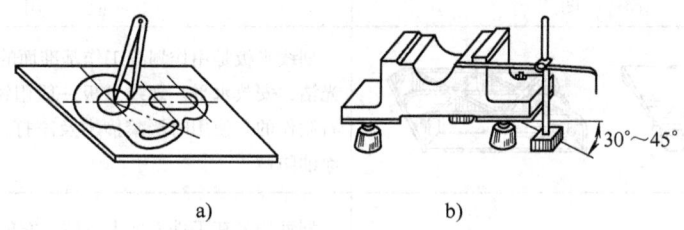

图8-7 平面划线和立体划线

a）平面划线 b）立体划线

所有的划线应该从基准线或已加工表面开始，以确保划线精确、尺寸正确和孔位置准确。

（二）划线涂料

划线液能使被涂工件表面产生明显、清晰的背景。划线前需在划线的部位涂上一层薄而均匀的涂料，干燥后即可进行划线。涂料的种类较多，表8-1列出了一些常用划线涂料的特点及应用，供使用时选择。

表8-1 常用划线涂料的特点及应用

名称	主要成分	特点	应用场合
石灰水	熟石灰用水泡开即成石灰水。可加入适量的牛皮胶，以增加附着力	制作容易成本低	一般用于铸件及锻件毛坯表面划线时涂色
锌钡粉	由硫化锌（ZnS）和硫酸钡组成。涂料的成品为粉末状，使用时加入水和适量的牛皮胶	颜色纯白，遮盖能力强，能耐热抗碱。在日光长期暴晒后虽会变色，但只要重新放在阴暗处，仍可复色	一般用于较重要的铸件、锻件毛坯表面涂色
品紫（龙胆紫）溶液	由2%~4%的紫颜料、3%~5%的虫胶漆片和91%~95%的稀释酒精混合而成（体积分数）	不会锈蚀零件，干燥快	一般用于零件已加工表面划线时涂色。多用于铜、铝材料制成的零件
无水涂料	由醋酸丁酯（香蕉水）100g，人造树脂0.7g，火棉胶39g，甲基紫1g配制而成	含水分极少，附着性能好，且不易锈蚀零件，但易挥发，应放置在密封容器内	一般用于精密件划线时涂色

(续)

名称	主要成分	特点	应用场合
硫酸铜（蓝矾）溶液	用5%～6%的硫酸铜、94%～95%的稀酒精混合而成	附着力强，且不易锈蚀零件	一般用于磨削加工过的工件划线时涂色
品绿（孔雀绿）溶液	用3%～4%的孔雀绿、2%～3%的虫胶漆片和93%～95%的酒精混合而成（体积分数）	附着力强，干燥快，不会锈蚀零件	一般用于精加工工件划线时涂色

（三）常用划线工具及应用

常见划线工具及应用见表8-2。

表8-2 常见划线工具及应用

名称	简图	应用
划线平板		划线平板是用作划线工作基准面的工具，要求表面平直、光洁，安放水平。划线平板一般用铸铁制作，也有用大理石制作的。使用时严禁撞击及敲打，使用后应擦拭干净并涂油防锈
划针	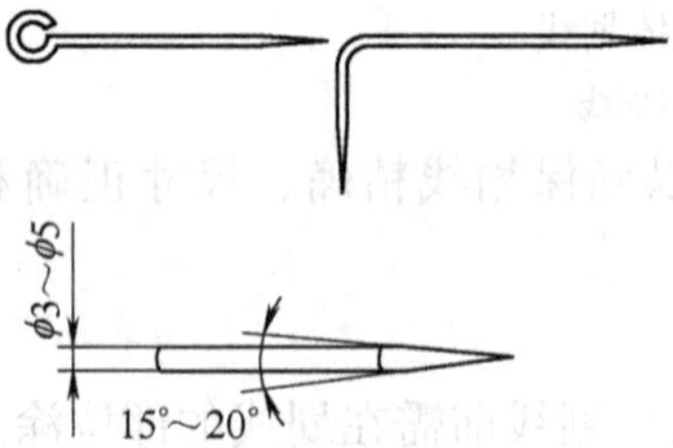	划针用来在工件表面上划线，它的使用方法如下图所示，其中a为正确使用方法；b为错误使用方法。划针常用高速钢或钢丝制作，使用中应经常修磨，以保持针尖锐利 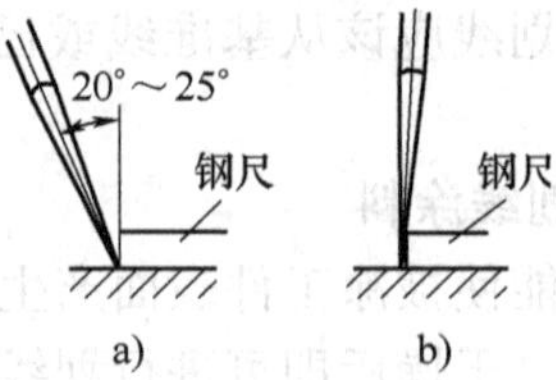
划针盘	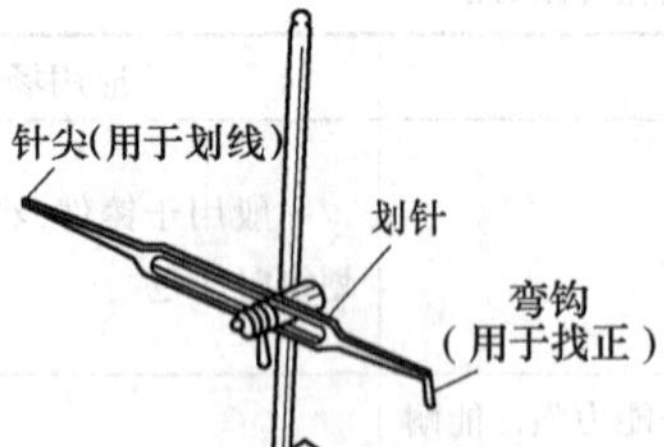	使用时应使划针处于近似水平的位置；暂时不用时，针尖朝向划线平板，以防伤人 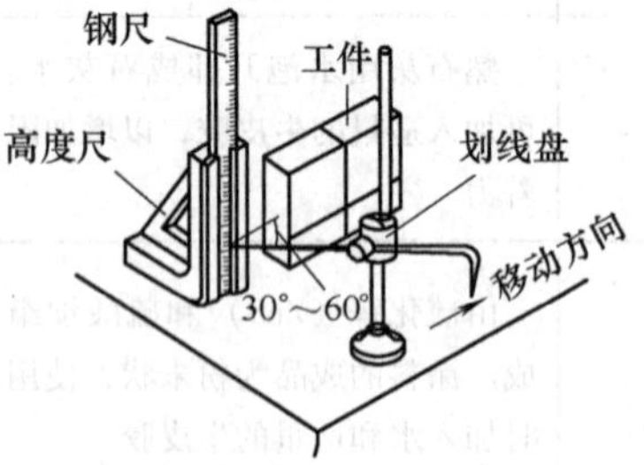
划规	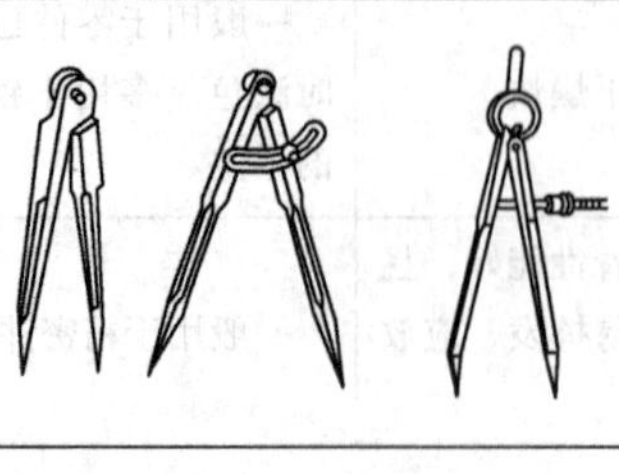	划规用碳素工具钢制作，尖部焊高速钢及硬质合金，两尖合拢的锥角为50°～60°；划规的作用为：等分线段和角度；截取尺寸；在平板上划圆弧和圆

(续)

名称	简 图	应 用
直角尺		用来划一条垂直于加工面的线,或检查两个面的垂直度与平面度 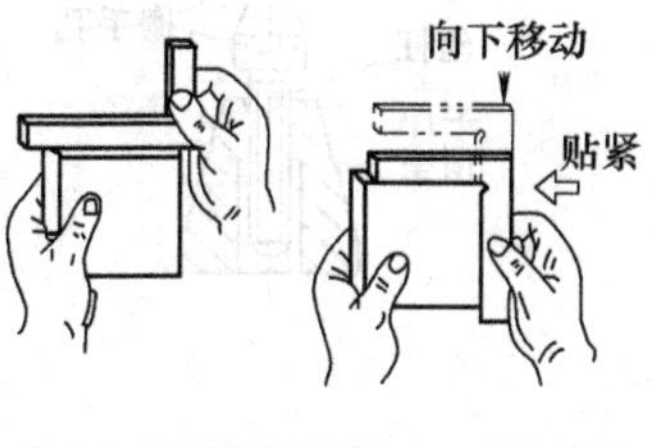
高度游标尺	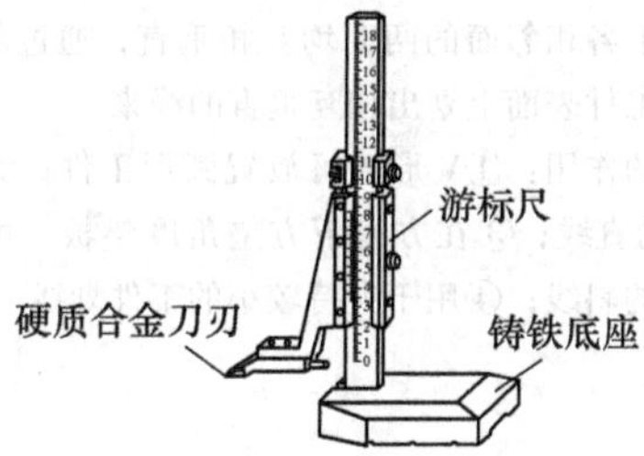 游标尺 硬质合金刀刃　铸铁底座	高度游标尺是根据游标卡尺原理制作的划线工具,它既是划线工具又是划线量具,广泛地应用于已加工表面划线和较精密的划线。一般精度为 0.02mm。 使用前应将游标尺以平板为基准校零。在划线过程中应使刀刃一侧呈 45°接触工件,移动底座划线 注意高度游标尺不允许在毛坯上划线;要防止碰坏硬质合金划线脚;除了前部的斜面,其他面不能重新研磨
样冲	60°	样冲用工具钢制成,尖端被淬硬。 作用:①为避免划出的线被擦掉,要在划出的线上以一定的距离打样冲眼作标记;②给要钻孔的中心打样冲眼 
V形铁	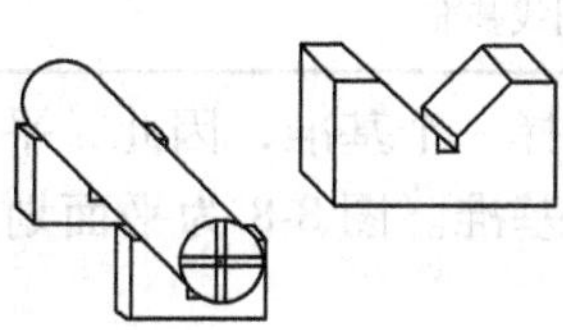	V形铁通常两个为一组,其形状和大小相同,V形槽角度为 90°或 120°。它主要用来支承圆柱形工件或轴,使工件轴线与平板平行 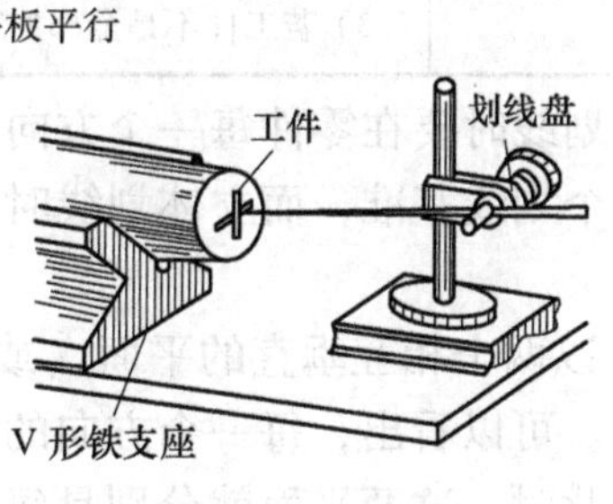

(续)

名称	简 图	应 用
千斤顶	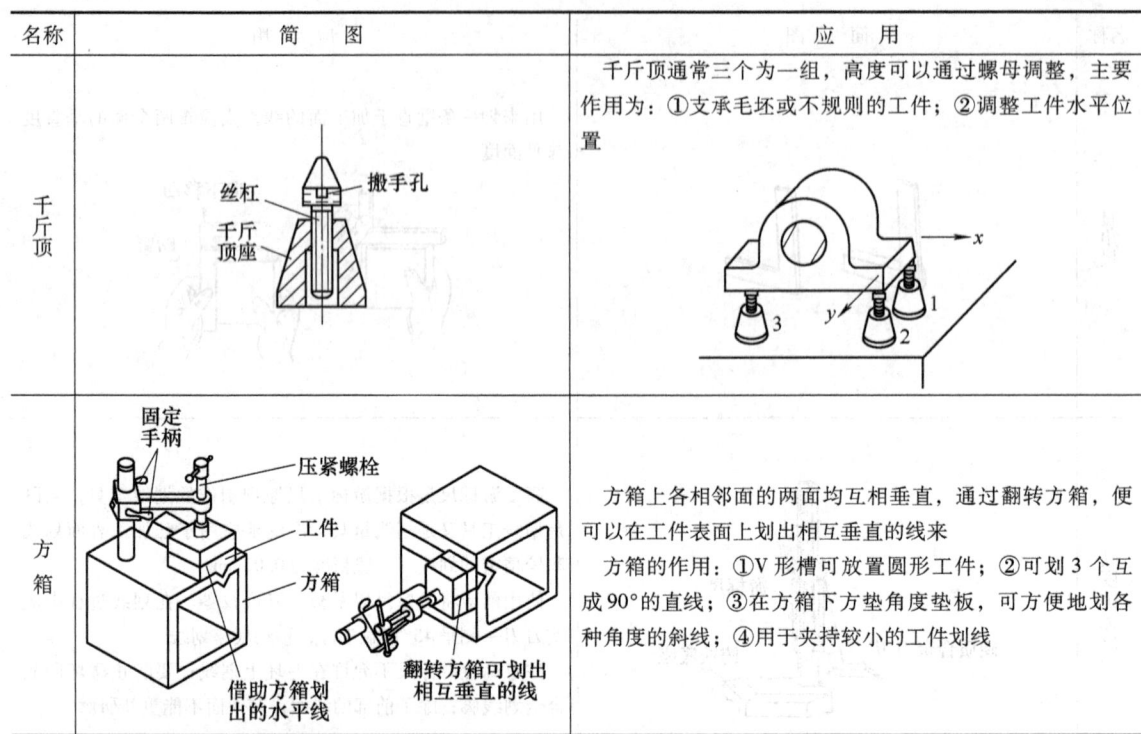	千斤顶通常三个为一组,高度可以通过螺母调整,主要作用为:①支承毛坯或不规则的工件;②调整工件水平位置
方箱		方箱上各相邻面的两面均互相垂直,通过翻转方箱,便可以在工件表面上划出相互垂直的线来 方箱的作用:①V形槽可放置圆形工件;②可划3个互成90°的直线;③在方箱下方垫角度垫板,可方便地划各种角度的斜线;④用于夹持较小的工件划线

二、基本技能

(一) 划线基准及划线步骤

1. 划线基准的选择原则

一个工件有许多条线要划。究竟从哪一条线开始呢?通常都要遵守一个规则,即从基准线开始。基准线就是零件上用来确定其他点、线、面位置的依据。正确选择划线基准是准确、方便、高效地划好线的关键。划线基准的选择原则见表8-3。

表8-3 划线基准的选择原则

选择依据	说明
根据图样尺寸标准	若图样中有标注尺寸的基准(点、线或面),则划线基准应尽可能与设计基准一致
根据毛坯情况	1) 如果毛坯上有孔、凸起或毂面时,则以孔、凸起或毂面为划线基准; 2) 对圆柱形工件,通常以轴心作为划线基准
根据工件表面的情况	1) 如果毛坯上只有一个表面是已加工面,以该面为划线基准; 2) 如果工件全部是毛坯面,应选择平整的大平面为划线基准; 3) 若工件不是全部加工,应选择不加工面为划线基准

由于划线时要在零件每一个方向的尺寸中都需要选择一个基准,因此,平面划线时一般要选择两个划线基准,而立体划线时一般要选三个划线基准。图8-8为平面划线基准的选择实例。

(1) 以两个相互垂直的平面(或线)为基准 如图8-8a所示,该零件上有两个垂直方向的尺寸。可以看出,每一个方向的许多尺寸都是依照它们的外平面(在图样上是一条线)确定的,此时,这两平面就分别是每一方向的划线基准。

（2）以两个互相垂直的中心平面（或线）为基准 如图8-8b所示，该零件上两个方向的尺寸与其中心线具有对称性，且其他尺寸也从中心线起始标注。此时，这两条中心线就分别是这两个方向的划线基准。

（3）以一个平面与一条中心线为基准 如图8-8c所示，该零件上高度方向的尺寸是以底面为依据，此底面就是高度方向的划线基准；而宽度方向的尺寸对称于中心线，故中心线就是宽度方向的划线基准。

（4）以重要孔的中心线为划线基准 如图8-8d所示。

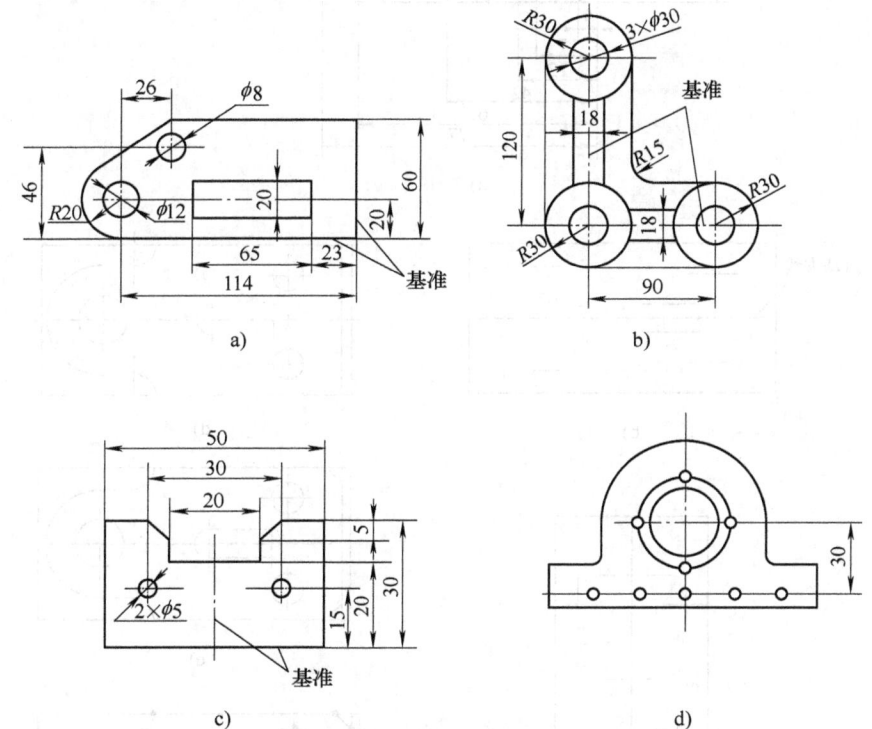

图8-8 平面划线基准的选择
a) 以两个互相垂直的平面基准 b) 以两条中心线为基准
c) 以一个平面和一条中心线为基准 d) 以孔的轴线为基准

2. 划线操作要点

（1）划线前的准备工作 ①工件准备，包括工件的清理、检查和表面涂色；②工具准备，按工件图样的要求，选择所需工具，并检查和校验工具。

（2）操作时的注意事项 ①看懂图样，了解零件的作用，分析零件的加工顺序和加工方法。②工件夹持或支承要稳妥，以防滑倒或移动。③在一次支承中应将要划出的平行线全部划全，以免再次支承补划，造成误差。④正确使用划线工具，划出的线条要准确、清晰。⑤划线完成后，要反复核对尺寸，才能进行机械加工。

3. 平面划线举例

图8-9所示平面的划线步骤：

（1）划线前准备 ①分析图样。根据工艺要求，明确划线位置和划线基准，确定以A面为高度基准，以中心线B为宽度方向基准，如图8-9a所示。②准备好划线工具，并检查毛坯是否有足够的加工余量，如果毛坯合格，再对毛坯进行清理，去除毛刺。③彻底清洁表面，并均匀地涂划线染料，待染料干后再进行划线。

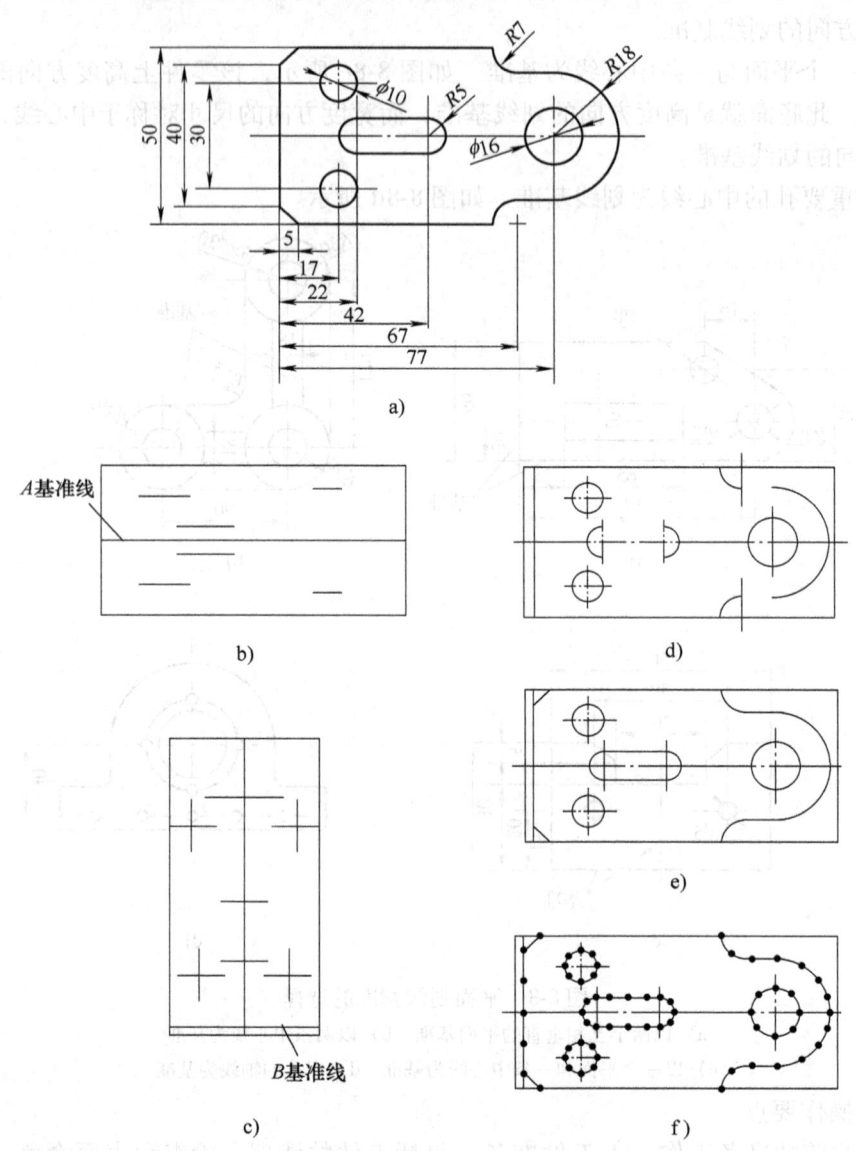

图 8-9 平面划线示例
a）划线示例图 b）划水平中心线 c）划垂直中心线 d）划圆和弧 e）划连接弧和圆的直线 f）打样冲眼

（2）划线操作步骤 ①划出横向基准线位置。用划针盘先划出基准线 A 的位置（A 为中心线）。然后以基准线 A 为参考，再相继划出孔和倒圆的水平中心线（即平行于基准 A 的线），如图 8-9b 所示。②划出纵向基准线 B 的位置。将工件转动 90°，使基准线 B 在下，在工件底部划基准线。同时以基准线为参考线，定位并画出每一个孔或倒圆的其余中心线，如图 8-9c 所示。③用样冲在各圆心进行冲眼，并划出各圆和圆弧，如图 8-9d 所示。④划出倒角起始点，并划出各处的连接线，以完成工件的划线工作，如图 8-9e；⑤检查图样各方向划线基准选择的合理性以及各部位尺寸的正确性，线条要清晰、无遗漏、无错误。

(3) 打样冲眼　在划好线的图上打样冲眼，显示各部位的尺寸及轮廓，如图 8-9f 所示。

业内小提示：注意任何位置的测量都应该以基准面或已加工面为基准。

（二）立体划线

立体划线是在工件的长、宽、高三个方向上划线。划线前要在划线平台上支承并找正工件，支承并找正工件要根据工件的形状和大小确定。例如圆柱形工件用 V 形铁支承；形状规则的小件用方箱支承；形状不规则的工件及大件用千斤顶支承。下面以图 8-10 所示的轴承座毛坯为例，来说明立体划线的基本技能，其划线操作步骤如下。

1. 划线前的准备

1) 研究图样，确定划线基准。图样尺寸如图 8-10a 所示，其中轴承座 50mm 孔为重要孔，应以该孔中心线为划线基准，以保证加工时的孔壁均匀。

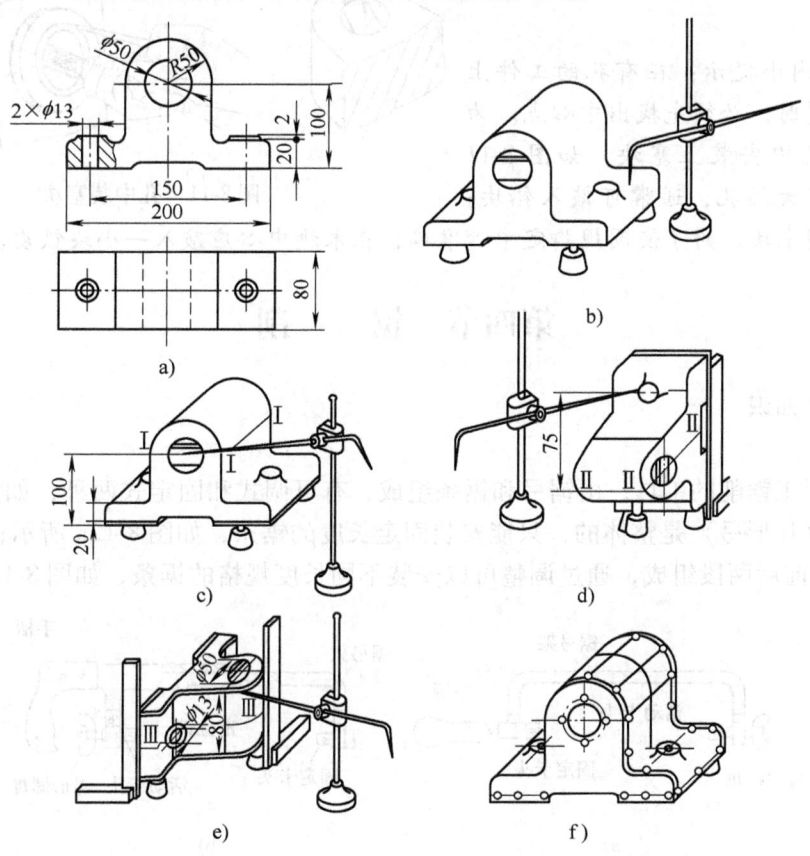

图 8-10　立体划线示例

2) 准备好划线工具，并检查毛坯是否合格。如毛坯合格，清除毛坯上的氧化皮和毛刺。

3) 在划线部位涂上涂料。

4) 在轴承座孔内堵上铅块或木块，以备划线时确定孔的中心位置。

2. 支承、找正工件

用三个千斤顶支承工件底面，并依孔中心及上平面调节千斤顶，使工件水平，如图 8-

10b 所示。支承工件时应注意支承稳固，以防滑倒或移动。

3. 划线

1）划出各水平线。即划出基准线及轴承座底面四周的加工线（Ⅰ线及 20 尺寸线），如图 8-10c 所示。

2）将工件翻转 90°，并用 90°角尺找正后划螺钉孔中心线，如图 8-10d 所示。

3）将工件翻转 90°，并用 90°角尺在两个方向上找正后，划螺钉孔中心线及两大端加工线，如图 8-10e 所示。

4）检查划线是否正确，要求线条清晰、无遗漏、无错误。

4. 打样冲眼

在划好线的图上打样冲眼，显示各部位尺寸及轮廓，如图 8-10f 所示。

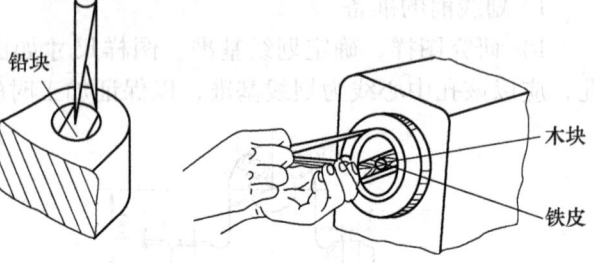

业内小提示：在有孔的工件上划圆或等分圆时，必须先找出中心点。为此，一般在孔中安装上塞块，如图 8-11 所示。对于不大的孔，通常可敲入铅块；

图 8-11 孔中装塞块

较大的孔可用木块。为了使圆规脚定中心准确，在木块中心应敲入一小块铁皮。

第四节 锯 削

一、基本知识

1. 手锯

手锯是手工锯削的工具，由锯弓和锯条组成，有可调式和固定式两种，如图 8-12 所示。固定式锯弓（U 形弓）是整体的，只能安装固定长度的锯条，如图 8-12a 所示；可调式锯弓（伸缩弓）由前后两段组成，通过调整可以安装不同长度规格的锯条，如图 8-12b 所示。

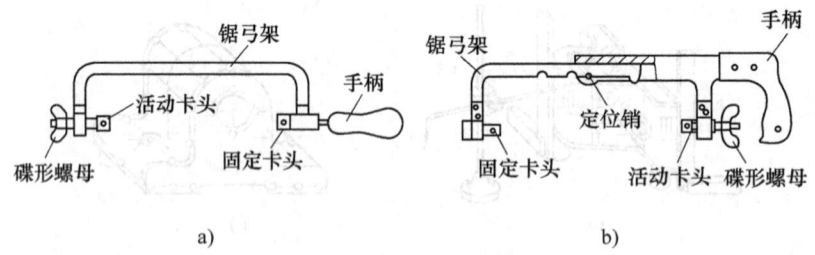

图 8-12 手锯的结构
a）固定式锯弓 b）可调式锯弓

2. 锯条的材料和规格

锯条常用碳素工具钢或高速钢制造，经淬火处理。其规格以锯条两端小孔中心距的大小来表示。常用手工锯条规格为长 300mm，宽 12mm，厚 0.8mm。

3. 锯条的选用和安装

锯条通常根据工件材料的硬度及其厚度来选用，见表 8-4。安装锯条时，齿尖应向前，如图 8-13 所示，这是因为手锯向前推进时才切削工件。锯条松紧要适度，如果锯条装得太紧，则锯条受力太大，失去弹性，锯削时稍有阻滞就容易折断；如果锯条装得太松，则锯条不但容易发生扭曲而折断，而且锯缝容易歪斜。

表 8-4 锯条的选用

锯齿粗细		齿条的长度：分 200mm、250mm、300mm 三种	应用
齿数/25mm	粗齿	14～18	适用于锯软钢、铸铁、纯铜及人造胶质材料
	中齿	22～24	适用于锯中等硬度钢及壁厚的钢管、铜管或中等厚度的普通钢材、铸铁等
	细齿	32	适用于锯硬钢等硬材料、薄形金属、薄壁管子、电缆等
	细变中	32～20	适用于一般工厂，易于起锯

二、基本技能

（一）锯削的步骤和方法

（1）选择锯条　根据工件材料选择并安装好锯条，可参见表 8-4。

（2）注意事项　在虎钳上夹紧工件，要注意：

1）夹持要牢固，不可有抖动。

2）工件夹持在虎钳的左侧，以方便操作。

3）锯削线应与钳口垂直，离钳口不应太远（一般在 5～10mm）。

(3) 握锯方法　右手满握锯柄，左手轻抚在锯弓前端，如图 8-14 所示。

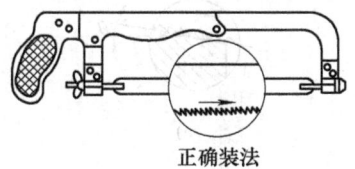
正确装法

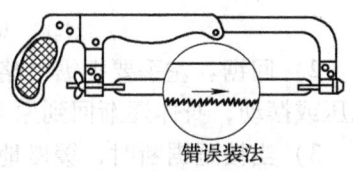
错误装法

图 8-13 锯条的安装

（4）锯削站立姿势　锯削站立姿势如图 8-15 所示。锯削时，操作者应站立在台虎钳的左侧，左脚向前迈半步，与台虎钳的中轴线成 30°角，右脚在后，与台虎钳中轴线成 75°角，两脚间的间距与肩同宽。身体与台虎钳中轴线成 45°角。

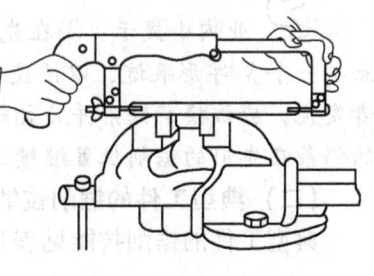
图 8-14 握锯方法

（5）起锯　起锯如图 8-16 所示，应注意：

1）起锯的方式有远起锯和近起锯两种，一般采用远起锯。

2）起锯角 θ 以 15°左右为宜，为了使起锯的位置正确和平稳，可用左手拇指挡住锯条来定位。

3）起锯压力要小，往返行程要短，速度要慢，这样可使起锯平稳。

4）当起锯出锯口后，锯条应逐渐改作水平直线往复运动。

（6）锯削

1）推锯。开始进锯时，用力要均匀，左手扶锯，右手掌推动锯子向前运动，上身倾斜跟着一起运动，右腿伸直向前倾，操作者的重心在左腿，且左膝盖弯曲，锯子行至 3/4 锯子长度时，身体停止向前运动，但两臂继续将锯子送到头，尽可能使全部锯齿参与切削。

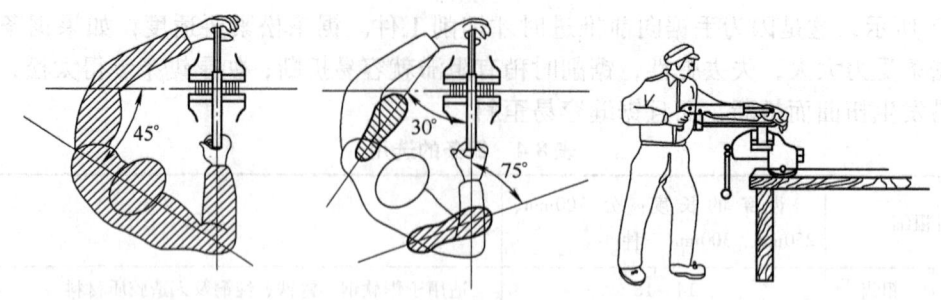

图 8-15 锯削站立姿势

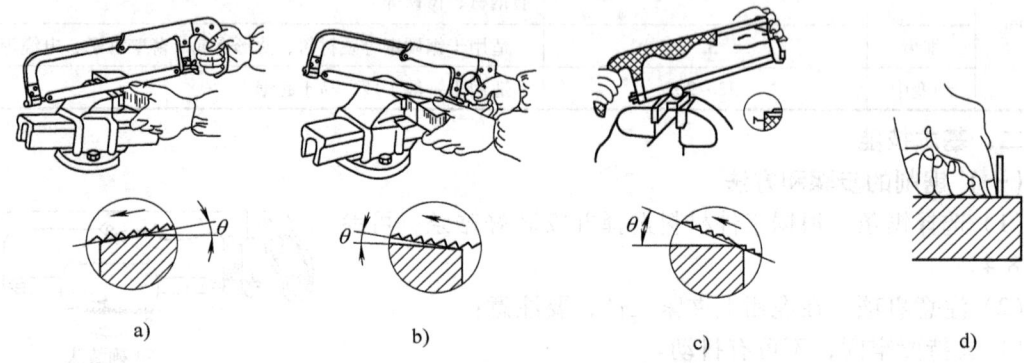

图 8-16 起锯

a) 远起锯 b) 近起锯 c) 起锯角太大 d) 用拇指挡住锯条起锯

2) 回锯。左手要把锯弓略微抬起，右手向后拉动锯子，让锯条从工件轻轻滑过，不应加压或摆动，身体逐渐回到原来位置，每分钟大约往复 40 次。

3) 当接近锯断时，缓慢地控制锯条来切断材料。

(7) 结束 锯削结束后，应把锯条放松。

业内小提示：①在先前的划线外侧并平行于划线的位置开始锯削；②在起锯开始点挫一个 V 字形痕迹，以便使锯条从正确的点开始锯削；③如果锯条在锯削时发生断裂或者变钝，应该换新锯条并且翻转工件，使工件上先前的锯削部分朝下，再重新起锯，因为新的锯条在先前的锯削位置继续工作，将会很快变钝。

(二) 典型工件的锯削技能

典型工件的锯削技能见表 8-5。

表 8-5 典型工件的锯削技能

序号	项目	图示	说明
1	薄材料的锯削	(图 a：薄板料、木板；图 b)	锯削扁钢、条料及薄板时，可将薄板夹持在两木块之间，连同木块一起锯削，如图 a 所示。当薄板较宽时，可将薄板料直接夹在台虎钳上，用手锯作横向斜推锯削，可增加工件的刚性，如图 b 所示

序号	项目	图示	说明
2	不同截面棒料的锯削	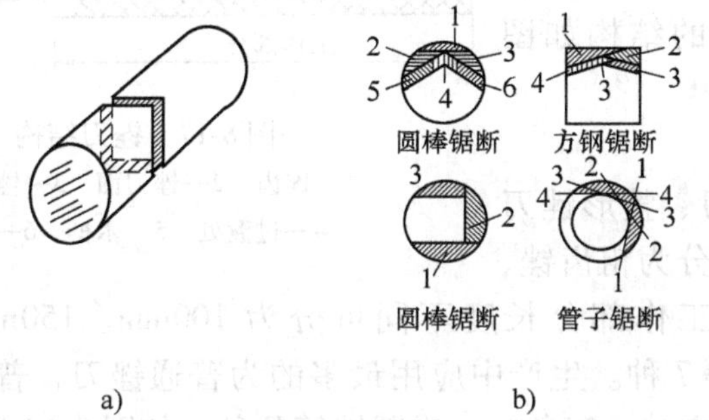 圆棒锯断　方钢锯断 圆棒锯断　管子锯断 a)　　b)	锯削前工件夹持平稳，尽量保持水平位置，使锯条保持垂直，以防止锯缝歪斜。 若锯削断面要求平整光洁，应采用一次起锯法锯削，即从一个方向开始起锯，连续锯削到结束为止，如图 a 所示。 若对断面要求不高，为减小切削阻力和摩擦力，则采用多次起锯法锯削，即在锯削一定深度后再将棒料转过一定角度后，再重新起锯，锯削顺序一般按图 b 所示的顺序，反复进行操作，并经常加润滑油
3	管子锯削	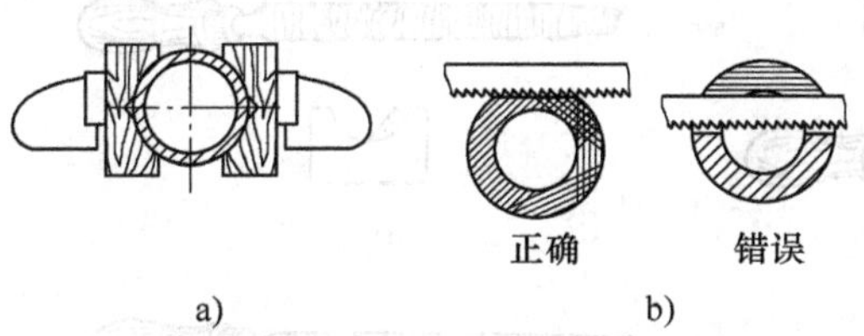 正确　错误 a)　　b)	锯削前应在管子圆周划出垂直于轴线的锯削线，锯削时必须将管子正确夹持，对已加工表面的管子，夹持时应使用两块木制的 V 形或弧形槽垫块夹持，以防夹伤，锯削薄壁管时，夹持力要适当，防止夹变形，如图 a 所示。 锯削锯圆管时不能从上到下一次锯断，而应每锯到内壁后将工件向推锯方向转过一定角度，直到将管子锯开，如图 b 所示
4	深缝的锯削	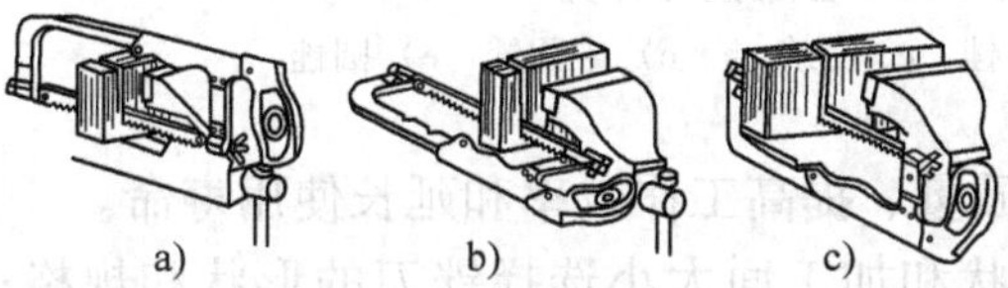 a)　b)　c)	当锯缝的深度超过锯弓高度时，为深缝。当锯缝深度小于锯弓高度时，可进行正常锯削，如图 a 所示；当锯缝深度超过锯弓的高度时，应将锯条拆下来并转过 90°重新安装，使锯弓转到工件的旁边进行锯削，如图 b 所示；当锯弓横放但高度仍不够时，可将锯条转过 180°，把锯条锯齿安装在锯弓内进行锯削，如图 c 所示

第五节　锉　削

一、基本知识

（一）锉削

锉削是用锉刀去除工件表面多余材料的加工方法。一般用于錾削和锯削之后或修配零件的加工。锉削表面粗糙度可达到 $Ra0.8 \sim 1.6\mu m$。锉削是钳工的基本操作，锉削加工范围广、加工余量小、劳动强度大，可加工平面、内外圆弧面沟槽和各种复杂表面等。

（二）锉刀

1. 锉刀结构

锉刀是由高碳钢（T12钢）制成的手工切削工具，挫体上具有一系列的平行锉纹，称为锉齿，挫齿是在剁锉机上剁出来的。锉刀的结构如图8-17所示。

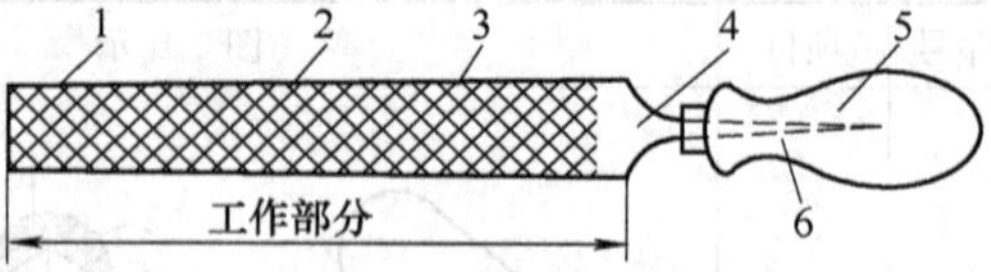

2. 锉刀种类

锉刀按用途不同可分为普通锉刀、整形锉刀和特种锉刀三种；按齿纹粗细不同可分为粗齿锉、中齿锉、细齿锉和油光锉等；按其工作部分长度不同可分为100mm、150mm、200mm、250mm、300mm、350mm及400mm等7种。生产中应用最多的为普通锉刀，普通锉刀按其断面形状和用途不同又可分为平锉、方锉、三角锉、半圆锉等几种，如图8-18所示。

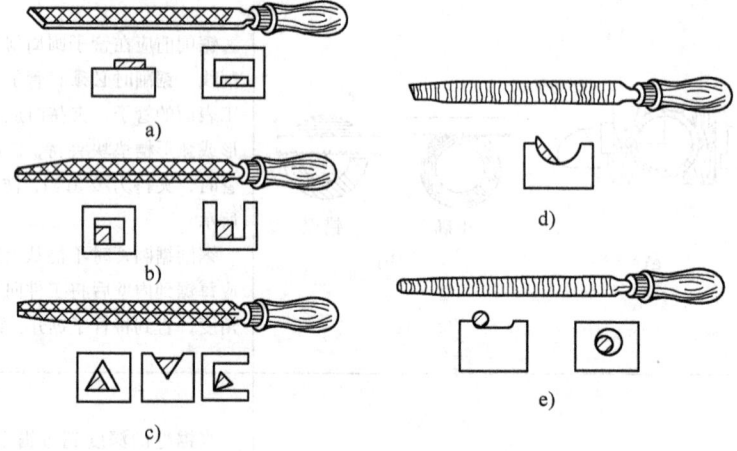

图8-17 锉刀结构
1—锉齿 2—锉刀面 3—锉刀边
4—过渡处 5—木柄 6—舌

图8-18 普通锉刀种类
a) 平锉 b) 方锉 c) 三角锉 c) 半圆锉 e) 圆锉

3. 锉刀的选用

合理的选用锉刀有利于保证加工质量、提高工作效率和延长使用寿命。

锉刀的选用原则是根据工件的形状和加工面大小选择锉刀的形状和规格；根据材料软硬、加工余量、精度和表面粗糙度的要求选择锉刀齿纹的粗细。锉刀的选择见表8-6。

表8-6 锉刀的选择

锉刀齿纹	10mm长度内齿数	特点和应用	加工余量 /mm	表面粗糙度 Ra 值/μm
粗齿	4~12	适合粗加工或锉铜、铝等有色金属	0.5~1	50~12.5
中齿	13~24	齿间距中、适宜于粗锉后加工	0.2~0.5	6.3~3.2
细齿	30~40	锉光表面或锉硬金属（钢、铸铁等）	0.05~0.23	1.6
油光齿	50~62	精加工时，修光表面	0.05以下	0.8

二、基本技能

（一）锉削前的准备工作

1. 工件的装夹

1）工件应夹在台虎钳的中间位置，其突出钳口部分约为15~20mm，且夹紧力要适当，如图 8-19a 所示。

2) 夹持已经加工表面时，必须用纯铜钳口帽，以防夹伤工件，如图 8-19b 所示。

3) 夹持不便于夹持的工件时，要借助 V 形钳口铁等辅助工具，如图 8-19c 所示。

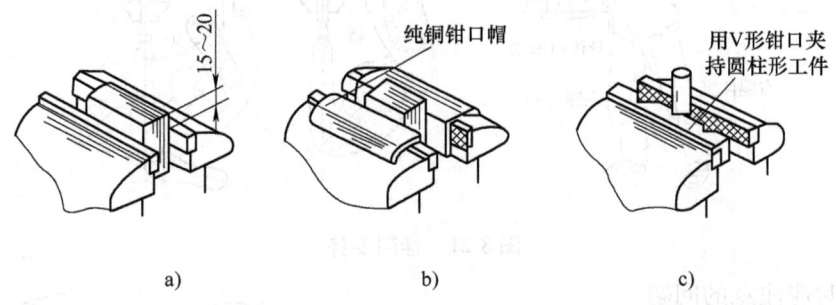

图 8-19　工件装夹

2. 锉刀握法

锉削时，通常应根据锉刀的大小采取相应的握法。一般右手大拇指放在锉刀柄上面，右手掌心顶住木柄的尾端，其余的手指由下而上握住锉刀柄，如图 8-20a 所示。左手则根据锉刀的大小和用力的轻重采取适当的扶法。使用大锉刀时，左手采用全扶法，即用五指全握，掌心全按的方法，如图 8-20b 所示。使用中锉刀时，左手只用大拇指、食指和中指轻轻捏住锉刀前端，如图 8-20c 所示。使用小锉刀时，右手食指伸直，大拇指放在锉刀柄上面，食指靠在锉刀的刀边，左手几个手指压在锉刀中部。若使用更小的锉刀，则一般只用右手拿住刀身，食指放在锉刀上面，大拇指放在锉刀的左侧，如图 8-20d 所示。

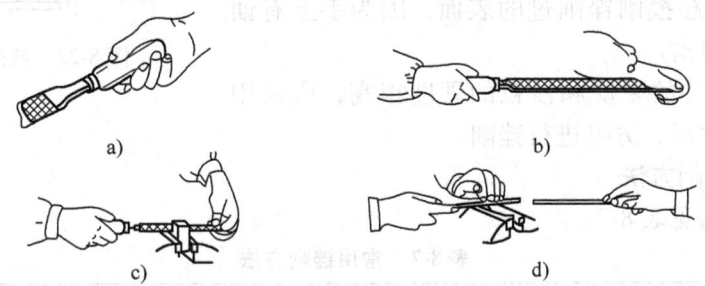

图 8-20　锉刀的握法

3. 锉削姿势

正确的锉削姿势能减轻疲劳，提高锉削质量和效率。锉削时两脚站立位置与锯削基本相同，也是左腿弯曲，右腿伸直，重心落在左腿上。操作时两手握住锉刀放在工件上，左臂弯曲，右小臂要与锉削方向保持基本平行，锉削姿势如图 8-21 所示。

4. 锉削施力和速度

要使锉削表面平直，必须正确掌握锉削力的平衡。锉削施力变化如图 8-22 所示，锉削时右手的压力要随锉刀推动而逐渐增加，左手的压力要随锉刀推动而逐渐减小；当工件处于锉刀中间位置时，两手压力基本相等；回程时不加压力，以减少锉齿的磨损。锉削时，如果两手用力不变，锉刀就不能保持平衡，工件中间就会出现凸面或鼓形面。

锉削往复速度一般为 30～60 次/min。推出时稍慢，回程时稍快，动作要自然协调。

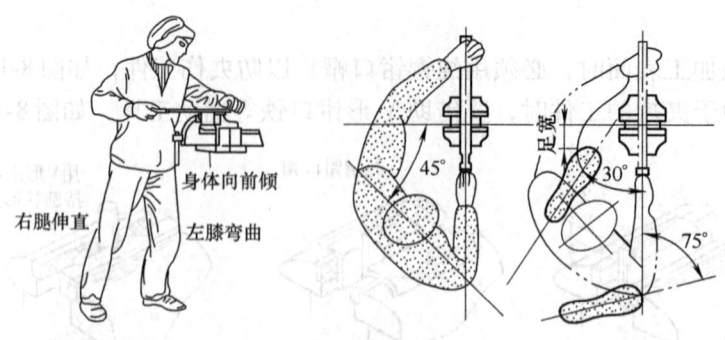

图 8-21 锉削姿势

5. 锉削时应注意的问题

1）不要使用没有手柄的锉刀，忽略这一点是危险的。如果锉刀打滑，没有手柄会使手受重伤。

2）锉削时，只在向前运动时施加压力，在回程时施加压力会使锉刀变钝。

3）锉刀齿面被锉屑堵塞时，切不可用锉刀敲击平口钳或者其他物体清理锉刀，因为锉刀很硬容易崩裂，也不可用手清理或用口去吹，以防锉屑划伤手指或屑粒飞入眼中伤人。正确的做法是用钢丝刷顺锉纹方向刷去锉屑，将白粉笔涂到锉刀表面会减少锉屑堵塞。

4）不可用手触摸刚锉削过的表面，因为手上有油脂，再锉时容易打滑。

5）铸件、锻件的硬皮和沙粒的硬度很高，应采用砂轮磨去或錾去之后，方可进行锉削。

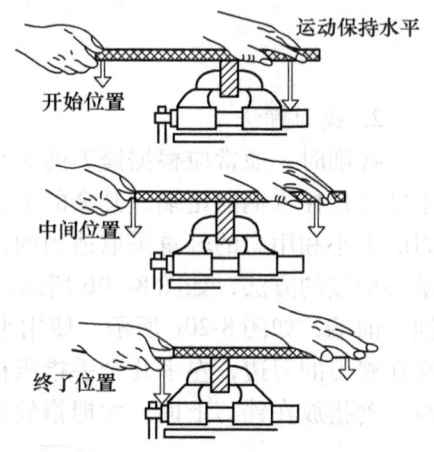

图 8-22 锉削施力变化

(二) 常用锉削方法

常用锉削方法见表 8-7。

表 8-7 常用锉削方法

序号	项目	图 示	说 明
1	交叉锉法	逐次自左向右锉削 第一锉向 第二锉向	第一遍锉削和第二遍锉削交叉进行的锉削方法。 由于锉痕是交叉的，表面显出高低不平的痕迹可判断锉削面的平整程度。锉削时锉刀运动方向与工件夹持方向成 50°～60° 角，交叉锉一般适用于粗锉，精锉时必须采用顺向锉，使锉痕变直，纹理一致
2	顺锉法		锉刀运动方向与工件夹持方向一致的锉削方法。 在锉宽平面时，为使整个加工表面能均匀地锉削，每次退回锉刀时应横向作适当的移动。顺锉法的锉纹整齐一致，较美观，适用于精锉

序号	项目	图示	说明
3	推锉法	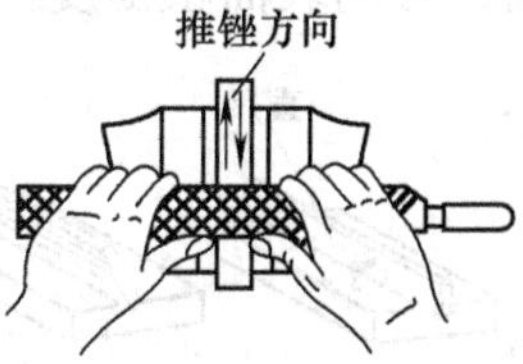	推锉法的效率不高,适用于加工余量小、表面精度要求高或窄平面的锉削及修光,能获得平整光洁的加工表面
4	通孔的锉削	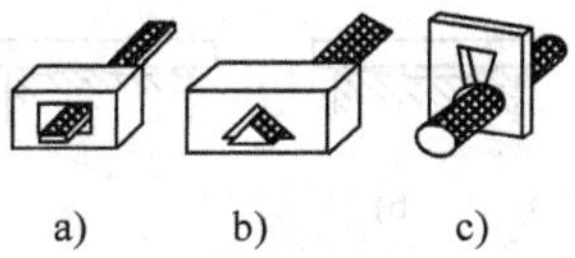	1)用平锉刀锉削较大的方孔,如图 a 所示; 2)用三角锉刀锉削三角的孔,如图 c 所示; 3)用圆锉刀锉削圆孔,如图 b 所示
5	曲面的锉削（滚锉法）	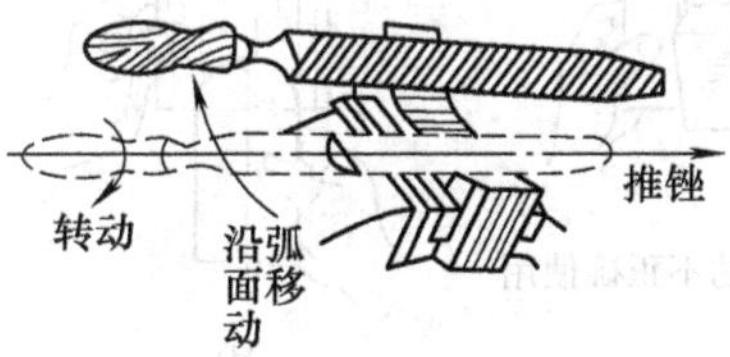	内曲面锉削方法: 1)一般选用圆锉或半圆锉; 2)推锉时,锉刀向前运动的同时,锉刀还沿内曲面作向左或向右的移动,手腕作同步的转动动作; 3)回锉时,两手将锉刀稍微提起放回原来位置
		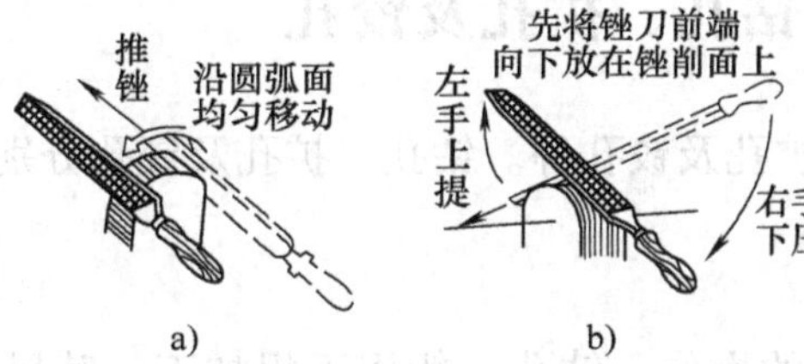	外曲面锉削方法: 1)一般选平锉; 2)顺向锉削法:如图 a 所示。这种锉法易掌握且加工效率高,但只能锉削成近似圆弧的多棱形面,所以加工余量较大,适用于粗锉; 3)横向锉削法:如图 b 所示。锉削时,锉刀顺着圆弧方向向前推进的同时,右手下压,左手随其上提。这种锉削方法锉出的外曲面圆滑、光洁,但其效率低,适用于精锉
		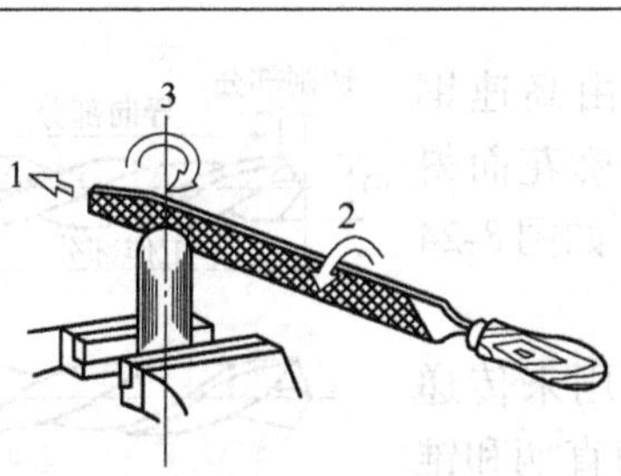	球曲面锉削方法: 1)一般选平锉; 2)锉刀向前稍作推进时,作前后和左右的摆动

（三）锉削质量检查方法

工件锉平之后,根据图样要求检查锉削质量,通常检查项目是尺寸、直线度、垂直度、平面度、形状、表面粗糙度；常用检查工具是游标卡尺、高度尺、直角尺、刀口尺、样板和表面粗糙度样块等量具；常用透光法检查平面度、直线度和垂直度，如图 8-23 所示。检查表面粗糙度一般用眼睛观察即可，如果要求精确，可用表面粗糙度样板对照进行检查。

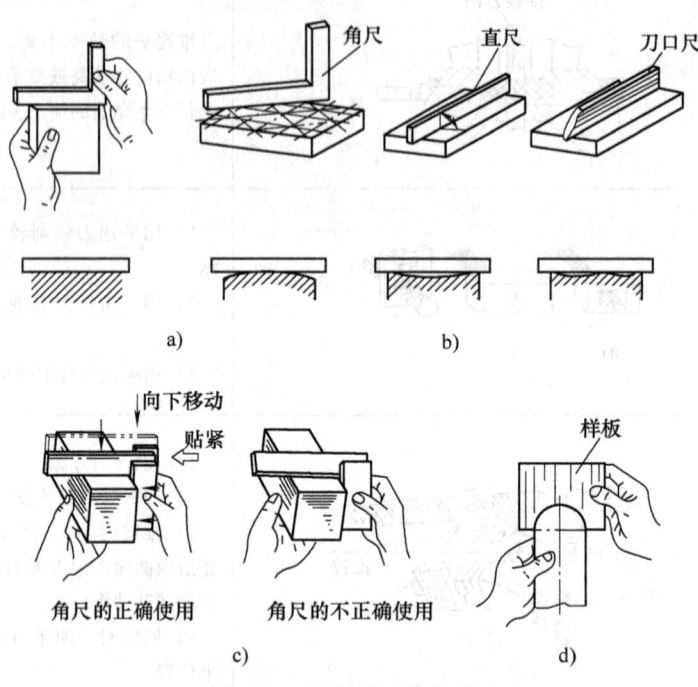

图 8-23　锉削平面检查方法
a）检测直线度　b）检测平面度　c）检测垂直度　d）检测成形面

第六节　钻孔、扩孔及铰孔

钳工中常用的孔加工方法有钻孔、扩孔及铰孔等。钻孔、扩孔及铰孔分别属于孔的粗加工、半精加工和精加工。

一、钻孔基本知识

钻孔是用钻头在实体材料上加工孔的操作。钻孔一般用于粗加工，其尺寸公差等级为 IT12～IT11，表面粗糙度值为 $Ra12.5$～$25\mu m$。

1. 麻花钻的结构

麻花钻是钳工钻孔最常用的刀具，它由高速钢（W18Cr4V）制成并经热处理，因其外形像麻花而得名。麻花钻由柄部、颈部及工作部分组成，如图 8-24 所示。

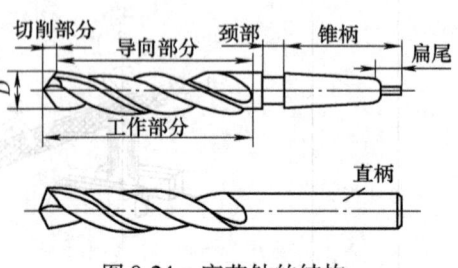

图 8-24　麻花钻的结构

（1）柄部　柄部是钻头的夹持部分，用来传递转矩和轴向力。按其形状不同，柄部可分为直柄和锥柄两种。钻头直径在 12mm 以下时，柄部做成直柄；在 12mm 以上时做成锥柄，并与锥套配合使用。

（2）颈部　颈部位于柄部和工作部分之间，主要作用是在磨削钻头时供砂轮退刀用，还可以刻印钻头的规格、商标和材料等标记。

（3）工作部分　工作部分由切削部分和导向部分组成。切削部分如图8-25a所示，切削部分由前刀面、后刀面、副后刀面、主切削刃、副切削刃和横刃等组成，切削部分的两条主切削刃担负着主要切削工作，两条主切削刃的夹角为118°，称为顶角。横刃的存在使钻削的轴向力增加。导向部分由螺旋槽和棱边（副切削刃）构成，如图8-25b所示，其作用除引导钻削方向外，还起到了排屑和修光孔壁等作用。

图8-25　麻花钻的工作部分
a）切削部分　b）导向部分

2. 麻花钻的刃磨

（1）刃磨要求　切削部分有两条主切削刃和一条横刃，它的直径由切削部分向柄部逐渐减小，成倒锥形，倒锥量为每100mm长度上减小0.03~0.12mm，如图8-26所示。刃磨时要求两主切削刃的夹角2ϕ为118°±2°；为了保证孔的加工精度，两条主切削刃的长度及两切削刃与轴线的交角ϕ均应对称相等，否则将使被钻孔径扩大。刃磨钻头的情况对孔加工的影响如图8-27所示。

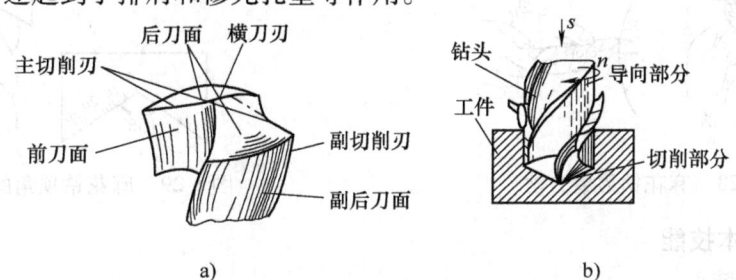

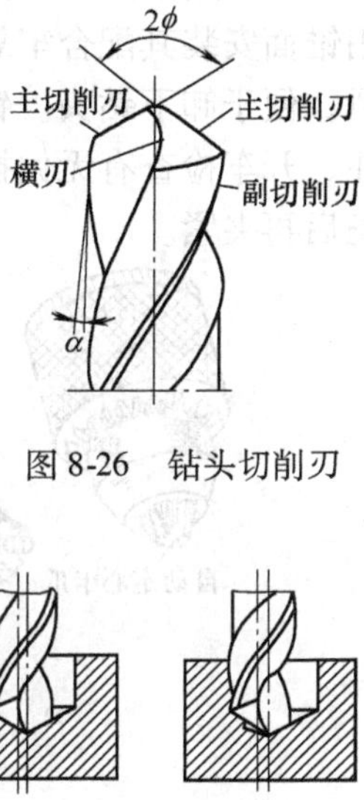

图8-26　钻头切削刃

（2）刃磨方法　刃磨时用两手握住钻头，右手缓慢地使钻头绕自身的轴线由下向上转的同时施加适当的刃磨压力，左手配合右手作缓慢的同步下压运动，以便磨出后角，如图8-28所示。刃磨过程中要经常蘸水冷却，以防钻头因过热退火，降低硬度。

（3）刃磨检验　在刃磨过程中，可用角度样板检验刃磨角度，也可以用钢直尺配合目测进行检验，如图8-29所示。

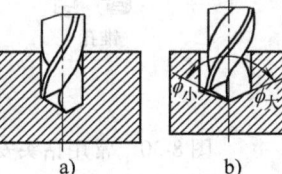

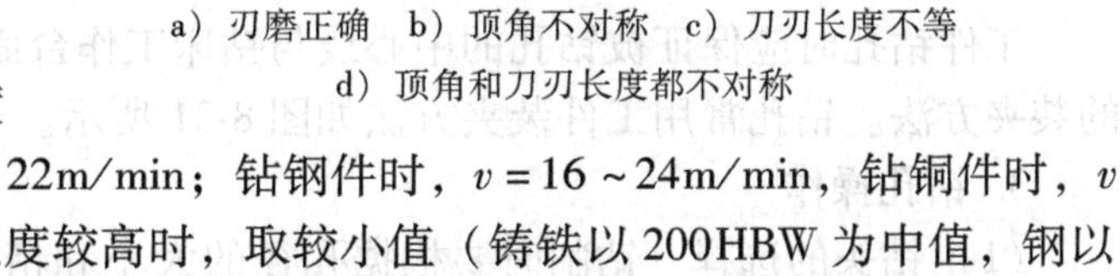

图8-27　刃磨钻头的情况对孔加工的影响
a）刃磨正确　b）顶角不对称　c）刀刃长度不等
d）顶角和刀刃长度都不对称

3. 钻床转速的选择

首先要确定钻头的允许切削速度v，用高速钢钻头钻铸铁件时，$v=14~22$m/min；钻钢件时，$v=16~24$m/min，钻铜件时，$v=30~60$m/min，当工件材料硬度与强度较高时，取较小值（铸铁以200HBW为中值，钢以$\sigma_b=700$MPa为中值），钻头直径小时也取较小值（以$\phi16$mm为中值）；当钻孔深度$L>3d$时，还应将取值乘以0.7~0.8的修正系数。然后用下式求出钻床转速n（r/min）。

钻床转速为

$$n=\frac{1000v}{\pi d}$$

式中，v 为切削速度（m/min）；d 为钻头直径（mm）。

例如，在钢件（强度 $\sigma_b = 700\text{MPa}$）上钻 $\phi 10\text{mm}$ 的孔，钻头材料为高速钢，钻孔深度为 25mm，则应选用的钻头速度为

$$n = \frac{1000v}{\pi d} = \frac{1000 \times 20}{3.14 \times 10} \text{r/min} \approx 637 \text{r/min}$$

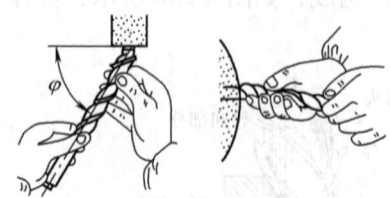
图 8-28 麻花钻刃磨方法

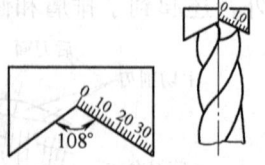
图 8-29 麻花钻顶角的检验

二、钻孔基本技能

1. 钻头的安装

1）直柄钻头可用钻夹头装夹。钻夹头的结构如图 8-30a 所示，通过转动固紧扳手夹紧或放松钻头。

2）锥柄钻头尺寸大的可直接装入钻床主轴锥孔内；尺寸小的，可用钻套过渡连接。采用锥面安装其配合牢靠，同轴度高。刀具锥柄末端的扁尾用以增加传递的力量，避免刀柄打滑，便于卸下钻头。钻套及锥柄钻头的装卸方法如图 8-30b 所示。钻头装夹时应先轻轻夹住，开车检查有无偏摆，无摆动后停车夹紧，开始工作；若有摆动，则应停车重新装夹，纠正后再夹紧。

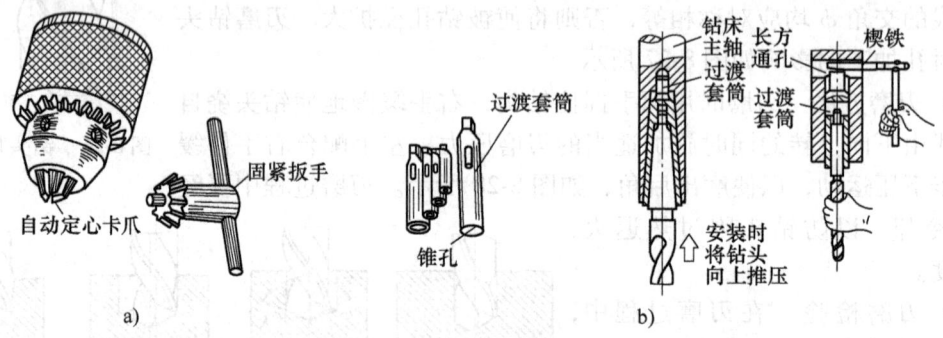

图 8-30 常用钻头安装方法
a）钻夹头安装　b）用过渡套安装与拆卸

2. 工件的装夹

工件钻孔时应保证被钻孔的中心线与钻床工作台面垂直，根据工件大小、形状选择合适的装夹方法。钻孔常用工件装夹方法如图 8-31 所示。

3. 钻孔操作

（1）钻头的选择　钻削时要根据孔径的大小和精度等级选择合适的钻头，其选择方法如下：①钻削直径小于 30mm 的孔，对于精度要求较低的，可选用与孔径相同直径的钻头一次钻出。对于精度要求较高的，可选用小于孔径的钻头钻孔，留出加工余量进行扩孔或铰孔。②钻削直径在 30~80mm 的孔，对于精度要求较低的，应选 0.6~0.8 倍孔径的钻头进行钻孔，然后扩孔。对精度要求高的，可选小于孔径的钻头钻孔，留出加工余量进行扩孔或

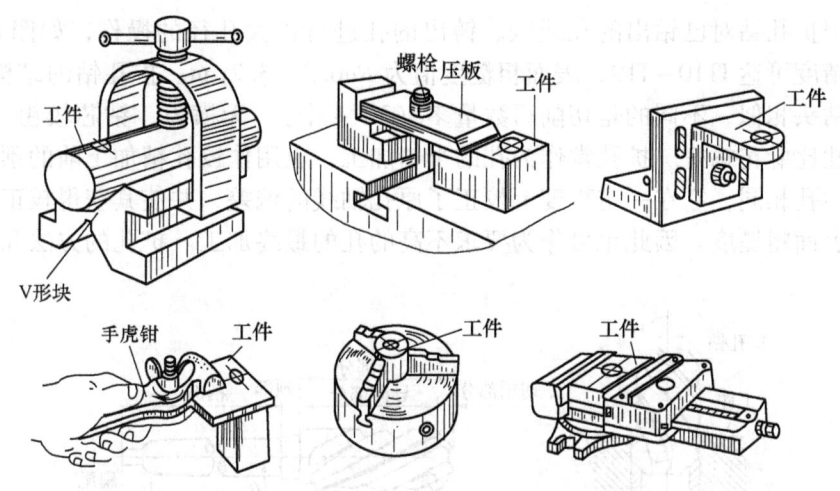

图 8-31　钻孔常用工件装夹方法

铰孔。

（2）起钻与纠偏　开始钻孔时，应进行试钻，即用钻头尖在孔中心上钻一浅坑（约占孔径 1/4 左右），检查坑的中心是否与检查圆同心，如有偏位应及时纠正。偏位较小时可用样冲重新打样冲眼纠正中心位置后再钻；偏位较大时可采用窄錾将偏斜相反的一侧錾低一些，将偏位的坑矫正过来，如图 8-32 所示。

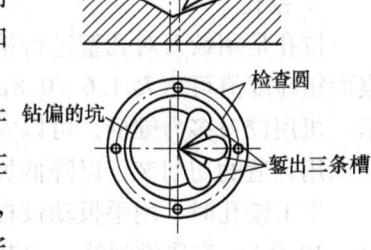

图 8-32　钻偏时的纠正

（3）钻削通孔　将钻头钻尖对准预先打好的样冲眼，开始钻削时要用较大的力向下进给（手动进给时），避免钻尖在工件表面晃动而不能切入；在即将钻透前，压力应逐渐减小，防止钻头在钻通的瞬间抖动，损坏钻头，影响钻孔质量及安全。

（4）钻削不通孔　要注意掌握钻削深度，以免将孔钻深了而出现质量事故。控制钻削深度的方法有：调整好钻床上的深度标尺挡块、安置控制长度量具或用粉笔作标记等。

（5）钻削深孔　当孔的深度超过孔径三倍时，即为深孔。钻深孔时要经常退出钻头及时排屑和冷却，否则容易造成切屑堵塞或使钻头过度磨损甚至折断。

（6）钻削大直径孔　钻孔直径 $D>30\text{mm}$ 应分两次钻削。即第一次用 $(0.6\sim 0.8)D$ 的钻头先钻孔，然后再用所需直径的钻头将孔扩大到所要求的直径，这样分两次钻削既有利于提高钻头寿命，也有利于提高钻削质量。

4. 钻孔时应注意的事项

1）尽量避免在斜面上钻孔。若必须在斜面上钻孔应用立铣刀在钻孔的位置先铣出一个平面，使之与钻头中心线垂直。

2）钻半圆孔则必须另找一块同样材料的垫块与工件拼夹在一起钻孔。

3）钻削时，应使用切削液对加工区域进行冷却和润滑。一般钢件采用乳化液或润滑油；铝合金工件多用乳化液、煤油；冷硬铸铁工件可用煤油。

三、扩孔及铰孔

1. 扩孔

扩孔是用扩孔钻对已钻出的孔或锻、铸出的孔进行扩大孔径的操作，如图 8-33a 所示。扩孔的尺寸精度可达 IT10～IT9，表面粗糙度值为 $Ra6.3～3.2\mu m$。扩孔钻的结构如图 8-33b 所示，它与钻头相似，不同的是切削刃数量多（3～4个）、无横刃、钻芯较粗、螺旋槽浅、刚性和导向性比麻花钻好。扩孔常作为孔的半精加工，也用作铰孔精加工前的预加工。扩孔切削运动与钻孔相同，它在一定程度上校正了原孔轴线的偏差，并使其获得较正确的几何形状与较低的表面粗糙度。因此也可作为要求不高的孔的最终加工。扩孔的方法和钻孔的方法相同。

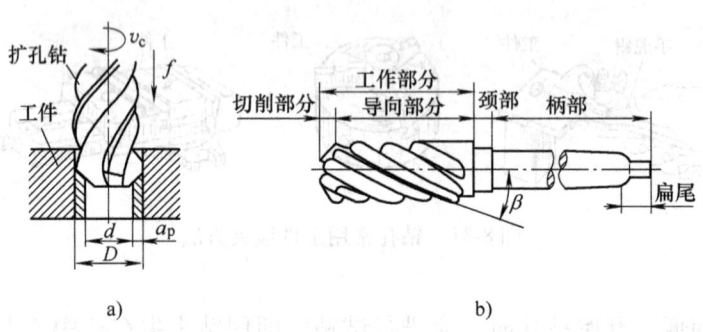

图 8-33 扩孔及扩孔钻
a) 扩孔　b) 扩孔钻

2. 铰孔

铰孔是用铰刀对孔壁进行精加工的操作，如图 8-34a 所示。其尺寸精度可达 IT8～IT7，表面粗糙度值可达 $Ra1.6～0.8\mu m$。铰刀分机用铰刀和手用铰刀两种，其结构如图 8-34b 所示。机用铰刀多为锥柄，可以安装在钻床或车床上进行铰孔，铰孔时选用较低的切削速度，并选用合适的切削液，以降低加工孔的表面粗糙度；手用铰刀用于手工铰孔。

手工铰孔时，用手扳动铰杠，铰杠带动铰刀对孔进行精加工。铰刀的特点是：切削刃多（6～12个）、容屑槽很浅、刀芯截面大，故刚性和导向性比扩孔钻更好；铰刀本身精度高、而且有校准部分，可以校准和修光孔壁；铰刀加工余量很小（粗铰 0.15～0.35mm，精铰 0.05～0.15mm），切削速度很低，一般铰孔时应选用合适的切削液，铰铸铁件时用煤油，铰钢件时用乳化液。

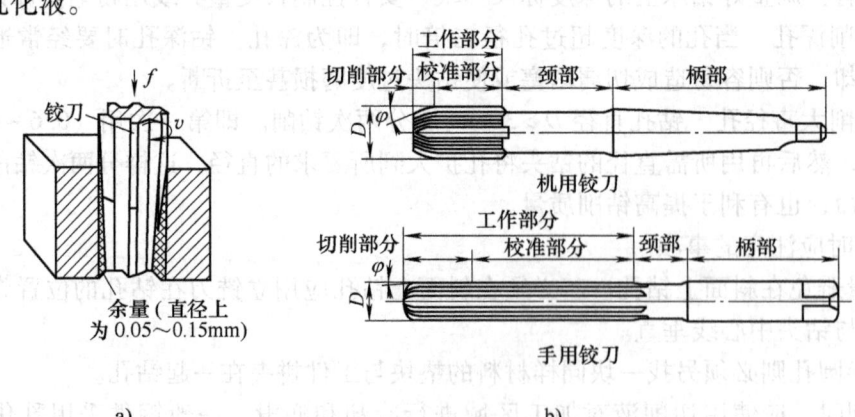

图 8-34 铰孔和铰刀
a) 铰孔　b) 铰刀

铰孔时要注意：

1）铰杠只能顺时针方向带动铰刀转动，否则切屑镶嵌在铰刀后刀面的孔壁之间，会划伤孔壁或会使刀刃崩刃。

2）手工铰孔过程中，两手用力一致，发现铰杠转不动或感到很紧时，不能强行转动和倒转，应慢慢地顺转，同时向上提出铰刀，检查铰刀是否被切屑卡住或碰到硬质点，在排除切屑后再进行加工，铰完后仍需顺时针旋转退出铰刀。

3）机铰时，要在铰刀退出孔后再停车，否则孔壁有刀的痕迹。机铰通孔时，铰刀修光部分不能全部露出孔外，否则铰刀退出时会将孔口划伤。

第七节　攻螺纹与套螺纹

一、攻螺纹基本知识

1. 攻螺纹及所用工具

攻螺纹是指用丝锥加工内螺纹的操作，旧称攻丝。攻螺纹的主要工具是丝锥和铰杠（扳手）。

（1）丝锥　丝锥是加工内螺纹的刀具，由高质量碳素工具钢经过淬火和磨削制成。丝锥的结构如图 8-35a 所示，其工作部分是一段开槽的外螺纹，由切削部分和校准部分组成，切削部分呈圆锥状，有锋利的切削刃，起主要切削作用。校准部分具有完整的齿形，用以校准和修光切出的螺纹，并引导丝锥沿轴向运动。丝锥的工作部分有 3～4 条窄槽，用以形成切削刃和排屑，以及便于切削液润滑丝锥。

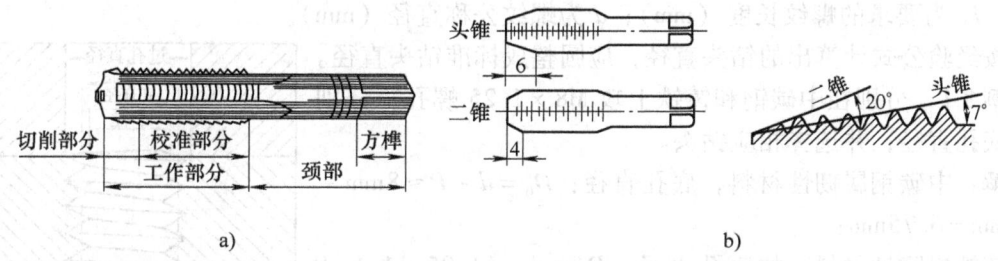

图 8-35　丝锥
a）丝锥组成　b）头锥和二锥

丝锥有机用和手用两种，机用丝锥一般为一支，手用丝锥可分为二个一组或三个一组，即头锥、二锥、三锥，两个一组的丝锥比较常用，螺距大于 2.5mm 的丝锥，一般三个一组。在一组丝锥中，丝锥的直径都一样，只是切削部分的长度和锥角不同。头锥切削部分较长，一般有 5～7 个牙形，锥角小；二锥切削部分较短，有 1～2 个牙形，锥角较大，头锥和二锥如图 8-35b 所示。使用时先用头锥，后用二锥。攻螺纹时要合理的选用攻螺纹扳手，太小攻螺纹困难，太大丝锥易折断。丝锥柄部有方头，用以传递转矩。

（2）铰杠　铰杠是用来夹持并转动丝锥的手动工具，有可调式铰杠和固定式铰杠两种，如图 8-36 所示。固定式铰杠主要用于攻 M5 以下的螺纹孔；可调式铰杠主要用于攻 M5～M24 的螺纹孔。

2. 螺纹底孔直径和深度的确定

用丝锥攻螺纹前，必须钻出正确的螺纹底孔直径（图 8-37），因为在攻螺纹过程中，丝

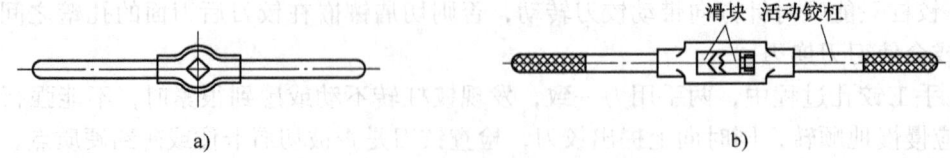

图 8-36 铰杠
a) 固定式铰杠 b) 可调式铰杠

锥除了切削金属外,还有挤压作用。若螺纹底孔直径(攻螺纹前底孔直径)过小或者与螺纹内径相同,工件材料将受到挤压而被挤出,被挤出的材料将嵌到丝锥的牙尖,甚至咬住丝锥,使丝锥折断,若螺纹底孔直径过大则会降低螺纹牙的高度和强度。加工塑性高的材料时,这种现象尤为严重,因此攻螺纹前螺纹底孔直径必须大于螺纹的小径、小于螺纹的公称直径,具体确定方法可以查相关手册或用下列经验公式计算。

对于脆性材料(铸铁、青铜、铸铝等),钻孔直径为

$$D_0 = d - (1.05 \sim 1.1) P$$

对于韧性材料(钢材、紫铜等),钻孔直径为

$$D_0 = d - P$$

式中,D_0 为攻螺纹前钻底孔直径(mm);d 为螺纹公称直径(mm);P 为螺距(mm)。

攻不通孔螺纹时由于丝锥不能攻到底,所以底孔深度要大于螺纹部分的长度,其钻孔深度 L 由下列公式确定。即

$$L = L_0 + 0.7d$$

式中,L_0 为要求的螺纹长度(mm);d 为螺纹公称直径(mm)。

按经验公式计算出的钻头直径,应圆整成标准钻头直径。

例 8-1 分别在中碳钢和铸铁上攻 M8×1.25 螺孔,分别求其底孔直径,并选择相应钻头。

解:中碳钢属韧性材料,底孔直径:$D_0 = d - P \approx 8\text{mm} - 1.25\text{mm} = 6.75\text{mm}$;

铸铁属脆性材料,故底孔直径:$D_0 = d - (1.05 \sim 1.1) P \approx 8\text{mm} - (1.05 \times 1.25 \sim 1.1 \times 1.25)\text{mm} \approx (6.62 \sim 6.68)\text{mm}$

因此,在中碳钢上攻 M8×1.25 螺孔用钻头直径为 6.7mm;在铸铁上攻 M8×1.25 螺孔用钻头直径为 6.6mm。

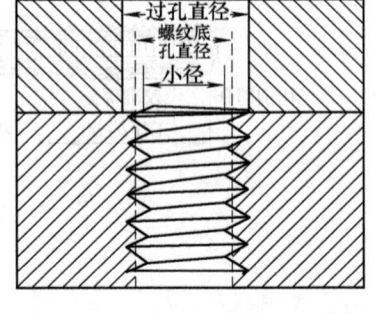

图 8-37 钻螺纹孔的横断面

二、攻螺纹基本技能

1. 攻螺纹的操作方法

1)用稍大于底孔直径的钻头或惚钻将孔口两端倒角,以利丝锥切入。

2)开始时,选用头锥,用铰杠夹持住丝锥的方榫,在丝锥上使用适当的切削液润滑。对于钢料工件,攻螺纹时要加润滑剂,不仅会使螺纹光洁,同时能延长丝锥使用寿命。对于铸铁工件,攻螺纹时可以用煤油润滑。

3)尽可能垂直地将丝锥放到底孔中,如图 8-38a 所示,然后用右手握铰杠中间,并用食指和中指夹住丝锥,适当施加压力并顺时针转动,攻入 1~2 圈,如图 8-38b 所示。

4)拿开丝锥铰杠并仔细地检查丝锥垂直度(在相互成 90°角的两个位置上检查)。如果丝锥没有呈直角进入,那么从孔中将丝锥取出,并且从丝锥倾斜的方向重新加力。注意,在

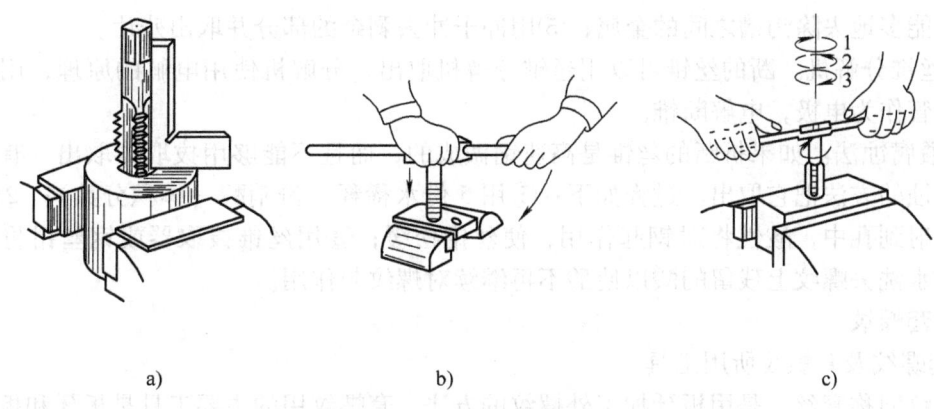

图 8-38 攻螺纹操作
a) 检查垂直度 b) 起攻 c) 攻螺纹

矫直过程中不要施加太大压力。

5) 检查垂直后，用双手握铰杠两端，双手用力要平衡，平稳地顺时针转动铰杠，每转 1~2 圈要反转 1/4 圈，以利于断屑和排屑，如图 8-38c 所示。注意，如果感到转矩很大时不可强行扭动，应将丝锥反转退出，矫正后重新再攻。

6) 头锥攻完后反向退出，再依次用二锥、三锥，每换一锥，应先将丝锥旋入 1~2 圈扶正、定位，再用铰杠攻入，以防乱扣。

2. 断丝锥的处理方法

（1）露出孔外断丝锥的取法

1) 直接用钳子拧出。

2) 焊接法。将一个弯杆或螺母堆焊在折断的丝锥上，以将折断的丝锥旋出，如图 8-39 所示。

（2）折断在孔内断丝锥的取法

1) 丝锥拔取器。丝锥拔取器有一个扳手，为了取出右旋丝锥，拔取器应逆时针旋转，丝锥拔取器可以适用所有尺寸的丝锥，注意，不要强制拔取因为这将会损坏拔取器，小心地来回旋转扳手充分松动丝锥使它能被拔去。

2) 敲击法。用锤子敲击冲子，沿丝锥断层沟槽的边缘，小心逆向敲击将折断的丝锥取出，如图 8-40 所示。

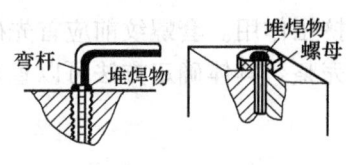

图 8-39 焊接法

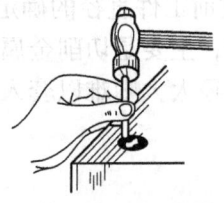

图 8-40 敲击法

3) 钻孔法。如果折断的丝锥是碳钢制作的，可以用钻孔的方法钻出来，过程如下：①用乙炔焰或喷灯将断锥加热到亮红色，并使它慢慢冷却（退火）；②尽可能地在靠近丝锥中心的地方冲孔；③再用略小于底孔直径的钻头，小心地在折断的丝锥上钻一个孔；④通过扩孔尽可能多地去除沟槽之间的金属；⑤用冲子冲去剩余的部分并取出残片。

4）丝锥分解机。断的丝锥可以用丝锥分解机取出，分解机使用电解的原理，用一个空心的黄铜管作为电极，电解断锥。

5）酸腐蚀法。如果折断的丝锥是高速钢做成的，而且不能够用拔取器取出，有时可以通过酸腐蚀的方法把它取出。过程如下：①用5份水稀释一份硝酸（体积分数）；②把这种混合物注射到孔中，酸性将对钢起作用，使丝锥松缓；③用丝锥拔取器或钢丝钳将丝锥取出；④用水洗去螺纹上残留的酸以使酸不再继续对螺纹起作用。

三、套螺纹

1. 套螺纹及套螺纹所用工具

套螺纹旧称套丝，是用板牙加工外螺纹的方法。套螺纹用的主要工具是板牙和板牙架。

（1）板牙　板牙是加工小直径外螺纹的成形刀具，其结构如图8-41所示。板牙的形状和圆形螺母相似，只是在靠近螺纹处钻了几个排屑孔，以形成切削刃。板牙两端是切削部分，做成2φ锥角，当一端磨损后，可换另一端使用；中间部分是校准部分，主要起修光螺纹和导向作用。板牙的外圆柱面上有四个锥坑和一个V形槽。有两个锥坑的轴线与板牙直径方向一致，它的作用是通过板牙架上两个紧固螺钉将板牙紧固在板牙架内，以便传递转矩。另外两个偏心锥坑是当板牙磨损后，将板牙沿V形槽锯开，拧紧板牙架上的调整螺钉，螺钉顶在这两个锥坑上，使板牙孔微量缩小以补偿板牙的磨损。

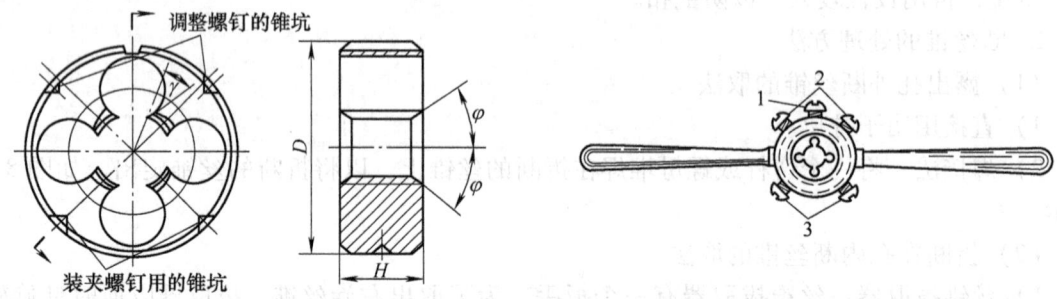

图8-41　板牙

图8-42　板牙架
1—撑形板牙螺钉　2—调整板牙螺钉　3—固紧板牙螺钉

（2）板牙架　板牙架是用来夹持板牙传递转矩的专用工具，其结构如图8-42所示。板牙架与板牙配套使用，为了减小板牙架的规格，一定直径范围内的板牙的外径是相等的，当板牙外径与板牙架不配套时，可以加过渡套或使用大一号的板牙架。

2. 套螺纹前工件直径的确定

套螺纹时，主要是切削金属形成螺纹牙形，但也有挤压作用。套螺纹前应首先确定工件直径，工件直径太大则难以套入；太小则套出的螺纹不完整。具体确定方法可以查表或用下列公式计算

$$d_0 \approx d - 0.13P$$

式中，d_0为套螺纹前工件直径（mm）；d为螺纹公称直径（mm）；P为螺距（mm）。

3. 套螺纹的操作方法

1）套螺纹前必须将工件倒角，以利板牙的顺利套入。

2）装夹工件时，工件伸出钳口的长度应稍大于螺纹长度。

3）选择合适的板牙和板牙架，用合适的切削液润滑板牙的锥形末端。

4）把板牙带锥度的一端垂直地放在工件上，如图 8-43 所示。

5）在板牙架的手柄上用力要均匀，开始转动板牙时，要稍加压力，并沿顺时针方向旋转。

6）检查板牙是否垂直于工件，如果不垂直，将板牙从工件上移开并垂直地重新开始。

7）旋转板牙一圈，然后回转大半圈来折断切屑。

8）切削螺纹的时候要经常加切削液。

9）套螺纹的过程与攻螺纹相似，如图 8-43 所示。套入 3~4 圈后，可只转动不加压，并经常反转以便断屑。

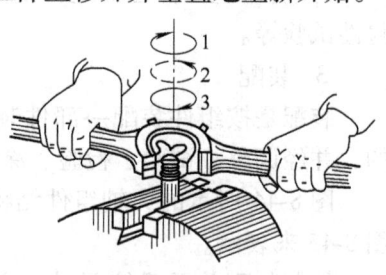

图 8-43　套螺纹操作

业内小提示：如果螺纹一定要切到轴肩，应取下板牙，并且把锥形的那面朝上重新开始。完成螺纹时要小心不要碰到轴肩，否则工件可能被弯曲或者板牙会被损坏。

第八节　装配与拆卸

一、装配概述

机械产品一般是由许多零件和部件组成的。根据规定的技术要求，将若干个零件组合成部件或将若干个零件和部件组合成产品的过程，称为装配。前者称为部件装配，后者称为总装配。

机器结构越复杂，精度要求越高，则装配工艺过程也就越复杂，工作量也越大。装配过程是机械制造生产的一个重要环节，根据零件精度和产品精度来确定装配技术和装配方法、提高装配质量和装配生产效率是装配工艺所要解决的问题。

二、装配工艺过程

1. 装配的几种方法

（1）选配法　选配法是预先按实际尺寸的大小将零件分成若干组，然后将对应的各组零件进行装配。优点是：零件经分组后进行装配，提高了装配即配合精度；由于放宽了零件的制造公差，因此降低了零件加工费用即成本。如内燃机的活塞与缸套、柱塞泵的柱塞与孔、车床尾座孔和套筒等的装配。缺点是：增加了零件的测量、分组和检测设备工作；当零件的实际尺寸分布不均匀时，分组后的各组零件数多少不一，装配后会剩下多余的零件，故只适用于成批大量生产。

（2）调整法　调整法是在装配时通过调整一个或几个零件的位置，或增加一个或几个零件（如垫片）来补偿装配积累误差，达到装配要求。调整法不需要任何修配加工，即可以达到很高的装配精度，特别适用于由于磨损引起配合间隙变化的结构，如用楔铁调整机床导轨间隙。其优点是：能用较低精度的零件获得较高的装配精度；可以进行定期调整，故容易保持或恢复配合精度，降低了加工成本。缺点是：增加了调整的工作量；零件不能互换，容易降低零部件的连接刚度，在工作中应加以注意。此法能达到较高的装配精度，用于单件和小批量生产。

2. 装配前的准备

1）研究和熟悉装配图、工艺文件和技术要求，了解产品的结构和零件的作用及相互连接关系。

2）确定装配方法和程序，准备所需的工具。

3）领取和清洗零件，去掉零件上的毛刺、铁锈、切屑、油污。

4）对某些零件还需进行刮削等修配工作，有些特殊要求的零件还要进行平衡试验、密封性试验等。

3. 装配

装配是按组件装配→部件装配→总装配的次序进行的，并经调整、试验、检验、涂装、装箱等步骤完成的。

图 8-44 所示的大轴组件结构图，可用装配单元系统图 8-45 来表示。

绘制装配单元系统图时，应先画一根横线，在横线左端画出代表基准件的长方格，在横线右端画出代表装配成品的长方格。然后按装配顺序从左到右将直接装到成品上的零件或组件的长方格从横线引出，零件画在横线上面，组件画在横线下面。用同样方法可把每一组件

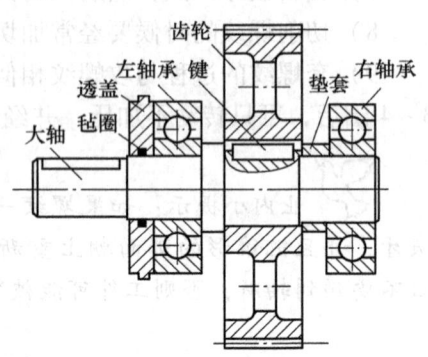

图 8-44 大轴组件结构图

及分组件的系统图展开。长方格内要注明零件（或组件）名称、编号和件数。装配单元系统图可以起到指导和组织装配工艺的作用。

4. 调整、检验和试车

1）调整。调整各零件、机构间的相互位置、配合间隙，使各机构运转协调。

2）检验。检验工装的工作精度和几何精度。

3）试车。试车是指试验机构或机器运转的灵活性、振动、工作温升、噪声、转速、功

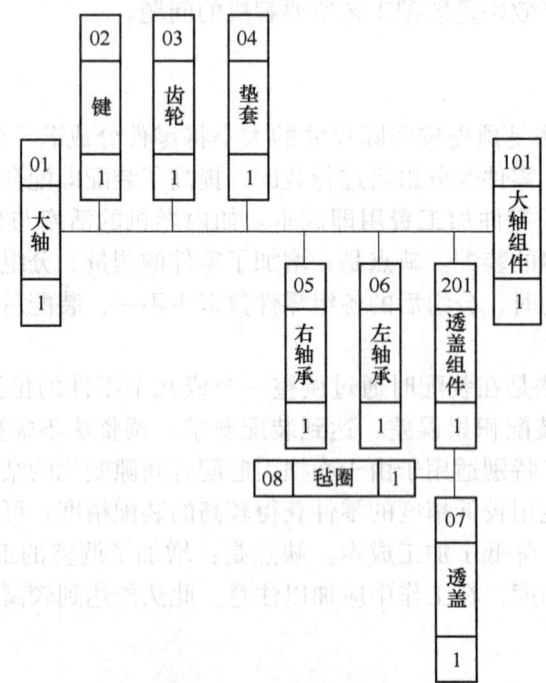

图 8-45 装配单元系统

率等性能是否符合要求。如果是工装，则将其放在实际生产条件下进行试用，以检验工装能否满足工艺要求，加工出的零部件是否合格，以及检查工装的可靠性、合理性和安全性。

5. 涂装、涂油装箱、入库

将装配后的产品上涂装、涂油，最后装箱入库。

三、机器的拆卸

与装配过程一样，拆卸机器前，应先读图，了解其结构，再确定拆卸方法与步骤。拆卸工作过程应按装配相反的顺序进行，从装配图上了解装配顺序后，应按先拆后装、后拆先装的顺序拆卸零部件。

复习思考题

1. 零件加工前为何要划线？划线的作用是什么？什么叫划线基准？如何选择划线基准？
2. 平面划线要选择几个基准？立体划线应选择几个基准？
3. 选择锯条的依据是什么？
4. 锉削有哪些方法？锉刀如何选择？
5. 钻孔、扩孔、铰孔有什么区别？
6. 麻花钻和扩孔钻在结构上有何不同？
7. 交叉锉、顺锉和推锉法各适宜什么场合？
8. 攻螺纹时如何确定钻孔直径？
9. 如何正确使用丝锥和板牙？
10. 如何安装和拆卸钻头？
11. 说出3种取出断丝锥的方法。
12. 锉削时产生凸面是什么原因？怎样克服？
13. 手动攻螺纹时如何保证螺孔不歪斜？
14. 攻M16螺母和套M16螺栓时，底孔直径和螺杆直径是否相同，为什么？
15. 简述在钳工实习中，你是怎样检验相邻两面的垂直度。
16. 丝锥的头锥和二锥应怎样区别？
17. 锯割时常见的质量问题有哪些？分析其产生的原因及预防措施。
18. 什么是装配？装配的过程有哪几步？

第九章 车削

第一节 概述

车削加工是在车床上利用工件的旋转和刀具的移动来改变毛坯的形状和尺寸,将其加工成所需零件的一种切削加工方法。车削是机械加工中最基本最常用的加工方法。各类车床约占金属切削机床总数的一半,所以它在机械加工中占有重要的位置。

一、车削运动与切削用量

(一) 车削运动

车削运动可分为表面成形运动和辅助运动两大类。

1. 表面成形运动

车床上,由刀具和工件作相对运动而实现切削的表面成形运动包括:主运动和进给运动。

车削时的主运动为主轴卡盘带动工件的旋转运动,进给运动是拖板刀架带动车刀沿车床纵向(或横向)的移动,如图9-1所示。

2. 辅助运动

除表面成形运动外的所有运动都是辅助运动。如图9-1所示的退刀运动、返回运动和进刀运动均为辅助运动。辅助运动虽然并不参与表面成形过程,但对工件整个加工过程是不可缺少的。

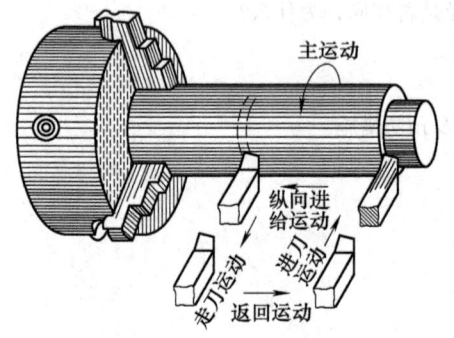

图9-1 车床运动

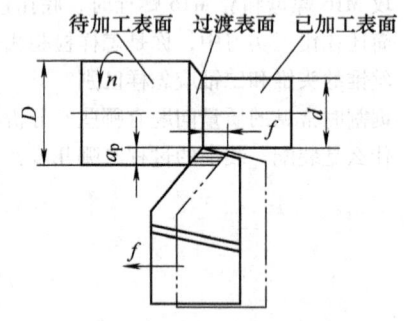

图9-2 切削用量三要素

(二) 切削用量

切削用量包括切削速度 v_c、进给量 f 和背吃刀量 a_p(旧称切削深度),统称切削用量三要素,如图9-2所示。合理选择切削用量可提高加工质量和生产率。

1. 切削速度 v_c

切削时,刀具切削刃上的某一点相对工件主运动的瞬时速度,可以看成车刀在1min内车削工件表面的理论展开直线长度,如图9-3所示。切削速度 v_c 是衡量主运动大小的参数,单位为 m/min。切削速度计算公式为

$$v_c = \frac{\pi D n}{1000} \text{ 或 } v_c \approx \frac{Dn}{318}$$

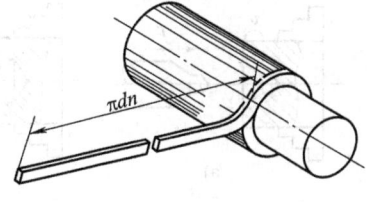

图9-3 切削速度示意图

式中，D 为工件待加工表面直径（mm）；n 为工件的转速（r/min）。

在实际生产中，因根据工件材料、刀具材料和加工要求等因素选定切削速度，再由图样上所规定的工件直径，将切削速度换算成车床主轴转速，以便调整车床，其计算公式为

$$n = \frac{1000 v_c}{\pi D} \text{ 或 } n \approx \frac{318 v_c}{D}$$

2. 进给量 f

工件每转一周，车刀沿进给方向移动的距离为进给量，旧称走刀量，如图9-2所示。它是衡量进给运动大小的参数，单位为 mm/r。有纵向进给量和横向进给量两种，沿车床床身导轨方向的是纵向进给量，垂直于车床床身导轨方向的是横向进给量。

3. 背吃刀量 a_p

在切削时，背吃刀量是指工件已加工表面与待加工表面之间的垂直距离，单位为 mm，如图9-4所示。其计算式为

$$a_p = \frac{D - d}{2}$$

式中，D 为工件待加工表面的直径（mm）；d 为工件已加工表面的直径（mm）。

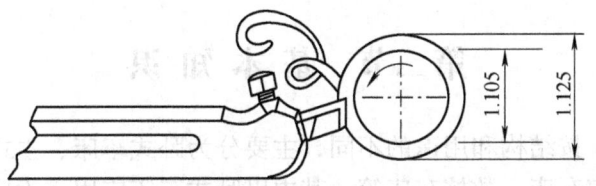

刀具进给量→ 0.010　切削深度=(1.125-1.105)/2=0.010
材料去除量 0.020

图9-4 车床上的背吃刀量

切削用量三要素对切削加工质量、生产率、机床的动力消耗、刀具的磨损有着很大的影响，是重要的切削参数。粗加工时，为了提高生产率，尽快切除大部分加工余量，在机床刚度允许的情况下，选择较大的背吃刀量和进给量，但考虑到刀具耐用度和机床功率的限制，切削速度不宜太高。精加工时，为了保证工件的加工质量，应选用较小的背吃刀量和进给量，可选择较高的切削速度。根据被加工工件的材料、切削加工条件、加工质量要求，在实际生产中可由经验或参考《机械加工工艺人员手册》，选择合理的切削用量。

二、车削加工应用范围

车削加工主要用来加工零件上的回转表面，其切削过程连续平稳。

在车床上所使用的刀具主要是车刀，还有钻头、铰刀、丝锥和滚花刀等。切削加工的应用范围很广，可完成的主要工作如图9-5所示。切削加工精度可达 IT11～IT6，表面粗糙度 Ra 值达 12.5～0.8μm。

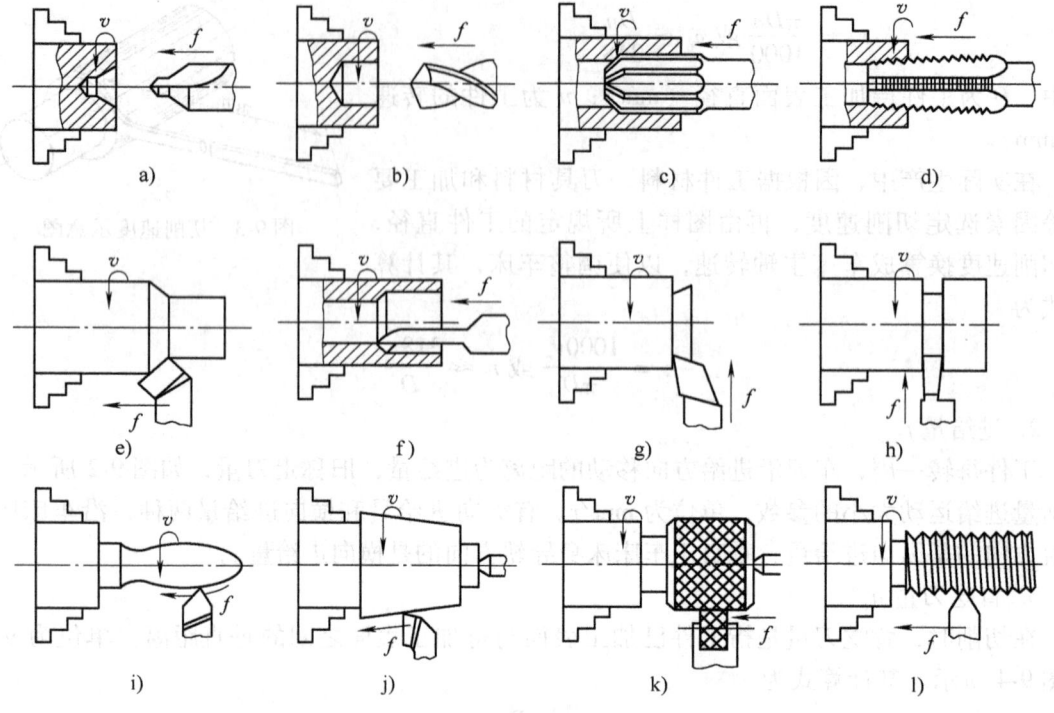

图 9-5 车床可完成的加工工作
a）钻中心孔 b）钻孔 c）铰孔 d）攻螺纹 e）车外圆 f）镗孔 g）车端面
h）切槽 i）车成形面 j）车锥面 k）滚花 l）车螺纹

第二节 基本知识

车床的种类很多，按结构和用途的不同，主要分为卧式车床、立式车床、转塔车床、自动和半自动车床、仪表车床、数控车床等。其中以卧式车床应用最为广泛。目前实习常用的车床型号为 C6132、C6136、C6140 等。下面以 C6132 卧式车床为例介绍车床的基本知识。

一、车床的型号及组成

（一）型号

为了表示机床的类型和主要规格，国家标准规定机床均用汉语拼音字母和数字按一定规律组合进行编号。车床型号通常是按 GB/T 15375—2008《金属切削机床型号编制方法》规定的，按类、组、型三级编成不同的型号，如 C6132 车床，其字母与数字的含义如下：

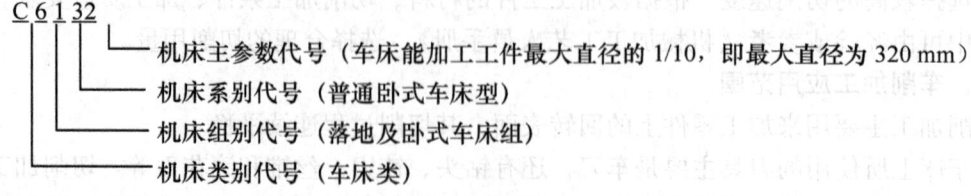

（二）组成

C6132 卧式车床如图 9-6 所示，主要组成部分有床身、导轨、主轴箱、变速箱、进给箱、光杠、丝杠、溜板箱、刀架、前后床腿和尾座等。

1. 主轴箱

主轴箱内装有主轴和主轴变速机构，用以支承主轴并使之旋转。电动机的运动经 V 带传给主轴箱，再经过内部主轴变速机构将运动传给主轴，通过变换主轴箱外部手柄的位置来操纵变速机构，使主轴获得不同的转速。主轴为空心结构，其前端外锥面安装三卡自定心卡盘等附件用来夹持工件，前端内锥面用来安装顶尖，细长孔可穿入长棒料。

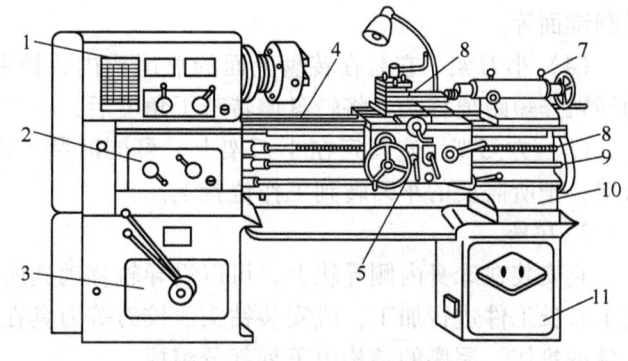

图 9-6　C6132 卧式车床
1—主轴箱　2—进给箱　3—变速箱　4—导轨　5—溜板箱　6—刀架
7—尾座　8—丝杠　9—光杠　10—床身　11—前后床脚

2. 进给箱

进给箱内装有进给运动的变速齿轮，可调整进给量和螺距，并将运动传至光杠或丝杠。主轴的运动通过齿轮传入进给箱，经变速机构带动光杠或丝杠以不同的转速转动，最终通过溜板箱而带动刀具实现直线的进给运动。变换进给箱外手柄的位置，可由进给箱输出的光杠或丝杠而获得不同的转速，以改变进给量的大小或车削不同螺距的螺纹。

3. 变速箱

变速箱安装在车床前床脚的内腔中，并由电动机通过联轴器直接驱动变速箱中的齿轮传动轴。变速箱外设有两个长的手柄，通过手柄可改变变速箱内的齿轮搭配（啮合）位置，得到不同的转速，然后通过皮带轮传动把运动传给主轴。

4. 导轨

导轨是车床的重要组成部分，它通常是由细粒的铸铁或合金钢做成。它的表面是水平的坚硬研磨平面。车床导轨的长度决定了加工最长杆的长度。

5. 溜板箱

溜板箱与刀架相连，是车床进给运动的操纵箱。它使光杠或丝杠进行旋转运动，通过齿轮与齿条或丝杠与开合螺母，转换成车刀的进给运动。溜板箱上有三层滑板，当接通光杠时，可使床鞍带动刀架作纵向或横向进给运动。当接通丝杠并闭合开合螺母时可车削螺纹。溜板箱内设有互锁机构，使光杠、丝杠不能同时使用。

6. 刀架

刀架用来装夹车刀，并可带动刀具作纵向、横向及斜向进给运动。刀架是多层结构，如图 9-7 所示，它包括以下部分：

（1）大刀架　它与溜板箱牢固相连，可沿床身导轨作纵向移动。

（2）中刀架　它装置在大刀架顶面的横向导轨上，可作横向移动，用于横向车削工件及控制切削深度。

（3）转盘　转盘固定在中刀架上，松开紧固螺

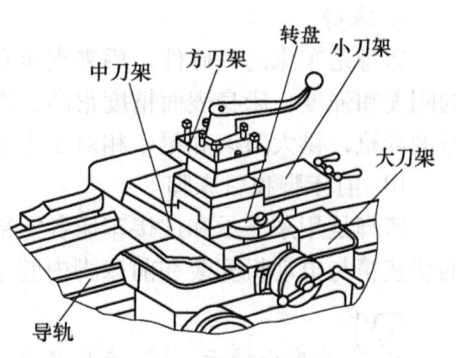

图 9-7　刀架

母后，可在水平面内转动转盘，使它和床身导轨成一个所需的角度，而后再拧紧螺母，以加工圆锥面等。

（4）小刀架　它装在转盘上面的燕尾槽内，控制长度方向的微量切削，可沿转盘上面的导轨作短距离移动，将转盘偏转若干角度后，小刀架作斜向进给，可以车削圆锥体。

（5）方刀架　它固定在小刀架上，可同时装夹四把车刀。松开锁紧手柄，即可转动方刀架，把所需要的车刀转到工作位置上。

7. 尾座

它安装在床身内侧导轨上，可以沿导轨移动到所需位置。在尾座的套筒内安装顶尖，可支承较长工件进行加工，或安装钻头、铰刀等刀具在工件上进行孔加工。偏移尾座可车出长工件的锥体。尾座的结构由下列部分组成。

（1）套筒　其左端锥孔用以安装顶尖或锥柄刀具。套筒在尾座体内的轴向位置可用手轮调节，并可用锁紧手柄固定。将套筒退至极右位置时，即可卸出顶尖或刀具，如图9-8所示。

（2）尾座体　它与底座相连，当松开固定螺钉，拧动调节螺钉可使尾座体在底板上作微量横向移动，如图9-9所示。以使前后顶尖对准中心或偏移一定距离，车削长锥面。

（3）底板　它直接安装于床身导轨上，用以支承尾座体。

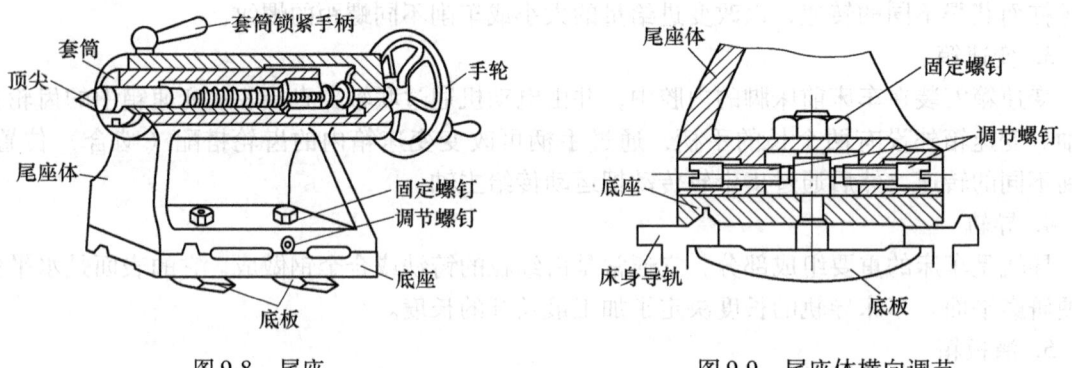

图9-8　尾座　　　　　　　　图9-9　尾座体横向调节

8. 光杠和丝杠

光杠和丝杠将进给箱的运动传至溜板箱。车外圆、车端面等自动进给时，用光杠传动；车螺纹时，用丝杠传动。丝杠的传动精度比光杠高。

9. 床身

床身是车床的基础件，用来支承和安装车床的各部件，保证其相对位置。床身具有足够的刚度和强度，床身表面精度很高，以保证各部件之间有正确的相对位置。床身上有四条平行的导轨，供大刀架和尾座相对于主轴箱进行正确的移动。

10. 前床脚和后床脚

床脚是用来支承和连接车床各零部件的基础构件，床脚用地脚螺栓紧固在地基上。车床的变速箱与电动机安装在前床脚内腔中，电气控制系统安装在后床脚内腔中。

业内小提示：1) 车床尺寸（主参数和主要性能指标）是由最长的支承零件和不碰到车床导轨的最大旋转工件半径决定，如图9-10所示。2) 对于车床导轨有四个重要的维护项必须知道：①保持导轨干净润滑，要经常检查和使用车床的润滑系统，确保导轨及时得到润滑；②不要将机器附件、工件原材料或手动工具放在车床导轨上，因为导轨是精密的工作单元区；③当装卸卡盘时要用木制托架保护导轨。

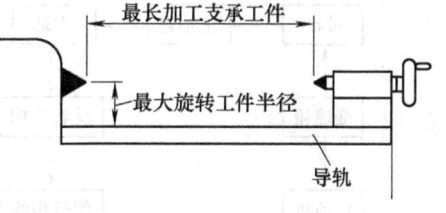

图 9-10　车床主要参数

二、车床的传动系统

C6132 型卧式车床的传动系统如图 9-11 所示。

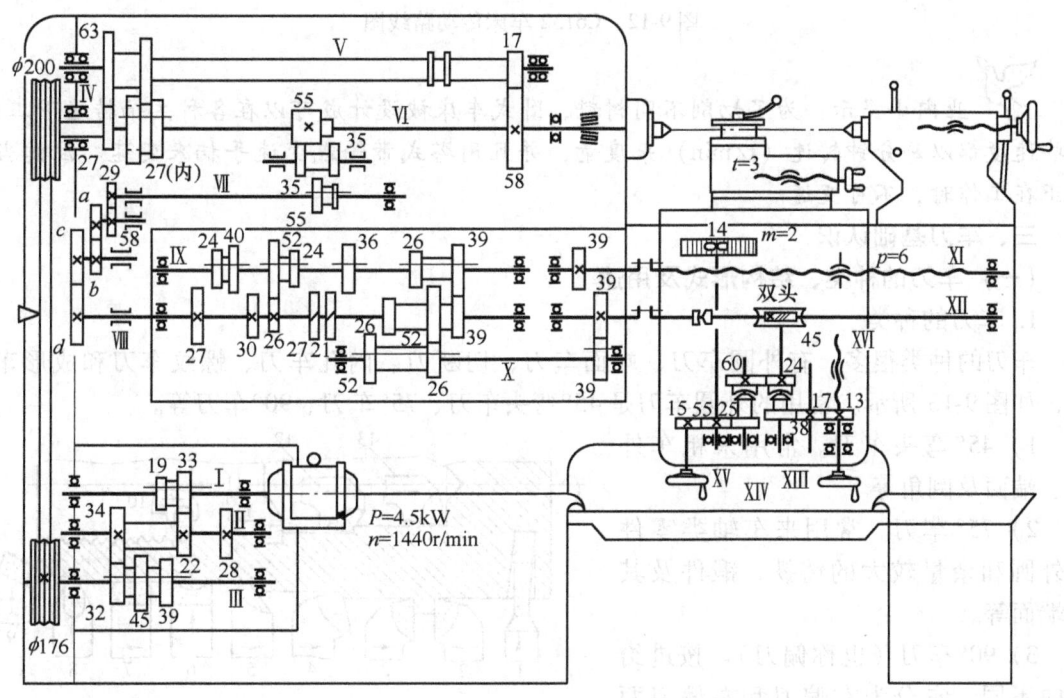

图 9-11　C6132 型卧式车床的传动系统

该车床传动系统由主运动和进给运动两部分组成，其中，主运动传动链的传动路线表达式为：

$$\text{电动机}(1440\text{r/min}) - \text{I} - \begin{Bmatrix} \frac{33}{22} \\ \frac{19}{34} \end{Bmatrix} - \text{II} - \begin{Bmatrix} \frac{34}{32} \\ \frac{28}{39} \\ \frac{22}{45} \end{Bmatrix} - \text{III} - \frac{\phi 176}{\phi 200} - \text{IV} - \begin{Bmatrix} \frac{27}{63} - \text{V} - \frac{17}{58} \\ \frac{27}{27} \end{Bmatrix} - \text{VI}(\text{主轴})$$

由传动路线表达式可以看出：主轴正转有 12 种转速，最高转速为 1980r/min，最低转速为 43r/min，主轴反转也可获得 12 种反转转速，是通过电动机的反转来实现的。

根据 C6132 型卧式车床的传动系统图，可以画出其传动路线图，如图 9-12 所示。

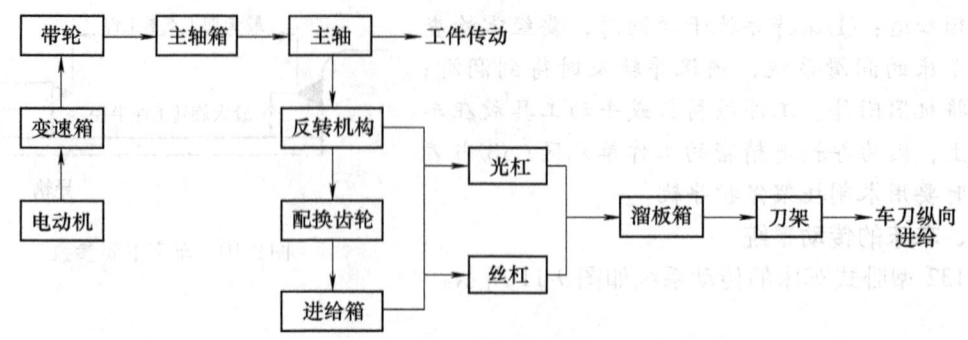

图 9-12 C6132 车床传动路线图

业内小提示：为了切削不同材料，卧式车床被设计成可以在各种主轴转速下工作。这些速度都以每分钟转速（r/min）来度量，并且用塔式带轮或变速手柄来变速。注意当车床正在工作时，不可变速。

三、车刀基础认识

（一）车刀的种类、结构形式及用途

1. 车刀的种类

车刀的种类很多，有外圆车刀、端面车刀、切断刀、内孔车刀、螺纹车刀和成形车刀等，如图 9-13 所示。常用的外圆车刀是 45°弯头车刀、75°车刀、90°车刀等。

1）45°弯头车刀。常用来粗车外圆、端面及倒角等。

2）75°车刀。常用来车轴类零件的外圆和余量较大的铸铁、锻件及其大端面等。

3）90°车刀（也称偏刀）。按进给方向不同，它分为右偏刀和左偏刀两种，用来车台阶、外圆，也可以车少许端面。

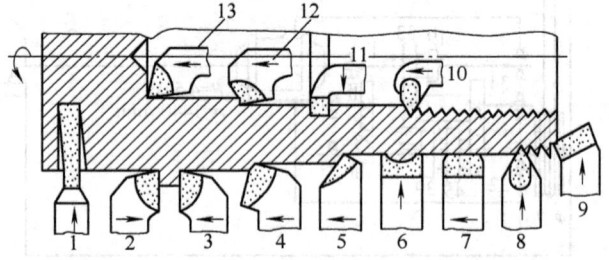

图 9-13 车刀的种类
1—切断刀 2—左偏刀（90°左偏刀） 3—右偏刀（90°右偏刀）
4—弯头车刀（45°车刀） 5—左刃直头车刀 6—成形刀
7—宽刃精车刀 8—外螺纹车刀 9—端面车刀 10—内螺纹车刀 11—内槽车刀 12—通孔车刀 13—不通孔车刀

2. 车刀的结构形式及用途

车刀的结构形式主要有三种，即整体式、焊接式和机夹可转位式，如图 9-14 所示，其结构特点及适用场合见表 9-1。

表 9-1 车刀结构特点及适用场合

名称	特　点	适用场合
整体式	用整体高速钢制造，刃口可磨得较锋利	小型车床或加工非铁金属，低速切削
焊接式	焊接硬质合金或高速钢刀片，结构紧凑，使用灵活	各类车刀，特别是小刀具
机夹可转位式	避免了焊接产生的应力、裂纹等缺陷，刀杆利用率高，刀片可快速转位；生产率高；断屑稳定；可使用涂层刀片	常用于大中型车床加工外圆、端面、镗孔、切断、螺纹车刀等；特别适用于自动线、数控机床

（二）车刀的刃磨

无论硬质合金车刀或高速钢车刀，在使用前都要根据切削条件所选择的合理切削角度进行刃磨，一把用钝了的车刀，为恢复原有的几何形状和角度，也必须重新刃磨。

1. 刀具刃磨要求

1) 要有锋利的切削刃。

2) 具有必要的强度和散热性。

3) 除切削刃外，刀具其余各表面不能与工件的表面接触或发生摩擦。

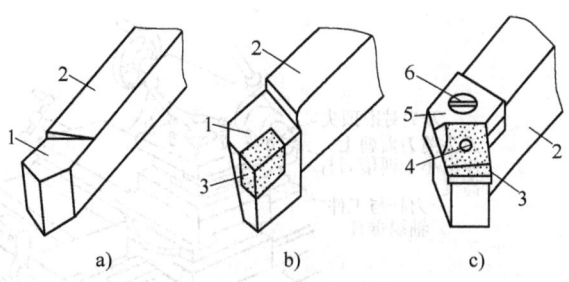

图 9-14 车刀的结构类型
a) 整体式 b) 焊接式 c) 机夹可转位式
1—刀头 2—刀体 3—刀片 4—圆柱销
5—嵌体 6—压紧螺钉

2. 磨刀步骤（图9-15）

1) 磨前刀面。把前角和刃倾角磨正确。

2) 磨主后刀面。把主偏角和主后角磨正确。

3) 磨副后刀面。把副偏角和副后角磨正确。

4) 磨刀尖圆弧。圆弧半径约 0.5~2mm 左右。

5) 研磨切削刃。车刀在砂轮上磨好以后，再用油石加润滑油研磨车刀的前面及后面，使切削刃锐利光洁，这样可延长车刀的使用寿命。车刀用钝程度不大时，也可用油石在刀架上修磨。硬质合金车刀可用碳化硅油石修磨。

6) 切削塑性材料时，刀刃上面通常需要开平行刀刃的卷屑槽，这是为了切削的顺利进行和工件表面的光洁。

3. 磨刀注意事项

1) 磨刀时，人应站在砂轮的侧前方，双手握稳车刀，用力均匀。

2) 刃磨时，将车刀左右移动磨，否则会使砂轮产生凹槽。

3) 磨硬质合金车刀时，不可把刀头放入水中，以免刀片突然受冷收缩而碎裂。磨高速钢车刀时，要经常冷却，以免失去硬度。

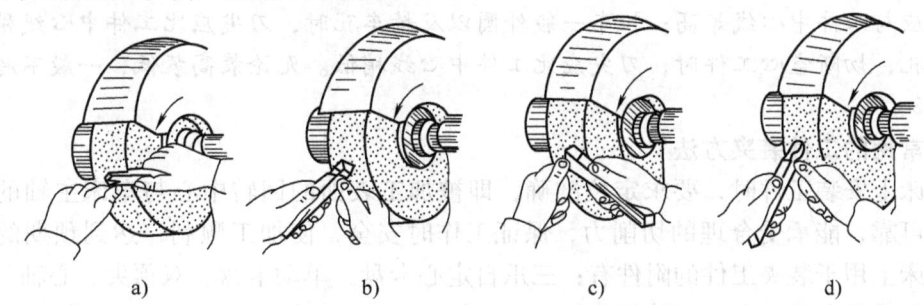

图 9-15 刃磨外圆车刀的一般步骤
a) 磨前刀面 b) 磨主后刀面 c) 磨副后刀面 d) 磨刀尖圆弧

（三）车刀的安装

车削前必须把选好的车刀正确地安装在方刀架上，车刀安装的好坏对操作顺利与加工质量都有很大关系。安装车刀时（图9-16）应注意下列几点：

1) 车刀刀尖应与工件轴线等高。如果车刀装得太高，则车刀的主后面会与工件产生强

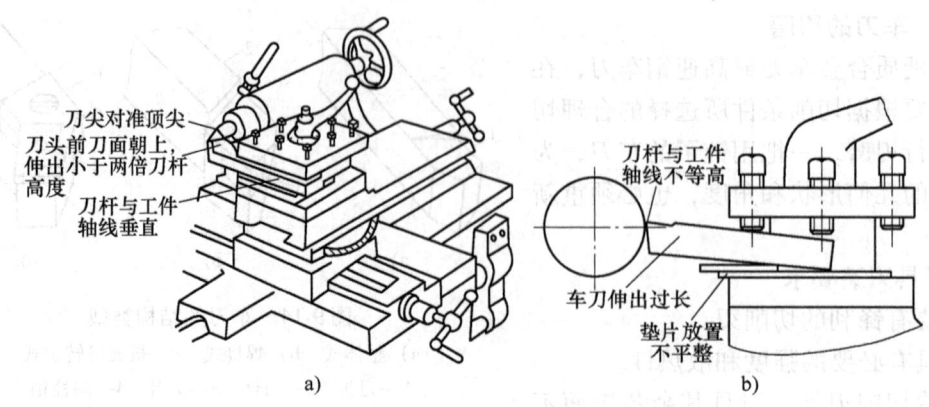

图 9-16 车刀的安装
a) 正确 b) 错误

烈的摩擦;如果装得太低,切削就不顺利,甚至工件会被抬起来,使工件从卡盘上掉下来,或把车刀折断。为了使车刀对准工件中心(轴线),可按机床尾座顶尖的高低进行调整。

2) 车刀不能伸出太长。因刀伸得太长,切削起来容易发生振动,使车出来的工件表面粗糙,甚至会把车刀折断。但也不宜伸出太短,太短会使车削不方便,刀架容易与卡盘碰撞。一般伸出长度不超过刀杆高度的 1.5 倍(车孔、槽除外)。

3) 每把车刀安装在刀架上时,不可能刚好对准工件轴线,一般会低些,因此可用一些厚薄不同的垫片来调整车刀的高低。垫片必须平整,其宽度应与刀杆一样,长度应与刀杆被夹持部分一样,同时应尽可能用少数厚垫片来代替多数薄垫片,将刀的高低位置调整合适。垫片用得过多会造成车刀在车削时接触刚度变差而影响加工质量。

4) 车刀刀杆中心线应与走刀方向垂直或平行。

5) 螺纹车刀刀尖角的平分线应与工件中心线垂直。

6) 车刀位置装正后,至少要用两个螺钉压紧刀架,并交替逐个拧紧。

业内小提示:根据经验,车端面、车圆锥面、车螺纹、成型车削、切断实心工件时,刀尖应与工件中心线等高;粗车一般外圆以及精车孔时,刀尖应比工件中心线稍高或等高;粗车孔、切断空心工件时,刀尖应比工件中心线稍低。无论装高装低,一般不超过工件直径的 1%。

四、常用的工件装夹方法

在车床上安装工件时,要求定位准确,即被加工表面的回转中心与车床主轴的轴线重合,夹紧可靠,能承受合理的切削力,保证工作时安全,使加工顺利,达到预期的加工质量。在车床上用于装夹工件的附件有:三爪自定心卡盘、单动卡盘、双顶尖、心轴、中心架和跟刀架以及花盘等。由于工件的形状大小和加工的数量不同,安装方法也不同,下面就几种常用的车床工件安装方法作简单介绍。

(一) 三爪自定心卡盘安装工件

三爪自定心卡盘简称三爪卡盘,是车床上最常用的附件,其结构如图 9-17 所示。它由一个大锥齿轮、三个小锥齿轮、三个卡爪和卡盘体四部分组成。当使用卡盘扳手转动任何一个小锥齿轮时,均能带动大锥齿轮旋转,大锥齿轮背面的平面螺纹就带动三个卡爪同时向中心或向外移动，从而实现自动定心，并可夹紧不同直径的工件。其装夹工作方便快速，但定心精度不高（卡爪遭磨损所致），定心精度约 0.05～0.15mm。故工件上同轴度要求较高的表面，应尽可能在一次装夹中车出。自定心卡盘传递的转矩也不大，故其适于夹持圆柱形、六角形等中小工件。

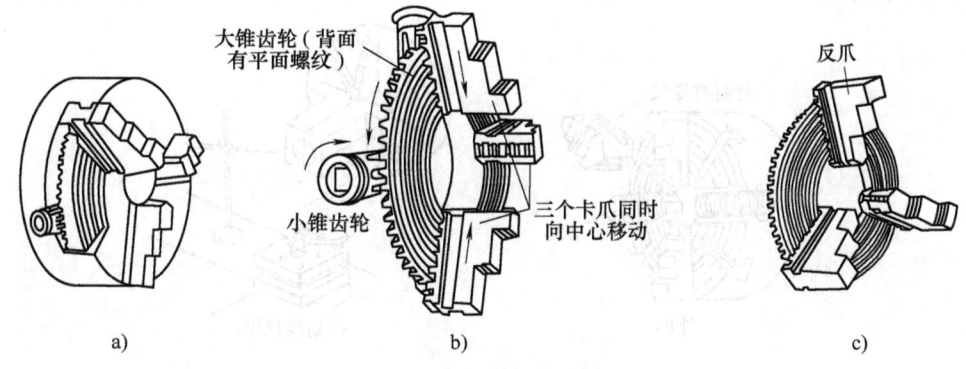

图 9-17 三爪自定心卡盘
a) 自定心卡盘外形 b) 自定心卡盘的结构 c) 反自定心卡盘

三个卡爪有正爪和反爪之分，有的卡盘可将卡爪反装即成反爪，反爪可安装较大直径的工件。装夹方法如图 9-18 所示。当直径较小时，工件置于三个长爪之间装夹，如图 9-18a 所示；还可将三个卡爪伸入工件孔中，利用长爪的径向张力装夹盘、套、环状零件，如图 9-18b 所示；当工件直径较大，用顺爪不便装夹时，可将三个顺爪换成反爪进行装夹，如图 9-18c 所示；当工件长度大于 4 倍直径时，应在工件右端用尾座顶尖支撑，如图 9-18d 所示。

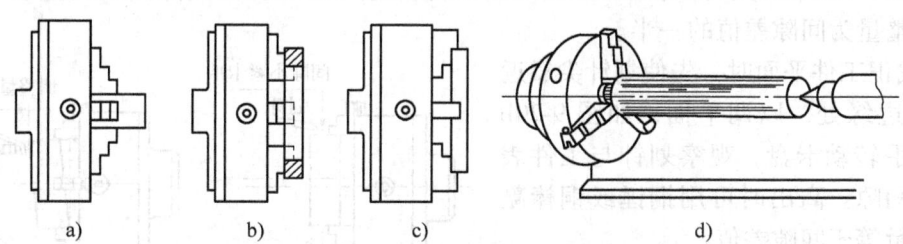

图 9-18 用自定心卡盘装夹工件的方法
a)、b) 顺爪 c) 反爪 d) 自定心卡盘与顶尖配合使用

用自定心卡盘安装工件，可按下列步骤进行：

1) 将工件在卡爪间放正，轻轻夹紧。

2) 放下安全罩，开动机床，使主轴低速旋转，检查工件有无偏摆，若有偏摆应停车，用小锤轻敲校正，然后紧固工件。紧固后，必须取下扳手，并放下安全罩。

3) 移动车刀至车削行程的左端，用手旋转卡盘，检查刀架是否与卡盘或工件碰撞。

4) 用三爪自定心卡盘装夹工件进行粗车或精车时，若工件直径小于或等于 30mm，其悬伸长度应不大于直径的 5 倍；若工件直径大于 30mm 其悬伸长度应不大于直径的 3 倍。

业内小提示：在夹紧或将工件从卡盘上取下时，绝对不要将扳手留在卡盘上！为了你和周围人的安全，扳手一定要从卡盘上取出，这是一贯要坚持的原则。

（二）单动卡盘安装工件

单动卡盘也是车床常用的附件，如图 9-19 所示。单动卡盘上的四个爪通过转动各自螺杆而分别实现单动。根据加工要求，利用划针盘校正后，安装精度比自定心卡盘高，定位精度约为0.02~0.01mm，并可以消除自定心卡盘的跳动问题。单动卡盘的夹紧力大，找正调整较费时。单动卡盘用于夹持较大的圆柱形工件或形状不规则的工件。注意装夹不规则偏重的工件时必须加配重。

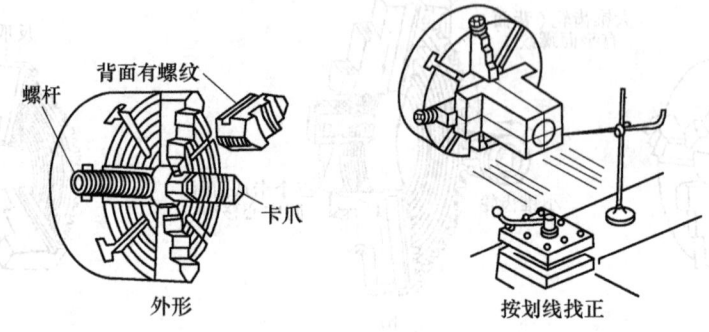

图9-19 单动卡盘装夹工件的方法

单动卡盘找正与调整方法：

1) 根据工件装夹处的尺寸调整卡爪，使其相对两爪的距离稍大于工件直径。卡爪位置是否与中心等距，可参考卡盘平面多圈同心圆线。

2) 工件夹住部分不宜过长，一般为10~15mm。

3) 找正工件外圆时，先使划针尖靠近工件外圆表面，以调外圆，如图9-20a所示，用手转动卡盘，观察工件表面与划针尖之间的间隙大小，然后根据间隙大小调整相对卡爪位置，其调整量为间隙差值的一半。

4) 找正工件平面时，先使划针尖靠近工件平面边缘处，以调平面，如图9-20b所示，用手转动卡盘，观察划针与工件表面之间的间隙。高出时可用铜锤或铜棒敲正，调整量等于间隙差值。

5) 在定心位置拧紧卡盘，注意拧紧顺序，相对的两个卡爪，容易快速定心。注意总是先拧紧最高的一边，拧紧力要逐渐增加。

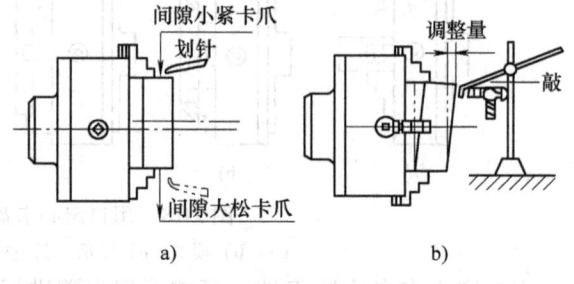

图9-20 单动卡盘找正调整技巧
a) 调外圆 b) 调平面

（三）双顶尖安装工件

为了保证工件同轴度要求，加工工序较多或较长轴类工件常采用双顶尖的装夹方法，如图9-21a所示。安装前将工件端面钻出中心孔，然后把工件架在前后两个顶尖上，将顶尖的圆锥面顶在中心孔中。前顶尖装在主轴锥孔内，与主轴一起旋转，后顶尖装在尾座套筒内，前后顶尖就确定了工件的位置。工件被支承在前后两顶尖间，拨盘安装在主轴上并随主轴一起转动，通过卡箍带动工件旋转。有时也可用自定心卡盘代替拨盘（图9-21b），此时前顶尖由一段钢棒车成，夹在自定心卡盘上，卡盘的卡爪通过鸡心夹头带动工件旋转。

在顶尖间加工轴类工件时，车削前要调整尾座顶尖中心，使其与车床主轴中心线重合。否则车削时将产生锥度。调整尾座与主轴旋转中心同轴度的方法如下：

第九章 车　削

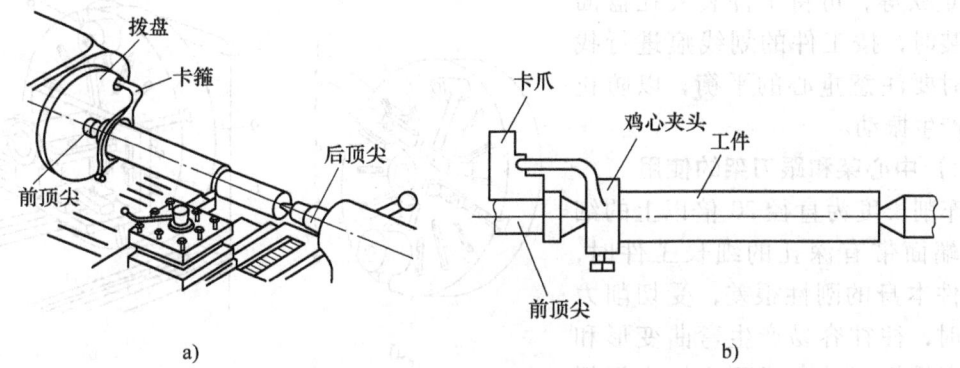

图 9-21　用双顶尖安装工件
a）用拨盘双顶尖安装工件　b）用自定心卡盘代替拨盘安装工件

用顶尖间的工件，试切削外圆（注意工件余量），用外径千分尺分别测量尾座端和卡爪端的工件外圆，并记下各自读数进行比较。如果靠近卡爪端的直径比尾座端直径大，则尾座应向离开操作者方向调整，如图 9-22 所示；反之则尾座应向操作者方向移动。尾座的移动量为两端直径之差的 1/2，并用百分表控制尾座的移动量，调整尾座后，再进行试切削，这样反复找正，直到消除锥度后再进行车削。

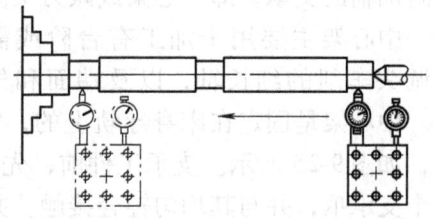

图 9-22　尾座调整方法

业内小提示：使用尾座时，注意尾架套筒锁紧；套筒尽量伸出得短些（一般不超过 100mm），以减少振动。

（四）心轴安装工件

精加工盘套类零件时，如孔与外圆的同轴度以及孔与端面的垂直度要求较高时，工件需在心轴上装夹进行加工（图 9-23）。这时应先加工孔，然后以孔定位安装在心轴上，再一起安装在两顶尖上进行外圆和端面的加工。

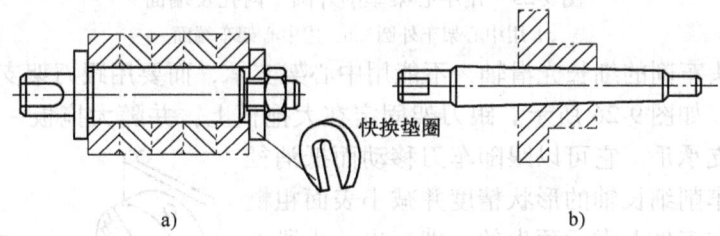

图 9-23　心轴装夹工件
a）圆柱心轴装夹工件　b）圆锥心轴装夹工件

（五）花盘安装工件

在车削大而扁、形状不规则或形状复杂的工件时，三爪、单动卡盘或顶尖都无法装夹，必须用花盘进行装夹（图 9-24）。花盘是安装在车床主轴上的一个大圆盘，端面上有呈放射状排列的许多长短不等的径向导槽，用于穿螺栓。使用时配以角铁、压板、螺栓、螺母、垫块和配重铁等，可将工件装夹在盘面上。安装时，按工件的划线痕进行找正，同时要注意重心的平衡，以防止旋转时产生振动。

（六）中心架和跟刀架的使用

当车削长度为直径20倍以上的细长轴或端面带有深孔的细长工件时，由于工件本身的刚性很差，受切削力的作用时，往往容易产生弯曲变形和振动，容易把工件车成两头细中间粗的腰鼓形。为防止上述现象发生，需要附加辅助支承，即中心架或跟刀架。

中心架主要用于加工有台阶或需要调头车削的细长轴，以及端面和外

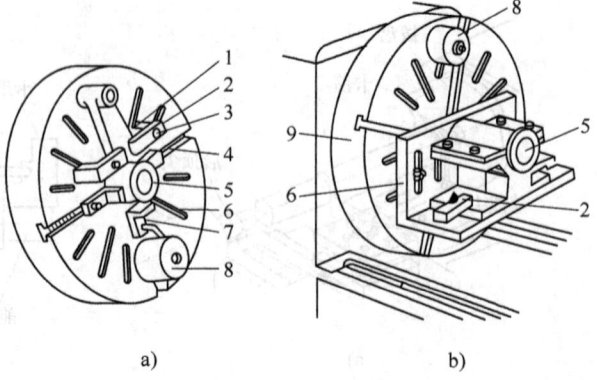

图9-24 花盘装夹工件
a) 在花盘上直接装夹工件 b) 花盘与弯板配合装夹工件
1—垫块 2—压板 3—压板螺钉 4—T形槽 5—工件
6—弯板 7—可调螺钉 8—配重铁 9—花盘

圆。中心架是固定在床身导轨上的，它有三个支承爪夹持工件，来支承工件并提高工件刚度，如图9-25所示。支承工件前，先在工件上车出一小段光滑圆柱面，然后调整中心架的三个支承爪，并与其均匀轻轻接触，并加上润滑油，再分段进行车削。

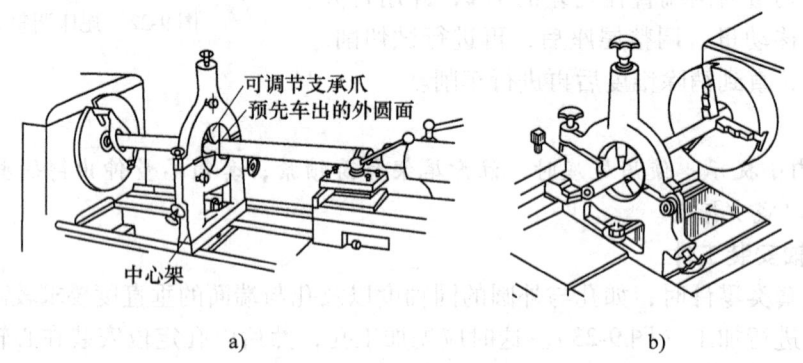

图9-25 用中心架车削外圆、内孔及端面
a) 用中心架车外圆 b) 用中心架车端面

对不适宜调头车削的细长光滑轴，不能用中心架支承，而要用跟刀架支承进行车削，以增加工件的刚性，如图9-26所示。跟刀架固定在大拖板上，并随大拖板一起纵向移动。跟刀架一般有两个支承爪，它可以跟随车刀移动而抵消径向切削力，提高车削细长轴的形状精度并减小表面粗糙度。使用前需先在工件上靠后顶尖的一端车出一小段外圆，并根据它调节跟刀架的支承，然后再车出工件的全长。图9-27 a所示为两爪跟刀架，此时车刀给工件的切削力会使工件贴在跟刀架的两个支承爪上，但由于工件本身的重力以及偶然的弯曲，车削时工件会瞬时离开和接触支承爪，因而产生振动。比较理想的跟刀架是三爪跟刀架，如图9-27b所示。此时，由三爪和车刀抵住工

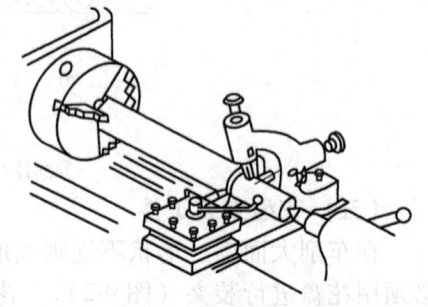

图9-26 用跟刀架车削工件

件，使之上下、左右都不能移动，车削时工件就比较稳定，不易产生振动。

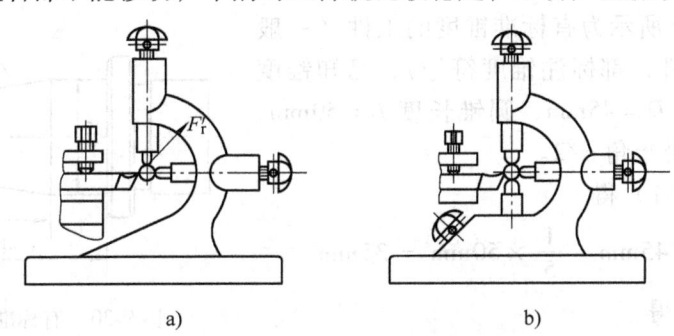

图 9-27 跟刀架支承车削细长轴
a) 两爪跟刀架 b) 三爪跟刀架

业内小提示：夹紧工件对安全性和精度的确定是一个非常重要的工序。工件夹紧方式是由工件长度与直径的比值来决定。如图 9-28 所示，工件的支承由长度与直径的比值来决定，长度与直径比例超过 5:1 的工件，要求用尾座支撑；长度与直径比例超过 10:1 的工件，要求用尾座和中间一起支承。

五、相关知识

（一）车圆锥的相关知识

1. 标准圆锥

为了使用方便和降低生产成本，常用的工具、刀具和锥套零件的圆锥都已标准化。即圆锥的各部分尺寸，按照规定的几个号码来制造，使用时只要号码相同，就能紧密配合和互换。常用的标准圆锥有以下两种：

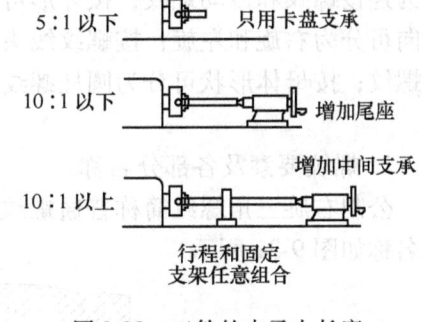

图 9-28 工件的支承由长度与直径的比值来决定

（1）莫氏圆锥 莫氏圆锥是机器制造业中应用最广泛的一种，如车床主轴锥孔、尾座锥孔、顶尖、钻头柄、铰刀柄等都是莫氏圆锥。莫氏圆锥分为 0、1、2、3、4、5、6 七个号码，锥度最小的是 0 号，最大的是 6 号。莫氏圆锥是从英制换算而来的，号码不同，其圆锥角和尺寸也不同。

（2）米制圆锥 米制圆锥分为 4 号、6 号、80 号、100 号、120 号、140 号、160 号和 200 号八个号码。其号码是指圆锥的大端直径，锥度固定不变，即 $C = 1:20$。

2. 圆锥各部分尺寸计算

圆锥有 5 个基本参数，如图 9-29 所示。其中，α 为圆锥角（$\alpha/2$ 为圆锥半角，也称斜角），单位为"°"；C 为锥度，D 为圆锥的大端直径，单位为 mm；d 为圆锥的小端直径，单位为 mm；L 为圆锥的轴向长度，单位为 mm。这 5 个参数的相互关系可表示为

$$C = \frac{D-d}{L} = 2\tan\frac{\alpha}{2} \qquad (9-1)$$

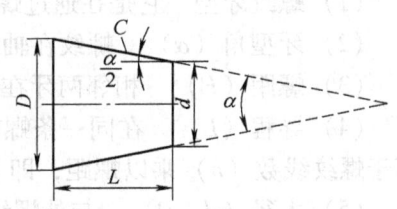

图 9-29 圆锥的基本参数

由式（9-1）可进行圆锥参数的相关计算。

例 9-1 图 9-30 所示为有标准锥度的工件（一般有配合要求的圆锥件，都标注锥度符号），已知锥度 $C = 1:5$，大端直径 $D = 45\text{mm}$，圆锥长度 $L = 50\text{mm}$，求小端直径 d 和圆锥半角 $\alpha/2$。

解：根据式（9-1）得

$$d = D - CL = 45\text{mm} - \frac{1}{5} \times 50\text{mm} = 35\text{mm}$$

根据式（9-1）得

$$\tan(\alpha/2) = \frac{C}{2} = \frac{\frac{1}{5}}{2} = 0.1$$

$$\frac{\alpha}{2} = 5°42'38''$$

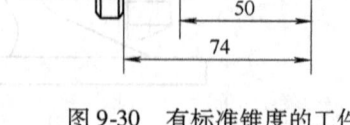

图 9-30　有标准锥度的工件

（二）车螺纹相关知识

1. 常见螺纹类别

螺纹是最常用的连接件和传动件，常用螺纹都有国家标准。螺纹的种类很多，按用途可分为连接螺纹和传动螺纹；按牙形可分为三角形、梯形、锯齿形、方牙和圆形等；按螺旋线方向可分为右旋和左旋；按螺纹线头数可分为单头和多头螺纹；按螺距分有米制、英制和模数螺纹；按母体形状可分为圆柱螺纹和圆锥螺纹等。其中以公制右旋圆柱三角螺纹的应用最广。

2. 螺纹要素及各部分名称

公制右旋三角螺纹简称普通螺纹，其牙型为三角形，牙型角 $\alpha = 60°$。三角形螺纹各部分名称如图 9-31 所示。

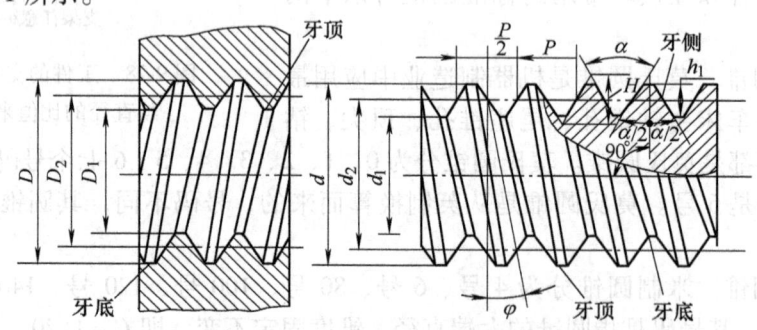

图 9-31　三角螺纹各部分名称

（1）螺纹牙型　它是在通过螺纹轴线的剖面上，螺纹的轮廓形状。

（2）牙型角（α）　螺纹在轴线剖面内螺纹牙型两侧的夹角。

（3）螺距（P）　相邻两牙在中径线上对应两点间的轴向距离。

（4）导程（L）　在同一条螺旋线上相邻两牙在中径线上对应两点间的轴向距离。导程等于螺纹线数（n）乘以螺距，即 $L = nP$。

（5）大径（d，D）　与外螺纹牙顶或内螺纹牙底相重合的假想圆柱面的直径。

（6）中径（d_2，D_2）　通过牙型上沟槽和凸起宽度相等处的一个假想圆柱的直径。

(7) 小径（d_1，D_1） 与外螺纹牙底或内螺纹牙顶重合的假想圆柱面的直径。

(8) 螺纹的理论高度（H） 将牙型两侧延长相交，牙顶和牙底交点间垂直于螺纹轴线的距离。

(9) 牙型高度（h_1） 在螺纹牙型上，牙顶到牙底之间、垂直于螺纹轴线的距离。

决定螺纹形状、尺寸的牙型、中径$d_2(D_2)$和螺距P为基本要素，称为螺纹三要素。车削螺纹时，必须使上述三要素都符合要求，螺纹才是合格的。内外螺纹只有当三个要素一致时，才能配合良好。

3. 三角外螺纹尺寸计算

以三角螺纹为例。螺纹的尺寸计算见表9-2。

表9-2 三角螺纹的牙型及尺寸计算

基本牙型	尺寸计算
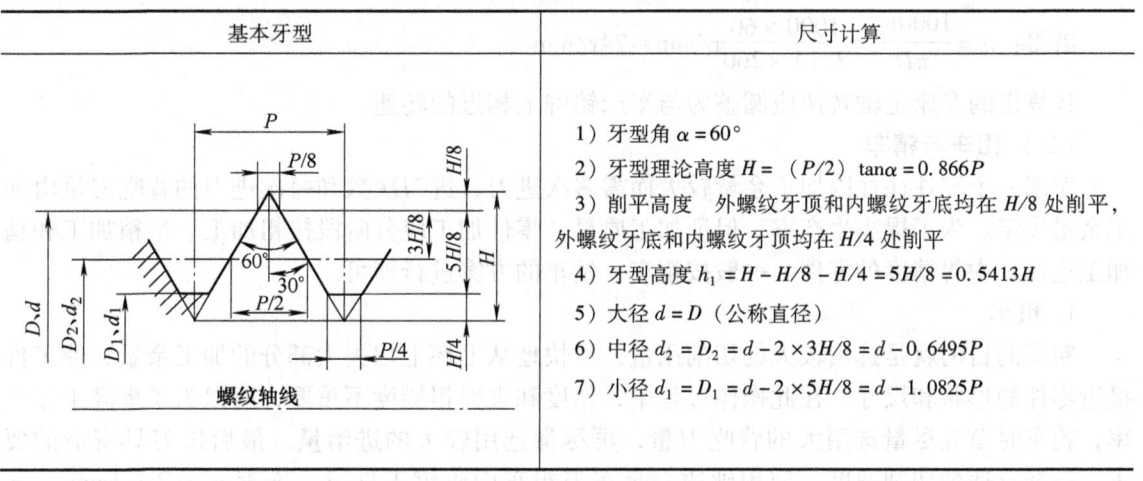	1) 牙型角 $\alpha = 60°$ 2) 牙型理论高度 $H = (P/2)\tan\alpha = 0.866P$ 3) 削平高度 外螺纹牙顶和内螺纹牙底均在$H/8$处削平，外螺纹牙底和内螺纹牙顶均在$H/4$处削平 4) 牙型高度 $h_1 = H - H/8 - H/4 = 5H/8 = 0.5413H$ 5) 大径 $d = D$（公称直径） 6) 中径 $d_2 = D_2 = d - 2 \times 3H/8 = d - 0.6495P$ 7) 小径 $d_1 = D_1 = d - 2 \times 5H/8 = d - 1.0825P$

第三节 基 本 技 能

一、车床操作要领

（一）切削用量的选择与车床调整

车削时，应根据加工要求和切削条件，合理选择背吃刀量、进给量和切削速度。实际操作时可参考表9-3进行选取。

表9-3 外圆车削时切削用量的推荐值

加工阶段	背吃刀量 a_p/mm	进给量 f/mm·r^{-1}	切削速度 v_c/m·min^{-1}		
			高速钢车刀	硬质合金车刀	
粗车	1.5~3	0.3~1.2	12~60	30~80	加工钢件时取较大值，加工铸铁件时取较小值
精车	0.1~0.5	0.05~0.2	>75 或 <5	>75 或 <5	

在实际生产中，往往已知工件直径，并根据工件材料、刀具材料和加工技术要求等因素选定切削速度，再将切削速度换算成车床的主轴转速，以便调整机床。由于在车削时，工件作旋转运动，切削刃上不同点的切削速度不同。计算时，以刀具进给状态的最大速度点作为计算依据。如车外圆时就应以待加工表面的直径为准。

1) 根据所选的切削速度v_c，按下式计算出车床转速n，从车床转速表中选择一个最接近的转速，调整主轴转速。

$$n = \frac{1000v_c}{\pi D}$$

式中，D 为工件待加工表面直径（mm）。

2）根据选取的进给量 f 调节进给箱外手柄。

3）根据选取的背吃刀量 a_p 调节横向进给手柄。第一刀的被吃刀量应大于工件表面硬化层深度。

例：用高速钢车刀，粗车削直径 $D = 260$mm 工件的外圆表面，材料为 45 钢，求车床主轴转速。

根据工件材料、刀具材料和加工要求，查表 9-3 得知切削速度 $v_c = 60$m/min，

解得：$n = \dfrac{1000v_c}{\pi D} = \dfrac{1000 \times 60}{3.14 \times 260}$r/min ≈ 74r/min

计算出的车床主轴转速应圆整为与车床铭牌上相近的转速。

（二）粗车与精车

车削一个零件往往因加工余量较大而需多次进刀，进刀次数和每次进刀的背吃刀量由加工余量决定。为了提高生产率、保证加工质量，零件加工应分阶段按粗加工、半精加工和精加工进行。中等精度的零件，一般按粗车—精车的方案进行即可。

1. 粗车

粗车的目的就是选用较大的切削用量，尽快地从毛坯上切去大部分的加工余量，使工件接近零件的形状和尺寸。在此操作过程中，精度和表面粗糙度不重要，所以为了提高工作效率，粗车时首先尽量选用大的背吃刀量，再尽量选用较大的进给量，最后按刀具寿命的要求，选择合适的切削速度。使用硬质合金车刀粗车中碳钢工件时，推荐 $a_p = 2 \sim 4$mm，$f = 0.15 \sim 0.4$mm/r，$v_c = 40 \sim 60$m/min（铸铁件取 $v_c = 30 \sim 50$m/min）。对于功率较大的车床，背吃刀量和进给量取较大值；车削硬钢和铸铁工件时选用较低的切削速度。

2. 精车

精车是工件经过粗车之后，留下的加工余量较少，粗车产生的切削热也随着时间的间隔而退去，此时进行精车，可保证加工精度和表面粗糙度达到图样要求。

精车时，一般采用较高的切削速度（$v_c \geq 100$m/min，适用于硬质合金车刀）或很低的切削速度（$v_c \leq 6$m/min，适用于高速钢车刀），尽量不用中速，因为中速车削容易产生积屑瘤，会划伤已加工表面。选定车削速度后，再根据加工精度的要求选择较小的背吃刀量和进给量。例如使用硬质合金车刀精车中碳钢工件时。可选用 $v_c = 100 \sim 120$m/min（铸铁取 $v_c = 60 \sim 80$m/min），$a_p = 0.1 \sim 0.5$mm，$f = 0.05 \sim 0.2$mm/r。

使用高速工具钢车刀进行粗车或精车时，由于其耐热性和耐磨性比硬质合金车刀要差，所以应选取较小的切削用量。

精车的尺寸精度为 IT8～IT6，其精度主要靠试车来保证。精车时特别要注意热变形的影响，一般粗车后不能立即进行精车，应等到工件冷却后再精车。在精车过程中测量工件尺寸时，要考虑热胀变形对实际尺寸的影响，尤其是对精度高和尺寸较大的零件更为重要。

精车的表面粗糙度 Ra 可达到 $3.2 \sim 0.8$μm，为了获得较小的表面粗糙度，可以采取以下措施：

1) 适当减少副偏角，或刀尖磨出小圆弧，以减小残留面积。
2) 适当加大前角，将切削刃磨得更为锋利。
3) 用油石仔细打磨车刀的前、后面，可有效地减小工件的表面粗糙度。
4) 合理选用切削用量。如选用较小的背吃刀量和进给量以减少残留面积；车削钢件时可采用较高的切削速度；对铸铁的精车，切削速度较粗车时稍高即可，因铸铁的导热性差，切削速度过高将使车刀磨损加剧。
5) 合理使用切削液。精车钢件时，一般使用机油或乳化液，起到润滑和冷却作用。精车铸铁件时，一般不使用切削液。

（三）**刻度盘的使用**

卧式车床的纵向进给、横向进给以及小刀架的移动量均靠刻度盘指示。在车削工件时，要准确、迅速地掌握背吃刀量，必须熟练准确地使用刻度盘。

控制横向进给量的中刀架刻度盘紧固在横向丝杆轴头上，中刀架与丝杠上的螺母紧固在一起。当中刀架手柄带着刻度盘转一周时，中刀架丝杠也转一周，这时螺母带动中刀架移动一个螺距。因此，中刀架移动的距离可按刻度盘的格数计算，即刻度盘每转 1 格，中刀架移动的距离 = 丝杠螺距/刻度盘格数（mm）。

如 C6132 车床，中刀架丝杠螺距为 4mm，其刻度盘等分为 200 格，则刻度盘每转 1 格，刀架移动的距离为 4mm/200 = 0.02mm，即每格刻度值为 0.02mm，根据背吃刀量就能计算出所需要转过的格数。例如：当背吃刀量 a_p 为 0.4mm 时，刻度盘应转过的格数为 0.4/0.02 = 20 格。此时要注意，背吃刀量（进刀深度）0.4mm，工件直径将减少 0.8mm。

使用刻度盘时，当快要转至所需的格数时，转动要慢。如果转过了头，或试切后发现尺寸不对而需将车刀退回时，由于丝杠与螺母之间有间隙存在，会产生空行程（即刻度盘转动而刀架未移动），因此绝不能将刻度盘直接退回到所要的刻度，应反转约一周（消除间隙影响）后再转至所需刻度（图 9-32）。

小刀架刻度盘的使用与中刀架刻度盘相同，但应注意由于小刀架

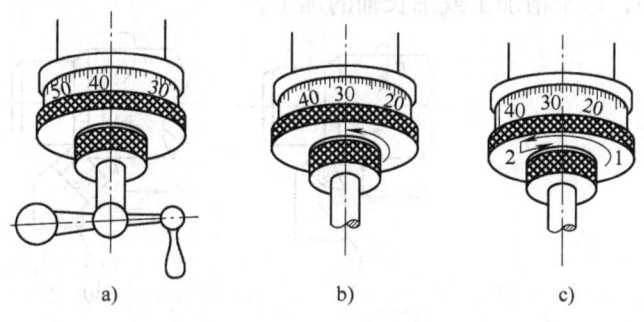

图 9-32 手柄摇过头后的纠正方法
a) 要求手柄转至 30，但摇过头成 40 b) 错误：直接退至 30
c) 正确：反转约一周后，再转至所需位置 30

刻度盘主要用于控制工件长度方向的尺寸，与加工圆柱面不同的是，小刀架移动了多少，工件的长度就改变了多少。

二、车削加工

（一）**车外圆和台阶轴**

1. **试切法车外圆步骤**

车外圆一般采用粗车和精车两步进行。粗车后留 0.5~1mm 作为精车余量。为了准确控制尺寸，一般采用试车法车削，试切的方法与步骤如图 9-33 所示。

2. **常见车外圆形式**

车外圆是车削加工中最基本的操作方法。常见的几种外圆车刀车外圆的形式如图 9-34

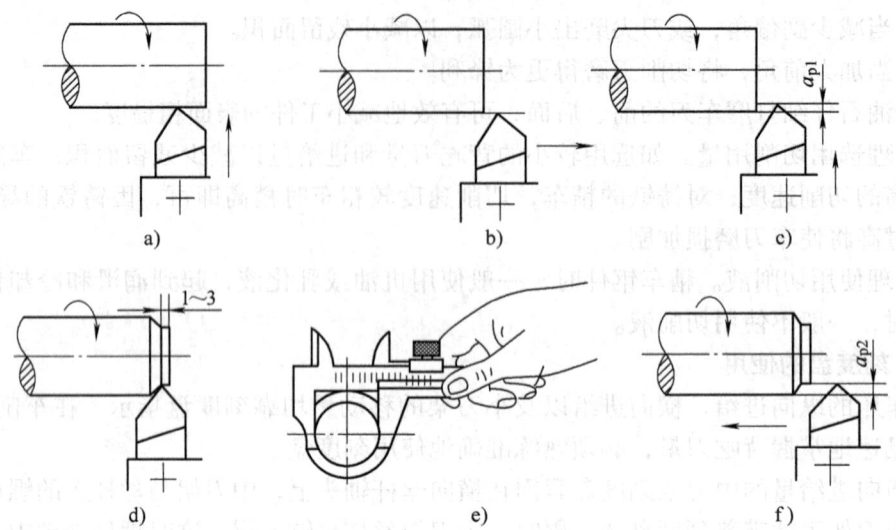

图 9-33 试切的步骤

a) 对刀 b) 退刀 c) 进刀 d) 摇动溜板箱手柄，向左移试切 1~3mm
e) 向右退刀，停车，测量试切部位尺寸 f) 如果尺寸不到，重复调整
横向进刀量 a_{p2}，以机动进给车出外圆

所示。直头外圆车刀（尖刀）主要用于粗车没有台阶或台阶不大的外圆。45°弯头刀既可车外圆，又可车端面、倒角。90°偏刀可以加工有垂直台阶的外圆，由于其车外圆时径向力很小，适于精加工或细长轴的加工。

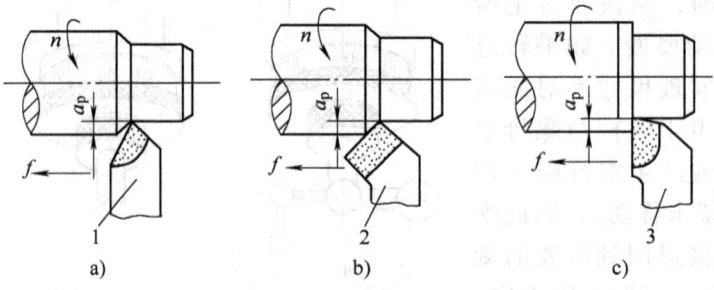

图 9-34 常见车外圆形式

a) 尖刀车外圆 b) 弯头刀车外圆 c) 90°偏刀车外圆

3. 车台阶轴

车台阶实际上是车外圆和车端面的组合加工，其加工方法和车外圆没有显著区别，只需兼顾外圆的尺寸和台阶的位置，一般采用偏刀车削。台阶的长度采用刻线痕法控制，即先用尺子量出所要加工台阶的距离，并用刀尖轻划一个记号，然后参照记号车削。

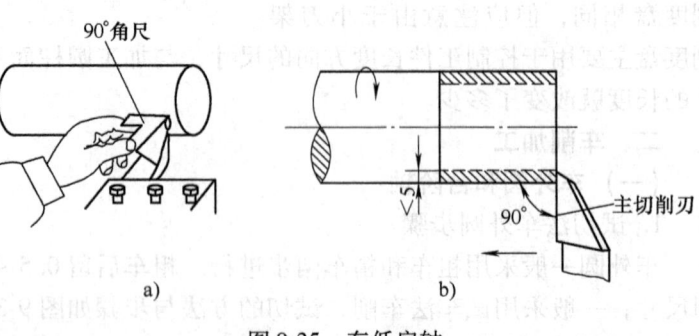

图 9-35 车低肩轴

a) 用直角尺对刀 b) 一次车出

（1）车低肩轴　当轴肩小于 5 mm 时，应使车刀主切削刃垂直于工件的轴线，装刀时可用 90°角尺对刀，如图 9-35a 所示；台阶可一次车出，如图 9-35b 所示。

（2）车高肩轴　当轴肩高度大于 5mm 时，应使车刀切削刃与工件轴线约成 95°，分层纵向进给切削，如图 9-36a 所示；最后一次纵向进给时，车刀刀尖应紧贴台阶端面横向退出，以车出 90°角的轴肩，如图 9-36b 所示。

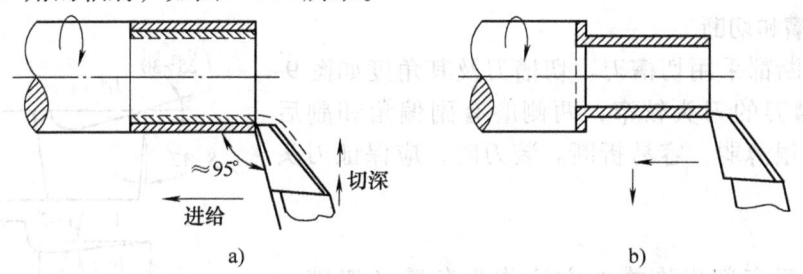

图 9-36　车高肩轴

a）主切削刃与工件轴线成约 95°，分多次车削　b）末次进给后，车刀横向退出，车出 90°轴肩

业内小提示：车削台阶轴时，为了保证车削轴的刚性，一般先车直径较大的部分，后车直径较小的部分。

（二）车端面

车端面也是车削加工中最基本、最常见的工序。车端面一般采用弯头刀或偏刀。车端面如图 9-37 所示，弯头刀刀尖强度高，用弯头刀车削可采用较大的背吃刀量，切削顺利，表面光滑，大小平面均可车削，应用较多，如图 9-37a 所示。用 90°右偏刀从外向中心进给车端面时，如图 9-37b 所示，利用副切削刃进行切削，故切削不顺利，表面也车不细，车刀嵌在中间，使切削力向里，因此车刀容易扎入工件而形成凹面，故适合车削尺寸较小的端面或一般的台阶面；用 90°右偏刀从中心向外进给车端面时，如图 9-37c 所示，由于是利用主切削刃进行切削，所以切削顺利，也不易产生凹面，适宜车削中心带孔的端面或一般的台阶端面；用左偏刀车端面时，如图 9-37d 所示，刀头强度较好，适宜车削较大端面，尤其是铸、锻件的大端面。

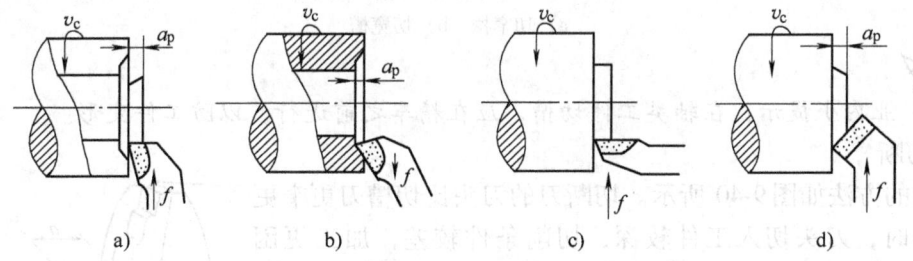

图 9-37　车端面

a）弯头刀车端面　b）右偏刀车端面（由外向中心）　c）右偏刀车端面（由中心向外）　d）左偏刀车端面

车端面时应注意以下几点：

1）车刀的刀尖应对准工件的回转中心，否则会在端面中心留下凸台。

2）工件中心处的线速度较低，为获得整个端面上有较好的表面质量，车端面的转速应比车外圆的转速高一些。

3）直径较大的端面车削时应将床鞍锁紧在床身上，以防有床鞍让刀引起的端面外凸或内凹，此时用小滑板调整背吃刀量。

4）保持车刀锋利。中、小拖板的镶条不应太松，车刀刀架应压紧，防止让刀产生凸面。

5）精度要求高的端面，应分粗、精加工。

（三）切槽和切断

切槽和切断都采用切槽刀。切槽刀及其角度如图9-38所示，切槽刀的刀头较窄，两侧磨有副偏角和副后角，因此刀头很薄弱，容易折断。装刀时，应保证刀头两边对称。

1. 切槽

在工件表面车削出沟槽的方法称为车槽（切槽）。在车床上切槽的方法如图9-39所示。宽度不大的沟槽，可以由刀头宽度等于槽宽的车刀一次横向进给车出，如图9-39a所示；较宽的沟槽，可分几次车出，如图9-39b

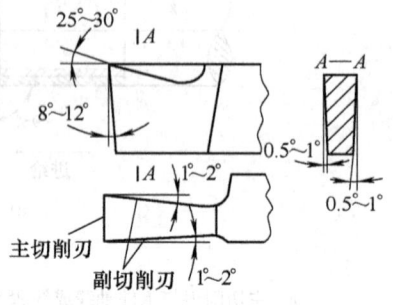

图9-38 切槽刀及其角度

所示，左图为第一、二次横向送进，右图为最后一次横向送进后再以纵向进给精车槽底，最后精车时可修光槽的两侧面和底面。切槽时刀具的移动应缓慢、均匀、连续，刀头伸出的长度应尽可能短些，避免引起振动。

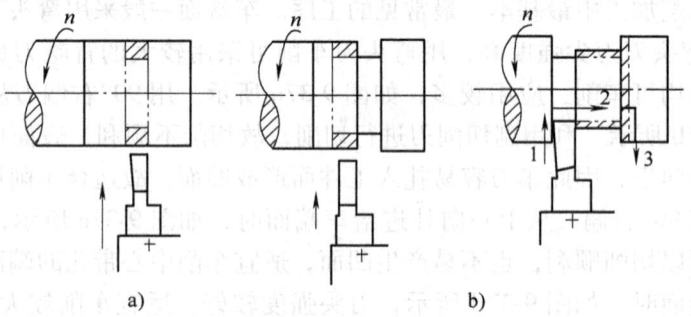

图9-39 在车床上切槽的方法
a) 切窄槽 b) 切宽槽

业内小提示：在轴类工件切槽，应在精车之前进行，以防工件变形。

2. 切断

切断的方法如图9-40所示。切断刀的刀头比切槽刀更窄更长。切断时，刀头切入工件较深，切削条件较差，加工更困难，因此切削用量应选取得更加合适。工件上的切断位置应可能靠近卡盘，切断刀必须安装正确，使刀尖严格通过工件中心，否则容易折断刀具。切断钢料时应加切削液。

业内小提示：车槽与切断能否掌握好，关键在于刀具的刃磨、切削用量的选择及刀具的正确安装。

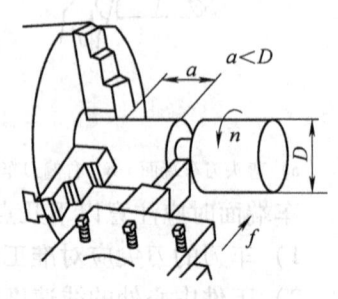

图9-40 切断

(四) 滚花

某些工具和机器零件的手握部分（如千分尺套管、铰杠扳手等），为了便于握持，防止打滑，并增加造型美观，常在表面上滚压出各种不同的花纹，称为滚花。滚花是在车床上用滚花刀挤压工件，使其表面产生塑性变形而形成花纹的工艺，如图 9-41 所示。花纹有直纹和网纹两种，滚花刀相应也分直纹滚花刀和网纹滚花刀两种。

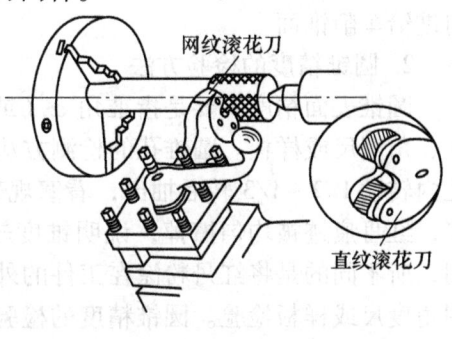

图 9-41 滚花

滚花时，先将工件直径车到比需要的尺寸略小 0.5mm 左右，表面粗糙度较粗。因滚花的径向挤压力很大，故车床转速应低一些（一般为 200~300 r/min）。然后将滚花刀装在刀架上，使滚花刀轮的表面与工件表面平行接触，滚花刀对着工件轴线开动车床，使工件转动。当滚花刀刚接触工件时，要用较大较猛的压力，使工件表面刻出较深的花纹，一般还要加切削液冷却润滑，以免研坏滚花刀和防止细屑堵塞滚花刀纹路而产生乱纹。这样来回滚压几次，直到花纹滚凸出为止。在滚花过程中，应经常清除滚花刀上的铁屑，以保证滚花质量。此外由于滚花时压力大，所以工件和滚花刀必须装夹牢固，工件不可伸出太长，如果工件太长，就要用后顶尖顶紧。

(五) 车圆锥面

1. 车圆锥面的方法

在卧式车床上车圆锥面的方法有：转动小刀架法、尾座偏移法、靠模法、宽刀法等。其中最常用的方法是转动小刀架法，如图 9-42 所示。将小滑板扳转一角度 $\alpha/2$，其值等于工件的半锥角。开动机床后，转动小滑板丝杠手柄，使车刀沿着锥面的母线移动，从而加工出所需的圆锥面。这种加工方法的优点是调整方便，操作简单，可以加工任意锥度的内、外圆锥面，应用较普遍。但是，被加工圆锥面的长度受到小滑板行程的限制，不能太长，而且只能手动进给。

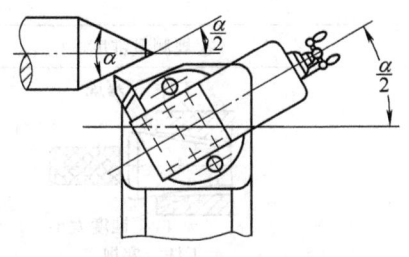

图 9-42 转动小刀架车圆锥面

尾座偏移法车圆锥面的原理图如图 9-43 所示，它是借助于调整螺钉，将车床的尾座顶尖横向偏移一个距离 a，使安装在两顶尖之间的长轴工件的回转中心线与车床主轴中心线的相交角度等于工件半锥角 $\alpha/2$，当刀架自动（也可手动）纵向进

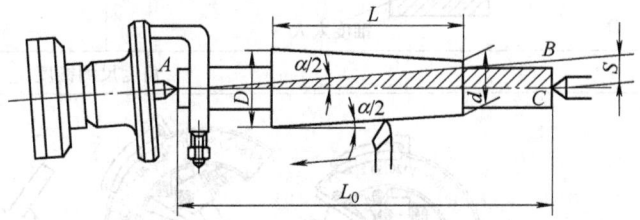

图 9-43 尾座偏移法车圆锥面的原理图

给时，即可车出所需的圆锥面，劳动强度低。此方法只适宜加工在顶尖上安装的较长的，锥角较小（$\alpha < 16°$）的外锥面。

尾座偏移量不仅与圆锥长度有关，而且还与两顶尖之间的距离有关，一般近似看成工件全长 L_0。尾座偏移量 s 可以根据下列近似公式计算

$$s = L_0 \tan\frac{\alpha}{2} = L_0 \times \frac{D-d}{2L} \quad \text{或} \quad s = \frac{C}{2}L_0$$

式中，s 为尾座偏移量（mm）；D 为大端直径（mm）；d 为小端直径（mm）；L 为圆锥长度（mm）；L_0 为工件全长（mm）；C 为锥度；α 为锥角。

靠模法使用专用的靠模装置进行锥面加工。宽刀法则是采用与工件形状相适应的刀具横向进给车削锥面。

2. 圆锥精度的检验方法

圆锥表面精度主要是指锥角 α（或半锥角 $\alpha/2$）和大小端尺寸。检测工具有塞规、塞套、角度尺或样板。圆锥孔的检测方法：检测工具为塞规，将红丹粉涂在塞规上，塞规在锥孔内转动 $1/2 \sim 1/3$ 转后抽出，看塞规表面涂料的擦拭痕迹，来判断锥孔的好坏。接触面积多，红丹痕迹被均匀擦掉，说明锥度较好。外锥面的检测工具为塞套，检测方法与塞规相同，所不同的是将红丹粉涂在工件的外锥面上。对角度和精度要求不太高的圆锥表面，可以用角度尺或样板检验。圆锥精度的检验方法见表 9-4。

表 9-4 圆锥精度的检验方法

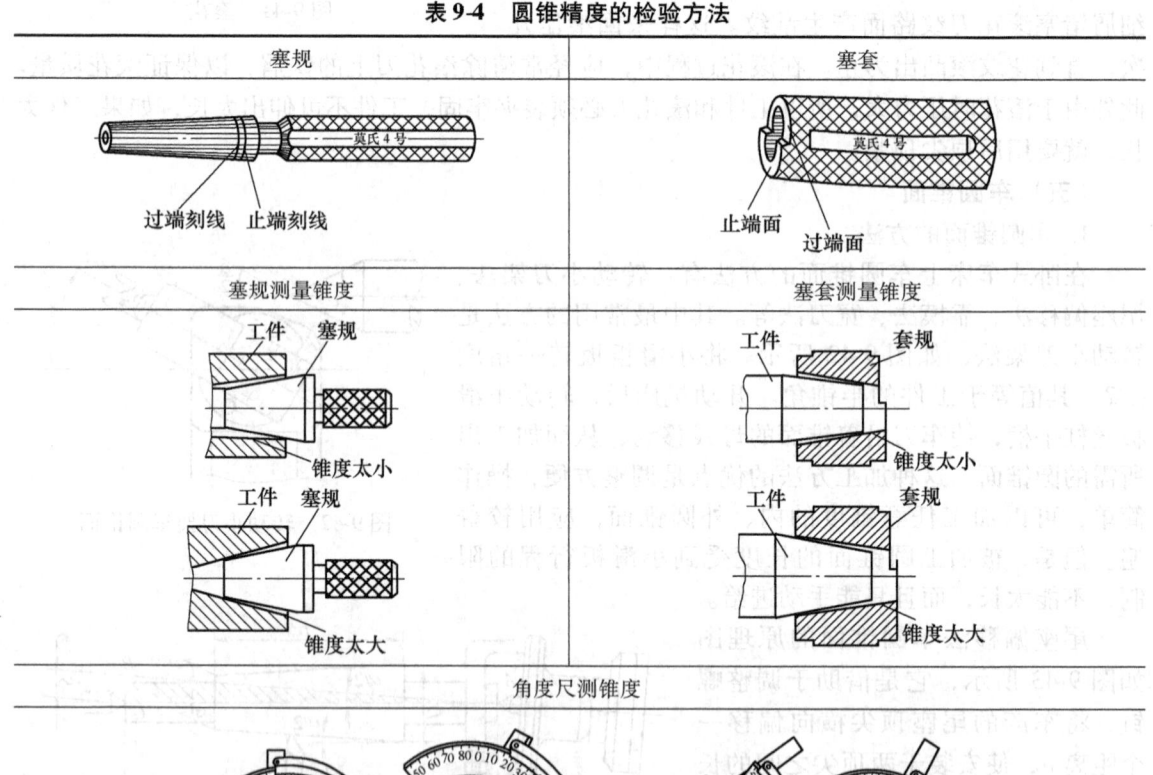

（六）车成形面

有些机器零件，如手柄、手轮、圆球等，它们不像圆柱面、圆锥面那样表面平直，而是做成母线为曲线的回转表面，这些表面称为成形面。成形面车削的方法有以下几种。

1. 双手控制法

双手控制法车成形面如图 9-44 所示，车削时，可用左手摇动中刀架手柄，右手摇动小刀架手柄，两手配合，使刀尖走过的轨迹与所需成形面的曲线相同。操作时，左右手摇动手柄要熟练，配合要协调，最好先做个样板，对照它来进行车削。加工时需多次车削和测量，最后还需用锉刀和砂布进行修整，才能得到所需的精度和表面粗糙度。双手控制法的优点是不需要其他附加设备，缺点是不容易将工件车得很光整，需要较高的操作技术，生产率也很低，多用于单件小批量生产。

2. 成形车刀法

成形车刀法车成形面如图 9-45 所示，是利用与工件轴向剖面形状完全相同的成形刀具来加工成形面的。要求切削刃形状与工件表面吻合，装刀时刃口要与工件轴线等高。由于车刀与工件的接触面积大，容易引起振动，因此需要采用小切削量，只作横向进给，且要有良好润滑条件。此法操作方便，生产率高，且能获得精确的表面形状。但由于受工件表面形状和尺寸的限制，且刀具制造、刃磨较困难，因此只在成批生产较短成形面的零件时采用。

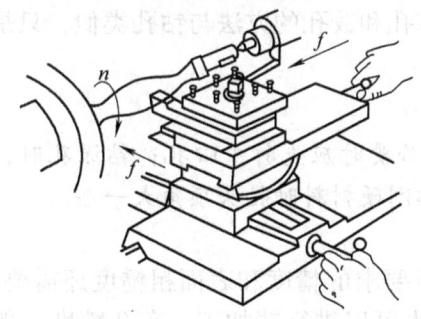

图 9-44 双手控制法车成形面

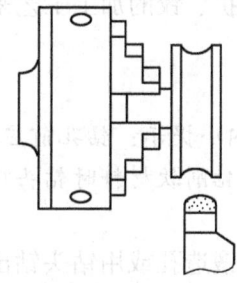

图 9-45 成形车刀法车成形面

3. 靠模法

靠模法是利用刀尖运动轨迹与靠模形状完全相同的方法来加工成形面，如图 9-46 所示。靠模安装在床身后面，中拖板螺母与横向丝杠必须脱开。当大拖板纵向自动走刀时，滚柱即沿靠模的曲线槽移动，从而使车刀刀尖也随之作曲线移动，即可车出所需的成形面。此法操作简单，生产率较高，但需制造专用靠模，故只用于大批量生产中，车削长度较大、形状较为简单的成形面。当靠模的槽为直槽时，将靠模扳转一定角度，即可用于车削圆锥面。

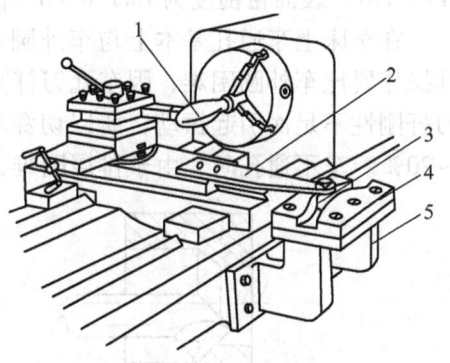

图 9-46 靠模法车成形面
1—工件 2—拉杆 3—滚柱
4—靠模板 5—支架

（七）孔加工

在车床上加工圆柱孔时，可以用钻头、扩孔钻、铰刀和镗刀进行钻孔、扩孔、铰孔和镗孔操作。

1. 钻孔、扩孔和铰孔

在实体材料上加工出孔的工作叫做钻孔，如图 9-47，在车床上钻孔时，把工件装夹在卡盘上，钻头安装在尾座套筒锥孔内，钻孔前先车平端面，并定出一个中心凹坑，调整好尾座位置并紧固于床身上，开动车床，摇动尾座手柄使钻头慢慢进给，注意经常退出钻头，排出切屑。钻钢料要不断注入冷却液。钻孔进给不能过猛，以免折断钻头，一般钻头越小，进给量也越小，但切削速度可加大。钻大孔时，进给量可大些，但切削速度应放慢。当孔将钻穿时，因横刃不参加切削，应减小进给量，否则容易损坏钻头。孔钻通后应把钻头退出后再停车。钻孔的精度较低（公差等级为IT10以下）、表面粗糙度 Ra 约为 $12.5\mu m$，多用于对孔的粗加工。

扩孔常用于铰孔前或磨孔前的预加工，常使用扩孔钻作为钻孔后的半精加工。

为了提高孔的精度和降低表面粗糙度，常用铰刀对钻孔或扩孔后的工件再进行精加工。

在车床上加工直径较小，而精度要求较高和表面粗糙度要求较细的孔，

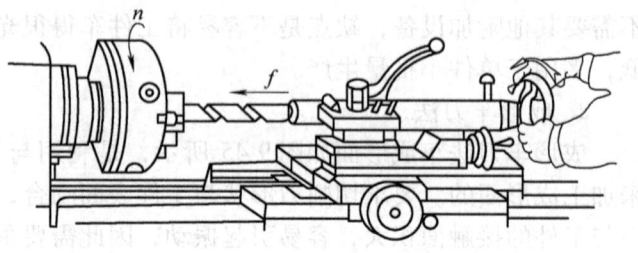

图 9-47　在车床上钻孔

通常采用钻、扩、铰的加工工艺来进行。在车床上扩孔和铰孔的方法与钻孔类似，只是所用刀具不同。

业内小提示：钻孔前应将工件端面车平，必要时应先打中心孔；钻深孔时，一般先钻导向孔；钻削软材料时钻头顶角可以小一些，钻削硬材料时钻头顶角大一些。

2. 车孔

铸造孔、锻造孔或用钻头钻出的孔，为了达到所要求的精度和表面粗糙度还需要车孔。车孔是常用的孔加工方法之一，可以进行粗加工，也可以进行精加工。车孔精度一般可达 IT7～IT8，表面粗糙度为 $Ra1.6～3.2\mu m$。

在车床上车通孔基本上与车外圆相同，只是进刀和退刀方向相反，如图 9-48 所示。但其操作要比车外圆困难，因车孔刀杆直径比外圆车刀要细得多，而且伸出很长，因此往往因刀杆刚性不足而引起振动，所以切深和进给量都要比车外圆时小些，切削速度也要小 10%～20%。车不通孔时，由于排屑困难，所以进给量应更小些。

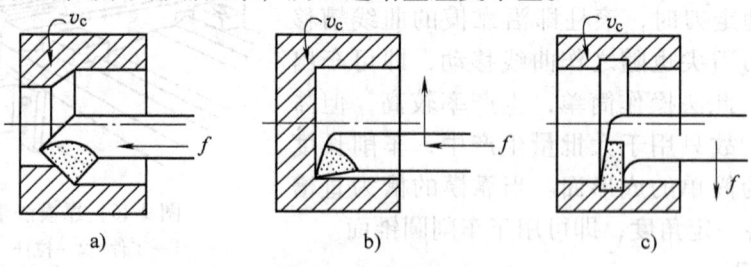

图 9-48　车孔加工
a) 车通孔　b) 车不通孔　c) 切内槽

车孔刀尽可能选择粗壮的刀杆，刀杆装在刀架上时，伸出的长度要尽量短，以减少因刀杆太细而引起的振动。装刀时，刀杆中心线必须与进给方向平行，刀尖应对准中心，精车或车小孔时可略装高一些。

粗车和精车时，应采用试切法调整切深。为了防止因刀杆细长而让刀所造成的锥度，当孔径接近最后尺寸时，应用很小的切深重复车削几次，以消除锥度。另外，在车孔时一定要

注意，手柄转动方向与车外圆时相反。

业内小提示：①车削 $\phi10\sim\phi20\mathrm{mm}$ 的孔时，刀杆的直径应为被加工孔径的 $0.6\sim0.7$ 倍；加工直径大于 $\phi20\mathrm{mm}$ 的孔时，一般采用装夹刀头的刀杆；②为解决排屑问题，精车孔时采用正刃倾角内孔车刀，使切屑流向待加工表面（前排屑）。

（八）车螺纹

螺纹的加工方法有很多种，在专业生产中，广泛采用滚丝、轧丝及搓丝等一系列先进工艺，但在一般机械厂，尤其在机修工作中，通常采用车削方法加工。各种螺纹车削的基本规律大致相同。现以车削普通螺纹为例加以说明。

1. 保证牙型

为了获得正确的牙型，需要正确刃磨车刀和安装车刀。

刃磨车刀时，必须保证车刀切削部分的形状与螺纹沟槽截面形状相吻合，即车刀的刀尖角等于牙型角 α，同时保证车刀前角 $\gamma_\mathrm{o}=0°$。粗车螺纹时，可使用带正前角的车刀（$\gamma_\mathrm{o}=5°\sim15°$），以改善切削条件。但精车时一定要使用前角 $\gamma_\mathrm{o}=0°$ 的车刀。

安装车刀时，车刀刀尖角的平分线必须垂直于工件的轴线，所以常用对刀样板对刀；同时车刀刀尖必须与工件的回转中心等高。内外螺纹车刀的对刀方法如图 9-49 所示。

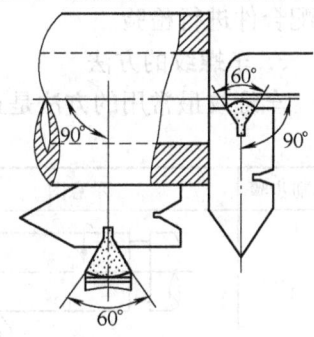

图 9-49 内外螺纹车刀的对刀方法

2. 保证螺距

为了获得所需要的工件螺距 $P_\mathrm{工}$，必须正确调整车床和配换齿轮，而且在车削过程中避免乱扣。

1) 调整车床和配换齿轮的目的是保证工件与车刀的正

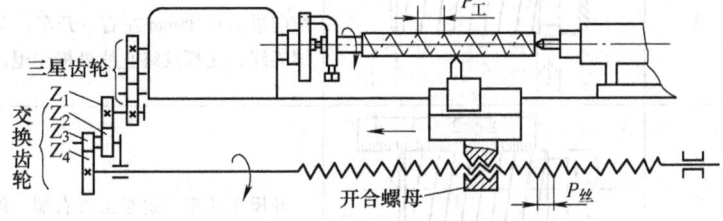

图 9-50 车螺纹时的传动系统图

确运动关系，即保证当主轴带动工件转一周时，车刀纵向移动的距离等于工件螺距 $P_\mathrm{工}$。车螺纹时的传动系统如图 9-50 所示。车刀由丝杠带动，为保证上述关系，$n_\mathrm{工}P_\mathrm{工}=n_\mathrm{丝}P_\mathrm{丝}$，即 $n_\mathrm{丝}/n_\mathrm{工}=P_\mathrm{工}/P_\mathrm{丝}$，$n_\mathrm{丝}/n_\mathrm{工}$ 称为速比 i。由 $i=n_\mathrm{丝}/n_\mathrm{工}=z_1/z_2$ 可得交换齿轮公式

$$i=\frac{n_\mathrm{丝}}{n_\mathrm{工}}=\frac{P_\mathrm{工}}{P_\mathrm{丝}}=\frac{z_1}{z_2} \text{ 或 } i=\frac{P_\mathrm{工}}{P_\mathrm{丝}}=\frac{z_1}{z_2}\frac{z_3}{z_4}$$

式中，$n_\mathrm{工}$ 是工件转数；$n_\mathrm{丝}$ 是丝杆转数；$P_\mathrm{工}$ 是工件螺距；$P_\mathrm{丝}$ 是丝杆螺距；z_1、z_2 是主动交换齿轮齿数；z_3、z_4 是从动交换齿轮齿数。加工前根据工件的螺距 $P_\mathrm{工}$，查机床上的铭牌，调整进给箱上的手柄位置及配换挂轮箱齿轮的齿数以获得所需的工件螺距。

业内小提示：目前使用的车床，一般只需按进给箱上的铭牌规定的数据去调整手柄位置就能车削三角形螺纹。交换齿轮一般都已搭配好（除车削英制螺纹或模数螺纹需调整交换齿轮）。

2) 车螺纹时，需经过多次走刀才能切成。在多次走刀中，必须保证车刀总是落在第一次切出的螺纹槽内，否则就叫乱扣。如果乱扣，工件即成废品。如果车床丝杠的螺距是工件

螺距的整数倍时，可任意打开开合螺母，当再合上开合螺母时，车刀仍会落入原来已切出的螺纹槽内，不会乱扣。如果车床丝杠的螺距不是工件螺距的整数倍时，则会产生乱扣，此时一旦合上开合螺母，就不能再打开，纵向退刀须开反车退回。在车削过程中，如果换刀或乱扣，则应重新对刀。对刀是指闭合开合螺母，移动小刀架，使车刀落入已切出的螺纹槽内。由于传动系统有间隙，对刀须在车刀沿切削方向走一段距离，待平稳停车后再进行。

3）保证螺纹中径。螺纹中径是靠多次进刀来保证的。进刀的总背吃刀量可根据计算的螺纹工作牙高，由横向刻度盘作大致控制，再借助螺纹量规来测量。测量外螺纹用螺纹环规，测量内螺纹用螺纹塞规。螺纹精度要求不高或单件加工且没有合适的螺纹量规时，也可用配合件进行检验。

3. 车螺纹的方法

车螺纹最常用的方法是正反车法，以车外三角螺纹为例，其步骤见表9-5。

表9-5 车外三角螺纹方法与步骤

车削步骤	示意图	说　明
1		确定车螺纹切削深度的起始位置，将中滑板刻度调到零位，开车，使车刀与工件轻微接触，记下刻度盘读数，向右退出车刀，然后迅速将中滑板刻度调至零位，以便于进刀记数
2		试切第一条螺旋线并检查螺距。将床鞍摇至离工件端面8~10牙处，横向进刀0.05mm左右。开车，合上开合螺母，在工件表面上车出一条螺旋线，至螺纹终止线处横向退出车刀，停车
3		开反车使车刀退至工件右端，停车，用钢尺检查螺距是否正确
4		如果螺距符合要求，可以增加吃刀深度，利用刻度盘调整切深，开车切削； 螺纹的总背吃刀量 $a_p \approx 0.65P$，每次的背吃刀量约 $0.1P$ 左右； 注意：每次吃刀时都要记住中拖板刻度盘值，以免把螺纹深度车深 在实际车削三角螺纹时，也可采用下列经验公式来确定背吃刀量： 背吃刀量 $a_p = 0.54P$ 如：CA6140 上加工螺距为2mm的螺纹时，则背吃刀量为 0.54×2mm = 1.08mm。因中拖板刻度盘每格为0.05mm，所以1.08/0.05 = 21.65（格），即中拖板刻度盘从"0"位开始吃刀，转过21.6格左右，分多次循环加工，即可车到所要求的螺纹深度
5		车刀将至行程终了时，应做好退刀停车准备，先快速退出车刀，然后停车，开反车向右退回刀架

(续)

车削步骤	示意图	说　明
6	快速退出　开车切削　进刀　开反车退回	再次横向进刀，继续切削至车出正确的牙型，并留 0.2mm 的精车余量，最后精车出合格的螺纹

车内螺纹的方法和步骤与车外螺纹类似，先车出内螺纹的小径，再车螺纹。对于公称直径较小的内外螺纹，也可以在车床上用丝锥攻螺纹，用板牙套螺纹。

4. 螺纹的测量方法

测量螺纹的方法有单项测量和综合测量两类。

（1）单项测量　一般为检测螺纹的大径、螺距和中径。

1）大径测量。螺纹的大径公差较大，一般可用游标卡尺检测。

2）螺距检测。螺距常用钢直尺或螺纹样板检测。如图9-51所示，用钢直尺检测时，为了能准确检测出螺距，一般应检测几个螺距的总长度，然后取平均值。用螺纹样板检测时，螺纹样板嵌入牙槽中，如果与螺纹牙槽完全吻合，说明被检测螺距是正确的。

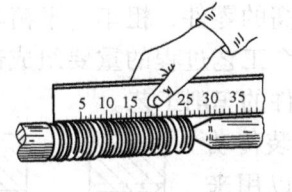
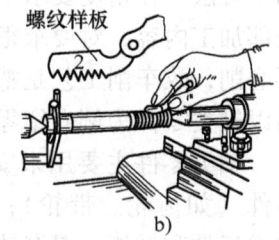

图 9-51　螺距检测方法
a）用钢直尺检测　b）用螺纹样板检测

3）中径检测。①螺纹千分尺测量法（图9-52a），一般用来测量三角螺纹中径。测量时一定要选用一套和螺纹牙型角相同的上、下两个测量头，让两个测量头正好卡在螺纹的牙侧上（图9-52b），测量原理如图9-52c所示。②三针测量法（图9-53）。三针测量螺纹中径，是一种比较精密的测量方法，它适用于精度要求较高的三角螺纹、梯形螺纹和蜗杆中径测量。

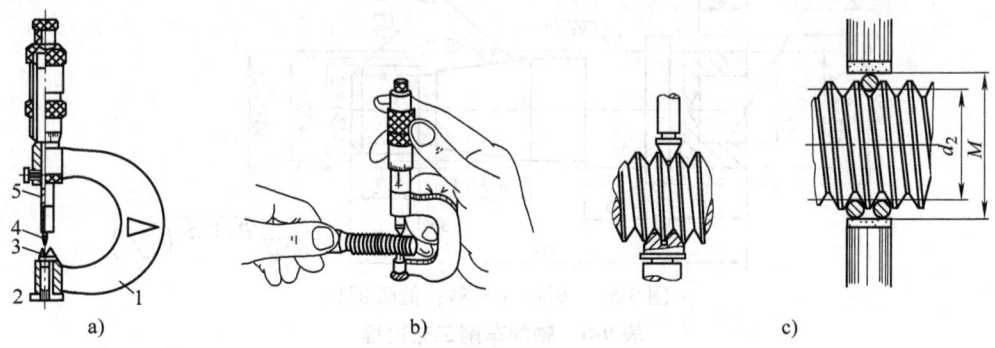

图 9-52　三角螺纹中径检测方法
a）螺纹千分尺　b）测量方法　c）测量原理
1—尺架　2—固定螺母　3—下测量头　4—上测量头　5—测微螺杆

（2）综合测量　综合测量是采用螺纹量规测量，螺纹量规是由"过规"和"止规"组成一幅，共同使用（图9-54）。只有当"过规"通过，"止规"通不过时，才表示螺纹精度合格。对于精度要求不高的螺纹，也可以用标准螺母来检验，以旋入工件时是否顺利和松紧的程度为标准来确定是否合格。

三、典型工件的车削工艺

在切削加工中,由于零件是由多个表面组成的,零件从毛坯到成品往往需经过若干个加工步骤才能完成。零件形状越复杂,精度、表面粗糙度要求越高,需要的加工步骤也就越多。车削加工的零件,有时还需经过铣、刨、磨、钳和热处理等工种才能完成。因此,制定零件机械加工工艺时,必须综合考虑,合理安排加工步骤。

在轴类零件和盘套类零件的加工中,车削是最基本的加工方法。在精度要求不十分高的情况下,车削可以完成全部加工内容,对要求很高的零件,粗车、半精车后常常再磨削,故车削工艺是整个工艺过程的重要组成部分。下面以轴类零件为例介绍零件的车削工艺。

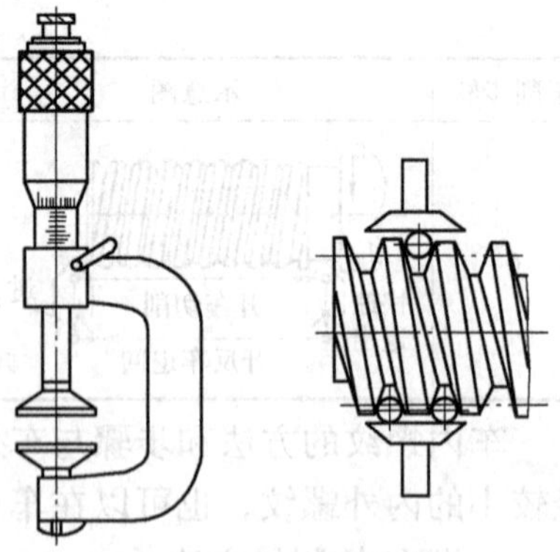

轴类零件主要用来安装传动零件(如齿轮、带轮),以用来传递运动和转矩,其各表面的尺寸精度、表面粗糙度和位置精度(主要是各外圆对轴线的同轴度和台肩端面对轴线的垂直度)的要求较高,长度和直径的比值也较大,加工时不可能一次加工出全部表面,往往要多次调头安

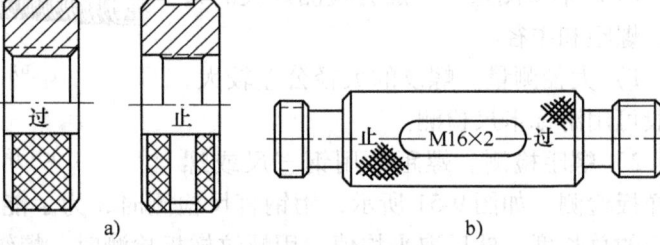

图 9-53 三针测量方法
a) 公法线千分尺 b) 三针测量方法

图 9-54 螺纹量规
a) 环规(测外螺纹) b) 塞规(测内螺纹)

装,多次加工才能完成。为了保证零件的安装精度,并且安装要方便可靠,轴类零件一般都采用顶尖安装。如图 9-55 所示的短轴,其车削工艺过程见表 9-6。

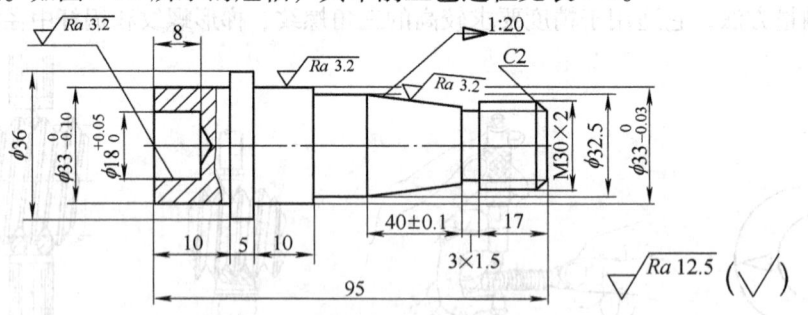

图 9-55 短轴(材料:低碳钢)

表 9-6 轴的车削工艺过程

加工顺序	加工内容	加工简图	安装方法	刀具
1	下料 $\phi 40 \times 100$			
2	车端面见平;钻 $\phi 2.5$ 中心孔	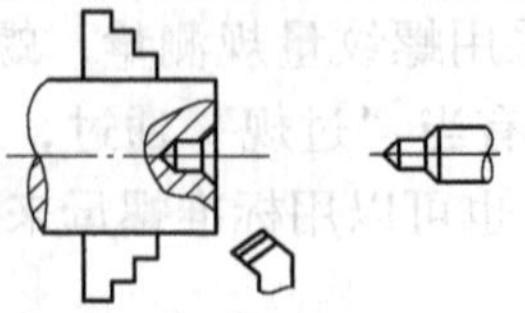	三爪自定心卡盘	45°弯头车刀、中心钻及钻夹头

(续)

加工顺序	加工内容	加工简图	安装方法	刀具
3	车端面保证总长 95mm；粗车外圆 $\phi36\times20$，并在离端面 15mm 处用刀尖刻印痕；粗车、半精车外圆 $\phi33_{-0.10}^{\ 0}\times10$；钻孔 $\phi15\times9$，再镗孔 $\phi18_{\ 0}^{+0.05}\times8$		三爪自定心卡盘	45°弯头车刀、右偏刀、$\phi15$ 的麻花钻、镗刀
4	粗车外圆 $\phi35\times79$，粗车 $\phi33.5\times79$，粗车 $\phi32.5\times70$，粗车 $\phi30.5\times20$；依次精车 $\phi30_{-0.15}^{-0.10}\times20$、$\phi33_{-0.03}^{\ 0}\times10$；车圆锥；切槽，倒角；车螺纹 M30×2；去毛刺		三爪自定心卡盘	右偏刀、切槽刀、45°弯头车刀、螺纹车刀、锉刀
5	检验			

第四节 质量控制与检验

由于各种因素的影响，车削加工可能会产生多种质量缺陷，每个工件车削完毕后都需要对其进行质量检验。经过检验，及时发现加工存在的问题，分析质量缺陷产生的原因，提出改进措施，保证车削加工的质量。

车削加工的质量主要是指外圆表面、内孔及端面的表面粗糙度、尺寸精度、形状精度和位置精度。

一、车外圆的质量缺陷分析及防止

车外圆的质量缺陷分析及防止见表 9-7。

表 9-7 车外圆的质量缺陷分析及防止

质量缺陷	产生原因	预防措施
尺寸超差	看错进刀刻度	看清并记住刻度盘刻度，记住手柄转过的圈数
	盲目进刀，没有试切	根据余量计算背吃刀量，并通过试切法来修正
	量具有误差或使用不当 量具未校零，测量、读数不准	使用前检查量具和校零，掌握正确的读数方法
圆度超差	主轴轴线漂移	调整主轴组件
	毛坯余量或材质不均，产生误差复映	采用多次进给
	质量偏心引起离心惯性力	加平衡块
	顶尖与中心孔接触不良，或前后顶尖产生径向跳动	工件装夹松紧适度，及时修理或更换顶尖

(续)

质量缺陷	产生原因	预防措施
圆柱度超差	刀具磨损	合理选用刀具材料，降低工件硬度，使用切削液
	工件变形	使用顶尖、中心架、跟刀架，减小刀具主偏角
	尾座偏移	调整尾座
	主轴轴线角度摆动	调整主轴组件
阶梯轴同轴度超差	定位基准不统一	用中心孔定位或减少装夹次数
表面粗糙度超差	切削用量选择不当	提高或降低切削速度，减小进刀量和背吃刀量
	刀具几何参数不当	适当增大前角和后角，减小副偏角
	破碎的积屑瘤	使用切削液
	工艺系统刚性不足，引起切削振动	调整机床各部分间隙；正确装夹刀具；增加工件和刀具的刚性
	刀具磨损	及时刃磨刀具并用油石磨光；使用切削液

二、车端面的质量缺陷分析及防止

车端面的质量缺陷分析及防止见表 9-8。

表 9-8 车端面的质量缺陷分析及防止

质量缺陷	产生原因	预防措施
平面度超差	主轴轴向窜动引起端面不平	调整主轴组件
	主轴轴线角度摆动引起端面内凹或外凸	调整主轴组件
垂直度超差	二次装夹引起工件轴线偏斜	尽量采用一次装夹或二次装夹时严格找正
表面粗糙度数值大	切削用量选择不当	提高或降低切削速度，减小进刀量和背吃刀量
	刀具几何参数不当	适当增大前角和后角，减小副偏角，右偏刀由中心向外进给

三、车孔的质量缺陷分析及防止

车孔的质量缺陷分析及防止见表 9-9。

表 9-9 车床镗孔的质量缺陷分析及防止

质量缺陷	产生原因	预防措施
尺寸超差	看错进刀刻度	看清并记住刻度盘刻度，记住手柄转过的圈数
	盲目进刀，没有试切	根据余量计算背吃刀量，并通过试切法加以修正
	车孔刀刀杆与孔壁产生运动干涉	重新装夹车孔刀并空行程试进给，选择合适的刀杆直径
	产生积屑瘤，增加刀尖长度，使孔变大	研磨前刀面，使用润滑液，增大前角，选择合理的切削速度
	工件热胀冷缩	粗精加工相隔一段时间或加切削液
	量具有误差或使用不当	使用前检查量具和校零，掌握正确的测量和读数方法
圆度超差	主轴轴线漂移	调整主轴组件
	毛坯余量或材质不均，产生误差复映	采用多次进给；对工件毛坯进行回火处理
	质量偏心引起离心惯性力	加平衡块
	卡爪引起夹紧变形	采用多点夹紧，工件增加法兰

(续)

质量缺陷	产生原因	预防措施
圆柱度超差	刀具磨损	合理选用刀具材料，降低工件硬度，使用切削液
	刀杆刚性差，产生"让刀"现象	尽量采用大尺寸的刀杆，减小切削用量
	刀杆跟孔壁相碰	正确选择和装夹车刀
	主轴轴线角度摆动	调整主轴组件
与外圆同轴度超差	二次装夹引起工件轴线偏移	尽量采用一次装夹或二次装夹时严格找正
内孔表面粗糙度超差	切削用量选择不当	提高或降低切削速度，减小进刀量和背吃刀量
	车孔刀几何角度不合理，装刀低于中心	适当增大前角和后角，减小副偏角，精车孔时刀尖可略高于中心
	破碎的积屑瘤	使用切削液
	工艺系统刚性不足，引起切削振动	减少车孔刀刀杆悬伸量，增加刚性；加粗刀杆；降低切削速度
	刀具磨损	及时刃磨刀具并用油石磨光；使用切削液

复习思考题

1. 什么叫切削用量，单位是什么？
2. 车削的主运动和进给运动是什么？
3. 哪些类型的零件选用车削加工？
4. 车削能完成哪些表面加工？各用什么刀具？
5. 说明 C6132 型车床代号的意义。C6132 型车床的基本组成部分有哪些？
6. 安装车刀应注意哪些事项？
7. 车床上安装工件的方法主要有哪些？各适用于加工什么样的零件？
8. 用中拖板手柄进刀时，如果刻度盘的刻度多转了 3 格，能否直接退回 3 格？为什么？应如何处理？
9. 粗车和精车在选择切削用量上有什么不同？
10. 试切的目的是什么？外圆车削时试切的步骤有哪些？
11. 车锥度的方法有哪几种？
12. 在卧式车床上加工孔的方法有哪几种？（举出 3 种）
13. 卧式车床上加工螺纹时，主轴转速的快慢是否影响加工工件螺距的大小？为什么？
14. 何谓成形面？车床上加工成形面有几种方法？各适用于什么情况？
15. 车削细长轴时，常采用哪些增加刚性的措施以保证质量？为什么？
16. 采用小刀架转位法车锥面有什么优缺点？
17. 采用尾座偏移法车锥面有什么局限性？
18. 已知锥度 $C = 1:10$，工件长度 $L = 100$mm，若采用偏移尾座法车锥度，试求尾座偏移量。

第十章 铣　　削

第一节 概　　述

在铣床上用铣刀加工工件的过程称为铣削加工。铣削的生产率较高，加工范围广，是金属切削加工中常用方法之一。铣床的加工精度一般为 IT9～IT8；表面粗糙度一般为 $Ra6.3$～$1.6\mu m$。

一、铣削加工特点

铣削加工的特点为：

1）生产效率高但不稳定。由于铣削属于多刃切削，且可选用较大的切削速度，所以铣削的生产效率高。但由于各种原因易导致刀齿负荷不均匀，磨损不一致，从而引起机床的振

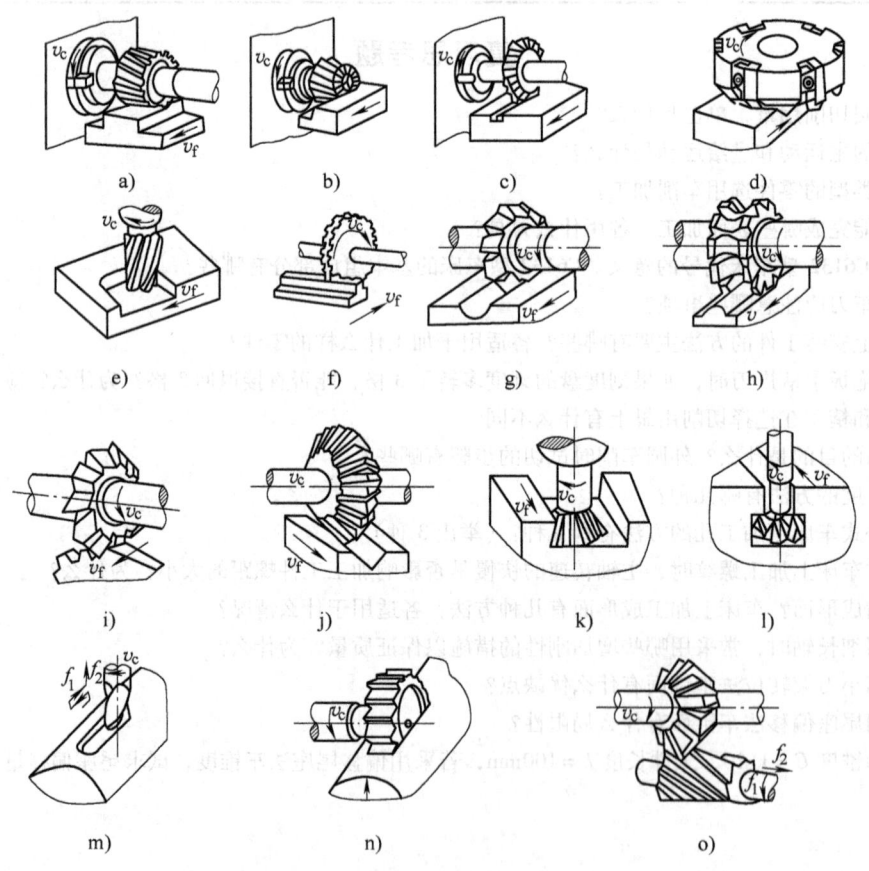

图 10-1　铣削加工的应用范围

a)、d) 铣平面　b) 铣台阶面　c) 铣直角槽　e) 铣凹平面　f) 切断　g) 铣凹圆弧面
h) 铣凸圆弧面　i) 铣齿轮　j) 铣V形槽　k) 铣燕尾槽　l) 铣T形槽　m) 铣键槽
n) 铣半圆键槽　o) 铣螺旋槽

动,造成切削不稳,直接影响工件的表面粗糙度。

2)断续切削。铣刀刀齿切入或切出时产生冲击,一方面使刀具的寿命下降,另一方面引起周期性的冲击和振动。但由于刀齿间断切削,工作时间短,在空气中冷却时间长,故散热条件好,有利于提高铣刀的寿命。

3)半封闭切削。由于铣刀是多齿刀具,刀齿之间的空间有限,若切屑不能顺利排出或没有足够的容屑槽,则会影响铣削质量或造成铣刀的破损,所以选择铣刀时要把容屑槽作为一个重要的考虑因素。

二、铣削加工范围

由于可以采用不同类型和形状的铣刀,配以分度头、回转工作台等的应用,铣削加工范围很广,铣削加工的应用范围如图10-1所示。

第二节 基 本 知 识

一、铣床的型号与组成

铣床的种类很多,常用的有卧式铣床、立式铣床、龙门铣床和数控铣床及铣镗加工中心等。

(一)万能卧式铣床

万能卧式升降台铣床简称为万能铣床,图10-2所示为X6132万能卧式升降台铣床,是铣床中应用最广的一种。其主轴是水平的,与工作台面平行。下面以X6132铣床为例,介绍万能铣床型号以及组成部分和作用。

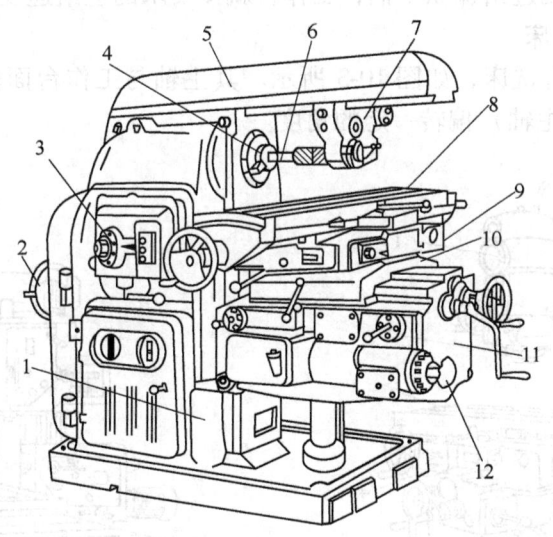

图10-2 X6132万能卧式升降台铣床
1—床身 2—电动机 3—变速机构 4—主轴 5—横梁 6—刀杆 7—刀杆支架
8—纵向工作台 9—转台 10—横向工作台 11—升降台 12—进给变速机构

1. 铣床型号

铣床型号如下所述。

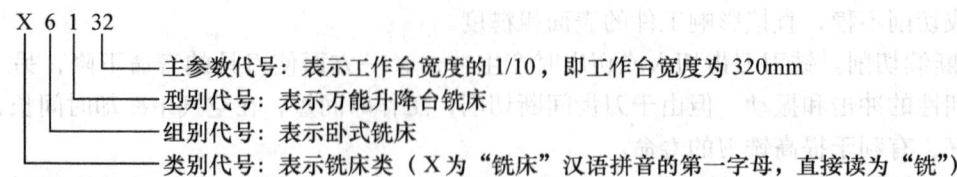

主参数代号：表示工作台宽度的1/10，即工作台宽度为320mm
型别代号：表示万能升降台铣床
组别代号：表示卧式铣床
类别代号：表示铣床类（X为"铣床"汉语拼音的第一字母，直接读为"铣"）

2. 铣床结构

（1）床身　床身是用来固定和支承铣床上所有的部件。电动机、主轴及主轴变速机构等安装在它的内部。

（2）横梁　横梁的上面安装有吊架，用来支承刀杆外伸的一端，以加强刀杆的刚性。横梁可沿床身的水平导轨移动，以调整其伸出的长度。

（3）主轴　主轴是空心轴，前端有锥度为 7∶24 的精密锥孔，其用途是安装铣刀刀杆并带动铣刀旋转。

（4）纵向工作台　纵向工作台在转台的导轨上作纵向移动，带动台面上的工件作纵向进给。

（5）横向工作台　横向工作台位于升降台上面的水平导轨上，带动纵向工作台一起作横向进给。

（6）转台　转台的作用是能将纵向工作台在水平面内扳转一定的角度，以便铣削螺旋槽。

（7）升降台　它可以使整个工作台沿床身的垂直导轨上下移动，以调整工作台面到铣刀的距离，并作垂直进给。

（8）进给变速操作　调整进给量，使转盘上选定的数值对准箭头，按"启动"按钮，使主轴旋转，再扳动自动进给操纵手柄，工作台就按要求的进给速度作自动进给运动。

（二）立式升降台铣床

X5032 型立式升降台铣床，如图 10-3 所示。其主轴与工作台面垂直。有时根据加工的需要，可以将立铣头（主轴）偏转一定的角度。

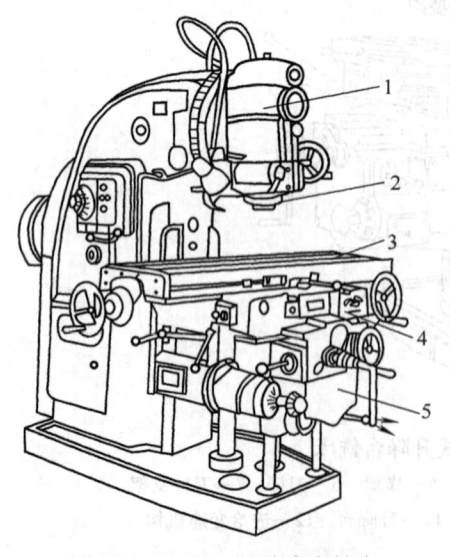

图 10-3　X5032 型升降台铣床
1—立铣头　2—主轴　3—工作台
4—床鞍　5—升降台

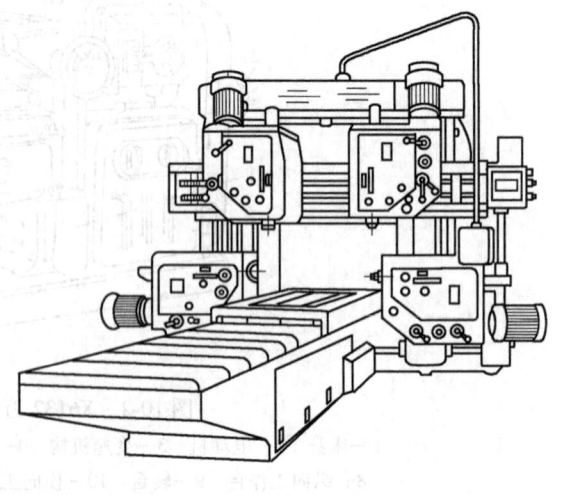

图 10-4　四轴龙门铣床

（三）龙门铣床

龙门铣床属大型机床之一，图10-4为四轴龙门铣床的外形图。它一般用来加工卧式、立式铣床不能加工的大型工件。

二、铣刀种类及安装

（一）铣刀

铣刀的分类方法很多，根据铣刀安装方法的不同可分为两大类，即带孔铣刀和带柄铣刀。带孔铣刀多用在卧式铣床上，带柄铣刀多用在立式铣床上。带柄铣刀又分为直柄铣刀和锥柄铣刀。

常用的带孔铣刀有如下几种：

1）圆柱铣刀。其刀齿分布在圆柱表面上（图10-5a），常分为直齿和斜齿两种，主要用于铣削平面。由于斜齿圆柱铣刀的每个刀齿是逐渐切入和切离工件的，故工作较平稳，加工表面粗糙度数值小，但会有轴向切削力产生。

2）圆盘铣刀。即为三面刃铣刀、锯片铣刀等。图10-5b为三面刃铣刀，主要用于加工不同宽度的直角沟槽及小平面、台阶面等。锯片铣刀（图10-5c）用于铣窄槽和切断。

3）角度铣刀。图10-5e、f所示为单角铣刀和双角铣刀，其具有各种不同的角度，用于加工各种角度的沟槽及斜面等。

成形铣刀：图10-5d、g、h所示其切刃呈齿槽形、凸圆弧、凹圆弧等，用于加工与刀刃形状对应的成形面。

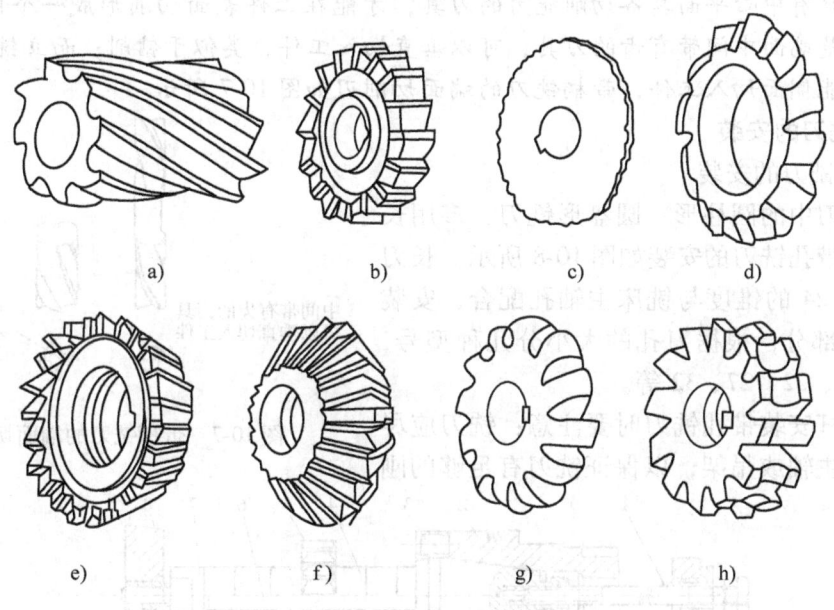

图10-5　带孔铣刀

a）圆柱铣刀　b）三面刃铣刀　c）锯片铣刀　d）模数铣刀　e）单角铣刀
f）双角铣刀　g）凸圆弧铣刀　h）凹圆弧铣刀

常用的带柄铣刀有如下几种：

1）镶齿面铣刀。镶齿面铣刀如图10-6a所示，一般刀盘上装有硬质合金刀片，加工平面时可以进行高速铣削，以提高工作效率。

2）立铣刀。立铣刀如图10-6b所示。立铣刀有直柄和锥柄两种，多用于加工沟槽、小平面、台阶面等。

3）键槽铣刀。键槽铣刀如图10-6c所示，专门用于加工封闭式键槽。

4）T形槽铣刀。T形槽铣刀如图10-6d所示，专门用于加工T形槽。

5）燕尾槽铣刀。燕尾槽铣刀如图10-6e所示，专门用于加工燕尾槽。

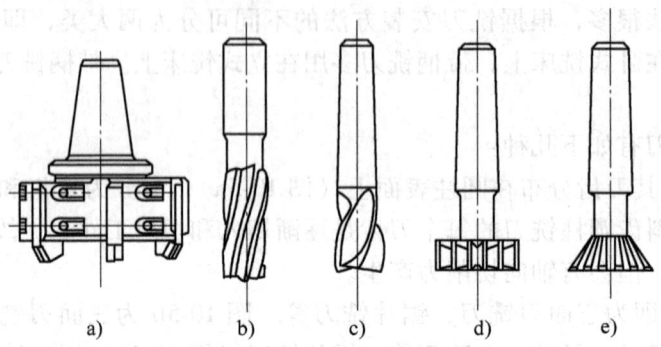

图10-6 带柄铣刀
a）镶齿面铣刀 b）立铣刀 c）键槽铣刀 d）T形槽铣刀 e）燕尾槽铣刀

业内小提示：带柄铣刀可以铣平面、沟槽和台阶等，但不是所有的带柄铣刀都能进行插削，只有中心平面具备切削能力的刀具，才能在工件表面切削形成一个内孔或型腔。如键槽铣刀是端面中间带有齿的刀具，可以垂直切入工件，类似于钻削；而立铣刀等端面中间中空，只能侧面切入工件，带柄铣刀的端面切削刃如图10-7所示。

（二）铣刀的安装

1. 带孔铣刀的安装

带孔铣刀中的圆柱形、圆盘形铣刀，多用长刀杆安装，带孔铣刀的安装如图10-8所示。长刀杆一端有7:24的锥度与铣床主轴孔配合，安装刀具的刀杆部分，根据刀孔的大小分几种型号，常用的有16、22、27、32等。

用长刀杆安装带孔铣刀时要注意：铣刀应尽可能地靠近主轴或吊架，以保证铣刀有足够的刚

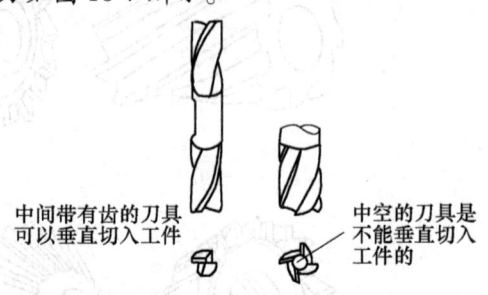

图10-7 带柄铣刀的端面切削刃

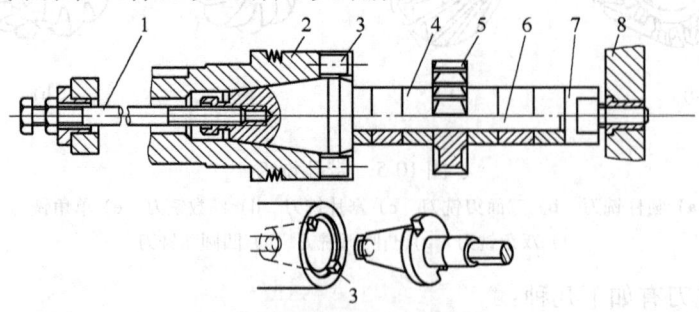

图10-8 带孔铣刀的安装
1—拉杆 2—铣床主轴 3—端面键 4—套筒 5—铣刀 6—刀杆 7—螺母 8—刀杆支架

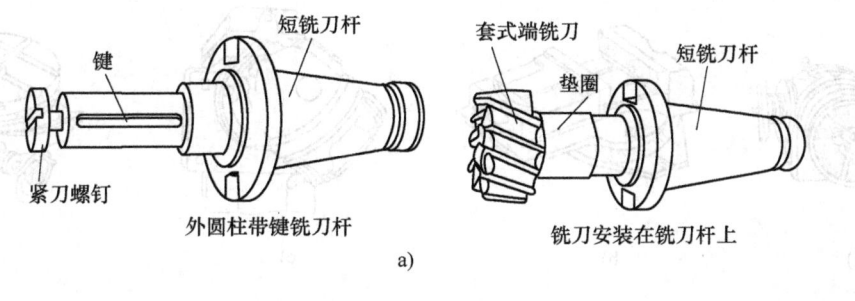

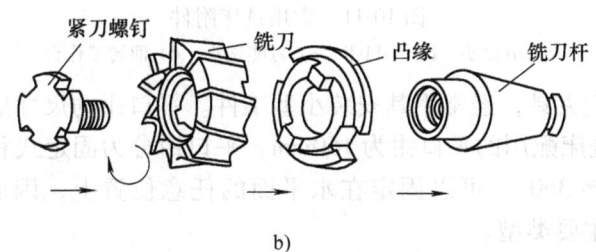

图 10-9 套式端铣刀的安装
a) 安装孔内带键槽的套式面铣刀　b) 安装端面带键槽的套式面铣刀

性；套筒的端面与铣刀的端面必须擦干净，以减小铣刀的端跳；拧紧刀杆的压紧螺母时，必须先装上吊架，以防刀杆受力弯曲。

2. 带柄铣刀的安装

镶齿面铣刀，多用短刀杆安装，如图10-9所示；锥柄铣刀的安装，根据铣刀锥柄的大小，选择合适的变锥套，将各配合表面擦净，然后用拉杆把铣刀及变锥套一起拉紧在主轴上，如图10-10a所示；直柄立铣刀多为小直径铣刀，一般不超过 $\phi 20mm$，多用弹簧夹头进行安装，如图10-10b所示。铣刀的柱柄插入弹簧套的孔中，用螺母压弹簧套的端面，使弹簧套的外锥面受压而使孔径缩小，即可将铣刀抱紧。弹簧套上有三个开口，故受力时能收缩。弹簧套有多种孔径，以适应各种尺寸的铣刀。

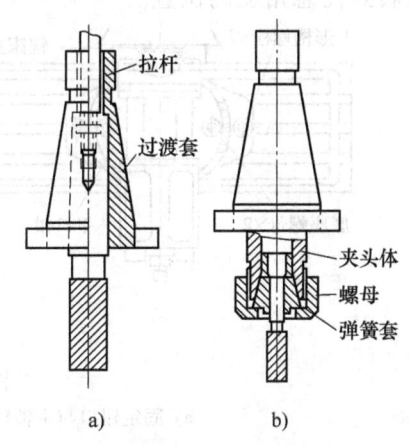

图 10-10 带柄铣刀的安装
a) 锥柄铣刀的安装　b) 直柄立铣刀的安装

业内小提示：用硬质合金铣刀作高速切削，若必须使用切削液，应在开始切削前就连续充分的浇注，以免刀片因骤冷而碎裂。

三、铣床附件与工件安装

（一）铣床附件及其应用

铣床的主要附件有分度头、平口钳、万能铣头和回转工作台，图10-11所示为常用铣床附件。

1. 平口钳

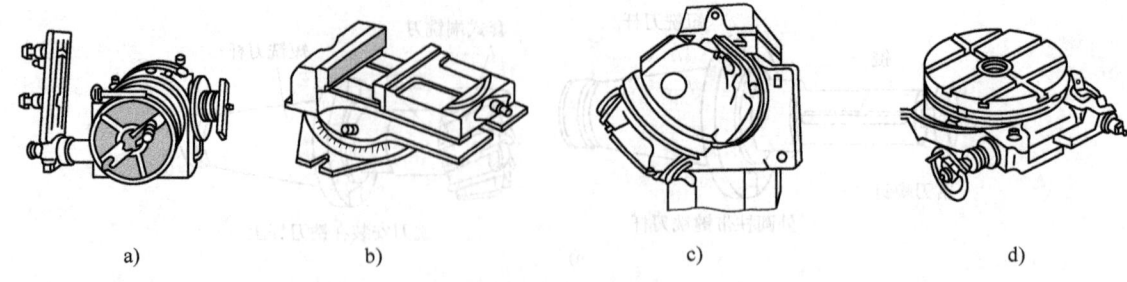

图 10-11 常用铣床附件
a）分度头 b）平口钳 c）万能铣头 d）回转工作台

平口钳是一种通用夹具，经常用其安装小型工件。平口钳的尺寸规格，是以其钳口宽度来区分的。X62W 型铣床配用的平口钳为 160mm。平口钳分为固定式和回转式两种。回转式平口钳可以绕底座旋转 360°，可以固定在水平面的任意位置上，因而扩大了其工作范围，是目前平口钳应用的主要类型。

（1）平口钳安装　平口钳的安装有两种方式：①固定钳口与主轴轴心线垂直，如图 10-12a 所示；②固定钳口与主轴轴心线平行，如图 10-12b 所示。若松开钳底座上的螺母，可将钳座转到任意角度的位置。

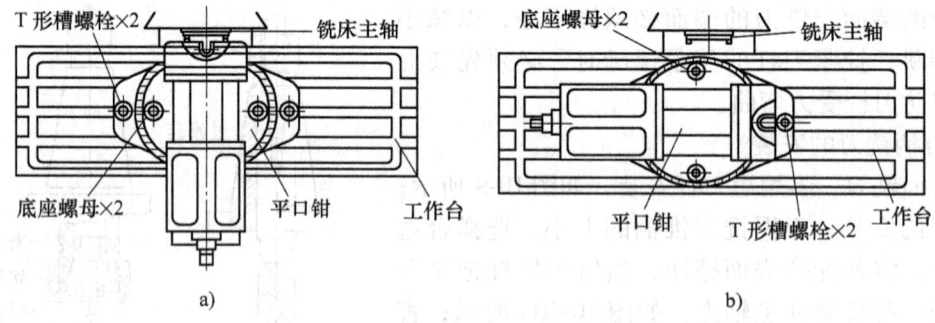

图 10-12 平口钳安装
a）固定钳口与主轴轴心线垂直 b）固定钳口与主轴轴心线平行

（2）平口钳校正　平口钳安装后，要对固定钳口进行校正，校正方法如下：①用定位键定位，平口钳用两个 T 形螺栓固定在铣床上，底座上还有一个定位键，它与工作台上中间的 T 形槽配合，以提高平口钳安装时的定位精度；②用划针校正固定钳口，加工较长工件时，固定钳口可与铣床主轴轴线垂直安装，一般可用划针校正，如图 10-13 所示；③用角尺校正固定钳口，加工工件长度较短，铣刀可在一次进给中铣出整个平面，或加工的部位要求与基准面垂直时，平口钳的固定钳口应与主轴轴心线平行安装，这时可用角尺对固定钳口进行校正，如图 10-14 所示；④用百分表校正固定钳口。加工较精密工件时，可用百分表对固定钳口进行校正。如图 10-15 所示，安装百分表，使表的测量杆与固定钳口的平面垂直，表的测量触头触到钳口铁平面上，并使测量杆压缩 0.3～0.4mm，移动纵向或横向工作台，观察表的读数，在钳口全长范围内是否一致，以进行校正。

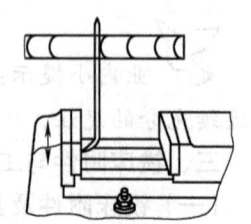

图 10-13 用划针校正固定钳口与铣床主轴轴心线垂直

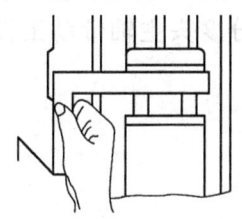

图 10-14　用角尺校正固定钳口与
铣床主轴轴心线平行

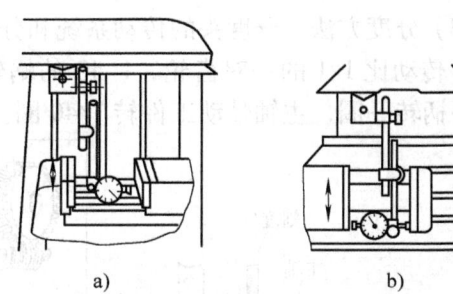

图 10-15　用百分表校正固定钳口
a）校正固定钳口与铣床主轴轴心线垂直
b）校正固定钳口与铣床主轴轴心平行直

2. 回转工作台

回转工作台又称为转盘、平分盘、圆形工作台等。它的内部有一套蜗轮蜗杆。摇动手轮，通过蜗杆轴，就能直接带动与转台连接的蜗轮转动。转台周围有刻度，可以用来观察和确定转台位置。拧紧固定螺钉，转台就固定不动。转台中央有一孔，利用它可以方便地确定工件的回转中心。当底座上的槽和铣床工作台的 T 形槽对齐后，即可用螺栓把回转工作台固定在铣床工作台上。铣圆弧槽时，工件安装在回转工作台上，铣刀旋转，用手均匀缓慢地摇动回转工作台而使工件铣出圆弧槽。

3. 分度头

分度头是能对工件在水平、垂直和倾斜方向上进行等分或不等分铣削的铣床附件，可铣削六方、齿轮、花键和刻线等。

（1）分度头的作用

1）能使工件实现绕自身轴线周期地转动一定的角度（即进行分度）。

2）利用分度头主轴上的卡盘夹持工件，使被加工工件的轴线，相对于铣床工作台在向上 90°和向下 10°的范围内倾斜成需要的角度，以加工各种位置的沟槽、平面等（如铣圆锥齿轮）。

3）与工作台纵向进给运动配合，通过配换挂轮，能使工件连续转动，以加工螺旋沟槽、斜齿轮等。

万能分度头由于具有广泛的用途，在单件小批量生产中的应用较多。

（2）分度头的结构　分度头的主轴是空心的，两端均为锥孔，前锥孔可装入顶尖，后锥孔可装入芯轴，以便在差动分度时挂轮，把主轴的运动传给侧轴可带动分度盘旋转。主轴前端外部有螺纹，用来安装三爪卡盘，分度头的结构如图 10-16 所示。

松开壳体上部的两个螺钉，主轴可以随回转体在壳体的环形导轨内转动，因此主轴除安装成水平外，还能扳成倾斜位置。当主轴调整到所需的位置上后，应拧紧螺钉。主轴倾斜的角度可以从刻度上看出。

在壳体下面，固定有两个定位块，以便与铣床工台面的 T 形槽配合，用来保证主轴轴线准确地平行于工作台的纵向进给方向。

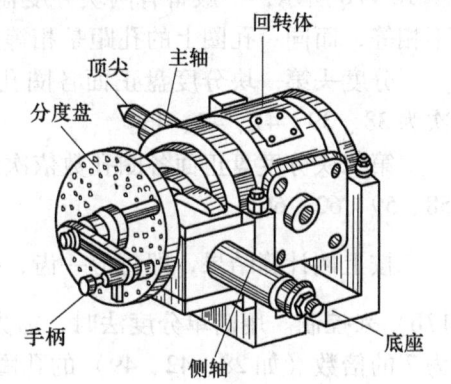

图 10-16　分度头的结构

（3）分度方法　分度头的传动系统和分度盘如图10-17所示，转动分度手柄，通过传动机构（传动比1:1的一对齿轮，1:40的蜗轮蜗杆），可使分度头主轴带动工件转动一定角度。手柄转一圈，主轴带动工件转1/40圈。

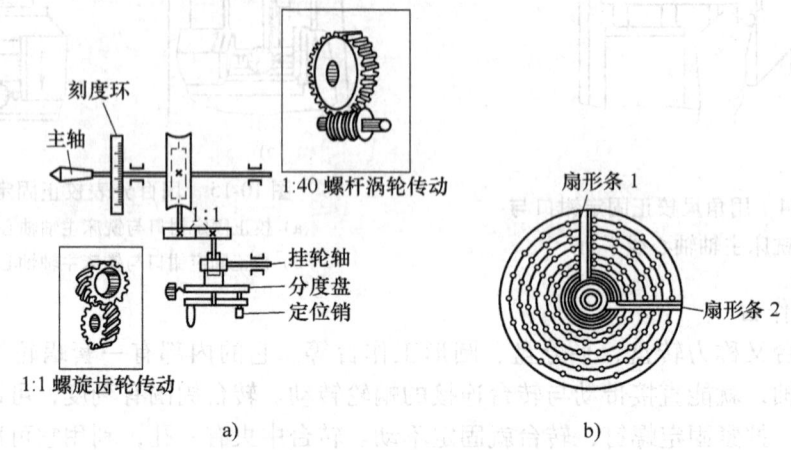

图10-17　分度头传动系统及分度盘
a）分度头传动系统　b）分度盘

如果要将工件的圆周等分为 z 等分，则每次分度工件应转过 $1/z$ 圈。设每次分度手柄的转数为 n，则手柄转数 n 与工件等分数 z 之间有如下关系

$$1:40 = \frac{1}{z}:n$$

$$n = \frac{40}{z}$$

分度头分度的方法有直接分度法、简单分度法、角度分度法和差动分度法等。这里仅介绍常用的简单分度法。

例如：铣齿数 $z=35$ 的齿轮，需对齿轮毛坯的圆周作35等分，每一次分度时，手柄转数为：

$$n = \frac{40}{z} = \frac{40}{35} = 1\frac{1}{7}(圈)$$

分度时，如果求出的手柄转数不是整数，可利用分度盘上的等分孔距来确定。分度盘如图10-17b所示，一般备有两块分度盘。分度盘的两面各钻有许多不通的圈孔，各圈孔数均不相等，而同一孔圈上的孔距是相等的。

分度头第一块分度盘正面各圈孔数依次为24、25、28、30、34、37；反面各圈孔数依次为38、39、41、42、43。

第二块分度盘正面各圈孔数依次为46、47、49、51、53、54；反面各圈孔数依次为57、58、59、62、66。

按上例计算结果，即每分一齿，手柄需转过 $1\frac{1}{7}$ 圈，其中1/7圈需通过分度盘（图10-17b）来控制。用简单分度法时，需先将分度盘固定。再将分度手柄上的定位销调整到孔数为7的倍数（如28、42、49）的孔圈上，如在孔数为28的孔圈上。此时分度手柄转过1整圈后，再沿孔数为28的孔圈转过4个孔距。

为了确保手柄转过的孔距数可靠，可调整分度盘上的扇形条 1、2 间的夹角（图 10-17b），使之正好等于分子的孔距数，这样依次进行分度时就可准确无误。

4. 万能立铣头

在卧式铣床上装上万能立铣头，不仅能完成各种立铣的工作，而且还可以根据铣削的需要，把铣头主轴扳成任意角度。万能立铣头的底座用螺栓固定在铣床的垂直导轨上。铣床主轴的运动通过铣头内的两对锥齿轮传到铣头主轴上。铣头的壳体可绕铣床主轴轴线偏转任意角度。铣头主轴的壳体还能在铣头壳体上偏转任意角度。因此，铣头主轴就能在空间偏转成所需要的任意角度。

（二）工件的安装

铣削加工过程中所产生的作用力是很大的。如果工件装夹不牢固，则工件在切削力的作用下会产生振动，会使铣刀折断，还可能使刀杆、夹具和工件损坏，甚至会发生人身事故。因而工件的正确装夹对保证工件的加工质量以及铣削过程的顺畅是很重要的。铣床上常用的工件安装方法有以下几种。

（1）平口钳安装工件　铣削平面、台阶、斜面和轴类零件的键槽等，都可以用平口钳装夹工件，如图 10-18a 所示。

（2）用压板、螺栓和垫块安装工件　对于大型工件或平口钳难以安装的工件，可用压板、螺栓和垫铁将工件直接固定在工作台上，如图 10-18b 所示。

（3）用分度头安装工件　分度头安装工件一般用在等分工作中。它即可以用分度头卡盘（或顶尖）与尾架顶尖一起使用安装轴类零件，图 10-18c 所示。也可以只使用分度头卡盘安装工件，又由于分度头的主轴可以在垂直平面内转动，因此可以利用分度头在水平、垂直及倾斜位置安装工件，分度头卡盘在垂直、倾斜位置安装工件如图 10-18d、e 所示。

当零件的生产批量较大时，可采用专用夹具或组合夹具装夹工件，这样既能提高生产效

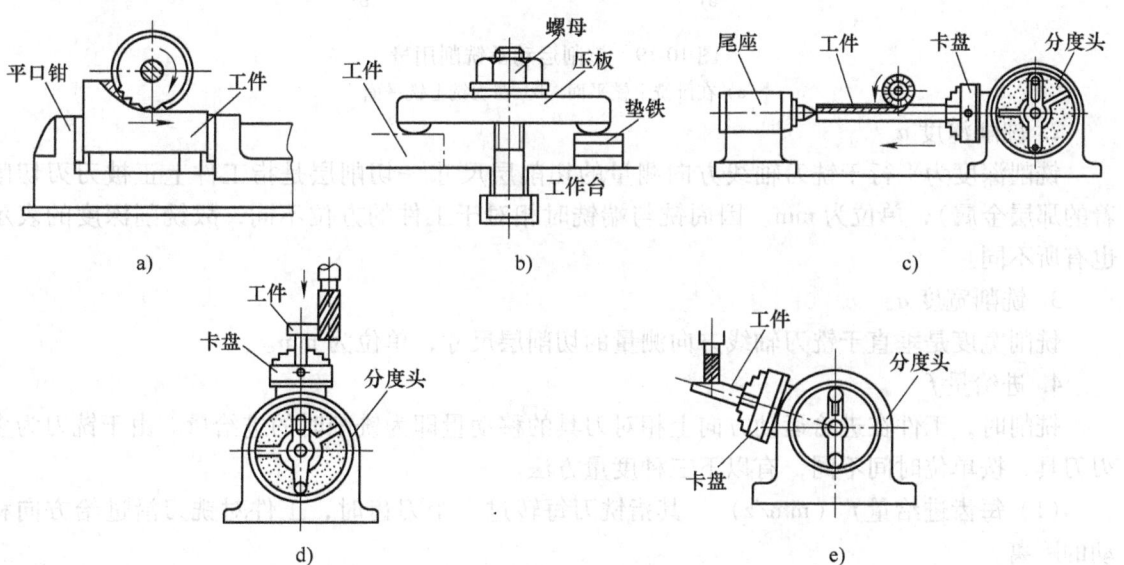

图 10-18　工件在铣床上常用的安装方法
a）平口钳安装工件　b）用压板、螺栓和垫块安装工件　c）用分度头与尾架顶尖一起安装工件
d）分度头卡盘在垂直位置安装工件　e）分度头卡盘在倾斜位置安装工件

率，又能保证产品质量。

业内小提示：在分度头上装夹工件时，不要忘记锁紧分度头主轴，避免分度头主轴在铣削过程中松动；分度时，摇柄上的定位销应慢慢地插入孔中，不能突然撒手，让插销自动弹入孔中，以防孔眼周围产生磨损，加大分度的误差；分度中，当摇柄转过预定孔的位置时，必须把摇柄向回多摇一些，在消除了蜗轮和蜗杆间的配合间隙后，再使插销准确地插入预定孔中。

四、相关知识

（一）铣削运动及铣削要素

铣刀与工件之间的相对运动是铣削的切削运动。其中铣刀的旋转是主运动，工件的移动或转动是进给运动。

铣削运动包括以下四个要素（如图 10-19）：

1. 铣削速度 v_c

铣削速度以铣刀最大直径处的线速度（m/s）表示，可用下式计算：

$$v_c = \pi Dn/(60 \times 1000)$$

式中，D 为工件或刀具的最大直径（mm）；n 为工件或刀具的转速（r/min）。

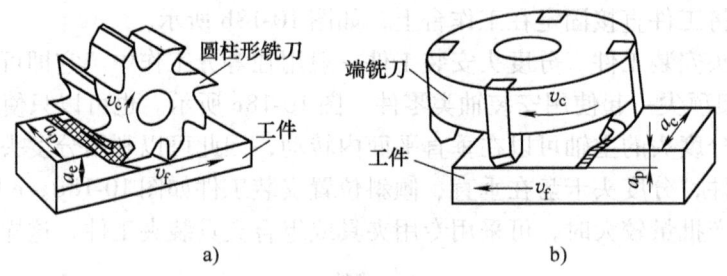

图 10-19 铣削运动及铣削用量
a) 在卧铣上铣平面 b) 在立铣上铣平面

2. 铣削深度 a_p

铣削深度为平行于铣刀轴线方向测量的切削层尺寸（切削层是指工件上正被刀刃切削着的那层金属），单位为 mm。因周铣与端铣时相对于工件的方位不同，故铣削深度的表示也有所不同。

3. 铣削宽度 a_e

铣削宽度是垂直于铣刀轴线方向测量的切削层尺寸，单位为 mm。

4. 进给量 f

铣削时，工件在进给运动方向上相对刀具的移动量即为铣削时的进给量。由于铣刀为多刃刀具，按单位时间不同，有以下三种度量方法。

（1）每齿进给量 f_z（mm/z） 其指铣刀每转过一个刀齿时，工件对铣刀沿进给方向移动的距离。

（2）每转进给量 f（mm/r） 其指铣刀每转一圈时，工件对铣刀沿进给方向移动的距离。

（3）每分钟进给量 v_f（mm/min） 其又称进给速度，指工件对铣刀沿进给方向每分钟移动的距离。

上述三者的关系为

$$v_f = fn = f_z z n$$

式中，n 为铣刀的转速（r/min）；z 为铣刀齿数。

（二）铣削用量的选择原则

铣削用量的选择原则是："在保证加工质量的前提下，充分发挥机床工作效能和刀具切削性能"。在工艺系统刚性允许的条件下，首先应尽可能选择较大的铣削深度 a_p 和铣削宽度 a_e；其次选择较大的每齿进给量 f_z；最后确定铣削速度 v_c。铣削用量的推荐值可参照表 10-1 选取。

表 10-1 铣削用量推荐值

材料	高速钢铣刀				硬质合金			
	切削速度 v_c /m·min^{-1}	进给量 f_z /mm·r^{-1}	铣削宽度 a_e/mm		切削速度 v_c /m·min^{-1}	进给量 f_z /mm·r^{-1}	铣削宽度 a_e/mm	
			粗铣	精铣			粗铣	精铣
低碳钢	21～25	0.1～0.2	<5	0.5～1	150～190	0.12～0.3	<12	0.5～1
中碳钢	21～35	0.05～0.2	<4	0.5～1	120～150	0.07～0.2	<7	0.5～1
高碳钢	12～25	0.05～0.2	<3	0.5～1	60～90	0.07～0.2	<4	0.5～1
灰铸铁	14～28	0.07～0.25	5～7	0.5～1	72～100	0.1～0.3	10～18	0.5～1

第三节 基本技能

一、铣平面

可以用圆柱铣刀、面铣刀或三面刃盘铣刀在卧式铣床或立式铣床上进行铣平面，下面介绍用圆柱铣刀和面铣刀铣平面。

（一）用圆柱铣刀铣平面

1. 顺铣和逆铣

在卧式铣床上用圆柱铣刀的圆周刀齿铣平面的方法称为周铣，周铣有逆铣法和顺铣法之分。切削部位刀齿的旋转方向与工件的进给方向相反，为逆铣；反之，为顺铣（图 10-20）。

1) 顺铣特点。每个刀齿的切削厚度是从最大减小到零，易于切入工件，不存在滑行现象，刀具磨损小，工件冷硬程度较轻。顺铣时垂直分力 F_V 向下，对工件有一个压紧作用，有利于工件装夹。但是水平分力 F_H 的方向与工件进给方向相同，不利于消除工作台丝杠和螺母的间隙，切削时铣削力忽大忽小，会使工作台窜动、进给量不均匀和振动大，甚至引起打刀或损坏机床。但顺铣表面粗糙度小，适合精加工。

2) 逆铣特点。切屑的厚度从零开始渐增，铣刀刃不能立刻切入工件，而是在工件已加工表面滑行一段距离，刀具磨损加剧、工件表面产生冷硬现象。逆铣时垂直分力 F_V 对工件有一个上抬作用，不利于工件的装夹，但水平分力 F_H 方向与工件进给方向相反，有利于消除工作台丝杠和螺母的间隙，切削平稳，振动小。逆铣增大加工表面粗糙度，适合粗加工。

顺铣和逆铣方法对比表见表 10-2。从对比表中可看出，顺铣有利于提高刀具寿命、已加

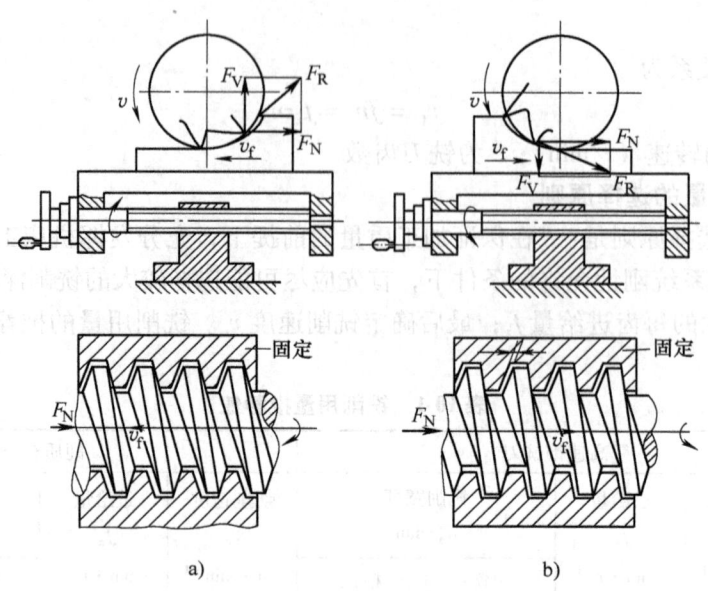

图 10-20 圆周铣削时的逆铣和顺铣
a) 逆铣 b) 顺铣

工表面质量以及增加工件夹持的稳定性,应该被广泛采用,但必须在纵向进给丝杠处有消除间隙的装置才能采用顺铣。普通铣床上一般没有消除丝杠与螺母间隙的装置,因此,周铣采用逆铣法较好。另外,对铸锻件表面的粗加工,顺铣因刀齿首先接触黑皮,将加剧刀具的磨损,一般也采用逆铣。

表 10-2 顺铣和逆铣方法对比表

名称 项目	切削厚度	滑行现象	刀具磨损	工件表面冷热现象	对工件作用力	消除丝杠与螺母间隙	机床振动	损耗能量	工件表面粗糙度	适用场合
顺铣	从大到小	无	慢	无	压紧	否	大	小	小	精加工
逆铣	从小到大	有	快	有	抬起	是	小	大 5%~15%	大	粗加工

2. 操作步骤

1) 根据工件的形状、加工平面的部位采用合适的方法安装工件。

2) 选择并安装铣刀。采用排屑顺利、铣削平稳的螺旋齿圆柱铣刀。铣刀的宽度应大于工件待加工表面的宽度,以减少走刀次数。并尽量选用小直径的铣刀,以防止产生振动。

3) 选择切削用量。根据工件材料、加工余量、工件宽度及表面粗糙度要求等确定合理的切削用量,或者根据工艺卡的规定调整机床的转速和进给量,再根据加工余量的多少来调整铣削深度,然后开始铣削。为了提高生产率和产品质量,铣削加工通常分粗铣和精细两步进行,切削用量可参照表 10-1 选取。

4) 调整铣床工作台的位置。开车使铣刀旋转,升高工作台使工件与铣刀稍微接触。停车,将垂直丝杠刻度盘零线对准。将铣刀退离工件,利用手柄转动刻度盘,将工作台升高到选定的铣削深度,固定升降和横向进给手柄,调整纵向工作台自动进给挡铁的位置。

5）开始铣削。铣削时，先用手动使工作台纵向靠近铣刀，当工件被稍微切入后，改为自动进给；当进给行程尚未完毕时，不要停止进给运动，否则铣刀在停止的地方切入金属就比较深，形成表面深啃现象；铣削铸铁时不加切削液（因铸铁中的石墨可起润滑作用），铣削钢料时要用切削液（通常用含硫矿物油作切削液）。

（二）用面铣刀铣平面

端铣又称面铣，是利用分布在铣刀端面上的端面刀刃铣削来形成平面。用面铣刀的方法铣出来的平面，其平面度主要取决于铣床主轴轴线与进给方向的垂直度。

1. 面铣刀铣平面的方式

用面铣刀铣平面有3种方式，即对称铣削、不对称逆削和不对称顺削，下面进行简单介绍。

（1）对称铣削　对称铣削如图10-21a所示，铣刀位于工件宽度的对称位置上，切入、切出的厚度最小，但不为零。适合铣削有冷硬层的淬硬钢，切入边为逆铣，切出边为顺铣。

（2）不对称逆铣　不对称逆铣如图10-21b所示，铣刀以最小的铣削厚度切入，以最大的铣削厚度切出，减少了冲击，对铣刀的耐用度有利。适于铣削碳钢和一般合金钢。

（3）不对称顺铣　不对称顺铣如图10-21c所示，铣刀以最大的铣削厚度切入，以较小的铣削厚度切出，铣削时有一定的冲击，但避免了切入冷硬层。适于铣削冷硬性材料、不锈钢和耐热钢等。

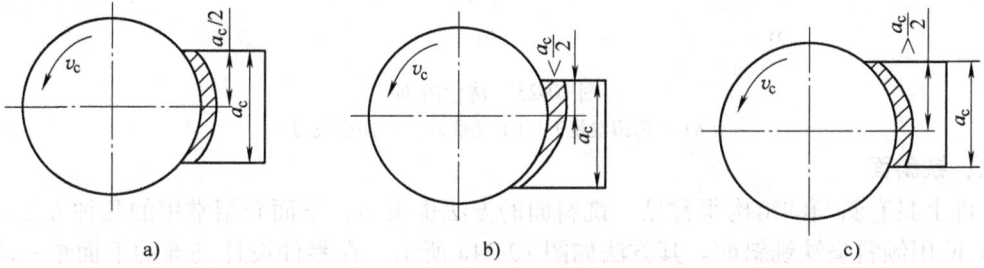

图 10-21　面铣刀的三种铣削方式
a）对称端铣　b）不对称端铣（逆铣）　c）不对称端铣（顺铣）

2. 面铣刀铣平面的特点

面铣刀一般用于立式铣床上铣平面，有时也用于卧式铣床上铣侧面，如图10-22所示。面铣刀一般中间带有圆孔，通常先将铣刀装在短刀轴上，再将刀轴装入机床的主轴上，并用

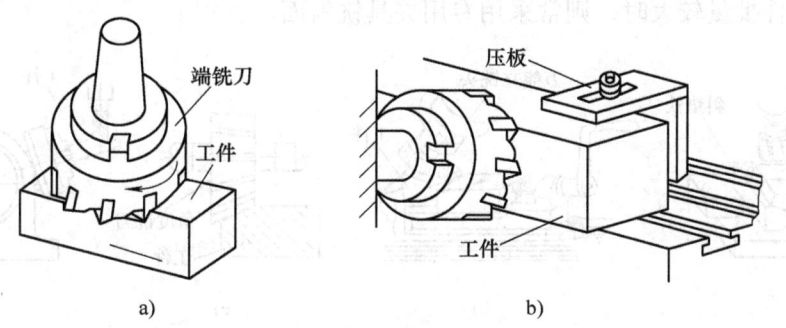

图 10-22　用面铣刀铣平面
a）立式铣床　b）卧式铣床

拉杆螺丝拉紧。

用面铣刀铣平面与用圆柱铣刀铣平面相比，其特点是：①切削厚度变化较小，同时切削的刀齿较多，因此切削比较平稳；②面铣刀的主切削刃担负着主要的切削工作，而副切削刃又有修光作用，所以表面光整；③面铣刀的刀齿易于镶装硬质合金刀片，可进行高速铣削，且其刀杆比圆柱铣刀的刀杆短些，刚性较好，能减少加工中的振动，有利于提高铣削用量。因此，端铣既提高了生产率，又提高了表面质量，所以在大批量生产中，端铣已成为加工平面的主要选择。

二、铣台阶

在铣床上铣台阶面主要有两种方法：①在卧式铣床上用三面刃盘铣刀进行铣削；②在立式铣床上用大直径的立铣刀进行铣削。在成批的生产中，则可用组合铣刀同时铣削几个台阶面。铣台阶面如图10-23所示。

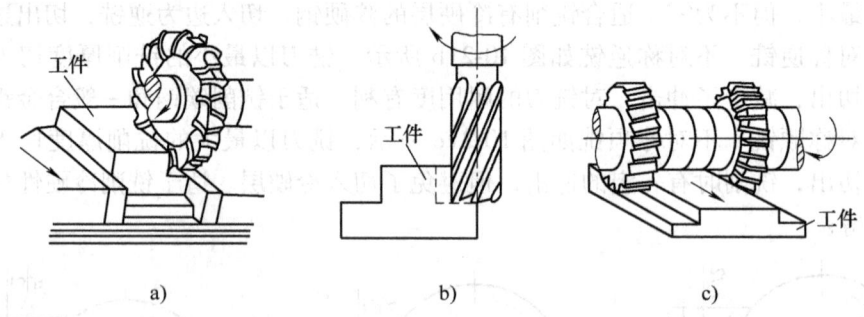

图10-23 铣台阶面
a）三面刃盘铣刀 b）立铣刀 c）组合铣刀

三、铣斜面

工件上具有斜面的结构很常见，铣斜面的方法也很多，下面介绍常用的几种方法。

1）使用倾斜垫铁铣斜面。其方法如图10-24a所示。在零件设计基准的下面垫一块倾斜垫铁，则铣出的平面就与设计基准面成倾斜位置，改变倾斜垫铁的角度，即可加工不同角度的斜面。

2）用万能立铣头铣斜面。其方法如图10-24b所示。由于万能立铣头能方便地改变刀轴在空间的位置，因此可以转动铣头使刀具相对工作台倾斜一个角度来铣斜面。

3）用角度铣刀铣斜面。其方法如图10-24c所示。较小的斜面可用合适的角度铣刀加工。当加工零件批量较大时，则常采用专用夹具铣斜面。

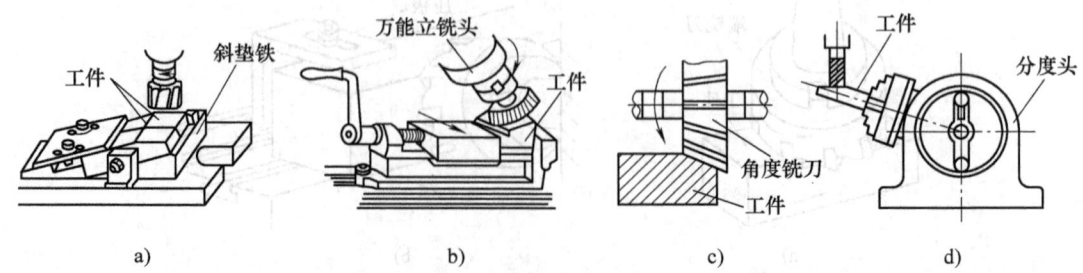

图10-24 铣斜面的几种方法
a）用倾斜垫铁铣斜面 b）用万能立铣头铣斜面 c）用角度铣刀铣斜面 d）用分度头铣斜面

4）用分度头铣斜面。其方法如图 10-24d 所示。在一些圆柱形和特殊形状的零件上加工斜面时，可利用分度头将工件转成所需位置而铣出斜面。

四、铣沟槽

在铣床上能加工的沟槽种类很多，如直槽、角度槽、V 形槽、T 形槽、燕尾槽和键槽等。现介绍键槽、T 形槽和燕尾槽的加工。

1. 铣键槽

常见的键槽有封闭式和敞开式两种。在轴上铣封闭式键槽，一般在立式铣床上用键槽铣刀加工，如图 10-25a 所示。键槽铣刀一次轴向进给不能太大，切削时要注意逐层切下。敞开式键槽多在卧式铣床上用三面刃铣刀进行加工，如图 10-25b 所示。注意在铣键槽前，要做好对刀工作，以保证键槽的对称度。

2. 铣 T 形槽及燕尾槽

铣 T 形槽及燕尾槽如图 10-26 所示。T 形槽应用很多，如铣床和刨床的工作台上用来安放紧固螺栓的槽就是 T 形槽。要加工 T 形槽及燕尾槽，必须首先用立铣刀或三面刃铣刀铣出直角槽，然后在立铣上用 T 形槽铣刀铣削 T 形槽或用燕尾槽铣刀铣削燕尾槽。但由于 T 形槽铣刀和燕尾槽铣刀在工作时排屑困难，因此切削用量应选得小些，同时应多加切削液，最后再用角度铣刀铣出倒角。

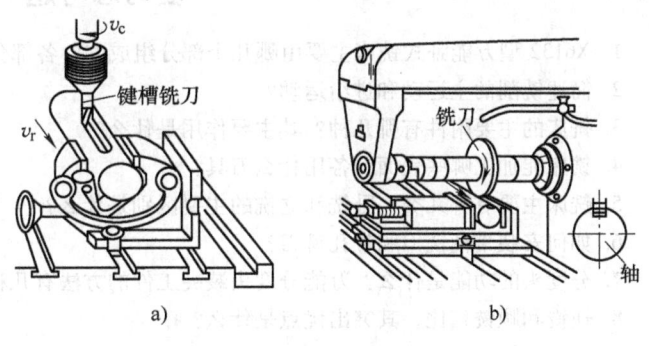

图 10-25　铣键槽
a）在立式铣床上铣封闭式键槽　b）在卧式铣床上铣敞开式键槽

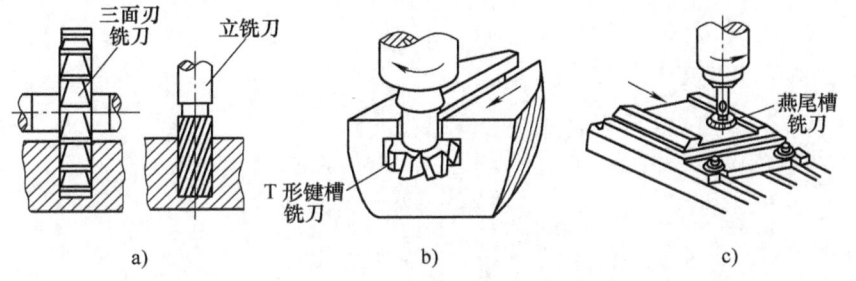

图 10-26　铣 T 形槽及燕尾槽
a）先铣出直槽　b）铣 T 形槽　c）铣燕尾槽

五、铣成形面

如零件的某一表面在截面上的轮廓线是由曲线和直线所组成，这个面就是成形面。成形面一般在卧式铣床上用成形铣刀来加工，如图 10-27a 所示。成形铣刀的形状要与成形面的形状相吻合。如零件的外形轮廓是由不规则的直线和曲线组成，这种零件就称为具有曲线外形表面的零件。这种零件一般在立式铣床上铣削，加工方法有：①按划线用手动进给铣削（图 10-27b）；②用圆形工作台铣削；③用靠模铣削（图 10-27c）。

对于要求不高的曲线外形表面，可按工件上划出的线迹移动工作台进行加工，顺着线迹将打出的样冲眼铣掉一半。在成批及大量生产中，可以采用靠模夹具或专用的靠模铣床来对曲线外形面进行加工。

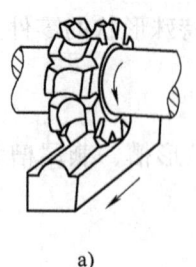 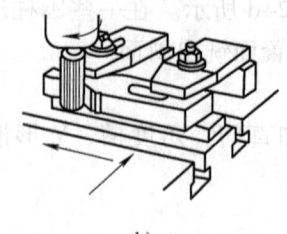 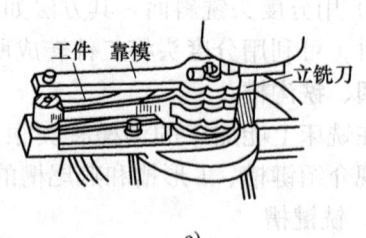

a)　　　　　　　　　　b)　　　　　　　　　　c)

图 10-27　铣成形面

a) 用成形铣刀铣成形面　b) 按划线铣曲面　c) 用靠模铣曲面

复习思考题

1. X6132 型万能卧式铣床主要由哪几个部分组成的？各部分的主要作用是什么？
2. 简述铣削的主运动和进给运动？
3. 铣床的主要附件有哪几种？其主要作用是什么？
4. 铣床能加工哪些表面？各用什么刀具？
5. 铣床主要有哪几类？卧铣和立铣的主要区别是什么？
6. 如何安装带柄铣刀和带孔铣刀？
7. 分度头的功能是什么？万能分度头装夹工件的方法有几种？其定位基准是什么？
8. 逆铣和顺铣相比，其突出优点是什么？
9. 在轴上铣封闭式和敞开式键槽可选用什么铣床和刀具？
10. 铣床上工件的主要安装方法有哪几种？

第十一章 刨 削

第一节 概 述

在刨床上用刨刀加工工件的过程称为刨削。

一、刨削特点

1) 生产率一般较低。刨削是不连续的切削过程,刀具切入、切出时切削力有突变将引起冲击和振动,限制了刨削速度的提高。此外,单刃刨刀实际参与切削的长度有限,一个表面往往要经过多次行程才能加工出来,刨刀返回行程时不进行工作。由于以上原因,刨削生产率一般低于铣削,但对于狭长表面(如导轨面)的加工,以及在龙门刨床上进行多刀、多件加工,其生产率可能高于铣削。

2) 刨削加工通用性好、适应性强。刨床结构较车床、铣床等简单,调整和操作方便;刨刀形状简单,和车刀相似,制造、刃磨和安装都较方便;刨削时一般不需加切削液。

二、刨削加工应用范围

刨削加工的尺寸精度一般为 IT9~IT8,表面粗糙度 Ra 值为 6.3~1.6μm,用宽刀精刨时,Ra 值可达 1.6μm。此外,刨削加工还可保证一定的相互位置精度,如面对面的平行度和垂直度等。刨削在单件、小批量生产和修配工作中得到了广泛应用。刨削主要用于加工各种平面(水平面、垂直面和斜面)、沟槽(直槽、T形槽、燕尾槽等)和成形面等,图 11-1 所示为刨削加工的主要应用。

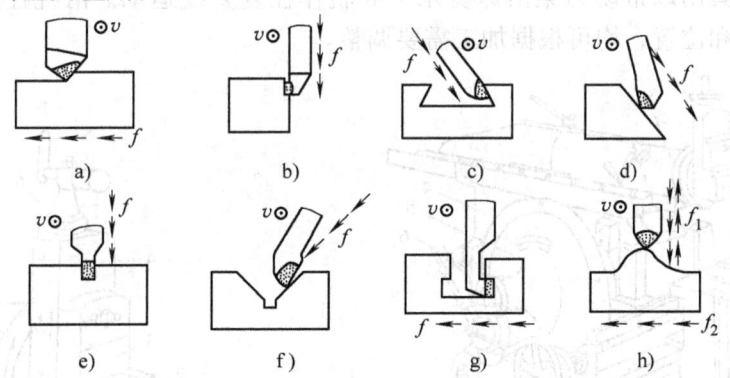

图 11-1 刨削加工的主要应用
a) 刨平面 b) 刨垂直面 c) 刨燕尾槽 d) 刨斜面 e) 切断
f) 刨V形槽 g) 刨T形槽 h) 刨成形面

第二节 基 本 知 识

刨床主要有牛头刨床和龙门刨床,常用的是牛头刨床。牛头刨床最大的刨削长度一般不超过1000mm,适合加工中小型零件。龙门刨床由于其刚性好,而且有 2~4 个刀架可同时工作,因此,它主要用于加工大型零件或同时加工多个中、小型零件,其加工精度和生产率均比牛头刨床高。刨床上加工的典型零件如图 11-2 所示。

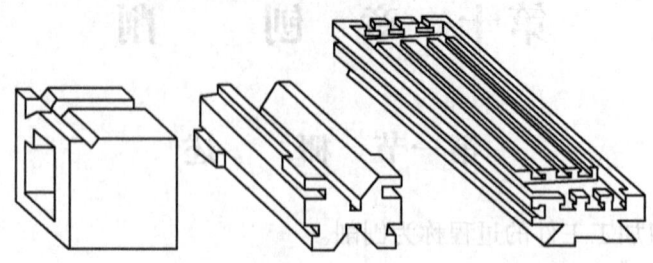

图 11-2 刨床上加工的典型零件

一、刨床

(一)牛头刨床

1. 牛头刨床的型号与组成

图 11-3 所示为 B6065 型牛头刨床的外形。型号 B6065 中字母与数字的含义如下所示:

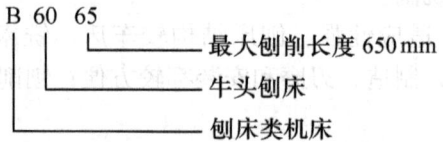

B6065 型牛头刨床主要由以下几部分组成:

(1)床身 其用以支承和连接刨床各部件。其顶面的水平导轨供滑枕带动刀架进行往复直线运动,侧面的垂直导轨供横梁带动工作台升降。床身内部有主运动变速机构和摆杆机构。

(2)滑枕 其用以带动刀架沿床身水平导轨作往复直线运动。滑枕往复直线运动的快慢、行程的长度和位置,均可根据加工需要调整。

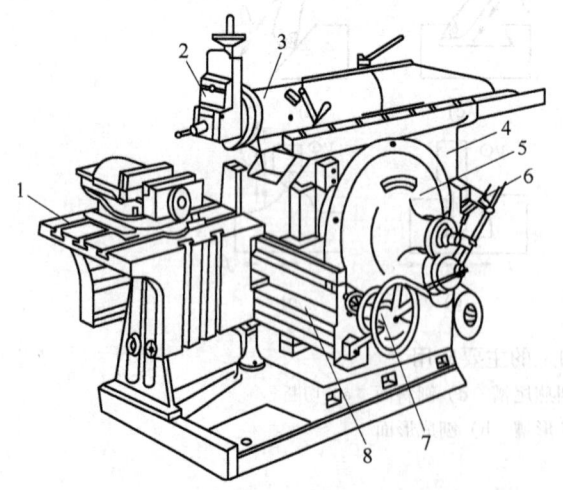

图 11-3 B6065 型牛头刨床外形图
1—工作台 2—刀架 3—滑枕 4—床身 5—摆杆机构 6—变速机构 7—进给机构 8—横梁

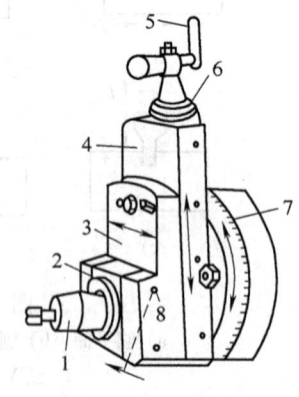

图 11-4 刀架
1—刀夹 2—抬刀板 3—刀座 4—滑板 5—手柄 6—刻度环 7—刻度转盘 8—销轴

(3)刀架 其用以夹持刨刀,其结构如图 11-4 所示。当转动刀架手柄 5 时,滑板 4 带着刨刀沿刻度转盘 7 上的导轨上、下移动，以调整背吃刀量或在加工垂直面时作进给运动。松开转盘 7 上的螺母，将转盘扳转一定角度，可使刀架斜向进给，以加工斜面。刀座 3 装在滑板 4 上。抬刀板 2 可绕刀座上的销轴向上抬起，以使刨刀在返回行程时离开零件已加工表面，以减少刀具与零件的摩擦。

（4）工作台　其用以安装零件，可随横梁作上下调整，也可沿横梁导轨作水平移动或作间歇进给运动。

2. 牛头刨床的传动系统

B6066 牛头刨床的传动系统（图 11-5）主要包括摆杆机构和棘轮机构。

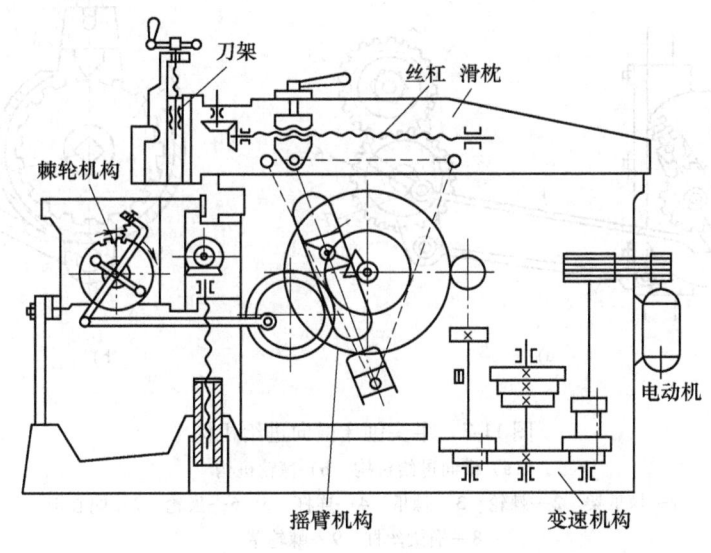

图 11-5　B6066 牛头刨床的传动系统

（1）摆杆机构　其作用是将电动机传来的旋转运动变为滑枕的往复直线运动，结构如图 11-6 所示。

（2）棘轮机构　其作用是使工作台在滑枕完成回程与刨刀再次切入零件之前的瞬间，作间歇横向进给，牛头刨床横向进给机构如图 11-7a 所示，棘轮机构如图 11-7b 所示。

齿轮 5 与摆杆齿轮为一体，摆杆齿轮逆时针旋转时，齿轮 5 带动齿轮 6 转动，使连杆 4 带动棘爪 3 逆时针摆动。棘爪 3 逆时针摆动时，其上的垂直面拨动棘轮 2 转过若干齿，使丝杠 8 转过相应的角度，从而实现工作台的横向进给。而当棘轮顺时针摆动时，由于棘爪后面为一斜面，只能从棘轮齿顶滑过，而不能拨动棘轮，所以工作台静止不动，这样就实现了工作台的横向间歇进给。

3. 牛头刨床的调整

（1）滑枕行程长度、起始位置、速

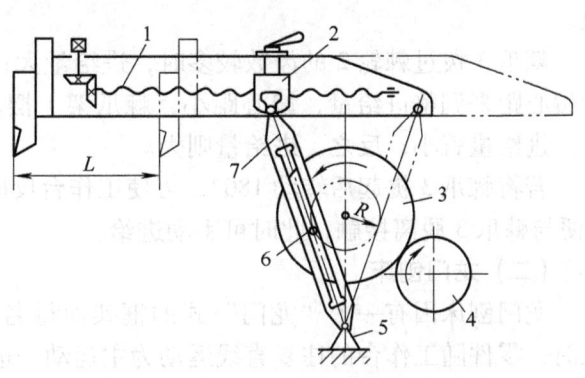

图 11-6　摆杆机构
1—丝杠　2—螺母　3—摆杆齿轮　4—小齿轮
5—支架　6—偏心滑块　7—摆杆

度的调整　刨削时,滑枕行程的长度一般应比零件刨削表面长 30~40mm,如图 11-6 所示,滑枕行程长度的调整方法是通过改变摆杆齿轮上偏心滑块的偏心距离,其偏心距越大,摆杆摆动的角度就越大,滑枕的行程长度也就越长;反之,则越短。

松开滑枕内的锁紧手柄,转动丝杠,即可改变滑枕行程的起始点,使滑枕移到所需的位置。

调整滑枕速度时,必须在停车之后进行,否则将打坏齿轮,可以通过变速机构来改变变速齿轮的位置,使牛头刨床获得不同的转速。

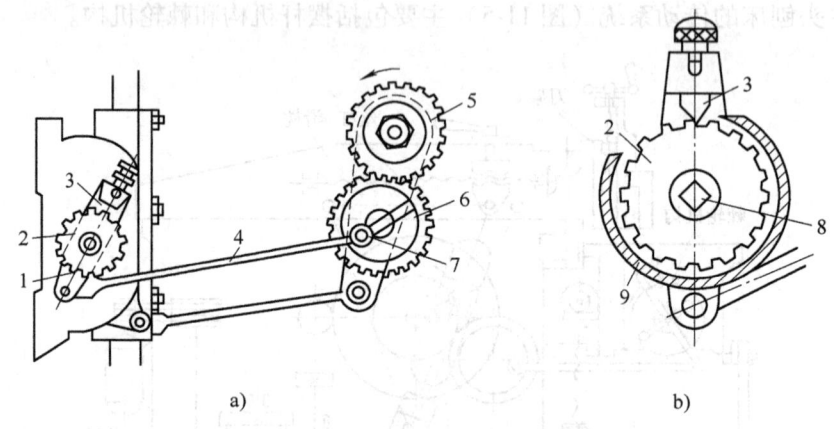

图 11-7　牛头刨床横向进给机构
a) 横向进给机构　b) 棘轮机构
1—棘爪架　2—棘轮　3—棘爪　4—连杆　5、6—齿轮　7—偏心销
8—横梁丝杠　9—棘轮罩

(2) 工作台横向进给量的大小、方向的调整　工作台的进给运动既要满足间歇运动的要求,又要与滑枕的工作行程协调一致,即在刨刀返回行程将结束时,工作台连同零件一起横向移动一个进给量。牛头刨床的进给运动是由棘轮机构实现的。

横向进给机构如图 11-7 所示,棘爪架空套在横梁丝杠 8 上,棘轮用键与丝杠轴相连。工作台横向进给量的大小,可通过改变棘轮罩的位置,从而改变棘爪每次拨过棘轮的有效齿数。

棘爪 3 拨过棘轮 2 的齿数较多时,进给量大;反之则小。此外,还可通过改变偏心销 7 的偏心距来调整进给量,偏心距小,棘爪架 1 摆动的角度就小,棘爪 3 拨过的棘轮 2 齿数少,进给量就小;反之,进给量则大。

若将棘爪 3 提起后转动 180°,可使工作台反向进给。当把棘爪 3 提起后转动 90°,棘轮 2 便与棘爪 3 脱离接触,此时可手动进给。

(二) 龙门刨床

龙门刨床因有一个"龙门"式的框架而得名。与牛头刨床不同的是,在龙门刨床上加工时,零件随工作台的往复直线运动为主运动,进给运动是垂直刀架沿横梁上的水平移动和侧刀架在立柱上的垂直移动。

龙门刨床适用于刨削大型零件,零件长度可达几米、十几米、甚至几十米。也可在工作台上同时装夹几个中、小型零件,用几把刀具同时加工,故生产率较高。龙门刨床特别适合于加工各种水平面、垂直面及各种平面组合的导轨面、T 形槽等。B2010A 型龙门刨床的外形如图 11-8 所示。

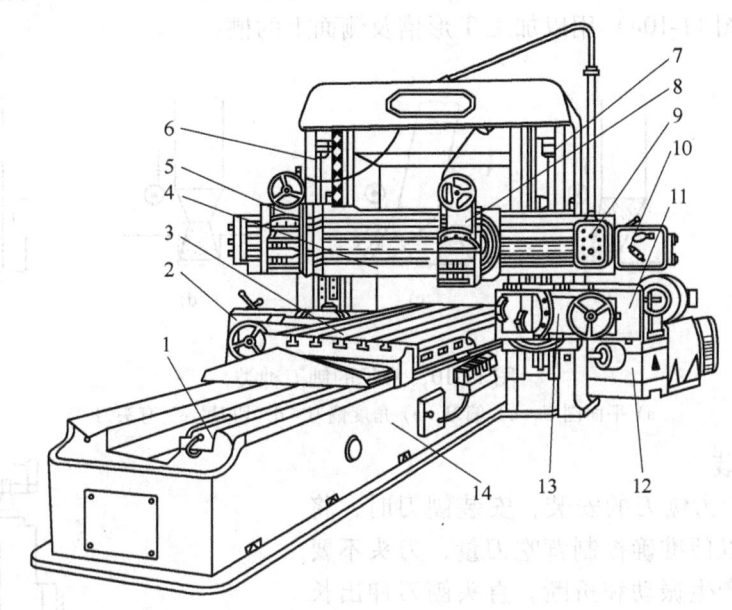

图 11-8 B2010A 型龙门刨床的外形
1—液压安全器 2—左侧刀架进给箱 3—工作台 4—横梁 5—左垂直刀架 6—左立柱
7—右立柱 8—右垂直刀架 9—悬挂按钮站 10—垂直刀架进给箱 11—右侧刀架进给箱
12—工作台减速箱 13—右侧刀架 14—床身

龙门刨床的主要特点是：①自动化程度高，各主要运动的操纵都集中在机床的悬挂按钮站和电气柜的操纵台上，操纵十分方便；②工作台的工作行程和空回行程可在不停车的情况下实现无级变速；③横梁可沿立柱上下移动，以适应不同高度零件的加工；④所有刀架都有自动抬刀装置，并可单独或同时进行自动或手动进给，垂直刀架还可转动一定的角度，用来加工斜面。

二、刨刀的种类及安装

1. 刨刀的几何形状

刨刀的几何形状与车刀相似，但刀杆的截面积比车刀大 1.25~1.5 倍，以承受较大的冲击力。刨刀的前角 γ_o 比车刀稍小，刃倾角取较大的负值，以增加刀头的强度。刨刀的一个显著特点是刨刀的刀头往往做成弯头，图 11-9 所示为弯、直头刨刀。做成弯头的目的是为了当刀具碰到零件表面上的硬点时，刀头能绕 O 点向后上方弹起，使切削刃离开零件表面，不会啃入零件已加工表面或损坏切削刃，因此，弯头刨刀比直头刨刀应用更广泛。

2. 刨刀的种类及其应用

刨刀的形状和种类依加工表面形状的不同而有所不同。常用刨刀及其应用如图 11-10 所示。

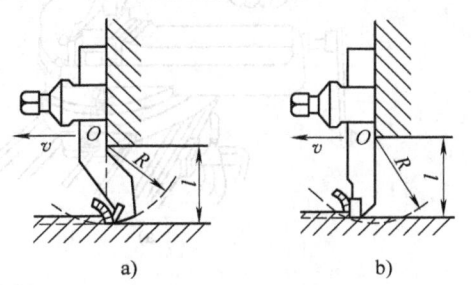

图 11-9 弯头刨刀和直头刨刀
a) 弯头刨刀 b) 直头刨刀

平面刨刀（图 11-10a）用以加工水平面；偏刀（图 11-10b）用于加工垂直面、台阶面和斜面；角度偏刀（图 11-10c）用以加工角度和燕尾槽；切刀（图 11-10d）用以切断或刨沟槽；弯切刀（图 11-10e）用以加工 T 形槽及侧面上的槽。

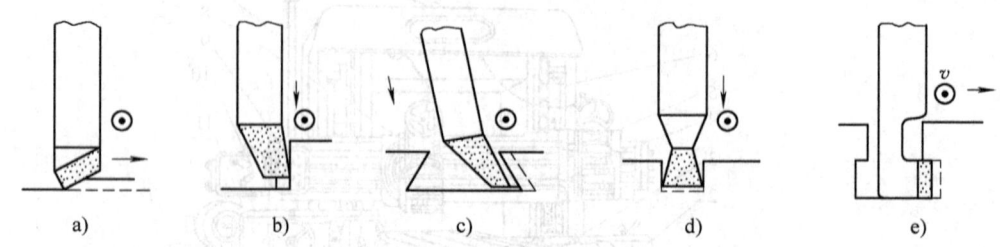

图 11-10　常见的刨刀种类
a）平面刨刀　b）偏刀　c）角度偏刀　d）切刀　e）弯头刀

3. 刨刀的安装

图 11-11 所示为刨刀的安装，安装刨刀时，将转盘对准零线，以便准确控制背吃刀量，刀头不要伸出太长，以免产生振动和折断。直头刨刀伸出长度一般为刀杆厚度的 1.5～2 倍，弯头刨刀的伸出长度可稍长些，以弯曲部分不碰刀座为宜。装刀或卸刀时，应使刀尖离开零件表面，以防损坏刀具或者擦伤零件表面，必须一只手扶住刨刀，另一只手使用扳手，用力方向自上而下，否则容易将抬刀板掀起，碰伤或夹伤手指。

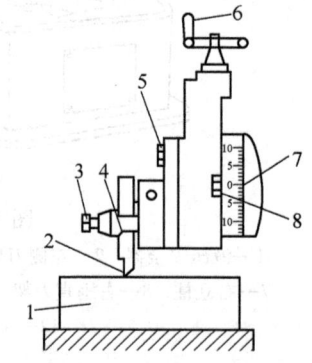

图 11-11　刨刀的安装
1—零件　2—刀头伸出要短　3—刀夹螺钉
4—刀夹　5—刀座螺钉　6—刀架进给手柄
7—转盘对准零线　8—转盘螺钉

三、工件装夹方法

在刨床上工件的安装方法视工件的形状和尺寸而定。常用的有平口虎钳安装、压板螺栓安装和专用夹具安装等（图 11-12）。

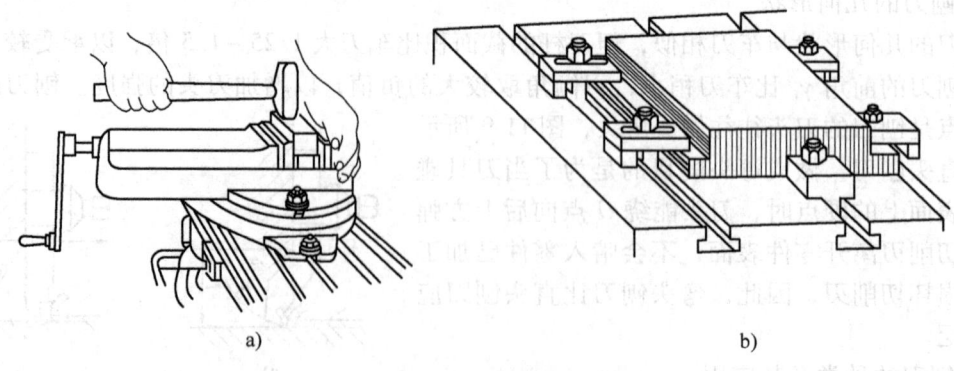

图 11-12　工件的装夹
a）平口钳安装　b）压板螺栓安装

第三节　刨削基本技能

一、刨平面

刨削水平面的一般顺序如下：

1) 根据工件加工表面的形状选择并正确安装刨刀。
2) 根据工件大小和形状确定工件装夹方法，并夹紧工件。
3) 调整工作台的高度，使刀尖轻微接触零件表面。
4) 调整刨刀的行程长度和起始位置。
5) 根据工件材料、形状、尺寸等要求，合理选择切削用量。
6) 试切。先用手动试切，进给 1～1.5mm 后停车，测量尺寸，根据测得结果调整背吃刀量，再自动进给进行刨削。当零件表面粗糙度 Ra 值低于 6.3μm 时，应先粗刨，再精刨。精刨时，背吃刀量和进给量应小些，切削速度应适当高些。此外，在刨刀返回行程时，用手掀起刀座上的抬刀板，使刀具离开已加工表面，以保证零件表面质量。
7) 检验。工件刨削完工后，停车检验，尺寸和加工精度合格后即可卸下。

二、刨垂直面和斜面

刨垂直面的方法如图 11-13 所示，采用偏刀，并使刀具的伸出长度大于整个刨削面的高度。刀架转盘应对准零线，以使刨刀沿垂直方向移动。刀座必须偏转 10°～15°，以使刨刀在返回行程时离开工件表面，减少刀具的磨损，避免工件已加工表面被划伤。刨垂直面和斜面的加工方法一般在不能或不便于进行水平面刨削时才使用。

刨斜面与刨垂直面基本相同，只是刀架转盘必须按工件所需加工的斜面扳转一定角度，以使刨刀沿斜面方向移动。图 11-14 所示为刨斜面，采用偏刀或样板刀，转动刀架手柄进行进给，可以刨削左侧或右侧斜面。

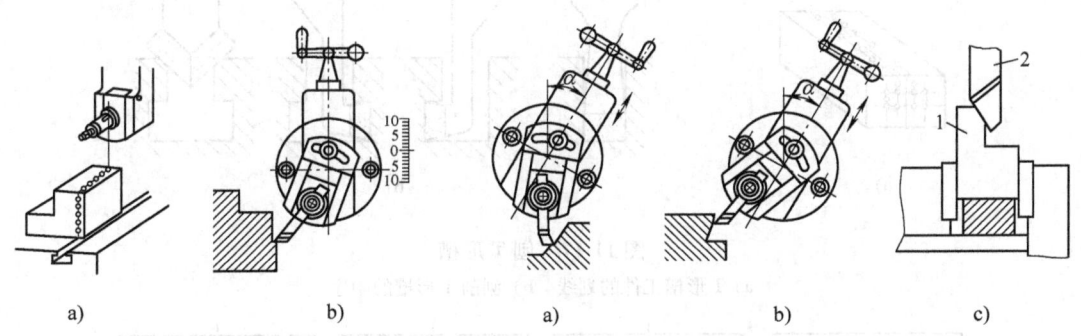

　　a)　　　　　　　b)　　　　　　　a)　　　　　　　b)　　　　　　　c)

图 11-13　刨垂直面
a) 按划线找正　b) 调整刀架垂直进给

图 11-14　刨斜面
a) 用偏刀刨左侧斜面　b) 用偏刀刨右侧斜面
c) 用样板刀刨斜面

三、刨沟槽

1. 刨直槽

刨直槽时用切刀以垂直进给完成，如图 11-15 所示。

2. 刨 V 形槽

刨 V 形槽的方法如图 11-16 所示，先按刨平面的方法把 V 形槽粗刨出大致形状，如图 11-16a 所示；然后用切刀刨 V 形槽底的直角槽，如图 11-16b 所示；再按刨斜面的方法用偏刀刨 V 形槽的两斜面，如图 11-16c 所示；最后用样板刀精刨至图样要求的尺寸精度和表面粗糙度，如图 11-16d 所示。

3. 刨 T 形槽

刨 T 形槽时，应先在工件端面和上平面划出加工线，如图 11-17a 所示，再按图 11-17b 所示顺序刨削。

4. 刨燕尾槽

刨燕尾槽与刨 T 形槽相似，应先在工件端面和上平面划出加工线，如图 11-18 所示。燕尾槽的燕尾部分是两个对称的斜面。其刨削方法是刨直槽和刨内斜面的综合，但需要专门刨燕尾槽的左右偏刀。刨削步骤如图 11-19 所示。

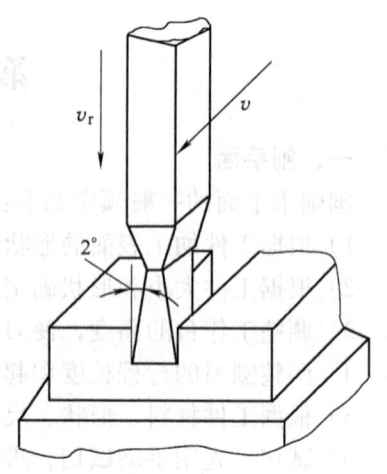

图 11-15　刨直槽

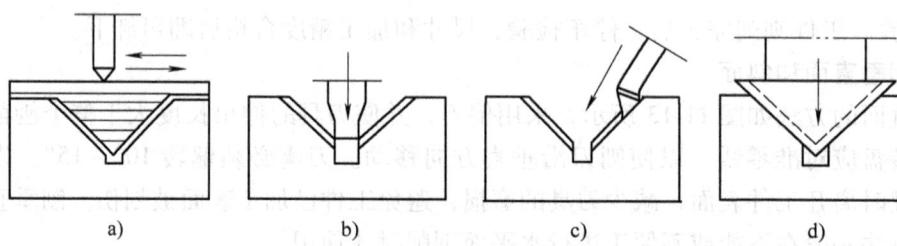

图 11-16　刨 V 形槽

a) 刨平面　b) 刨直角槽　c) 刨斜面　d) 样板刀精刨

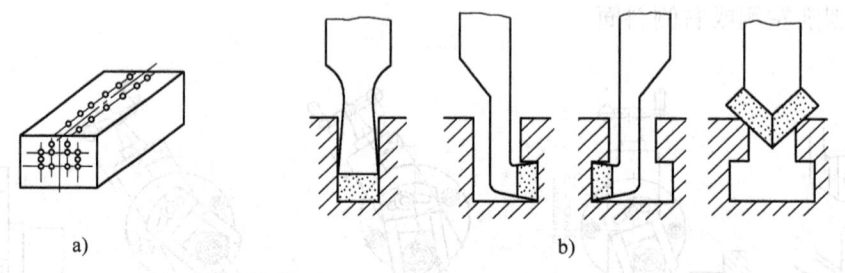

图 11-17　刨 T 形槽

a) T 形槽工件的划线　b) 刨削 T 形槽的顺序

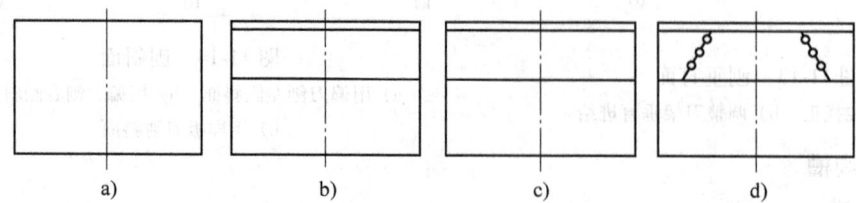

图 11-18　燕尾槽的划线

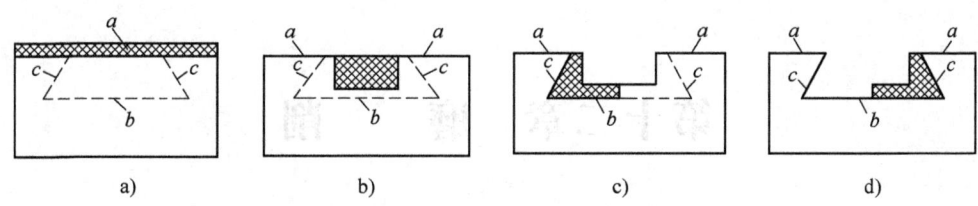

图 11-19 燕尾槽的刨削步骤
a) 刨平面　b) 刨直槽　c) 刨左燕尾槽　d) 刨右燕尾槽

四、刨成形面

在刨床上刨削成形面，通常是先在工件的侧面划线，然后根据划线分别移动刨刀作垂直进给和移动工作台作水平进给，从而加工出成形面，如图 11-1h 所示。也可用成形刨刀加工，使刨刀切削刃口形状与零件表面一致，一次成形。

复习思考题

1. 牛头刨床刨削平面时的主运动和进给运动各是什么？
2. 牛头刨床主要由哪几部分组成？各有何作用？刨削前需如何调整？
3. 牛头刨床刨削平面时的间歇进给运动是靠什么实现的？
4. 滑枕往复直线运动的速度是如何变化的？为什么？
5. 刨削加工中刀具最容易损坏的原因是什么？
6. 牛头刨床横向进给量的大小是靠什么实现的？
7. 刨削的加工范围有哪些？
8. 常见的刨刀有哪几种？试分析切削量大的刨刀为什么做成弯头的。
9. 刀架的作用是什么？刨削垂直面和斜面时，如何调整刀架的各个部分？
10. 刨刀和车刀相比，其主要差别是什么？
11. 牛头刨床在刨工件时，其摇杆（摆杆）长度是否有变化？靠何种机构来补偿？

第十二章 磨 削

第一节 概 述

用砂轮或其他磨具切除工件表面多余材料的加工方法叫磨削。磨削加工是机械制造中最常用的加工方法之一，它的应用范围很广，可以磨削难以切削的各种高硬超硬材料；可以磨削各种表面；可以用于粗加工、精加工和超精加工。磨削后工件的磨削精度可达 IT6~IT5，表面粗糙度可以达到 $Ra0.025~0.8\mu m$。磨削比较容易实现生产过程自动化，在工业发达国家，磨床已占机床总数的 25% 左右，个别行业可达到 40%~50%。

一、磨削特点

磨削的本质也是一种切削加工，但它与车削、铣削加工相比有以下显著的特点：

1) 磨削属多刃、微刃切削。磨削用的砂轮是由许多细小坚硬的磨粒用结合剂粘接在一起经焙烧而成的疏松多孔体。这些锋利的磨粒就像铣刀的切削刃，在砂轮高速旋转的条件下，切入工件表面，故磨削是一种多刃、微刃切削过程。

2) 加工尺寸精度高，表面粗糙度 Ra 值低。磨削的切削厚度极薄，每个磨粒的切削厚度可小到微米，故磨削的尺寸精度可达 IT6~IT5，表面粗糙度 Ra 值达 $0.8~0.025\mu m$。高精度磨削时，尺寸精度可超过 IT5，表面粗糙度 Ra 值不大于 $0.012\mu m$。

3) 加工材料广泛。由于磨料硬度极高，故磨削不仅可加工一般金属材料，如碳钢、铸铁等，还可加工一般刀具难以加工的高硬度材料，如淬火钢、各种切削刀具材料及硬质合金等。

4) 砂轮有自锐性。当作用在磨粒上的切削力超过磨粒的极限强度时，磨粒就会破碎，形成新的锋利棱角进行磨削；当此切削力超过结合剂的粘接强度时，钝化的磨粒就会自行脱落，使砂轮表面露出一层新鲜锋利的磨粒，从而使磨削加工能够继续进行。砂轮的这种自行推陈出新、保持自身锋利的性能称为自锐性。可使砂轮连续进行加工，这是其他刀具没有的特性。

5) 磨削温度高。在磨削过程中，由于切削速度很高，产生大量切削热，温度超过 1000℃。同时，高温磨屑在空气中发生氧化作用，产生火花。在如此高温下，将会使工件的材料性能改变而影响质量。因此，为了减少摩擦和迅速散热，降低磨削温度，及时冲走屑末，以保证工件表面质量，磨削时需使用大量切削液。

二、磨削加工应用范围

磨削加工的应用范围很广，几乎各种表面都可以用磨削进行加工，如内外圆柱面、内外圆锥面、各种平面以及螺纹、齿轮、花键、成形面等。此外，磨削可加工淬火钢、硬质合金等一般刀具难以加工的较硬材料。

第二节 基本知识

一、磨床类型与型号

磨床有外圆磨床、内圆磨床、平面磨床、齿轮磨床、导轨磨床、无心磨床、工具磨床等多种。常用的是外圆磨床和平面磨床。磨床型号的表示可见 GB/T 15375—2008《金属切削机床型号编制方法》规定，如 M1432A 表示内容如下：

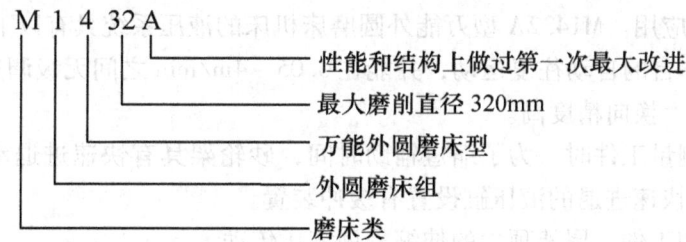

二、磨床的组成和作用

（一）外圆磨床

常用的外圆磨床分为普通外圆磨床和万能外圆磨床。普通外圆磨床上可磨削工件的外圆柱面和外圆锥面；在万能外圆磨床上由于砂轮架、头架和工作台上都装有转盘，能回转一定的角度，且增加了内圆磨具附件，所以万能外圆磨床除可磨削外圆柱面和外圆锥面外，还可磨削内圆柱面、内圆锥面及端平面，故万能外圆磨床较普通外圆磨床的应用更广。图 12-1 所示为 M1432A 万能外圆磨床外形图。

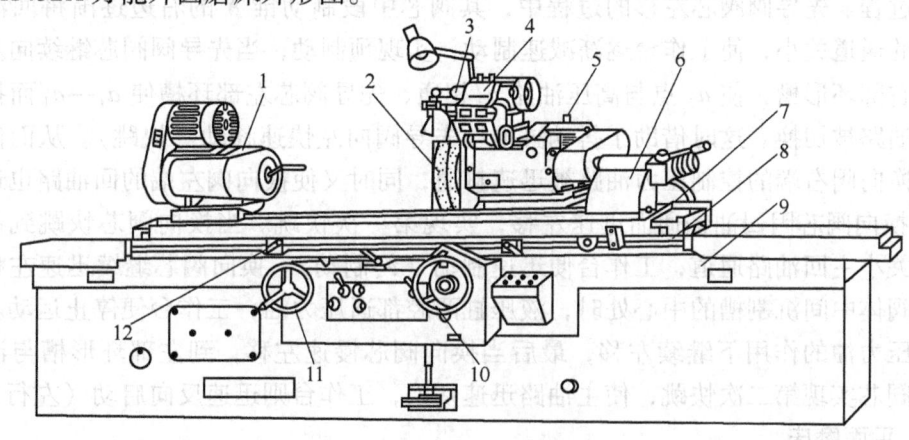

图 12-1　M1432A 万能外圆磨床
1—头架　2—砂轮　3—内圆磨具　4—磨架　5—砂轮架　6—尾座　7—上工作台
8—下工作台　9—床身　10—横向进给手轮　11—纵向进给手轮　12—换相挡块

1. 外圆磨床主要组成部分及作用

（1）床身　其用来支承各部件，上部有工作台和砂轮架，内部有液压系统。

（2）工作台　工作台装有头架和尾架。工作台有两层，下工作台可在床身导轨上作纵向往复运动，上工作台相对下工作台在水平面内能偏转移动的角度，以便磨削圆锥面。

（3）头架　头架内的主轴由单独的电动机经变速机构带动旋转，可得六种转速。主轴端部可安装顶尖、拨盘或卡盘。工件可支承在头架顶尖和尾架顶尖之间，也可用卡盘安装。

(4) 砂轮架　其用于安装砂轮，并有单独的电动机带动砂轮高速旋转，砂轮架可在床身后部的导轨上作横向进给。进给方法有自动周期进给、快速引进或退出以及手动三种，前两种靠液压系统来实现。

(5) 尾架　尾架上安装顶尖，用于支承工件。

2. 外圆磨床的液压系统

液压传动是利用液体的不可压缩性来传递运动的机构。液压传动具有运动平稳，传动力大，可在较大的范围内无级变速，工件在油液中工作的磨损小，易于实现自动化等特点，在磨床上已得到广泛应用。M1432A 型万能外圆磨床机床的液压系统具有以下功能：

1) 能实现工作台的自动往复运动，并能在 0.05~4m/min 之间无级调速，工作台换向平稳，起动制动迅速，换向精度高。

2) 在装卸和测量工件时，为了缩短辅助时间，砂轮架具有快速进退动作，为避免惯性冲击，控制砂轮架快速进退的液压缸设置有缓冲装置。

3) 为方便装卸工件，尾架顶尖的伸缩采用液压传动。

4) 工作台可作微量抖动。切入磨削或加工工件略大于砂轮宽度时，为了提高生产率和改善表面粗糙度，工作台可作短距离（1~3mm）、频繁往复运动（100~150 次/min）。

5) 传动系统具有必要的联锁动作。图 12-2 为 M1432A 型万能外圆磨床液压系统原理图。工作时，油经滤油器被吸入液压泵，液压泵排出的压力油经换向阀进入液压缸的左腔，推动活塞带动工作台向右运动，液压缸右腔的油经换向阀、节流阀回液压箱。当工作台右行到预定位置，工作台上右边的挡块拨与先导阀的阀芯相连接的杠杆，使先导阀芯左移，开始工作台的换向过程。先导阀阀芯左移的过程中，其阀芯中段制动锥 A 的右边逐渐将回油路上通向节流阀的通道关小，使工作台逐渐减速制动，实现预制动；当先导阀阀芯继续向左移动到先导阀芯右部环形槽，使 a_2 点与高压油路 a_2' 相通，先导阀芯左部环槽使 $a_1 \rightarrow a_1'$ 而接通液压箱，控制油路被切换。这时借助于抖动缸推动先导阀向左快速移动（快跳）。从而使通过先导阀到达换向阀右端的控制压力油路被迅速打通，同时又使换向阀左端的回油路也迅速打通（畅通）。换向阀芯因回油畅通而迅速左移，实现第一次快跳。当换向阀芯快跳到制动锥 C 的右侧，关小主回油路通道，工作台便迅速制动（终制动）。换向阀芯继续迅速左移到中部台阶处于阀体中间沉割槽的中心处时，液压缸两腔都通压力油，工作台便停止运动。换向阀芯在控制压力油的作用下继续左移，最后当换向阀芯慢速左移，到左部环形槽与油路相通时，换向阀芯实现第二次快跳，使主油路迅速切换，工作台则迅速反向启动（左行）。

(二) 平面磨床

平面磨床主要用于磨削工件上的平面。平面磨床与其他磨床不同的是工作台上安装有电磁吸盘或其他夹具，用作装夹零件。图 12-3 为 M7120A 型平面磨床外形图。磨头 2 沿滑板 3 的水平导轨作横向进给运动，这可由液压驱动或横向进给手轮 4 操纵。滑板 3 可沿立柱 6 的导轨垂直移动，以调整磨头 2 的高低位置及完成垂直进给运动，该运动也可操纵手轮 9 实现。砂轮由装在磨头壳体内的电动机直接驱动旋转。

(三) 内圆磨床

图 12-4 所示为内圆磨床，它由床身、头架、磨具架和砂轮修整器等部件组成。头架可绕垂直轴转动角度，以便磨锥孔。工作台的往复运动也使用液压传动。

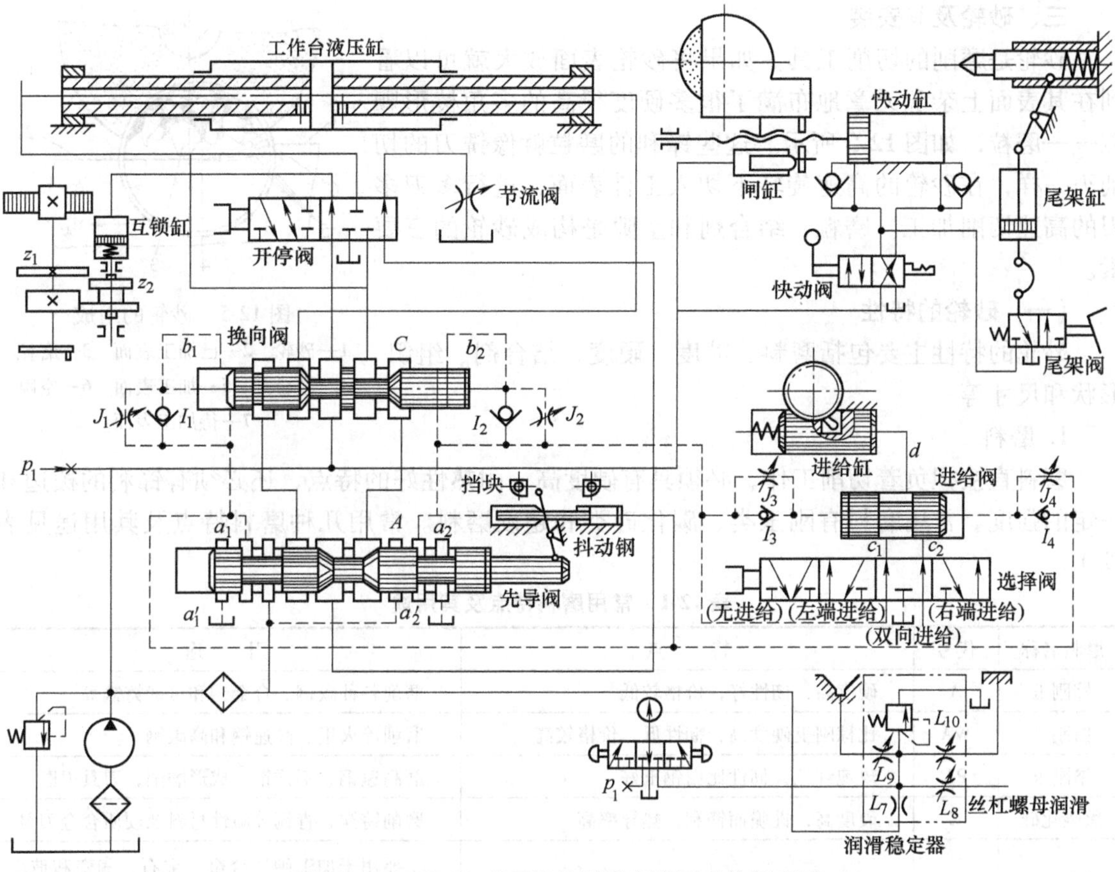

第十二章 磨削

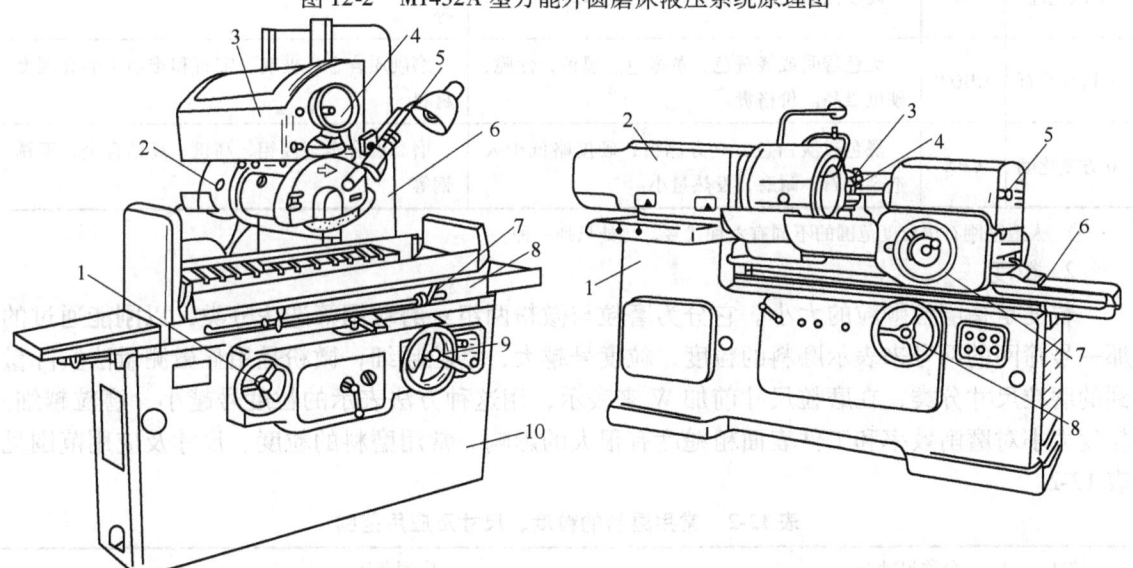

图 12-2　M1432A 型万能外圆磨床液压系统原理图

图 12-3　M7120A 型平面磨床外形图
1—驱动工作台手轮　2—磨头　3—滑板　4—横向
进给手轮　5—砂轮修整器　6—立柱　7—行程挡块
8—工作台　9—垂直进给手轮　10—床身

图 12-4　内圆磨床
1—床身　2—头架　3—砂轮修整器　4—砂轮
5—砂轮架　6—工作台　7—操纵砂轮架手轮
8—操纵工作台手轮

三、砂轮及其安装

砂轮是磨削的切削工具。如果将砂轮表面放大就可以看到在其表面上杂乱无章地布满了很多硬度很高的多角棱形颗粒——磨粒,如图12-5所示。这些锋利的磨粒就像铣刀的切削刃一样,在砂轮的高速旋转下切入工件表面,进行多刀多刃的高速切削加工。磨粒、结合剂和空隙是构成砂轮的三要素。

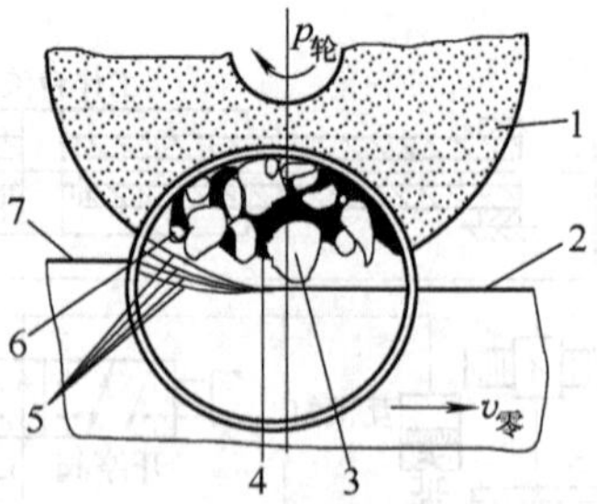

图12-5 砂轮的组成
1—砂轮 2—已加工表面 3—磨粒 4—结合剂 5—加工表面 6—空隙 7—待加工表面

(一)砂轮的特性

砂轮的特性主要包括磨料、粒度、硬度、结合剂、组织、形状和尺寸等。

1. 磨料

磨料直接担负着切削工作,必须具有硬度高、耐热性好的特点,还必须有锋利的棱边和一定的强度。常用磨料有刚玉类、碳化硅类和超硬磨料。常用几种磨料特点及其用途见表12-1。

表12-1 常用磨料特点及其用途

磨料名称	代号	特点	用途
棕刚玉	A	硬度高,韧性好,价格较低	磨削各种碳钢、合金钢和可锻铸铁等
白刚玉	WA	比棕刚玉硬度高,韧性低,价格较高	磨削淬火钢、高速钢和高碳钢
铬刚玉	PA	玫瑰红色,韧性比白钢玉好	磨高速钢、不锈钢,成形磨削,刀具刃磨
黑碳化硅	C	硬度高,性脆而锋利,热导率高	磨削铸铁、青铜等脆性材料及硬质合金刀具
绿碳化硅	GC	硬度比黑色碳化硅更高,热导率高	主要用于加工硬质合金、宝石、陶瓷和玻璃等
人造金刚石	MBD①	无色透明或淡黄色、黄绿色、黑色,性脆,硬度极高。价格贵	磨硬质合金、玻璃、宝石和难加工的高硬度材料
立方氮化硼	CBN	黑色或淡白色,立方晶格,硬度略低于人造金刚石,耐磨,发热量小	磨高温合金、高钼、高钒、高钴合金,不锈钢等

① 人造金刚石按粒度范围的不同有六种代号,此处只列一种。

2. 粒度

粒度是指磨粒颗粒的大小。它分为磨粒与微粉两组:磨粒用筛选法分类,以刚能通过的那一号筛网的网号来表示磨料的粒度,粒度号越大,磨粒越细;微粉是用显微测量法实际量到的磨粒尺寸分类,在磨粒尺寸前加W来表示,用这种方法表示的粒度号越小,磨粒越细。粒度大小对磨削效率和工件表面粗糙度有很大的影响。常用磨料的粒度、尺寸及应用范围见表12-2。

表12-2 常用磨料的粒度、尺寸及应用范围

粒度	公称尺寸/μm	应用范围
20#	1180~1000	
24#	850~710	荒磨钢锭,打磨铸件毛坯,切断钢坯等
30#	710~600	

(续)

粒度	公称尺寸/μm	应用范围
40#	500~425	
46#	425~355	磨内圆、外圆和平面，无心磨，刀具刃磨等
60#	300~250	
70#	250~212	
80#	212~180	半精磨、精磨内外圆和平面，无心磨和工具磨等
90#	180~150	
100#	150~125	
150#	106~75	半精磨、精磨、珩磨、成形磨、工具磨等
240#	75~53	
W40	40~28	
W28	28~20	精磨、超精磨、珩磨、螺纹磨、镜面磨等
W20	20~14	
W14 ~ W0.5	14~10 ~ 0.5~更细	精磨、超精磨、镜面磨、研磨、抛光等

3. 硬度

硬度是指砂轮上的磨料在外力作用下脱落的难易程度。大小取决于结合剂的结合能力及所占比例，与磨料硬度无关。磨粒易脱落，表明砂轮硬度低，反之则表明砂轮硬度高。砂轮的硬度等级名称及代号见表12-3。砂轮硬度选择原则为：①磨削硬材，选软砂轮；磨削软材，选硬砂轮；②磨热导率小的材料，不易散热，选软砂轮以免工件烧伤；③砂轮与工件接触面积大时，选较软的砂轮；④成形磨精磨时，选硬砂轮；⑤粗磨时选较软的砂轮。

表12-3 砂轮的硬度等级名称及代号

硬度等级	大级	超软			软			中软		中		中硬			硬		超硬
	小级	超软1	超软2	超软3	软1	软2	软3	中软1	中软2	中1	中2	中硬1	中硬2	中硬3	硬1	硬2	
代号		D	E	F	G	H	J	K	L	M	N	P	Q	R	S	T	Y
选择		磨未淬硬钢选L~N，磨淬硬合金钢选L~K，高表面质量选K~L，刃磨硬质合金刀具选H~J															

4. 结合剂

结合剂是砂轮中用以粘接磨粒的物质，它的种类与性质将影响砂轮的强度、耐热性、耐冲击性和耐蚀性等。结合剂对磨削温度、工件的表面粗糙度也有影响，常用结合剂的代号、性能及用途见表12-4所示。

5. 组织

组织是指砂轮中磨料、结合剂、空隙三者体积的比例关系。组织号是由磨料所占的体积分数来确定的，反映了砂轮中磨料、结合剂和气孔三者体积的比例关系，即砂轮结构的疏密程度。紧密组织成形性好，加工质量高，适合成形磨、精密磨和强力磨削。中等组织适合一般磨削工作，如淬火钢、刀具刃磨等。疏松组织不易堵塞砂轮，适于粗磨、磨软材、磨平面、内圆等接触面积较大时的磨削，磨热敏性强的材料或薄件。砂轮的组织分类及用途见表12-5。

表12-4 常用结合剂的代号、性能及用途

名称	代号	性能	用途
陶瓷结合剂	V	性能稳定，气孔率大，耐热性、耐蚀性好，强度较大，粘接力大，弹性、韧性、抗振性差，价格便宜	轮速<35m/s，用于成形磨削，磨螺纹、齿轮、曲轴。能制各种磨具，应用最广
树脂结合剂	B	强度大，弹性好，耐冲击，自锐性好，气孔率小，耐热性、耐蚀性差，不宜长期存放	轮速>50m/s的高速磨削，能制成薄片砂轮磨槽，刃磨刀具，高精度磨削
橡胶结合剂	R	强度、弹性好，退让性好，磨削时振动小，气孔率小，耐热性、耐油性差	可制成更薄的砂轮，无心磨导轮，柔软抛光轮
金属结合剂	M	韧性、成形性好，强度大，使用寿命长，自锐性差	制造各种金刚石磨具，一般用青铜，当直径<1.5mm用电镀镍

表12-5 砂轮的组织分类及用途

类别	紧密				中等				疏松					
组织号	0	1	2	3	4	5	6	7	8	9	10	11	12	13	14
磨料占砂轮的体积（%）	62	60	58	56	54	52	50	48	46	44	42	40	38	36	34
用途	成形磨削，精密磨削				磨淬火钢和刃磨刀具				磨削韧性大而硬度低的材料，大面积磨削						

6. 形状与尺寸

根据机床结构与磨削加工的需要，砂轮可制成各种形状和尺寸。在可能的情况下，砂轮的外径应尽量选得大一些，提高砂轮的线速度，以获得较高的生产率和较低的表面粗糙度，磨内圆时，砂轮的外径取为孔径的2/3左右，有利于提高磨具的刚度。表12-6为常用砂轮的形状、代号与用途。

表12-6 常用砂轮的形状、代号与用途（GB/T 2484—2006）

砂轮名称	代号	简图	主要用途
平形砂轮	1		用于磨外圆、内圆、平面、螺纹及无心磨等
双斜边形砂轮	4		用于磨削齿轮和螺纹
薄片砂轮	41		主要用于切断和开槽等
筒形砂轮	2		用于立轴端面磨

(续)

砂轮名称	代号	简图	主要用途
杯形砂轮	6		用于磨平面、内圆及刃磨刀具
碗形砂轮	11		用于导轨磨及刃磨刀具
碟形砂轮	12a		用于磨铣刀、铰刀、拉刀等,大尺寸的用于磨齿轮端面

7. 砂轮标志

为了方便选用,在砂轮的非工作表面上印有特性代号,如代号

$$1\text{-}300\times50\times75\text{-}A60L5V\text{-}35$$

表示:平形砂轮外径300mm、厚50mm、孔径75mm,棕刚玉磨料,粒度60#,硬度L,5号组织,陶瓷结合剂,砂轮最高工作速度35m/s。

(二) 砂轮的选用

选用砂轮时,应综合考虑工件形状、材料性质及磨床条件等各种因素,具体可参考表12-7。

表12-7 砂轮的选用

磨削条件	粒度		硬度		组织		结合剂			磨削条件	粒度		硬度		组织		结合剂		
	粗	细	软	硬	松	紧	V	B	R		粗	细	软	硬	松	紧	V	B	R
外圆磨削				●		●	●			磨削软金属	●			●	●		●		
内圆磨削		●		●		●	●			磨韧性、延展性大的材料	●		●				●		●
平面磨削	●		●		●		●			磨硬脆材料		●		●			●		
无心磨削				●		●	●			磨削薄壁材料	●		●				●		
荒磨、打磨毛刺	●					●	●			干磨							●		
精密磨削		●		●		●	●			湿磨		●		●			●		
高精密磨削		●	●		●		●			成形磨削		●		●			●		
超精密磨削		●	●		●					磨热敏性材料	●		●						
镜面磨削		●		●		●				刀具刃磨				●			●		
高速磨削	●		●							钢材切断			●					●	●

业内小提示:当磨削硬金属时应该使用柔软的砂轮;当磨削软金属时应该使用硬的砂轮。通常来说,对于较硬的材料需要较软的结合剂,这样会导致更多的磨粒从砂轮上自行脱落,使砂轮表面露出新的锋利磨粒,以满足继续切削的要求;用较硬的结合剂磨削较软的材料会更经济。

(三) 砂轮的安装

砂轮因在高速下工作，安装时应首先检查外观没有裂纹后，再用木锤轻敲，如果声音嘶哑，则禁止使用，否则砂轮破裂后会飞出伤人。砂轮的安装方法如图 12-6 所示。

为使砂轮工作平稳，一般直径大于 125mm 的砂轮都要进行平衡试验，如图 12-7 所示。将砂轮装在心轴 2 上，再将心轴放在平衡架 6 的平衡轨道 5 的刃口上。若不平衡，较重部分总是转到下面。可通过移动法兰盘端面环槽内的平衡铁 4 进行调整。经反复平衡试验，直到砂轮可在刃口上任意位置都能静止，即说明砂轮各部分的质量分布均匀。这种方法称为静平衡。

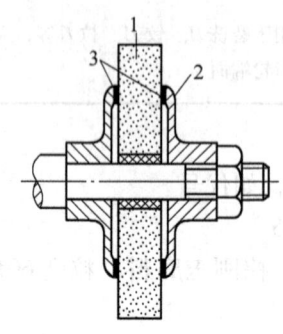

图 12-6　砂轮的安装图
1—砂轮　2—法兰盘　3—弹性垫板

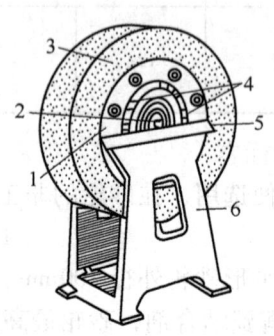

图 12-7　砂轮的平衡试验
1—砂轮套筒　2—心轴　3—砂轮
4—平衡铁　5—平衡轨道　6—平衡架

业内小提示：安装砂轮要记住这些要点：①安装砂轮前，必须仔细检查砂轮（检查砂轮的牌号是否正确；检查是否有裂纹或局部受潮；对橡胶或树脂结合剂的砂轮，应检查存放期）；②如果在砂轮或垫圈上刻有箭头，则可根据箭头的方向安装砂轮；③拧紧螺母；④平衡砂轮，修整砂轮，然后再次平衡砂轮。

（四）砂轮的修整

砂轮在工作一定时间后，磨粒逐渐变钝，这时必须修整。修整时，将砂轮表面一层变钝的磨粒切去，使砂轮重新露出完整锋利的磨粒，以恢复砂轮的几何形状。砂轮常用金刚石笔进行修整，砂轮的修整如图 12-8 所示。修整时要使用大量的切削液，以免金刚石因温度急剧升高而破裂。砂轮修整还用于以下场合：①砂轮被切屑堵塞；②部分工材粘接在磨粒上；③砂轮廓形失真；④精密磨中的精细修整等。

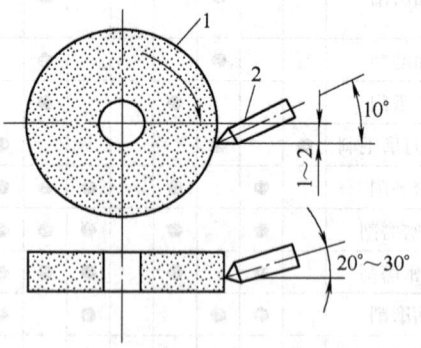

图 12-8　砂轮的修整
1—砂轮　2—金刚石笔

业内小提示：用砂条修整砂轮，要注意操作者的站立位置，不要面对砂轮，应站在砂轮侧面，以防止砂屑飞溅入眼；修整新砂轮，应采用点动方法，左手握砂条，右手断续启动砂轮，使砂轮低速旋转，在偏差部分修去后再高速旋转进行修整。

四、相关知识

（一）磨削运动与磨削用量

磨削时，一般有一个主运动和三个进给运动。这四个运动参数即为磨削用量。磨削用量的选择是否适当，对工件的加工精度、表面粗糙度和生产效率将产生直接影响。

1. 主运动

主运动是砂轮的高速旋转运动。速度以砂轮外圆周的线速度 v_c（m/s）表示，即

$$v_c = \frac{\pi D_0 N_0}{1000 \times 60}$$

式中，D_0、N_0 分别为砂轮的外径（mm）和转速（r/mm）。一般磨削时，v_c 取 30~35m/s，高速磨削时，v_c 取 60~100m/s。

2. 圆周进给运动

圆周进给运动是工件绕本身轴线作低速旋转的运动。圆周进给速度以工件外圆处的线速度 v_w（m/s）表示，即

$$v_w = \frac{\pi D_w N_w}{1000 \times 60}$$

式中，D_w、N_w 分别为工件被磨表面的直径（mm）和转速（r/mm）。v_w 取 0.2~0.45m/s，粗磨时取上限，精磨时取下限。

3. 纵向进给运动

纵向进给运动是工件沿砂轮轴线方向所作的往复运动，纵向进给量以 f_a（mm/s）表示，即

$$f_a = (0.2 \sim 0.8)B$$

式中，B 表示为砂轮的宽度（mm），粗磨时取上限，精磨时取下限。

4. 横向进给运动

横向进给运动是工件在每次往复行程终了时，砂轮架带动着砂轮向工件作的横向移动，横向进给量以 f_z（mm/行程或 mm/往复行程）表示。f_z = 0.005~0.05。粗磨时取上限，精磨时取下限。

（二）磨削用切削液

在磨削过程中，由于切削速度很高，产生大量切削热，温度超过1000℃。同时，高温的磨屑在空气中会发生氧化作用，产生火花。在如此高温下，将会使零件材料性能改变而影响质量。因此，为减少摩擦和迅速散热，降低磨削温度，及时冲走屑末，以保证工件表面质量，磨削时需使用大量的切削液。

1. 切削液的特性

（1）润滑特性　润滑特性是指切削液渗入磨粒—工件及磨粒—切屑之间形成润滑膜。由于这层润滑膜的存在，使得这些界面的摩擦减轻，防止磨粒切削刃摩擦损耗和切削粘附，从而使砂轮的耐用度得以延长，防止工件的表面状态特别是已加工表面的粗糙度恶化。

（2）冷却特性　冷却特性首先是磨削液能迅速吸收磨削加工时产生的热，使工件温度下降，维持工件的尺寸精度，防止加工表面完整性恶化，其次是使磨削点处的高温磨粒产生急冷，给予热冲击的效果，以促进磨粒的自锐作用。

（3）渗透及清洗特性　渗透及清洗特性是指磨削液在使用时浸透到磨粒—工件和磨粒—

切屑的界面间,助长这些界面的润滑作用,特别是冲洗掉堆积在气孔中的切屑和脱落的磨粒,防止砂轮被堵塞。

(4) 防锈特性 防锈特性是指当磨削液浸到工件和机床上时,应保证两者不产生锈蚀的特性。

2. 切削液的种类

切削液通常分为油基切削液和水基切削液,见表12-8。一般来说,油基切削液的润滑性好,冷却性差;水基切削液的润滑性较差,冷却效果好。在水基切削液中,化学合成液的润滑性与乳化液接近,冷却效果比乳化液好,无机盐切削液也有较好的冷却性,但润滑性最差。

表 12-8 切削液种类

种 类		成 分
油基切削液	矿物油	低粘度及中粘度轻质矿物油 + 油溶性防锈添加剂 + 极性添加剂
	极压油	低粘度及中粘度轻质矿物油 + 极性添加剂
水基切削液	乳化液极压乳化液	水 + 矿物油 + 乳化液 + 防锈添加剂 乳化油 + 极压添加剂
	化学合成液	水 + 表面活性剂(非离子型、阴离子型或皂类) 水 + 表面活性剂 + 防锈添加剂 + 极压添加剂
	无机盐切削液	水 + 无机盐类 水 + 无机盐类 + 表面活性剂

第三节 基本技能

一、平面磨削

(一) 工件的装夹

磨平面一般使用平面磨床。平面磨床工作台通常采用电磁吸盘来安装工件,对于钢、铸铁等导磁性工件可直接安装在工作台上,对于铜、铝等非导磁性工件,要通过精密平口钳等装夹。电磁吸盘是按电磁铁的磁效应原理来设计制造的。工件安放在电磁吸盘上通过磁力作用将工件吸住。

(二) 平面磨削的方法

平面磨削常用的方法有周磨(以砂轮圆周表面磨削零件)和端磨(以砂轮端面磨削零件)两种,磨平面的方法如图12-9所示,周磨和端磨的比较见表12-9。

表 12-9 周磨和端磨的比较

分类	砂轮与零件的接触面积	排屑及冷却条件	零件发热变形	加工质量	效率	适用场合
周磨	小	好	小	较高	低	精磨
端磨	大	差	大	低	高	粗磨

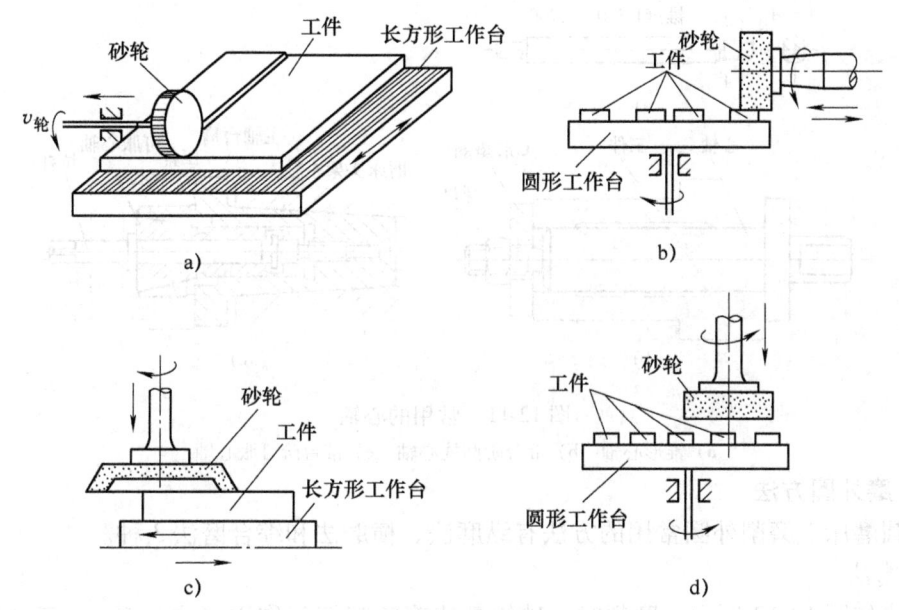

图 12-9 磨平面的方法
a)、b) 周磨法　c)、d) 端磨法

业内小提示：要安全使用磁性卡盘，大多数的平面磨床事故，是由于不适当的安装导致工件的移动或翻倒而引起的。

二、外圆磨削

外圆磨削是一种基本的磨削方法，它适合于轴类及外圆锥工件的外表面磨削。

（一）工件的装夹

磨外圆时，常用的工件装夹法有以下几种：

1. 前、后顶尖装夹

磨床上采用的顶尖都是固定顶尖。这样，头架旋转部分的偏摆就不会反映到工件上来，用固定顶尖的加工精度比回转顶尖高。带动工件旋转的夹头，常用的有四种，圆形夹头、鸡心夹头、对合夹头和自动夹紧夹头，常用的夹头如图 12-10 所示。

2. 心轴装夹

磨削套筒类零件时，常以内孔为定位基准，把零件套在心轴上，

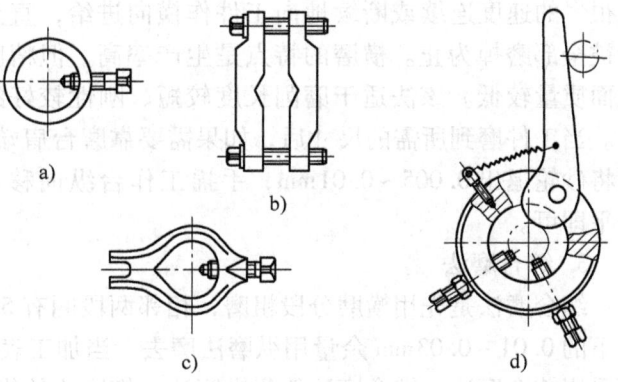

图 12-10　常用的夹头
a) 圆形夹头　b) 对合夹头　c) 鸡心夹头　d) 自动夹紧夹头

心轴再装夹在磨床的前、后顶尖上。常用的有锥形心轴、带台阶圆柱心轴、带台阶可胀心轴等，常用的心轴如图 12-11 所示。

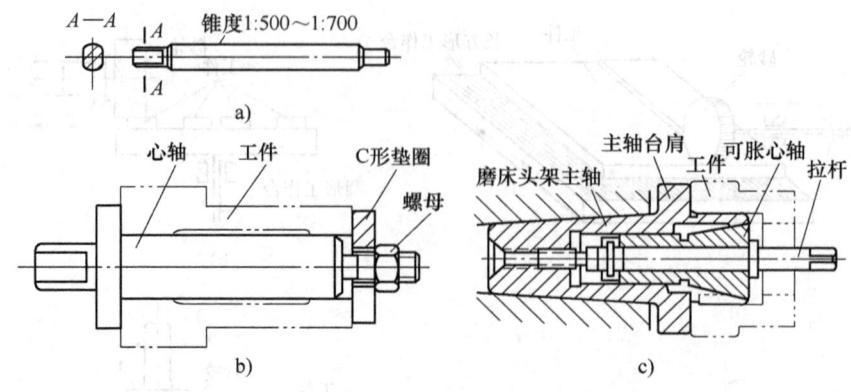

图 12-11 常用的心轴
a）锥形心轴 b）带台阶圆柱心轴 c）带台阶可胀心轴

（二）磨外圆方法

在外圆磨床上磨削外圆常用的方法有纵磨法、横磨法和综合磨法 3 种。

1. 纵磨法

纵磨法如图 12-12 所示，磨削时，砂轮高速旋转起切削作用（主运动），工件转动（圆周进给）并与工作台一起作往复直线运动（纵向进给），当每一纵向行程或往复行程终了时，砂轮作周期性横向进给。每次背吃刀量很小，磨削余量是在多次往复行程中磨去的。当工件加工到接近最终尺寸时，采用无横向进给的几次光磨行程，直至火花消失为止，以提高工件的加工精度。纵向磨削的特点是具有较大的适应性，一个砂轮可磨削长度不同、直径不等的各种工件，且加工质量好，但磨削效率较低。在目前生产中，特别是单件、小批生产以及精磨时广泛采用这种方法，尤其适用于细长轴的磨削。

2. 横磨法

横磨法如图 12-13 所示，横磨削时，采用砂轮的宽度大于工件表面的长度，工件无纵向进给运动，而砂轮以很慢的速度连续或断续地向工件作横向进给，直至余量被全部磨掉为止。横磨的特点是生产率高，但精度及表面质量较低。该法适于磨削长度较短、刚性较好的工件。当工件磨到所需的尺寸后，如果需要靠磨台肩端面，则将砂轮退出 0.005~0.01mm，手摇工作台纵向移动手轮，使工件的台肩端面贴靠砂轮，磨平即可。

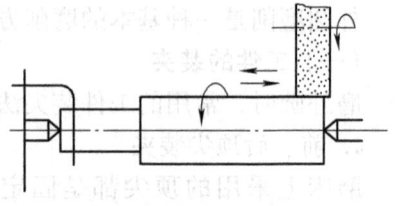

图 12-12 纵磨法

3. 综合磨法

综合磨法是先用横磨分段粗磨，相邻两段间有 5~15mm 的重叠量（图 12-14），然后将留下的 0.01~0.03mm 余量用纵磨法磨去。当加工表面的长度为砂轮宽度的 2~3 倍以上时，可采用综合磨法。综合磨法能集纵磨法、横磨法的优点为一身，既能提高生产效率，又能提高磨削质量。

三、内圆磨削

磨内圆可在内圆磨床或万能外圆磨床上进行。与磨外圆相比，由于砂轮直径受到工件孔径的限制，一般较小，切削速度远低于外圆磨削。而且砂轮轴悬伸长度又大，刚性较差，加上磨削时散热、排屑困难，磨削用量不能高，因此加工精度和生产效率都较低。

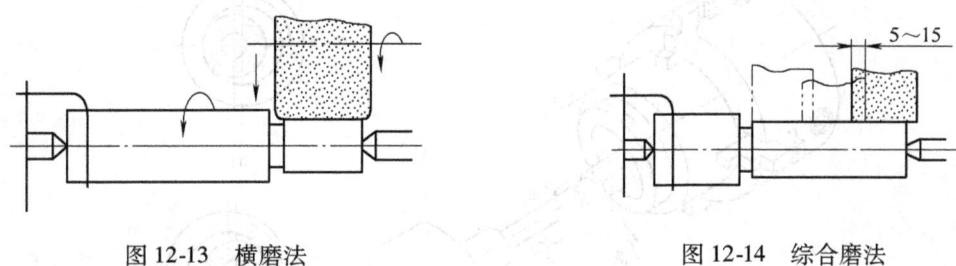

图 12-13　横磨法　　　　　　　　图 12-14　综合磨法

（一）工件的装夹

在内圆磨床上磨工件的内孔，如工件为圆柱体，且外圆柱表面已经过精加工，则可用自定心卡盘或单动卡盘找正安装。如工件外表面较粗糙，或形状不规则，则以内孔本身找正安装。

在万能外圆磨床上磨圆柱体的内孔，短工件用自定心卡盘或单动卡盘找正安装，长工件的装夹方法有两种：一端用卡盘夹紧，一端用中心架支承（图 12-15a）；用 V 形夹具装夹（图 12-15b）。

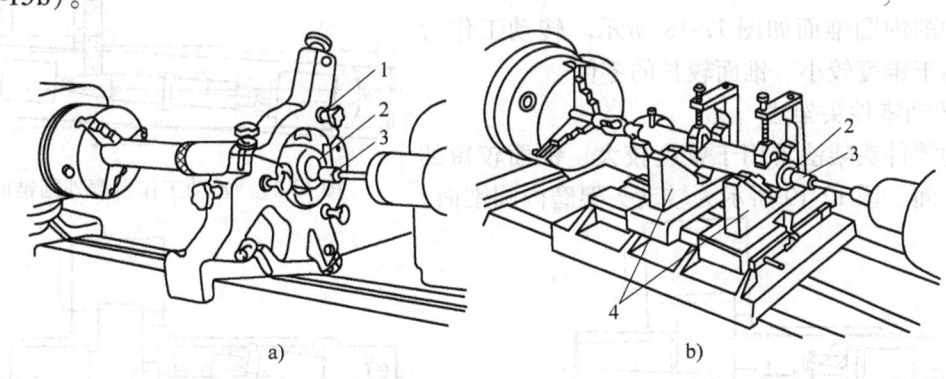

图 12-15　工件磨内孔时的装夹
a）用卡盘和中心架装夹　b）用 V 形夹具装夹
1—中心架　2—工件　3—砂轮　4—V 形夹具

（二）磨内圆的方法

内圆磨削与外圆磨削相似，只是砂轮的旋转方向与磨削外圆时相反（图 12-16），操作方法有纵磨法和切入磨两种方法。砂轮在工件孔中的接触位置有两种：一种是与工件孔的后面接触，如图 12-16a 所示。这时切削液和磨屑向下飞溅，不影响操作人员的视线和安全；另一种是与工件孔的前面接触，如图 12-16b 所示，情况正好与上述相反。通常，在内圆磨床上采用后面接触。而在万能外圆磨床上磨孔，应采用前面接触的方式，这样可采用自动横向进给。若采用后接触方式，则只能手动横向进给。

四、圆锥面磨削

（一）工件的装夹

圆锥面有外圆锥面和内圆锥面两种。工件的装夹可参照磨外圆和磨内圆的装夹方法。

（二）磨圆锥面的方法

圆锥面磨削通常有转动工作台法和转动头架法两种。

1. 转动工作台法

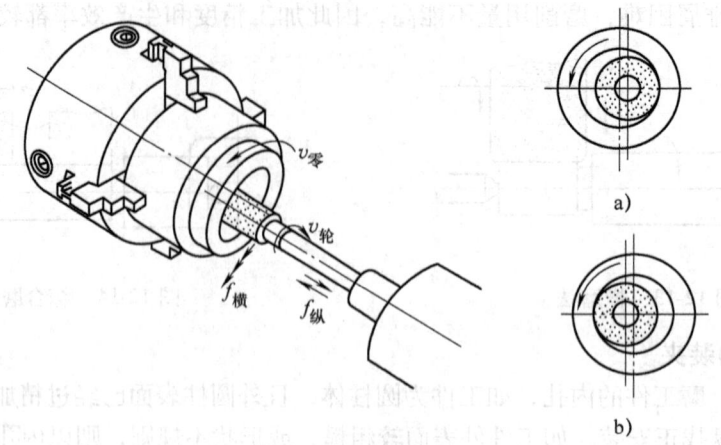

图 12-16 磨内圆
a) 与工件孔的后面接触 b) 与工件孔的前面接触

转动工作台磨外圆锥面如图 12-17 所示，转动工作台磨削内圆锥面如图 12-18 所示。转动工作台法大多用于锥度较小、锥面较长的零件。

2. 转动零件头架法

转动零件头架法常用于锥度较大、锥面较短的内外圆锥面，图 12-19 所示为转动头架磨内圆锥面。

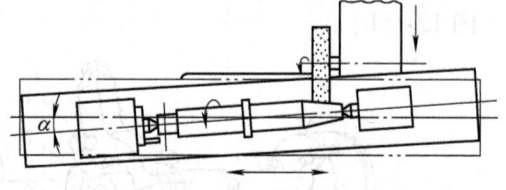

图 12-17 转动工作台磨外圆锥面

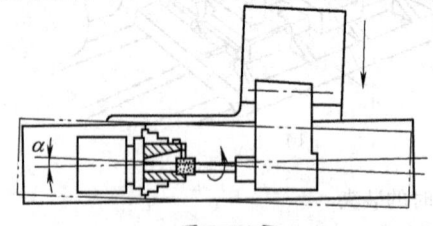

图 12-18 转动工作台磨内圆锥面

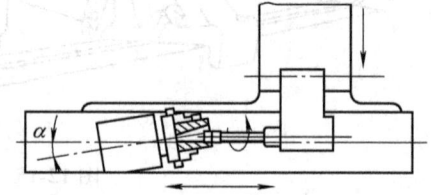

图 12-19 转动头架磨内圆锥面

 业内小提示：磨削时，切削液流量要充足，以免烧伤工件。

复习思考题

1. 磨削加工的特点是什么？
2. 万能外圆磨床由哪几部分组成，各有何作用？
3. 磨削外圆时，工件和砂轮需做哪些运动？
4. 磨削用量有哪些？在磨不同表面时，砂轮的转速是否应改变？为什么？
5. 磨削时需要大量切削液的目的是什么？
6. 常见的磨削方式有哪几种？
7. 平面磨削常用的方法有哪几种，各有何特点，如何选用？
8. 平面磨削时，工件常由什么固定？
9. 砂轮的硬度指的是什么？
10. 表示砂轮特性的内容有哪些？

第四篇　现代加工技术

本篇主要介绍数控加工技术、特种加工技术和快速成形技术。现代加工技术已逐步成为机械加工的主流，学习和掌握常用的现代加工技术，无疑是培养创新人才的有效途径之一。

第十三章　数控加工技术

第一节　概　　述

数控加工就是用数字化信息对机床运动及加工过程进行控制的一种加工方法。它综合了计算机、自动控制、电机、机械制造、测量、监控等学科的内容。它是解决产品零件品种多变、批量小、形状复杂、精度高等问题和实现高效化和自动化加工的有效途径，目前，已广泛应用于机械制造业中。

一、数控机床的组成与基本工作过程

数控机床一般由数控系统、伺服系统、主传动系统、机床本体四个基本部分，以及为各系统提供可靠电源的强电控制柜和各类辅助装置组成。数控机床的主要组成部分与基本工作过程如图13-1所示。数控系统是数控机床的核心，其主要作用是对输入的工件加工程序进行数字运算和逻辑运算，然后向伺服系统发出脉冲信号。数控系统是一个专用微型计算机，它由硬件和软件组成，有些数控机床的数控系统就是将微型计算机配以控制系统软件构成；伺服系统是数控系统与机床本体之间的电传动联系环节。主要由伺服电动机、驱动控制系统及位置检测反馈装置等组成。伺服电动机是系统的执行元件（常用的伺服电动机有步进电动机、直流伺服和交流伺服电动机三种），驱动控制系统则是伺服电动机的动力源。数控系统发出指令信号与位置检测反馈信号比较后作为位移指令再经驱动控制系统功率放大后，驱动电动机运转，从而通过机械传动装置拖动工作台或刀架运动。主传动系统是机床切削加工时传递转矩的主要部件之一。它主要由主轴驱动控制系统、主轴电动机和主轴机械传动机构等组成。机床本体是加工运动的实际部分，包括主运动部件、进给运动部件（如工作台、刀架）和支承部件（如床身、立柱）等。下面以图13-2所示的三坐标立式数控铣床为例，简要介绍数控机床的基本工作过程。

首先根据工件图样，确定加工工艺过程和工艺参数，编制加工程序（手工编程或自动编程），然后将程序输入到数控装置9中，输入方式可以通过操作键盘手工输入，或者通过磁盘输入，也可以通过计算机与机床之间的通信传输输入。数控装置对输入的指令和数据进行运算和处理，然后分别向伺服装置10、主轴箱7发出指令。伺服装置（伺服系统）10收到指令后分别向控制X、Y、Z三个方向的伺服电动机2、3、8发出电脉冲信号，X向进给伺服电动机3带动滚珠丝杠12使机床的纵向工作台4沿X轴移动；Y向进给伺服电动机2

带动 Y 轴滚珠丝杠 14 使滑鞍 13 沿 Y 轴移动；Z 向进给伺服电动机 8 带动主轴箱 7 使铣刀 6 沿 Z 轴移动；主轴箱 7（主传动系统）收到指令后，使主轴驱动电动机带动刀具 6 旋转，从而实现对工件的切削加工。

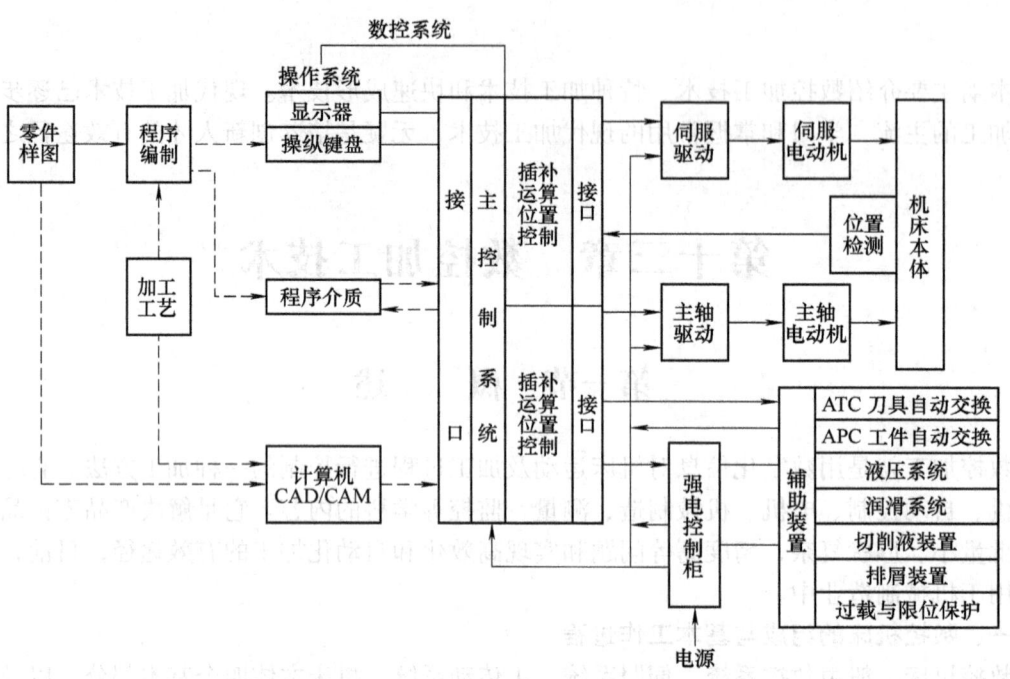

图 13-1 数控机床的主要组成部分与基本工作过程

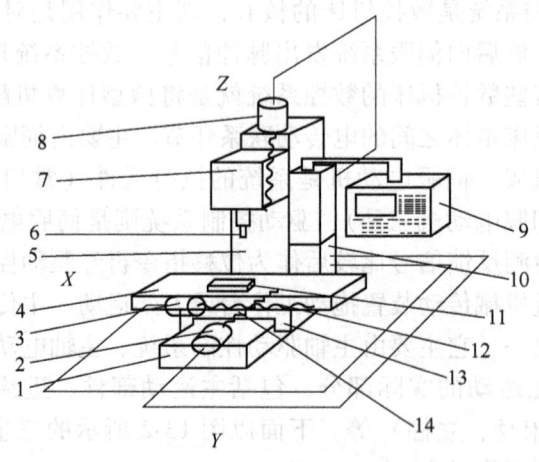

图 13-2 三坐标立式数控铣床示意图

1—床身 2—Y 轴伺服电动机 3—X 轴伺服电动机 4—纵向工作台 5—立柱 6—铣刀
7—主轴箱 8—Z 轴伺服电动机 9—数控装置 10—伺服装置 11—工件
12—X 轴的滚珠丝杠 13—滑鞍 14—Y 轴的滚珠丝杠

二、数控机床的分类

数控机床规格种类繁多，通常按以下三种方法进行分类，数控机床的分类见表 13-1。

表 13-1 数控机床的分类

分类方法	数控机床类型		说明
按工艺用途分	金属切削类	包括数控车床、数控铣床、数控磨床、数控钻床、数控拉床、数控刨床、数控齿轮加工机床以及各类加工中心	加工中心是带有刀库和自动换刀装置的数控机床。刀库可容纳 10~100 多把各种刀具或检具,在加工过程中由程序自动选用和更换也是与普通数控机床的主要区别
	金属成形类	包括数控板料折弯机、数控直角剪板机、数控压力、数控弯管机、数控压力机等	
	特种加工类	包括数控线切割机床、数控电火花成形机床、数控切割机床、数控激光热处理机床、数控激光板料成形机床、数控等离子切割机床、数控火焰切割机等	
	其他	包括数控三坐标测量机等	
按伺服系统的类型分	开环控制系统	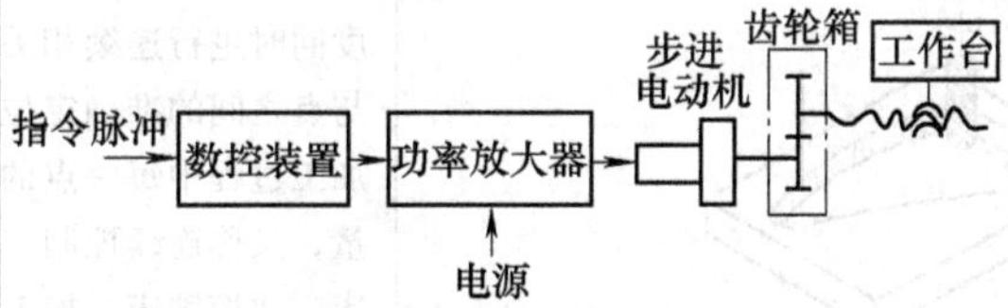 其为无反馈装置的控制系统。开环控制系统对机械部件的传动误差没有补偿和矫正	机床的结构简单,价格低廉,加工精度较低,常用于低档数控机床和旧机床的数控化改造
	闭环控制系统	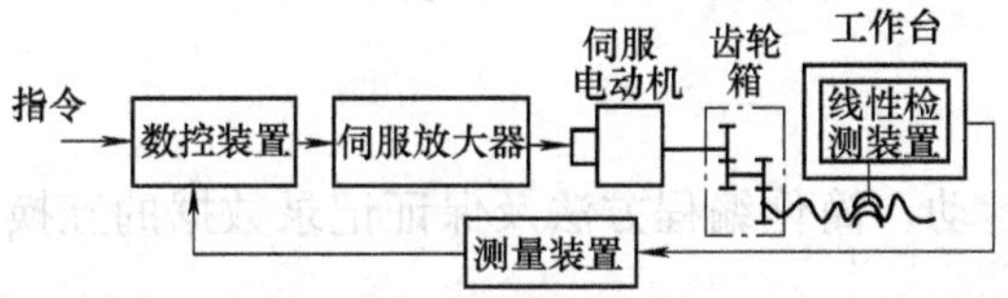 在机床的移动部件上直接装有直线位置检测装置,将测得的实际值反馈到输入端,与输入信号比较,用比较后的差值进行补偿,直到差值消除为止,可以实现部件的精确定位	加工精度极高,但机床的结构复杂,价格昂贵,生产成本高,常用于高档数控机床
	半闭环控制系统	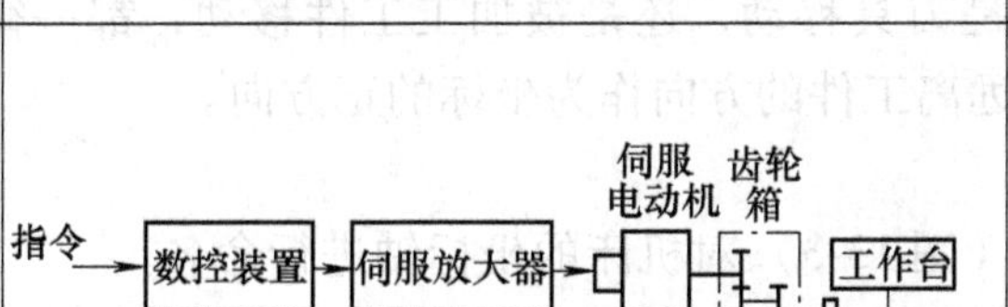 在伺服系统中装有角位移检测反馈装置,通过检测角位移,间接检测移动部件的直线位移,对机械部件的传动误差有一部分补偿和矫正作用	加工精度介于开环和闭环控制系统之间。目前绝大多数数控机床都是半闭环控制系统

(续)

分类方法	数控机床类型		说明
按刀具的运动轨迹分	点位控制数控机床	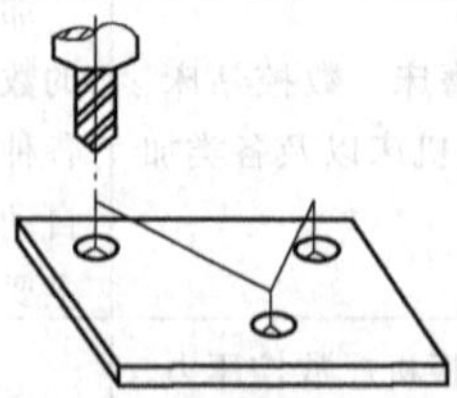	只要求控制刀具从一个点位移动到另一个点的准确定位，不控制运动轨迹，刀具移动过程不加工。这类机床主要有数控钻床、数控冲床等
	直线控制数控机床	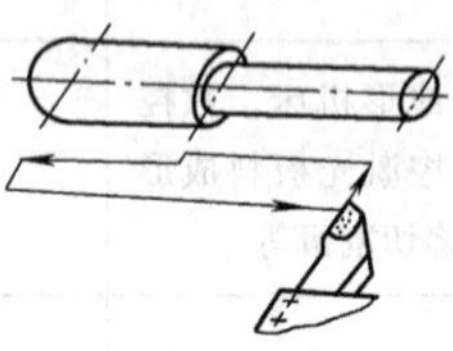	除要求点与点之间的准确定位外，还要保证两点之间的运动轨迹是一条直线。这类机床有数控电火花机床、数控磨床、仅沿单一方向走刀的简易数控车床和简易数控铣床等
	轮廓控制数控机床	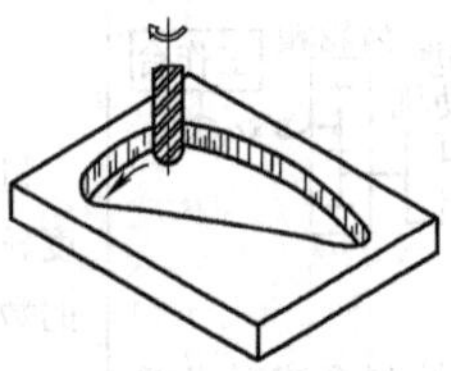	它对两个以上运动坐标轴的位移和速度同时进行连续相关控制，不仅要求点与点之间的准确定位，而且要控制整个加工过程中每一点的速度、方向和位移量，又称连续控制。这类机床有数控车床、数控铣床、加工中心机床、数控线切割机床等

第二节　数控编程基础知识

一、数控机床的坐标系

为了便于编程时描述机床的运动，简化编程方法及保证记录数据的互换性，数控机床的坐标系和运动方向均已标准化。

（一）坐标轴的运动方向及其命名

数控机床的各个运动部件，在加工过程中有各种运动，为表示各运动部件的运动方位和方向，我国颁布了 JB/T 3051—1999《数字控制机床坐标和运动方向的命名》。

标准规定机床在加工中不论是刀具移动，还是被加工工件移动，都一律规定为工件固定，刀具运动，并同时规定刀具远离工件的方向作为坐标的正方向。

1. 机床坐标轴的命名

采用右手直角笛卡儿坐标系（图 13-3）对机床的坐标轴进行命名。

图 13-3a 中规定了 X、Y、Z 这 3 个直角坐标轴的方向；图 13-3b 中的 A、B、C 表示以 X、Y、Z 的坐标轴线或与 X、Y、Z 的轴线相平行的直线为轴的转动，其转动的正方向用右手螺旋法则；图 13-3c 中表示在给坐标轴命名时，如果把刀具看作是相对静止不动，工件移动，那么在坐标轴的符号上应加注标记"′"，如 X'、Y'、Z'。

2. 机床坐标轴的确定方法

确定机床坐标轴时，一般是先确定 Z 轴，再确定 X 轴和 Y 轴。

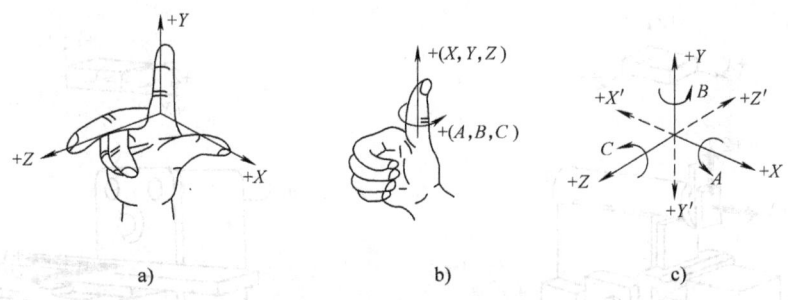

图 13-3 右手笛卡儿法则坐标系
a）直角坐标轴 b）右手螺旋 c）坐标系的命名

（1）Z 轴 一般是选取产生切削力的主轴轴线作为 Z 轴，同时规定刀具远离工件的方向作为 Z 轴的正方向，图 13-4a、b 所示分别都以主运动轴为 Z 轴。对于没有主轴的机床，如图 13-5 所示的牛头刨床，则规定 Z 坐标轴垂直于工件装夹面方向。

（2）X 轴 X 轴是水平的，它平行于工件的装夹面。

1）对主轴为工件旋转运动的机床，如图 13-4a 所示的卧式车床，X 轴在工件的径向上，并平行于横滑座，且以刀具远离工件旋转中心方向为正。

2）对于主轴为刀具旋转的机床，又有立、卧式机床之分，如图 13-6 所示的卧式铣床，Z 轴是水平（卧式）的，当从刀具主轴向工件看时，选定向右为 X 轴正方向。若主轴是垂直的，如图 13-4b 所示的立式铣床，Z 是垂直（立式）的，当从刀具主轴向立柱看时，选定向右为 X 轴的正方向。

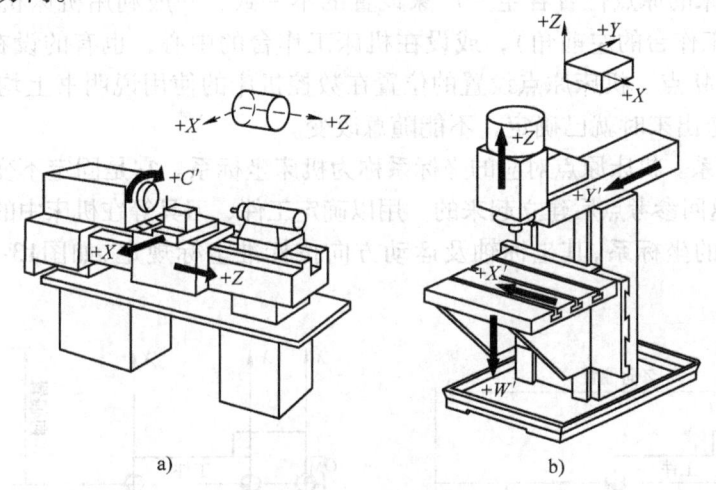

图 13-4 有主轴的机床
a）卧式车床 b）立式铣床

3）对于刀具和工件均不旋转的机床（无主轴机床），如图 13-5 所示的牛头刨床，X 轴平行于主要切削方向，并以该方向为正方向。

（3）Y 轴 Y 轴方向可根据已选定的 Z 和 X 轴，按右手直角笛卡儿坐标系来确定。

（4）旋转坐标 旋转运动用 A、B、C 表示，规定其分别为绕 X、Y、Z 轴旋转的运动。A、B、C 的正方向，相应地表示在 X、Y、Z 轴的正方向上，按右手螺旋前进方向来确定 A、B、C 旋转的正方向，如图 13-6 所示。

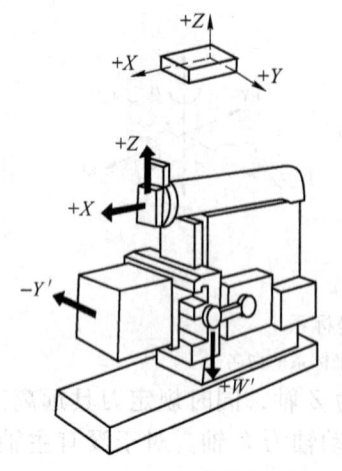
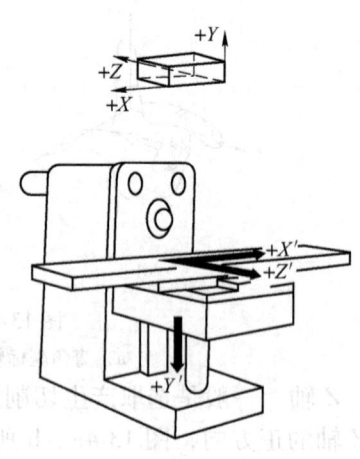

图 13-5　没有主轴的机床（牛头刨床）　　　图 13-6　卧式铣床坐标系

（二）机床坐标系和工件坐标系

1. 机床原点与机床坐标系

1）机床原点。数控机床一般都有一个基准位置，称为机床原点（也称机床零点）。是机床制造商设置在机床上的一个物理位置。其作用是使机床与控制系统同步，建立测量机床运动坐标的起始点。一般用 M 表示，或用 ⊕ 表示。

数控车床的原点一般设在主轴前端的中心，也有的设在机床参考点处，如图 13-7 所示的 M 点。数控铣床的原点位置各生产厂家设置的不一致，一般利用机床机械结构的基准线来确定（如铣床工作台的左前角），或设在机床工作台的中心，也有的设在机床参考点处，如图 13-8 所示的 M 点。机床原点设置的位置在数控机床的使用说明书上均有说明。机床坐标零点在机床制造出来时就已确定，不能随意改变。

2）机床坐标系。机床原点对应的坐标系称为机床坐标系。它是固定不变的，是最基本的坐标系，是机床返回参考点后建立起来的。用以确定工件、刀具等在机床中的位置，是机床运动部件进给运动的坐标系，其坐标轴及运动方向按标准坐标规定，如图 13-7、图 13-8 所示中

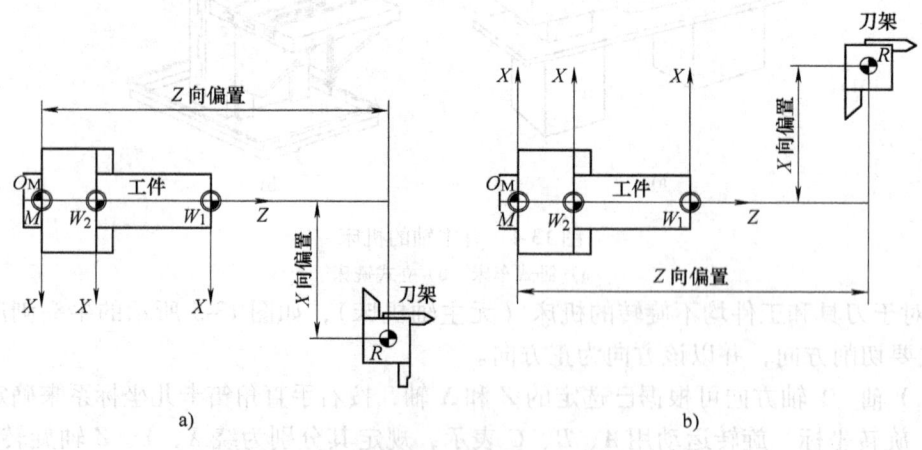

图 13-7　数控车床原点、参考点、工件原点示意图
a）前置刀架　b）后置刀架
M—机床原点　W_1、W_2—工件原点　R—参考点

的 XO_MZ，$XYZO_M$。机床坐标系是制造和调整机床的基础，也是设置工件坐标系的基础。

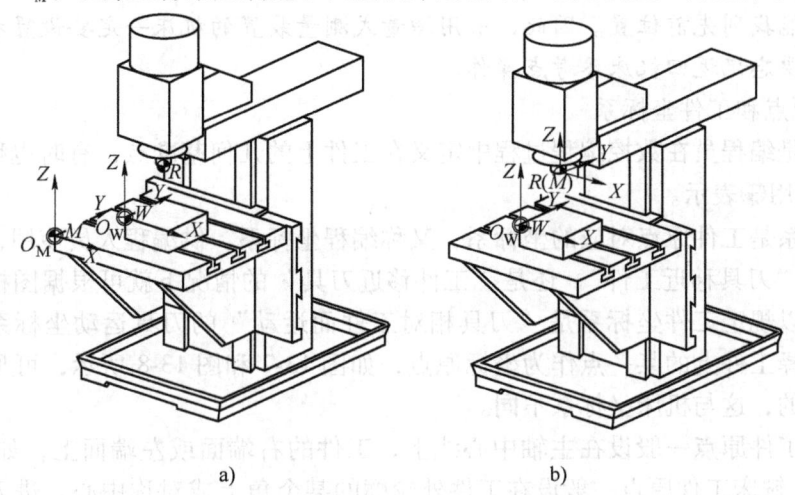

图 13-8　数控铣床原点、参考点、工件原点示意图
a）机床原点设在工作台左前角　b）机床原点设在参考点处
M—机床原点　W—工件原点　R—参考点

2. 机床参考点与机床坐标系的关系

机床参考点是机床上的一个固定点，用 R 表示，或用 ⊕ 表示。机床参考点是用于对机床工作台（或滑板）与刀具相对运动的测量系统进行定标和控制的点。参考点的位置是由机床制造厂家在每个进给轴上用挡块和限位开关预先精确地确定好的，其坐标值已输入数控系统中，因此，参考点对机床原点的坐标是一个已知数，即是一个固定值。

参考点通常设在加工空间的边缘上。开机（打开机床总开关和控制系统开关）后，机床执行回零操作，挡块打开参数点指示灯，测量系统置零或置一个确定的值，标定形程测量系统。此后，刀具在移动过程中，屏幕随时显示刀具在机床坐标系中的实时位置。

通常在数控车床上，机床参考点是离机床原点最远的极限点，通过给机床参考点赋值，可以给出机床坐标系的原点位置，如图 13-7 中的 X 向偏置和 Z 向偏置。有的数控机床把机床参考点和机床坐标原点重合，如图 13-8b 所示（M 与 R 点重合），此时机床参考点也称机床零点。

机床坐标系的设定是通过用手动返回机床参考点的操作来完成的，因为机床回到参考点位置，就知道了该坐标轴的原点位置，如果所有轴都回到参考点，机床坐标系就建立起来了。机床坐标系一旦建立，除了受断电和某些报警影响外，就一直保持着。因此，数控机床开机时，必须先确定机床参考点。机床参考点在以下三种情况下必须设定：

1）机床关机以后重新接通电源开关时。
2）机床解除急停状态后。
3）机床超程报警信号解除以后。

🕊 **业内小提示**：有时可能遇到不需要返回机床参考点的机床。那是因为这种机床装有绝对式测量装置。绝对式测量装置对每一个被测点都有一个相应的确定的测量值，能使机床加工坐标值可以随时读出而不用设置参考点。增量式测量装置，由于它只测量相对位移量,如果一旦中间断电停机是无法找回先前的正确位置,必须返回起始点(参考点),重新开始计算,才能找到先前位置。因此,采用增量式测量装置的机床一定要设置参考点,而且操作者一定不要忘记返回机床参考点操作。

3. 工件原点和工件坐标系

工件原点是编程员在数控编程过程中定义在工件上的几何基准点,有时也称为工件零点用 W 表示,或用 ⊕ 表示。

工件坐标系是工件原点对应的坐标系,又称编程坐标系,供编程人员使用,为使编程人员在不知道是"刀具移近工件",还是"工件移近刀具"的情况下就可根据图样确定机床的加工过程,所以规定工件坐标系是"刀具相对工件而运动"的刀具运动坐标系。程序员在编程时可以选择工件上的某一点作为坐标原点,如图 13-7 和图 13-8 所示,可见工件坐标系的原点是任意的,这与机床坐标系不同。

数控车床工件原点一般设在主轴中心线上,工件的右端面或左端面上,如图 13-7 所示中的 W_1、W_2。铣床工件原点一般设在工件外轮廓的某个角上或对称中心,进刀深度方向的原点大多取在工件表面,如图 13-8 所示的 W。

工件原点的选用原则有:①工件原点选在工件图样的尺寸基准上;②能使工件方便地装夹、测量和检验;③工件原点尽量选在尺寸精度较高的工件表面上;④对于有对称形状的几何工件,工件原点最好选在对称中心上。

(三) 绝对坐标与相对坐标

1. 绝对坐标和绝对编程(G90)

所有坐标点的坐标值均从某一固定坐标原点计量的坐标系得到,称为绝对坐标。

如图 13-9 所示的 A、B 两点,若以绝对坐标计量,则 A(65,55),B(15,15)。

在绝对编程方式中,如果任何一个位置出现错误,这个错误只会影响当前位置,不会影响到其他的任何位置。

2. 相对坐标和增量编程(G91)

运动轨迹的终点坐标是相对于起点计量的坐标,称为相对坐标(或增量坐标)。

若以相对坐标计量,则 B 点的坐标是以 A 点给定的,则终点 B 的相对坐标为 B(-50,-40)。在增量编程过程中,如果任何一个位置出现错误,那么这个错误就会自动影响后面所有的位置。可根据具体机床的坐标系,从编程方便及加工精度要求的角度选用坐标系的类型。

绝对坐标与增量坐标的应用,如图 13-10 与表 13-2 所示。注:FANUC 系统增量坐标中,X、Z 可以用 U、W 表示;车床的 X(U) 坐标用直径表示。

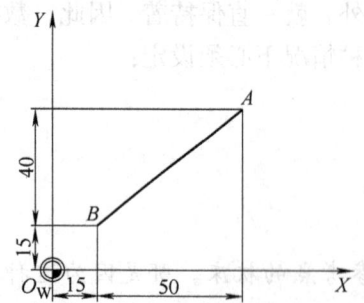

图 13-9 绝对坐标与相对坐标
XO_WY—工件坐标系

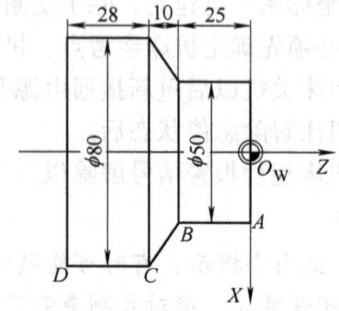

图 13-10 绝对坐标与增量坐标的应用

第十三章 数控加工技术

表 13-2 绝对坐标值和增量坐标值

基点	绝对坐标		增量坐标	
	X	Z	$X(U)$	$Z(W)$
A	50	0	—	—
B	50	-25	0	-25
C	80	-35	30	-10
D	80	-63	0	-28

二、数控程序的编制方法

1. 手工编程

利用一般的计算工具，通过各种数学方法，人工进行刀具轨迹的运算，并编制指令。这种方法比较简单，很容易掌握，适应性比较大，适用于中等复杂程度或计算量不大的零件编程，对机床操作人员来讲必须掌握。

2. CAD/CAM 自动编程

利用 CAD/CAM 技术进行零件设计、分析和造型，并通过后置处理、程序校验和修改，形成加工程序。该方法适应面广、效率高、程序质量好，适用于各类柔性制造系统（FMS）、计算机集成制造系统（CIMS）以及其他 CAD/CAM 集成系统。

自动编程可以大大地减轻编程人员的劳动强度，编程效率可提高几十倍甚至上百倍。同时解决了手工编程无法解决的复杂零件的编程难题。因此，除了少数情况下采用手工编程外，原则上都应采用自动编程。由于手工编程是自动编程的基础，对初学者来说，仍应该学习掌握手工编程。

三、程序的结构及指令功能

数控加工程序是根据数控机床规定的语言规则及程序格式来编写的。因此，程序编制人员应熟悉编程中用到的各种代码、加工指令和程序格式。

目前，国际上有两种通用的数控标准，即国际标准化组织的 ISO 标准和美国电子工业学会的 EIA 标准。我国以采用或参照采用 ISO 的有关标准为主，根据我国的实际情况制定了相应的数控标准。但在编制程序时，由于各个国家或者公司集团准备功能指令 G 和辅助功能指令不完全相同，所以必须按照用户使用说明书中的规定进行编程。下面以 FANUC-0i 数控系统为例介绍程序的格式及指令功能。

1. 地址字格式

CNC 程序设计系统采用的最普遍的程序格式类型是地址字格式。表 13-3 是常用地址字。每一个指令字都含有一个地址字母，这个字母符号后面跟随一个数据值，用来表示一组字中该字母的具体功能，或给出运动的距离、进给率、速度值。如 G01 X10. F0.3；G01 表示刀具作直线运动；X10. 表示刀具沿 X 轴运动的距离；F0.3 表示刀具进给速度为 0.3mm/r 等。

表 13-3 常用地址字

功能字	地址字	含义
程序号	O	程序的名称
顺序号	N	程序段代号
准备功能	G	指令机床动作方式

(续)

功能字	地址字	含义
辅助功能	M	机床开/关等辅助功能
坐标字	X、Y、Z	X、Y、Z 轴的绝对坐标值
	U、V、W	X、Y、Z 轴的增量坐标值
	A、B、C	绕 X、Y、Z 轴旋转坐标值
	I、J、K	圆弧中心坐标值
	R	圆弧半径
进给功能	F	指令刀具中心的进给速度
主轴转速	S	指令主轴转速
刀具功能	T	指定刀具的刀具号和补偿值
偏移号	H 或 D	指令刀具补偿值
重复次数	L	指令固定循环及子程序的执行次数
参数	R,Q	指定固定循环中设定的参考平面或进给深度值
暂停时间	P,X	指令暂停时间

2. 程序代码

CNC 程序中最常用的代码是 G 代码（准备功能代码）和 M 代码（辅助功能代码）（图 13-11），G 代码指发生在机床 X、Y 和 Z 轴的某些运动。M 代码用来控制机床某些操作的各种功能的开与关。

3. 程序结构

一个完整的程序由程序号、准备加工程序段、加工程序段、准备结束程序段和程序结束 5 部分构成。程序结构示例见表 13-4。

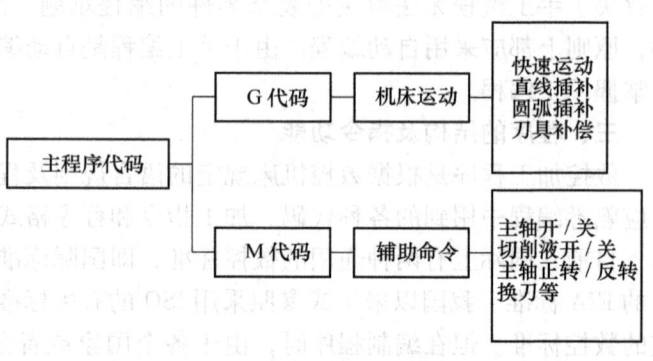

图 13-11 CNC 程序代码类型

表 13-4 程序结构

O0001	程序号
N10 G90 G54 G00 X0 Y0 M03 S1000;	准备加工程序段
N20 Z50.;	
N30 X-30. Y-30;	
N40 Z5;	
N50 G01 Z-3.00 F100;	
N60 G41 X0 Y-10.00 D01;	加工程序段
N70 Y50;	
N80 X50.00;	
N90 Y0;	
N100 X-10.;	

O0001	程序号
N110 G40X-30Y-30.;	
N120 G00Z50.;	准备结束程序段
N130 M05;	
N140 M30;	程序结束

（1）程序号 程序号为程序的开始标记，以便在存储器中的程序目录中查找、调用。每个程序必须要有程序号。程序号由地址码和若干位数字编号组成，如 FNAUC 系统用 O0001～O9999，也有的系统用 P 或 % 表示。

（2）准备加工程序段 准备加工程序段必须位于加工程序段的前面，其内容包括：①确定程序输入方式 G90 或 G91；②工件坐标系的建立 G92、G54～G59 中的任一个或 T×××；③刀具选取 T××；④主轴转速与旋转方向 S、M03 或 M04；⑤切削液打开 M08；⑥在工件坐标系下刀具快速定位 G00X_Y_Z_等。

（3）加工程序段 加工程序段是根据具体要加工的加工工艺，按刀具切削点位轨迹编写加工程序段。

（4）程序准备结束段 程序准备结束段应该位于加工程序段的后面，一般包括：①刀具快速回退到程序起点；②主轴停转 M05；③切削液关闭 M09；④取消刀具补偿 G40 或 G49 等。

（5）程序结束 程序结束一般用辅助功能代码 M02（程序结束）和 M30（程序结束，返回起始点）来表示。

第三节　数控车床手工编程

一、数控车床简介

数控车床是由数控系统、各轴伺服系统、机床本体以及辅助装置等组成。机床本体包括床身、主轴箱、电动回转刀架、进给传动系统、冷却系统、润滑系统、安全防护系统等，如图 13-12 所示。与普通车床相比，数控车床是将编制好的加工程序输入到数控系统中，由数控系统通过车床 X、Z 坐标轴的伺服电动机去控制车床进给运动部件的动作顺序、移动量和进给速度，再配以主轴转速和转向，可加工出各种形状不同的轴类或盘类回转体零件。

数控车床与普通车床的结构区别见表 13-5。

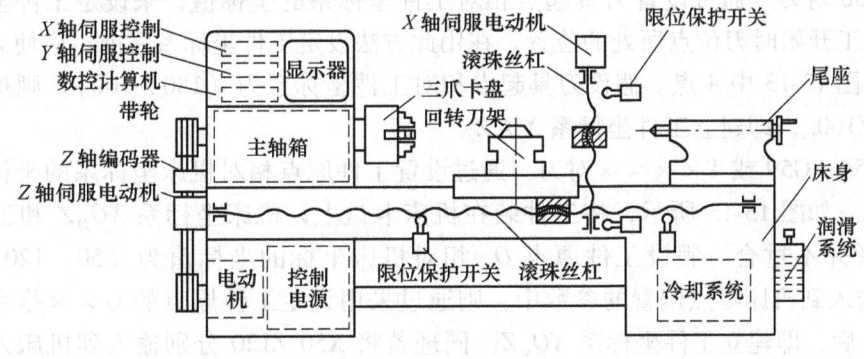

图 13-12　数控车床

表 13-5　数控车床与普通车床的结构区别

	运动传动	床头箱	进给机构	交换齿轮	机械结构
普通车床	齿轮副	多级齿轮副	齿轮副—光杠/丝杠—溜板箱	有	复杂
数控车床	伺服装置	伺服电动机直接驱动主轴	伺服电动机-滚珠丝杠-溜板及刀架	无	简单

二、数控车削加工工艺的主要内容

1) 分析待加工零件图样，明确加工内容和技术要求。

2) 进行工艺分析，其中包括零件加工工艺性。

3) 设定坐标系，通常数控车床工件坐标系原点应选择在工件右端面、左端面或卡爪的前端面与回转中心线的交点处。

4) 制定加工路线，确定刀具的运动轨迹和方向。主要考虑对刀点（程序执行时刀具相对于工件运动的起点）和换刀点（刀架转动时的位置）；应考虑加工顺序（先粗后精、先近后远）和进给路线（确定粗车和精车的加工路线、保证最短的空行程）。

5) 选择合适的刀具，数控机床对刀具的选择比较严格，所选择的刀具应满足安装调试方便、刚性好、精度高、使用寿命长等要求。选择刀具通常要考虑机床的加工能力、工序内容、工件材料等。

6) 合理确定切削用量，切削用量包括主轴转速 n、进给量 f、背吃刀量 a_p 等。背吃刀量 a_p 由机床、刀具、工件的刚度确定，在刚度允许的条件下，粗加工取较大的切削深度，以减少走刀次数，提高生产率；精加工取较小切削深度，已获得表面质量。主轴转速 n 由机床允许的切削速度及工件直径选取。进给量 f 则按零件加工精度、表面粗糙度要求选取，粗加工取较大值，精加工取较小值。最大进给速度受机床刚度及进给系统性能限制。

7) 编制和检验调试加工程序。

8) 输入程序进行加工。

三、数控车床编程基础

1. 工件坐标系建立

数控机床开机时，必须先进行机床回零操作（回参考点），目的是建立机床坐标系。因为工件坐标系是在机床坐标系下建立起来的，坐标系和参考点如图 13-13 所示。因此，在机床回参考点后，开始数控加工之前，数控机床还必须完成"对刀"操作。对刀的目的是建立工件坐标系。对刀的方法主要有三种：G50、G54 ~ G59、T××××。

（1）G50 对刀　通过设置刀具起点相对工件坐标系的坐标值，来设定工件坐标系。刀具起点是加工开始时刀位点所处的位置。在用此方法设定工件坐标系之前，应使刀具位于刀具起点，如图 13-13 中 A 点。假设刀具起点相对工件坐标系为 (180, 100)，则执行程序段 G50 X180. Z100.，即建立工件坐标系 XO_wZ。

（2）G54 ~ G59 或 T×××× 对刀　通过设置工件原点相对机床坐标系的坐标值，设定工件坐标系。如图 13-13 所示，将工件装在机床卡盘上，机床坐标系 XO_MZ 和工件坐标系 XO_wZ，两者并不重合。假设工件原点 O_w 相对机床坐标的坐标值为 (50, 120)，将 X50 Z120 分别输入到机床零点偏置的参数中，则通过采用设定工件原点的 G×× 指令，如执行程序段 G54 后，即建立工件坐标系 XO_wZ。同理若将 X50 Z120 分别输入到机床刀具补偿的参数中，则通过采用设定工件原点的 T×××× 指令，如执行程序段 T0101 后，即建立工件

坐标系 XO_wZ。该对刀方法与刀具起点位置无关。

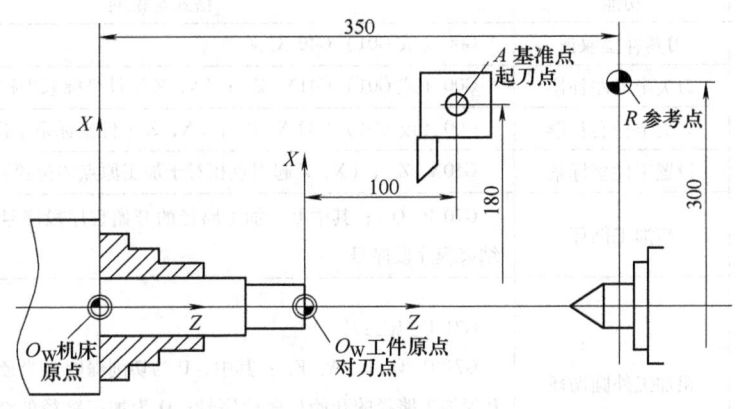

图 13-13 数控车床坐标系与参考点
XO_MZ—机床坐标系 XO_WZ—工件坐标系

2. 主轴功能

主轴功能也称为主轴转速功能，即 S 功能，它是用来指令主轴转速的功能。S 功能用地址符 S 及其后数字来表示，单位为 r/min。例如 M03 S800 表示主轴正转，转速为 800/min。

3. 刀具指令 T

刀具指令 T 是数控系统进行刀具选择和刀具补偿的功能，由 4 位数字组成。前两位为工位号，后两位为刀补号。刀补号是对刀时刀具的补偿值。如 T0101 表示工位号为 01 的刀具，刀补值为地址码为 01 号中的补偿量。

四、数控车床常用指令的功能与格式

1. G 代码

表 13-6 为数控车床常用准备功能 G 代码及功能。

表 13-6　数控车床常用准备功能 G 代码及功能

代码	分组	功能	格式与说明
G00	01	快速进给、定位	G00 X_ Z_；(X, Z 为目标点坐标)
G01		直线插补	G01 X_ Z_ F_；(X, Z 为目标点坐标)
G02		圆弧插补（顺时针）	G02 X_ Z_ R_ F_；G02 X_ Z_ I_ K_ F_；(X, Z 圆弧终点坐标；R 圆弧半径；I, K 圆弧起点相对于圆心坐标的值)
G03		圆弧插补（逆时针）	G03 X_ Z_ R_ F_；G03 X_ Z_ I_ K_ F_；
G04	00	暂停	G04X_；G04P_；(X 单位：s; P 单位：ms)
G20	06	英制输入	
★G21		米制输入	
G27	00	返回参考点检验	G27 X_ Z_；(X, Z 工件坐标系坐标值)
G28		自动返回参考点	G28 X_ Z_；(X, Z 工件坐标系坐标值)
G32	01	螺纹切削	G32X_Z_F_；(X, Z 螺纹终点坐标；F 螺纹导程) 可切削等螺距的圆柱螺纹、圆锥螺纹和端面螺纹

(续)

代码	分组	功能	格式与说明
★G40	07	刀具补偿取消	G00（或G01）G40 X_Z_；
G41		刀尖半径左补偿	G00（或G01）G41 X_Z_；（X，Z工件坐标系坐标值）
G42		刀尖半径右补偿	G00（或G01）G42 X_Z_；（X，Z工件坐标系坐标值）
G50	00	设置工件坐标系	G50 X_Z_；（X，Z起刀点相对于加工原点的位置）
G70		精加工循环	G70 P_Q_；其中P为加工路径的开始程序段序号；Q为加工路径的结束程序段序号
G71		粗加工外圆循环	G71 U_R_； G71 P_Q_U_W_F_；其中，U为切削深度（半径值）；R为退刀量；P为加工路径的开始程序段序号；Q为加工路径的结束程序段序号；U为X向的加工余量（直径值）；W为Z向的加工余量
G72		粗车端面循环	G72 W_R_； G72 P_Q_U_W_F_；指令功能同G71
G73		仿形粗车循环	G73 U_W_R_； G73 P_Q_U_W_F_；其中，U为X方向上总的退刀量（半径值）；W为Z方向上总的退刀量；R为切削次数；P为加工路径的开始程序段序号；Q为加工路径的结束程序段序号；U为X向的加工余量（直径值）；W为Z向的加工余量
G76		螺纹切削复合循环	G76 Pm r aQΔd_{min} Rd； G76 X_Z_RiPkQΔdFf；其中，m为最后精加工的重复次数；r为螺纹倒角量；a为刀尖角的角度；Δd_{min}为最小切入量；d为精加工余量；i为螺纹部分的半径差；k为螺纹牙高；Δd为第一次切入量；f为螺纹导程
G92	01	螺纹切削单步循环	G92 X_Z_R_F_；（X表示加工后的螺纹底径；R表示圆锥面起点与终点的半径差；F表示螺纹导程）可单步循环进行切削等螺距圆柱螺纹及圆锥螺纹
G96	02	主轴恒线速控制	G96 S200 表示切削速度是200m/min
★G97		取消主轴恒线速控制	G97 S1000 表示主轴转速为1000r/min
G98	05	每分钟进给mm/min	G98 F100 表示刀具进给速度100mm/min
★G99		每转进给mm/r	G99 F0.2 表示刀具进给速度0.2mm/r

注：1. G代码有两种，一种是模态G代码，另一种是非模态G代码。模态G代码的含义是直到同一组的其他G代码被指定之前均有效；非模态G代码的含义是仅在被指定的程序段内有效。

2. 00组别者为非模态指令，非00组别者全部为模态指令。

3. 不同组别的G功能可以在同一程序中使用。但若是同一组别的G功能，则最后面的G功能有效。

4. 有★记号的G代码表示数控机床的默认状态。

2. M代码

表13-7为数控车床常用辅助功能M代码、功能与用途。

表 13-7 常用的辅助功能 M 代码、功能与用途

代码	功能	用途
M00	程序暂停	执行 M00 后，机床主轴的转动、进给、切削液等所有动作均被切断，重新按程序启动按钮后，继续执行后面的程序段
M01	选择性停止	执行过程和 M00 相同，只是在机床控制面板上有"选择性停止"的开关置于接通位置时，该指令才有效
M02	程序结束	M02 在程序的最后一段，表示切断机床所有动作，并程序复位
M03	启动主轴正转	
M04	启动主轴反转	
M05	主轴停止	
M08	切削液开	
M09	切削液关	
M30	程序结束	M30 与 M02 程序结束的区别，就是 M30 在程序结束后会返回到程序的第一条语句，准备下一个工件的加工
M98	子程序调用	在程序中，当某一程序反复出现，工件上切削路线重复时，可以把这类程序作为子程序，先存储起来，再多次调用，使程序简化。该编程方法分主程序和子程序两部分。M98 编在主程序中，格式为：M98P nnnn ××××；其中 nnnn 为重复调用子程序的次数；×××× 为要调用的子程序号
M99	子程序返回	M99 编在子程序的最后一段，表示子程序结束并返回主程序 M98P nnnn ×××× 的下一程序段，继续执行主程序。子程序格式为： Onnnn； ……； M99；

注：各种机床的 M 代码规定有差异，编程时必须根据说明书的规定进行。

五、数控车床编程要点及举例

完成如图 13-14 所示轴类零件的加工程序编制，材料 2A12，毛坯尺寸 $\phi 40 \times 120$，单件生产。

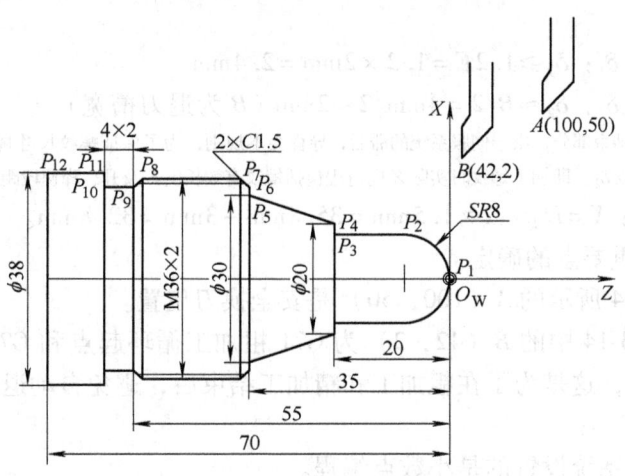

图 13-14 轴类零件的加工编程实例

1. 工艺分析

（1）加工路线确定　①外轮廓粗车，工件的外形在 Z 轴方向的轨迹呈单调增趋势，故可采用 G71 指令粗加工循环；②外轮廓精车，用 G70 指令；③切槽；④车螺纹采用 G92 指令；⑤切断。

（2）工艺参数确定　刀具选择如图 13-15 所示，切削用量参数见表 13-8。

（3）建立工件坐标系　工件坐标系原点（编程原点）确定在工件回转中心与右端面交点 O_W 处，以此建立的工件坐标系 XO_WZ，如图 13-14 所示。

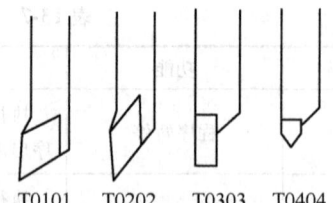

图 13-15　轴类零件加工选用刀具
T0101—外圆粗车刀　T0202—外圆精车刀
T0303—切槽刀　T0404—螺纹刀

表 13-8　切削用量参数

切削用量 切削表面	主轴转速 n /r·min^{-1}	进给速度 f/mm·r^{-1}	切削用量 切削表面	主轴转速 n/r·min^{-1}	进给速度 f/mm·r^{-1}
粗车外圆	800	0.3	车槽	450	0.1
精车外圆	1000	0.15	车螺纹	400	2

（4）数值计算

1）轮廓基点。P1(0, 0)；P2(16., -8.)；P3(16., -20.)；P4(20., -20.)；P5(30., -35.)；P6(32.8, -35.)；P7(35.8, -36.5)；P8(35.8, -53.5)；P9(31.8, -55.)；P10(31.8, -59.)；P11(38., -59.)；P12(38., -70.)。

说明：数控车床采用直径编程，所有 X 坐标都用直径表示。

2）车削螺纹（M36×2）关键点的计算

指令格式：G92 X_ Z_ F_；（X, Z 螺纹终点坐标，F 螺距）

螺纹大径：$D_大 = D_公 - 0.1F = 36\text{mm} - 0.1 \times 2\text{mm} = 35.8\text{mm}$（近似公式），所以 P7 中的 X = 35.8mm；

螺纹小径：$D_小 = D_公 - 1.3F = 36\text{mm} - 1.3 \times 2\text{mm} = 33.4\text{mm}$（近似公式）；

螺纹的牙高直径：$H = D_大 - D_小 = 35.8\text{mm} - 33.4\text{mm} = 2.4\text{mm}$（按递减顺序，分 5 次进刀完成螺纹车削）

螺纹升速进刀段 δ_1：$\delta_1 \geq 1.2F = 1.2 \times 2\text{mm} = 2.4\text{mm}$

螺纹降速退刀段 δ_2：$\delta_2 \approx B/2 = 4\text{mm}/2 \approx 2\text{mm}$（B 为退刀槽宽）

注：螺纹切削的开始及结束部分，由于伺服系统的滞后，导程会不规则，为了保证螺纹尺寸精度，车螺纹开始要有升速段 δ_1，螺纹结束后要有降速段 δ_2。即加工螺纹时实际 Z 向行程包括螺纹有效长度 L 及升、降速段距离（$Z = L + \delta_1 + \delta_2$）。

P6 中的 X 计算：$X = D_大 - 2 \times 1.5\text{mm} = 35.8\text{mm} - 3\text{mm} = 32.8\text{mm}$。

3）程序中几个重要点的确定

换刀点：图 13-14 所示的 A(100, 50) 是安全换刀位置。

循环起点：图 13-14 中的 B(42, 2) 为 G71 粗加工循环起点和 G70 精加工起点，该点应该设置在毛坯附近，这是为了在粗加工和精加工结束后，避免自动退刀时，刀具与工件发生干涉。

另外注意，有些系统设置的是小数点编程。

2. 参考程序

图 13-14 零件的参考程序见表 13-9。

表 13-9　图 13-14 零件的参考程序

程序	说明
O0001	程序名
N10 T0101;	建立工件坐标系 XO_WZ，并选用 1 号刀和 1 号刀补（外圆粗车刀）
N20 M03S800;	主轴正转，800r/min
N30 G00 Z2.;	刀具由换刀点 A 快进至循环起点 B（42，2）
N40 X42.;	
N50 G71U1. R0.5;	外圆粗车循环，每次切削深 1mm，每次退刀量 0.5mm
N60 G71P70Q170U0.4W0.2F0.3;	零件轮廓由 N70～N170 指定，精车余量单边 0.2mm，粗车循环进给量 0.3mm/r。注意粗车循环结束时刀具自动返回循环起点 B
N70 G00X0.;	轮廓起点 P_1（0，0），注意 G71 中 P 指令的程序段中，不能含有 Z 轴指令
N80 Z0.;	
N90 G03X16. Z-8.00R8.;	车 R8 圆弧 $P_1 \sim P_2$
N100 G01Z-20.;	车 $\phi 16$ 外圆 $P_2 \sim P_3$
N110 X20.;	车 $\phi 20$ 台阶 $P_3 \sim P_4$
N120 G01X30. Z-35.;	车 $\phi 30$ 锥面 $P_4 \sim P_5$
N130 X32.8;	车倒角前的台阶 $P_5 \sim P_6$
N140 X35.8Z-36.5;	车右侧 1.5×45°倒角 $P_6 \sim P_7$
N150 Z-59.;	车螺纹大径 $\phi 35.8 P_7 \sim P_{10}$
N160 X38.;	车 $\phi 38$ 台阶 $P_{10} \sim P_{11}$
N170 Z-74.;	车 $\phi 38$ 外圆，Z 向超过 P_{12} 点 4mm，为了切断后保证总长 70mm（割刀 4mm）
N180 G00X100. Z50.;	快速返回换刀点 A（100，50）
N190 T0100;	取消 1 号刀刀补
N200 M05;	主轴停
N210 M00;	程序暂停
N220 T0202;	选 2 号刀和 2 号补偿（外圆精车刀）
N230 M03S1000;	主轴正转，1000r/min
N240 G00Z2.;	刀具快进至循环起点 B（42，2.）
N250 X42.;	
N260 G70P70Q170F0.15;	开始精车，注意刀具从循环起点 B（42，2）开始精车，精车结束时自动返回至循环起点 B
N270 G00X100. Z50.;	快速返回换刀点 A（100，50）
N280 T0200;	取消 2 号刀刀补
N270 M05;	主轴停
N280 M00;	程序暂停
N290 T0303;	选 3 号刀和 3 号补偿（割槽刀）
N300 M03S450;	主轴正转，450r/min

(续)

程序	说明
N310 G00Z-59.；	刀具沿 Z 向快速至割槽处
N320 X38.00；	刀具沿 X 向快速接近工件
N330 G01X31.8F0.1；	直线匀速进给切槽，槽底 $X = 35.8mm - 2 \times 2mm = 31.8mm$，进给量 $0.1mm/r$
N340 G04X1.00；	刀具在槽底暂停1s，为修光槽底
N350 G00X32.8；	快速沿 X 向退至左则倒角起点（32.8，-55）
N360 G01X35.8Z-57.5F0.1；	车左侧 $1.5 \times 45°$ 倒角，$P_9 \sim P_8$
N370 X38.；	沿 X 向退刀
N380 G00X100.Z50.；	快速返回换刀点 A（100，50）
N390 T0300；	取消3号刀刀补
N400 M05；	主轴停
N410 M00；	程序暂停
N420 T0404；	选4号刀和4号补偿（螺纹车刀）
N430 M03S400；	主轴正转，400r/min
N440 G00Z-30.；	快速至螺纹循环起点（38，-30）点处开始车螺纹（螺纹升速段 $\delta_1 = 5mm$）
N450 X38.00；	
N460 G92X35.Z-57.F2.；	螺纹循环开始，第一刀 X 向进刀 0.8mm，$Z = -55mm - 2mm = -57mm$（降速段 $\delta_2 = 2mm$），每刀螺纹车削结束后刀尖自动返回螺纹循环起点（38，-30）
N470 X34.3；	第二刀 X 进刀 0.7mm，$Z-57$
N480 X33.8；	第三刀 X 进刀 0.5mm，$Z-57$
N490 X33.5；	第四刀 X 进刀 0.3mm，$Z-57$
N500 X33.4；	第五刀 X 进刀 0.1mm，$Z-57$
N510 G00X100.Z50.；	快速返回换刀点 A（100.，50.）
N520 T0400；	取消4号刀刀补
N530 M05；	主轴停
N540 M00；	程序暂停
N550 T0303；	选3号刀和3号补偿（割槽刀）
N560 M03S450；	主轴正转，转速450r/min
N570 G00Z-74.；	割刀左侧的刀位点快速沿 Z 向至 -74
N580 X40.00；	快速接近工件
N590 G01X-0.5F0.1；	匀速割断，进给量 $0.1mm/r$
N600 G00X100.Z50.；	快速返回换刀点
N610 T0300；	取消3号刀补
N620 M05；	主轴停
N630 M30；	程序结束

第四节 数控铣床手工编程

一、数控铣床简介

数控铣削是机械加工中最常用和最主要的数控加工方法之一。数控铣床具有连续控制功能，它除了能铣削普通铣床所能铣削的各种零件外，还能铣削普通铣床不能铣削的需要 2～5 坐标联动的轮廓（如复杂的二维曲面和复杂的三维空间曲面轮廓），以及钻孔、扩孔、镗孔和攻螺纹等工序的加工。

一般数控铣床多为三坐标轴、两轴联动的机床，也称为两轴半控制机床。图 13-2 所示为三坐标立式数控铣床示意图。如果数控铣床的工作台和主轴箱可实现转动进给，就构成了五轴数控铣床。

二、数控铣削加工工艺的主要内容

（1）分析工件图样　分析工件的材料、形状、尺寸、精度、表面粗糙度以及毛坯形状等。

（2）确定工件装夹方法和选择夹具　要便于工件坐标系建立，尽量选用组合夹具和通用夹具等。

（3）确定工件坐标系　根据工件的加工要求和工件在数控铣床上的装夹方式，确定工件坐标系原点的位置；

（4）确定加工路线　数控铣削加工路线对工件的加工精度、表面质量和切削加工效率有直接的影响。

1）顺铣和逆铣的选择。当工件表面无硬皮，机床进给机构无间隙时，应采用顺铣。特别是精铣时，尽量采用顺铣。当工件表面有硬皮，进给机构有间隙时，采用逆铣。

2）加工路线确定原则为：①尽量减少进退刀和其他辅助时间；②铣削轮廓时尽量采用顺铣方式，以提高表面精度；③进退刀应选在不太重要的位置，并且使刀具沿工件的切线方向进刀和退刀，以免产生刀痕；④先加工外轮廓，再加工内轮廓。

3）合理划分工序。除了按"先粗后精"，"先面后孔"等原则保证工件质量外，还常用"刀具集中"的方法，即用一把刀加工完相应各部位后，再换另一把刀，加工相应的其他部位，以减少空行程和换刀时间。

（5）选择刀具与确定切削用量　刀具的选择应满足安装调试方便、刚性好、精度高、使用寿命长等要求。切削用量包括主轴转速 n、进给量 f、背吃刀量 a_p 等。选择原则同数控车床。

（6）编制加工程序，检验调试。

（7）输入程序进行加工。

三、数控铣床编程基础

1. 工件坐标系建立

工件坐标系原点 W，一般根据工件的加工要求和在机床上的装夹方式，由编程者确定。通常设在工件的设计工艺基准处，以便于尺寸计算。如图 13-16a 所示，工件坐标原点 W 设在工件对称中心的上表面。工件坐标系的设置方法有两种：

（1）设置工件原点相对于机床坐标系的坐标值　如图 13-16a 所示，将工件装于铣床工作台上，机床坐标系通过回零操作建立（图中机床坐标原点在参考点处）。在机床坐标系下，确定工件原点 W 的坐标值，即图中的 X 偏置量、Y 偏置量、Z 偏置量，将这三个偏置量输入到机床零点偏置的参数中，则通过采用设定工件原点的 G×× 指令，如执行程序段 G54 后，即建立工件坐标系。

（2）设置刀具起点相对于工件坐标系的坐标值　如图 13-16b 所示，先使刀位点位于刀具起点 A，若已知刀具起点相对于工件坐标值为（100，100，50），则执行 G92 X100. Y100. Z50. 后，即建立了以工件零点 W 为坐标的工件坐标系 XO_WYZ。

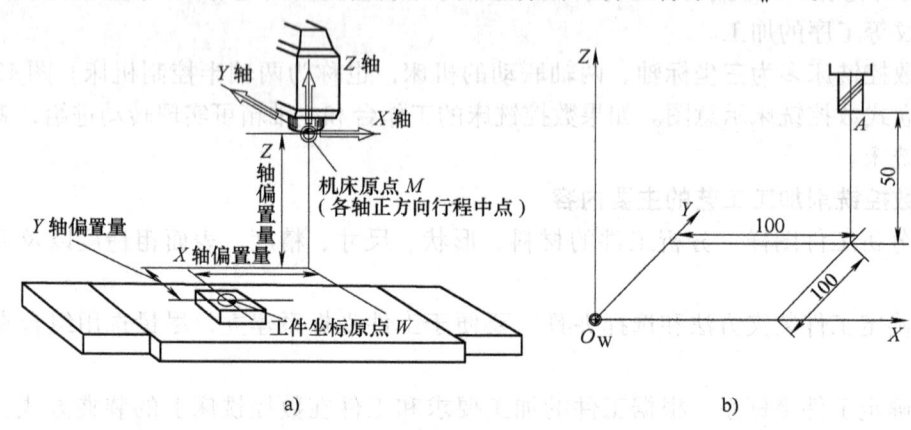

图 13-16　铣床工件坐标系设定
a）设工件原点方法 1　b）设工件原点方法 2

2. 刀具半径补偿

（1）刀具半径补偿的目的　要求用 $\phi 8$ 立铣刀铣削 $50mm \times 30mm$ 零件（图 13-17）的外轮廓，若刀具的刀位点（刀具中心）沿工件轮廓铣削，因刀具有一定的直径，故铣削会增加或减少一个刀具直径值，即外形尺寸会减少一铣刀直径值（双边），如图 13-17a 所示，内形尺寸会增加一铣刀直径值（双边）如图 13-17b 所示。若在铣削外或内轮廓时，将铣刀的刀位点（刀具中心）向外或向内偏一半径值（图 13-18），则可铣削出正确的尺寸。但如果每次编程皆要考虑加或减一刀具半径值，会使编写程序很不方便。为了编写程序的方便性，现在数控系统大多具备刀具半径补偿功能。即面板输入直径（或半径）补偿值，使其存储

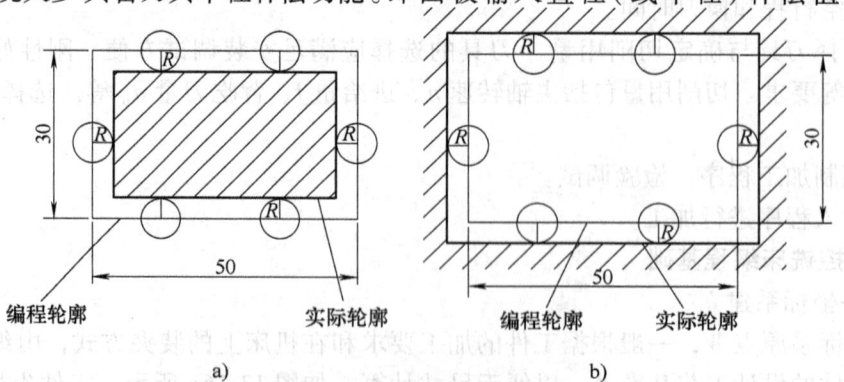

图 13-17　无刀具半径补偿的编程轮廓与实际轮廓
a）铣削后外轮廓为 $42mm \times 22mm$　b）铣削后内轮廓为 $58mm \times 38mm$

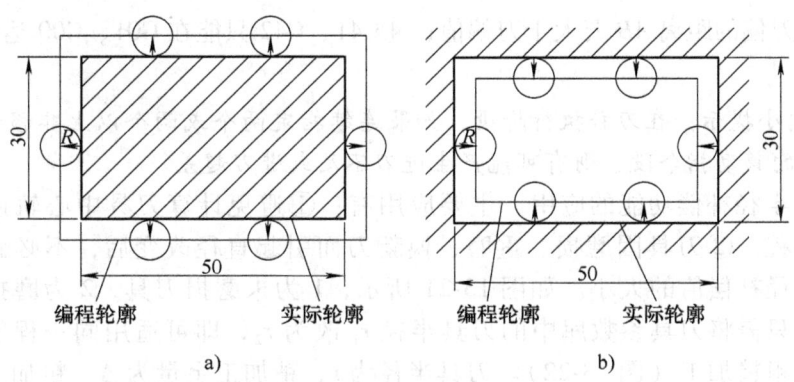

图 13-18 采用刀具半径补偿的编程轮廓与实际轮廓
a) 铣削后外轮廓为 50mm×30mm b) 铣削后内轮廓为 50mm×30mm

在刀具参数库里,系统提供了刀具半径补偿指令,可以使编程时不必考虑刀具半径,只需根据图样标准尺寸编程,只要采用半径补偿指令,系统会根据半径补偿指令自动偏移一个所指定的刀具半径。

(2) 刀具半径补偿方法 铣削加工刀具半径补偿分为刀具半径左补偿(G41)和刀具半径右补偿(G42),如图 13-19 所示。顺着刀具运动方向看,刀具位于工件轮廓左侧,称刀具半径左补偿。反之称为刀具半径右补偿。G40 为取消刀具补偿。

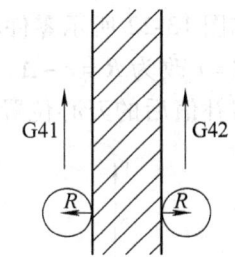

图 13-19 刀具半径的左右补偿

指令格式:
G41
G42 — G01 X_Y_D_;
G40 — G00 X_Y_;

说明:①建立和取消刀具半径补偿时必须在 G01 或 G00 指令状态下进行,一般建议在 G01 状态下建立刀补;②G41、G42、G40 为模态指令,机床初始状态为 G40;③D 后面的数字为刀具半径补偿号。

(3) 刀补建立过程及原则 刀补建立过程举例如图 13-20 所示,刀补建立过程有三步:建立刀补(如 **AB** 段)、执行刀补(B-P_2-P_3-P_4-P_5-P_6-C)和撤销刀补(**CA**)。刀补建立必须遵循以下原则:①刀补建立方向 **AB** 与刀补建立后刀具即将要运动的方向 BP_2 一致,即 **AB** 与 BP_2 的夹角应该在 90°<α≤180°的范围内,否则会出现刀补建立失败或过切现象;②建立刀补与撤销刀补时要使轮廓轨迹封闭。一般建立和退出刀补时,采用沿运动轨迹切向的延长线上切入或退出,或使封闭曲线重叠一段,来保证轮廓轨

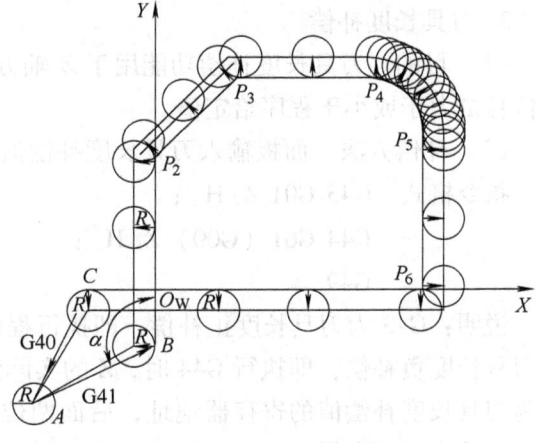

图 13-20 刀补建立过程举例

迹封闭；③加刀偏的距离 AB 要大于刀偏值；④G41、G42 只能在 G01、G00 运行中实现。

业内小提示：在刀补执行阶段，如果连续指定两个或两个以上非移动指令或指定非指定平面轴的移动指令段，则有可能产生进刀不足或进刀超差。

（4）刀具半径补偿功能的应用　主要应用有：①避免计算刀具中心轨迹，直接用工件轮廓尺寸编程。②刀具因磨损、重磨、换新刀而引起直径改变后，不必修改程序，直接修改刀具半径补偿值的大小。如图 13-21 所示，1 为未磨损刀具，2 为磨损后刀具，两者直径不同，只需将刀具参数库中的刀具半径 r_1 改为 r_2，即可适用同一程序。③利用刀补值，可进行粗精加工（图 13-22）。刀具半径为 r，精加工余量为 Δ。粗加工时，输入刀具半径 $R = r + \Delta$，则加工出虚线轮廓；精加工时，用同一程序、同一刀具，但输入刀具半径 $R = r$，则加工出实线轮廓。④利用刀补值控制轮廓尺寸精度。用半径为 r 的铣刀加工如图 13-22 所示零件轮廓，若测得尺寸 50 偏大了 2Δ 值（虚线轮廓），则将原来的刀补值 $R = r$ 改为 $R = r - \Delta$，即可获得尺寸 50（实线轮廓）。图中 P_1 为原来刀心位置，P_2 为修改刀补值后的刀心位置。

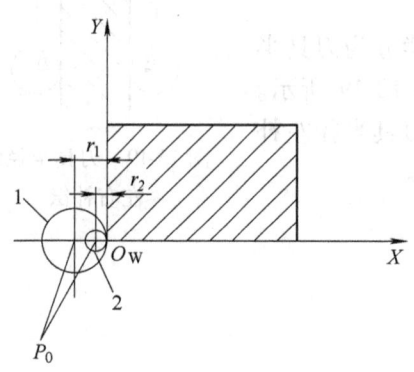 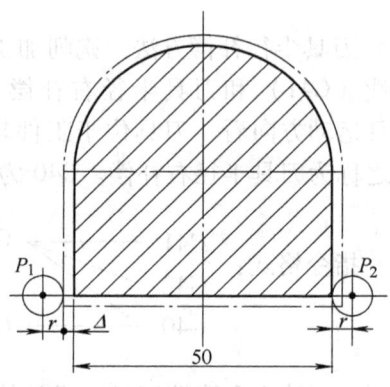

图 13-21　利用刀补值补偿磨损刀具的加工误差

1—未磨损刀具　2—磨损后刀具

图 13-22　利用刀补值进行粗精加工

P_1—粗加工刀心位置　P_2—精加工刀心位置

3. 刀具长度补偿

（1）目的　刀具长度补偿功能用于 Z 轴方向的刀具补偿，它可使刀具在 Z 轴方向的实际位移量大于或小于程序给定值。

（2）补偿方法　面板输入刀具长度补偿值，程序中采用刀具长度补偿指令。

指令格式：G43 G01 Z_H_;

　　　　　G44 G01（G00）Z_H_;

　　　　　G49

说明：G43 为刀具长度正补偿，即执行程序段 G43 时，Z 的实际值 = Z 指令值 + H；G44 为刀具长度负补偿，即执行 G44 时，Z 的实际值 = Z 指令值 - H。G49 为撤销刀具长度补偿；H 为刀具长度补偿值的寄存器地址，后面两位数字表示补偿量代号，补偿量可以用 MDI 方式存入该代号寄存器中，刀具长度补偿如图 13-23 所示。

（3）长度补偿的应用　长度补偿的应用主要有：①使用长度补偿功能，编程可以不必考虑刀具的长短，因为当实际用刀长度与标准刀长不同时，可以用长度补偿功能进行补偿；②当加工中刀具因磨损、重磨、换新刀而长度发生变化时，也不用修改程序的坐标值，只要修改刀具参数库中的长度补偿值即可；③若加工一个零件需用几把刀，各刀的长短不一，编程时也不必考虑刀具长短坐标值的影响，只要把其中一把刀设为标准，其余各刀相对标准刀设置长度补偿值即可。

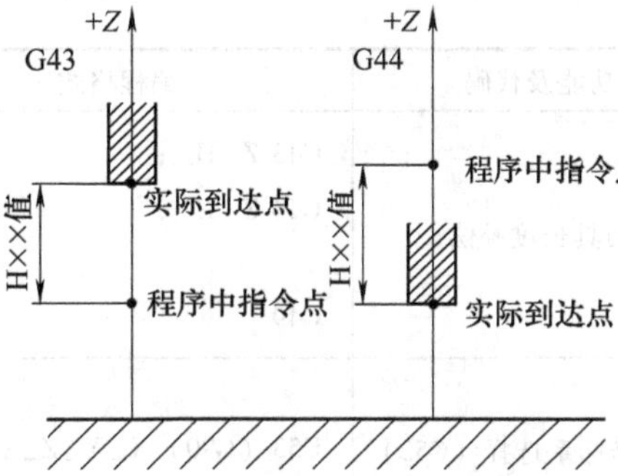

图 13-23　刀具长度补偿

四、数控铣床常用指令的功能与格式

1. 数控铣床常用的准备功能 G 代码

表 13-10 为 FANUC 0i—M 系统数控铣床常用准备功能 G 代码及功能。

表 13-10　FANUC 0i—M 系统数控铣床的常用准备功能 G 代码及功能

功能及代码	编程格式	说明
定位（G00）	G00 X_Y_Z_;	X、Y、Z 为刀具移动目标点坐标
直线插补（G01）	G01 X_Y_Z_;	X、Y、Z 为刀具移动目标点坐标；F 为进给速度，单位 mm/min 或 mm/r
圆弧插补 顺圆弧（G02） 逆圆弧（G03）	G17 G02 / G03 X_Y_I_J_F_; 或 G17 G02 / G03 X_Y_R_F_; G18 G02 / G03 X_Z_I_K_; 或 G18 G02 / G03 X_Z_R_; G19 G02 / G03 Y_Z_J_K_; 或 G19 G02 / G03 Y_Z_R_;	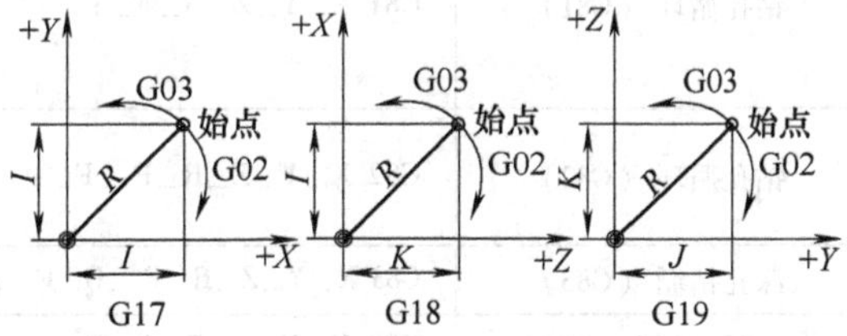
暂停（G04）	G04 X_; G04 P_;	X 单位为 s；P 单位为 ms，P 后数值不允许带小数点，只能用整数
平面选择（G17，G18，G19）	G17 G18 G19	选 XY 平面 选 ZX 平面 选 YZ 平面
参考点返回检验（G27）	G27 X_Y_;	当执行 G27 指令后，返回各轴参考点指示灯分别点亮。当使用刀具补偿功能时，指示灯不亮，所以在取消刀具补偿功能后，才能使用 G27 指令
返回参考点（G28）	G28 X_Y_; 或 G28 X_Z_; G28 Y_Z_;	X、Y、Z 为中间点坐标；G28 指令一般用于自动换刀，在使用 G28 时应取消刀补
由参考点返回（G29）	G29 X_Y_; 或 G29 X_Z_; G29 Y_Z_;	X、Y、Z 为执行完 G29 后刀具应到达的坐标点
G40 取消刀具半径补偿	G40 G00/G01 X_Y_;	机床初始状态为 G40
刀具半径补偿	G41 G01 X_Y_D_; G42 G01 X_Y_D_;	G41 左补偿 G42 右补偿 D 刀具半径补偿号

(续)

功能及代码	编程格式	说明
刀具长度补偿	G43 Z_ H_ ; G44 Z_ H_ ; G49	G43 正补偿 G44 负补偿 H 长度补偿号 G49 取消长度补偿
机床坐标系选择（G53）	G53（G90）X_ Y_ Z_ ;	X_ Y_ Z_ 为机床坐标系中的坐标值，一般其尺寸均为负值。使刀具快速定位到机床坐标系中的指定位置上，G53 为非模态指令
工件坐标系设置 （G54～G59）	G54 G55 G56 G57 } G00/G01 X_ Y_ Z_ (F) ; G58 G59	若在工作台上同时加工多个零件时，可以设定不同的程序零点，可建立 6 个加工坐标系。 1～6 号加工坐标系可以直接通过 CRT/MDI 方式设置。某加工坐标系一旦设定，该加工原点在机床坐标系中的位置是不变的，它与刀具的当前位置无关，除非再通过 MDI 方式修改
钻孔固定循环取消（G80）	G80 ;	
钻孔循环（G81）	G81 X_ Y_ Z_ R_ F_ ;	X、Y 为孔的位置；Z：在 G90 时为孔底的绝对值，在 G91 时，Z 是 R 平面到孔底的距离，R 为参考平面位置；F 为进给速度，单位为 mm/min
钻孔循环（G82）	G82 X_ Y_ Z_ R_ P _ F_ ;	P 为在孔底位置的暂停时间，单位为 ms；其余含义同上
深孔钻循（G83）	G83 X_ Y_ Z_ R_ P _ Q_ F_ ;	Q 为每次进给深度；其余含义同上
攻螺纹循环（G84）	G84 X_ Y_ Z_ R_ P_ F_ ;	含义同上
镗孔循环（G85）	G85 X_ Y_ Z_ F_ R_ ;	含义同上
绝对坐标编程（G90）	G90_ ;	绝对编程
相对坐标编程（G91）	G91_ ;	增量编程
工件某坐标系设定（G92）	G92 X_ Y_ Z_ ;	X、Y、Z 为刀具刀位点在工件坐标系中（相对于程序零点）的初始位置；G92 指令执行前的刀具位置，需放在程序 G92 后所指定的 X_ Y_ Z_ 的位置坐标上，即工件坐标系建立与刀具的当前位置有关
循环返回起始点（G98）	G98_	G98 初始平面 G99 R 平面 Z 点
循环返回参考平面（G99）	G 99_	

注：表 13-11 所列准备功能 G 指令，除 G53 为非模态指令以外，均为模态指令。

2. 数控铣床常用的辅助功能

辅助功能也叫 M 功能或 M 代码，它是控制机床或系统开关功能的一种命令。常用的辅助功能编程代码、功能与用途见表 13-11。

表 13-11 常用的辅助功能 M 代码、功能与用途

代码	功能	用途
M00	程序暂停	当执行 M00 指令的程序段后,主轴的转动、进给、切削液都停止,它与单程序段停止相同,模态信息全部被保存,以便进行某一手动操作,如换刀、测量工件尺寸等。重新启动机床后,继续执行下面的程序
M01	选择性停止	执行过程和 M00 相同,只是在机床控制面板上有"选择性停止"的开关置于接通位置时,该指令才有效
M02	程序结束	该指令编在程序的最后一条,表示执行完程序内所有指令后,主轴停止、进给停止、切削液关闭,机床处于复位状态
M03	主轴正转	
M04	主轴反转	
M05	主轴停止	
M06	换刀	用于自动换刀动作,如 M06 T01
M08	切削液开	
M09	切削液关	
M30	程序结束	使用 M30 时,除了表示执行 M02 的内容外,还返回到程序的第一条语句,准备下一个工件的加工
M98	子程序调用	格式为 M98P nnnn ××××;其中 nnnn 为重复调用子程序的次数;×××× 为要调用的子程序号
M99	子程序返回	格式为: Onnnn; M99;

五、数控铣床编程要点及举例

在数控铣床上用 φ16mm 的立铣刀铣削圆弧规轮廓,如图 13-24 所示,材料 2A12,其加工程序见表 13-12。

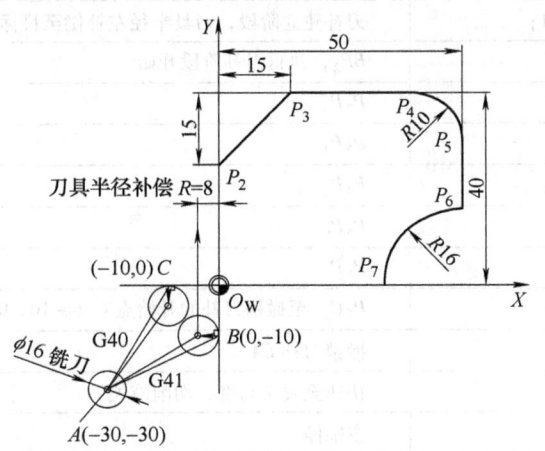

图 13-24 圆弧规轮廓

1. 工艺分析

(1) 确定加工路线　根据工件材料无硬皮和数控机床进给机构无间隙的特点选择顺铣。

(2) 确定工件坐标系　工件坐标系原点 O_W 设置在零件图的左下角。

(3) 数值计算

1) 轮廓基点：O_W (0, 0)；P_2 (0, 25.)；P_3 (15, 40.)；P_4 (40, 40)；P_5 (50, 30)；P_6 (50, 16)；P_7 (34, 0)。

2) 建立刀具半径补偿的关键点

① 建立刀具半径补偿的开始点，如图 13-24 中的 A (-30, -30)，该点的确定应满足刀补建立方向 AB 与刀补建立后刀具即将要运动方向 BP_2 的夹角在 $90° < \alpha \leq 180°$ 范围内。

② 确定刀具半径补偿的目标点，如图 13-24 中的 B (0, -10)。轮廓的刀具半径补偿起点应设在工件切入点的延长线上，目的要使工件轨迹封闭。

③ 撤销刀具半径补偿的开始点，如图 13-24 中的 C (-10, 0)。该点也应设在零件切出点的延长线上，目的要使零件轨迹封闭。

④ 撤销刀具半径补偿的目标点，如图 13-24 中的 A (-30, -30)，该点的确定也应满足刀补撤销前的方向 P_7C 与刀补撤销方向 CA 的夹角在 $90° < \alpha \leq 180°$ 范围内。

2. 参考程序

图 13-23 所示零件的参考程序见表 13-12。

表 13-12　圆弧规轮廓参考程序

程序	说明
O0002	程序名
N10 G54;	设定工件坐标系 XO_WY，O_W 位于工件左下角
N20 M03S1000;	主轴正转，1000r/min
N30 G00Z50. M08;	刀具快速到达安全高度，切削液开
N40 G00X0Y0	快速到达工件坐标系原点 O_W (0, 0)
N50 X-30. Y-30.;	快速到达建立刀具半径补偿的开始点 A (-30, -30)
N60 Z5.;	快速接近工件
N70 G01Z-5. F100;	进给深度 5mm，进给量 100mm/min
N80 G41G01X0. Y-10. D01;	刀补建立阶段，刀具半径左补偿至目标点 B (0, -10)
N90 G01Y25.;	BP_2，执行刀补阶段开始
N100 X15. Y40.;	P_2P_3
N110 X40. 00;	P_3P_4
N120 G02X50. Y30. R10.;	P_4P_5
N130 G01Y16.;	P_5P_6
N140 G03X34. Y0. R16.;	P_6P_7
N150 G01X-10.;	P_7C，至撤销刀补的开始点 C (-10, 0)
N160 G40X-30. Y-30.;	撤销刀补 CA
N170 G00Z50. M09;	快速至安全高度，切削液关
N180 M05;	主轴停
N190 M30;	程序结束

第五节 加工中心

一、概述

加工中心是一种集铣（车）、钻、镗、扩、铰、攻螺纹等多种加工功能于一体的数控加工机床，其工序高度集中，从而可以实现多种工艺手段。

加工中心能够在一台机床上完成由多台机床才能完成的工作，而且加工中心带有不同形式的刀库和自动换刀装置，能自动更换刀具，加工时可在刀库中存放各种不同数量的刀具或检具，以便在加工过程中按工艺要求进行自动选用和更换，对工件进行多工序加工，这是加工中心与普通数控机床的主要区别。加工中心与其他数控机床相比，虽然结构较复杂，但控制功能较多，并且还具有多种辅助功能。这些特点对提高机床的加工效率和产品的加工精度、确保产品的质量都具有十分重要的作用。

加工中心一般包括以下内容：

1）加工中心是在数控镗床或数控铣床的基础上增加自动换刀装置，使工件在一次装夹后，可以连续对工件表面进行钻孔、扩孔、铰孔、镗孔、攻螺纹、铣削等多工步的加工，工序高度集中。

2）加工中心一般带有自动分度回转工作台或主轴箱可自动转角功能，从而使工件一次装夹后，自动完成多个平面或多个角度位置的多工序加工。

3）加工中心能自动改变机床主轴转速、进给量和刀具相对工件的运动轨迹及其他辅助功能。

4）带交换工作台的加工中心，在工作位置的工作台上进行工件加工的同时，可在装卸工件位置的工作台上进行装卸，不影响正常的加工工作。

二、加工中心分类

加工中心按其主轴在空间所处的状态可分为立式（图13-25）、卧式（图13-26）及复合加工中心等几种；按坐标轴数可分为三轴二联动、三轴三联动、四轴三联动、五轴四联动及六轴五联动等，如图13-27所示；按工作台的数量可分为单工作台、双工作台加工中心；按加工精度还可分普通加工中心和高精度加工中心等。

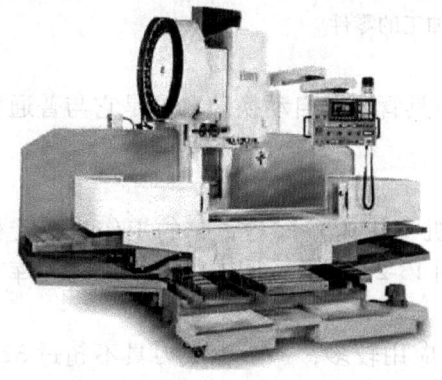

图13-25 立式加工中心

图13-26 卧式加工中心

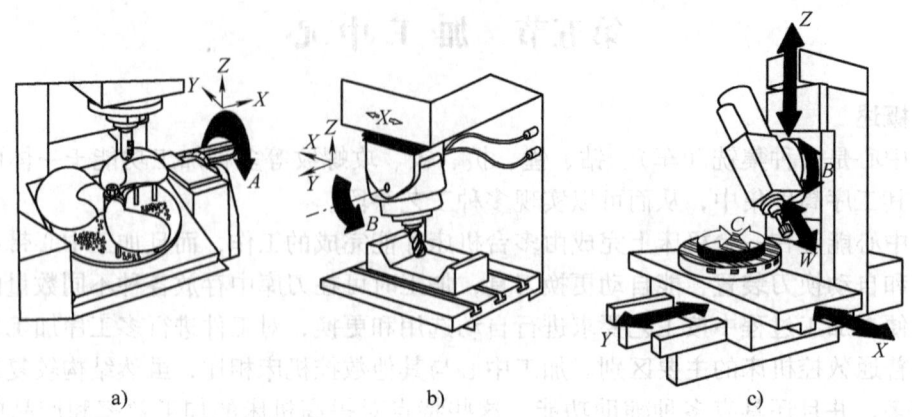

图 13-27 加工中心轴的联动方式举例
a）四轴联动（带 A 轴）　b）四轴联动（带 B 轴）　c）六轴联动

三、加工中心主要加工对象

加工中心最适宜加工切削条件多变、形状结构复杂、精度要求高及加工一致性好的零件，如箱体类零件；适合加工需采用多轴联动才能加工出的特别复杂的曲面零件；适合加工需要利用点、线、面多工位混合加工的异形件以及带有键槽或径向孔、端面有分布孔系或曲面的盘（套）类板类等零件，如图 13-28 所示。

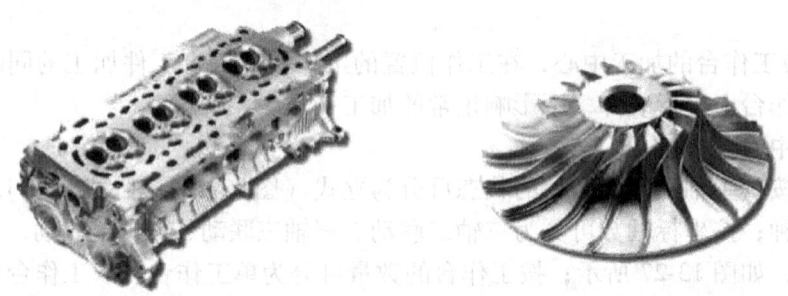

图 13-28 加工中心适宜加工的零件

四、刀库与自动换刀装置

加工中心具有刀库和自动换刀装置，能够进行刀具管理和自动换刀，这是它与普通数控机床在结构上的最主要区别。

1. 刀库的形式

刀库就是以合理方式存储较多刀具和辅助的随机（机床）库房，它的工作过程受机床数控系统的控制。刀库的形式很多，结构各异，如图 13-29 所示。加工中心常用的刀库有鼓轮式和链式刀库两种。

图 13-29a、b 为鼓轮式刀库，其结构简单紧凑，应用较多，一般存放刀具不超过 32 把。图 13-29c、d 为链式刀库，多为轴向取刀，适用于要求刀库容量较大的数控机床。

2. 自动换刀装置的形式

自动换刀装置的用途是按照加工需要，自动地更换装在主轴上的刀具。它是一套独立、

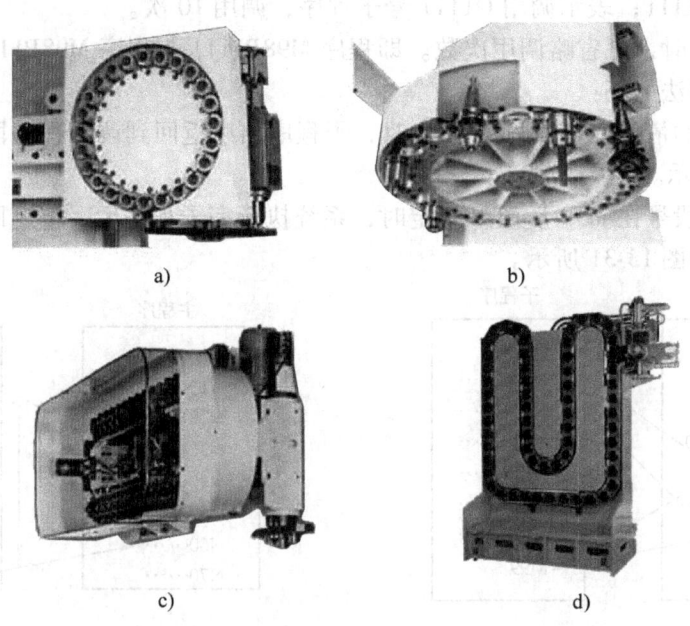

图 13-29 加工中心刀库形式
a)、b) 鼓轮式刀库 c)、d) 链式刀库

完整的部件。

自动换刀装置主要有回转刀架和带刀库的自动换刀装置两种形式。回转刀架换刀装置的刀具数量有限，但结构简单、维护方便。

带刀库的自动换刀装置是由刀库和机械手组成的。它是多工序数控机床上应用最广泛的换刀装置。

3. 换刀过程

带刀库的自动换刀装置的整个换刀过程较复杂，首先把加工过程中需要使用的全部刀具分别安装在标准刀柄上，在机外进行尺寸预调后，按一定的方式放入刀库。换刀时，先在刀库中选刀，并由机械手从刀库和主轴上取出刀具，在进行刀具交换后，将新刀具装入主轴，把旧刀具放回刀库。存放刀具的刀库具有较大的容量，它既可以安装在主轴箱的侧面或上方，也可以作为独立部件安装在机床外。

五、加工中心编程举例

对于三轴联动的加工中心与数控铣床相比，就增加了刀库，可以自动换刀。编程方法与数控铣床基本相同。下面通过立式加工中心介绍一个简化编程方法：主程序和子程序。

当一个工件上有相同的加工内容时，常采用调用子程序的方法进行编程。调用子程序的程序叫做主程序，被调用的程序叫做子程序。

子程序的编制与一般程序基本相同，只是程序结束代码为 M99，表示子程序结束并返回到调用子程序的主程序中。

指令格式：M98 P nnnn ××××；

式中"××××"表示调用的子程序号，可用 4 位阿拉伯数字。"nnnn"表示调用次数，可用 4 位阿拉伯数字。

例如 M98P101111；表示调用 O1111 号子程序，调用 10 次。

调用次数为 1 时，可省略调用次数。即程序 M98P1111 与程序 M98P11111 等同。

M99 的两种用法如下：

1）当子程序的最后程序段只用 M99 时，子程序结束返回到调用程序段后面的一个程序段，如图 13-30 所示。

2）一个程序段号在 M99 后由 P 指定时，系统执行完子程序后，将返回到由 P 指定的那个程序段号上，如图 13-31 所示。

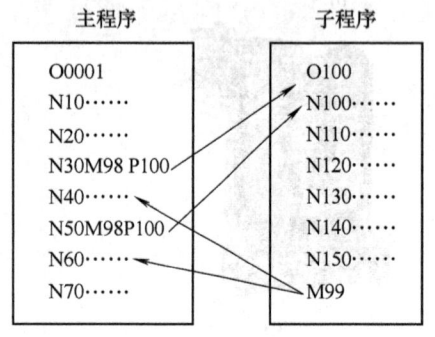

图 13-30　M99 用法一

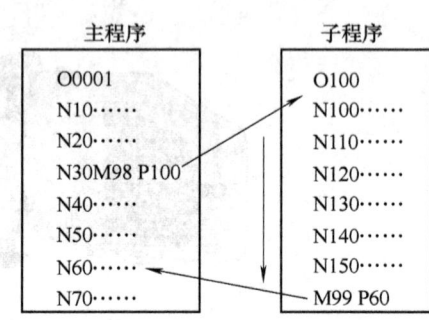

图 13-31　M99 用法二

例 13-1　编制如图 13-32 所示零件的加工中心程序。编程零点设在 $R12.5$ 的圆弧中心，Z_0 设在零件上表面。要求：①外轮廓粗精加工，通过不同半径补偿值和子程序完成粗、精加工，粗加工用分层切削，每刀切削深度为 1mm，使用 T01 号刀，直径为 16mm；②内轮廓使用 T02 号刀，直径为 10mm 的键槽铣刀加工；③钻深孔和锪孔加工，应用 G82、G83，固定循环指令，使用 T03 号刀和 T02 号刀。

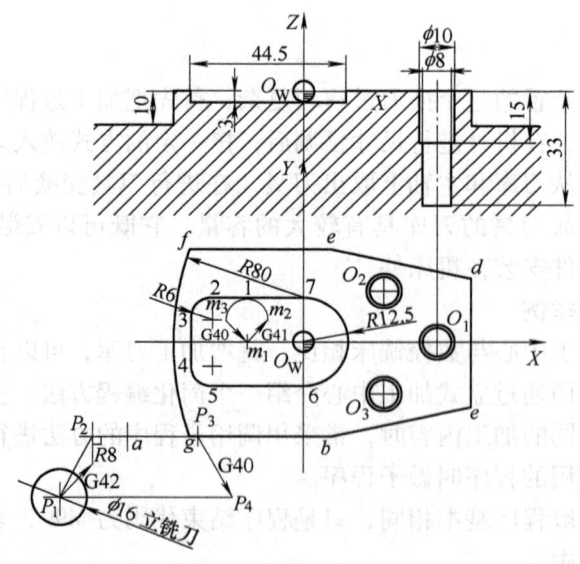

图 13-32　加工零件图

图 13-32 相关基点见表 13-13，工序步骤见表 13-14，参考程序见表 13-15。

表 13-13　图 13-32 相关基点

P_1 (−70, −45)	a (−50, −27)	1 (−16, 12.5)	O_1 (38, 0)
P_2 (−60, −27)	b (8, −27)	2 (−26, 12.5)	O_2 (23, 15)
P_3 (−30, −27)	c (48, −19)	3 (−32, 6.5)	O_3 (23, −15)
P_4 (−20, −45)	d (48, 19)	4 (−32, −6.5)	
m_1 (−16, 0)	e (8, 27)	5 (−26, −12.5)	
m_2 (−10, 6.5)	f (−32.307, 27)	6 (0, −12.5)	
m_3 (−22, 6.5)	g (−32.307, −27)	7 (0, 12.5)	

表 13-14　工序步骤

工序内容	工步号	刀具号	刀具型号	主轴转速	进给速度
铣凸台	1	T01	φ16 立铣刀，长 100mm	900r/min	200mm/min
铣凹槽	2	T02	φ10 键槽铣刀，长 70mm	1000r/min	200mm/min
钻 3 个 φ8 深孔（孔深 33mm）	3	T03	φ8 麻花钻，长 100mm	950r/min	100mm/min
锪 3 个 φ10 孔（孔深 15mm）	4	T02	φ10 键槽铣刀，长 70mm	1500r/min	100mm/min

表 13-15　图 13-32 零件参考程序

程序	说明
O0003；	主程序
G54；	设定工件坐标系 XO_WY
G40G90G17G49；	设置初始状态
G91G28Z0；	自动返回换刀点，增量坐标
T01M06；	φ16 立铣刀（T01 号刀），长 100，基准刀——铣凸台
G90G00X-70.Y-45.；	绝对坐标快速到达刀补建立起点 P1（−70，−45）
M03S900；	主轴正转，900r/min
G00Z10.；	快速接近工件
Z0.；	
G00G42X-60.Y-27.D01；	P_1P_2（刀具半径右补偿）；粗加工 $D_{01}=9$mm（单边放余量 1mm）
G01X-50.；	P_2a
M98P101111；	调用外轮廓子程序 O1111，10 次
G00G42X-60.Y-27.D11；	P_1P_2（刀具半径右补偿）；精加工 $D_{11}=8$mm
G01X-50.F100；	P_2a
Z-9.；	Z 向至 −9mm
M98P1111；	调 O1111 子程序，1 次，精铣外轮廓
G00Z50.；	快速到达安全位置
G00G49G90X0.Y0.Z0.；	取消 T01 长度补偿
M05；	主轴停，准备换刀
G91G28Z0.；	自动返回换刀点
T02M06；	φ10 键槽铣刀（T02 号刀），长 70mm——铣凹槽

(续)

程序	说明
G90G00X-16.Y0.；	绝对坐标快速到达刀补建立起点 m_1（-16，0）
G44Z20H02；	T02 号刀长度补偿，$H02=30mm$，（短 30mm）
M03S1000M08；	主轴正转，1000 r/min，切削液开
G00Z2；	快速接近工件
G01Z-3F80；	以 80mm/min，Z 向铣削 -3mm
G41G01X-10Y6.5D02；	m_1m_2（刀具左补偿），$D02=5mm$
G03X-16Y12.5R6；	R6 辅助圆切入
G01X-26；	1—2
G03X-32Y6.5R6；	2—3
G01Y-6.5；	3—4
G03X-26.Y-12.5R6；	4—5
G01X0；	5—6
G03Y12.5R12.5；	6—7
G01X-16；	7—1
G03X-22.Y6.5R6；	R6 辅助圆切出
G40G01X-16Y0；	取消 T02 刀具半径补偿
G00Z50；	快速到达安全位置
G49Z0G90X0Y0；	取消 T02 号刀具长度补偿
M05M09；	主轴停，准备换刀，切削液关
G91G28Z0；	自动返回换刀点
T03M06；	φ8 钻头（T03 号刀），长 100mm——钻深孔
G90G00X38Y0；	绝对坐标快速到达孔 1 中心 O_1
G43Z20H03；	T03 号刀长度补偿，$H03=0$
M03S950M08；	主轴正转，950r/min，切削液开
G99G83X38Y0R5.Q8.Z-33F100；	钻 O_1 深孔，每次进给深度 8mm，自动返回 R 平面
X23Y15；	钻 O_2 深孔
Y-15；	钻 O_3 深孔
G80；	取消钻孔循环
G00G49G90X0Y0Z0；	取消 T03 号刀具长度补偿
M05；	主轴停，准备换刀
G91G28Z0；	自动返回换刀点
T02M06；	φ10 键槽铣刀（T02 号刀），长 70mm 镗孔
G90G00X0Y0M03S1500F100；	绝对坐标快速到达工件坐标原点上方，主轴正转，1500r/min
G44Z20H02；	T02 号刀长度补偿，$H02=30mm$（短 30mm）
G99G82X23.Y15.R5P5000Z-15；	镗 O_2 孔循环，孔底位置暂停时间 5s，自动返回 R 平面
Y-15.P5000；	镗 O_3 孔钻循环

(续)

程序	说明
X38. Y0. P5000;	锪 O_1 孔钻循环
G80;	取消钻孔循环
M05 M09;	主轴停,切削液关
G00 X150. Y150.;	快速返回安全位置
M30;	程序结束
O1111;	子程序——铣凸台
G91;	相对坐标
G01 Z-1. F100	相对前进 Z 向坐标,进给深度 1mm
G90	绝对坐标
G01 X8. Y-27. F200;	a—b
X48. Y-19.;	b—c
Y19.;	c—d
X8. Y27;	d—e
X-32. 307;	e—f
G03 Y-27. R80;	f—g
G01 X-30.;	撤刀补起点(-30,-27)
G00 G40 Y-45.;	取消 T01 刀具半径补偿
X-70.;	快速到达 P_1
M99	子程序结束,返回到调用程序段后面的一个程序段

复习思考题

1. 数控机床有哪几部分组成?各有什么作用?
2. 何为模态指令和非模态指令?它们在使用时有什么不同?
3. 按照刀具运动轨迹分,数控机床分为哪几类?
4. 在结构上,数控车床和普通车床相比,有哪些不同?
5. 数控铣床有哪几种刀具补偿?
6. 数控铣床工件坐标系是如何建立的?
7. 机床参考点、机床坐标系、工件坐标系之间有何区别?
8. 机床坐标系是如何建立的?显示器上显示的机床坐标值表示什么?
9. 数控铣床中建立或取消半径补偿时,刀具中心轨迹与编程轨迹有何相对位置关系?
10. 分别说出数控车床、数控铣床、加工中心适用的加工范围。
11. 加工中心是怎样的一个机床,它与其他数控机床相比有何特点?
12. 在加工中心上,刀具是怎样进行自动交换的?

第十四章 特种加工

第一节 概述

一、特种加工的产生和发展

随着社会生产的需要和科学技术的进步,20世纪40年代,前苏联科学家拉扎连柯夫妇研究开关触点在遭受火花放电时发生腐蚀损坏的现象和原因,发现电火花的瞬时高温可使局部的金属熔化、汽化而被腐蚀,而开创和发明了电火花加工。后来,由于各种先进技术的不断应用,产生了多种有别于传统机械加工的新加工方法。这些新加工方法从广义上定义为特种加工(NTM,Non-Traditional Machining),也被称为非传统加工技术,其加工原理是将电、热、光、声、化学等能量或其组合施加到工件被加工的部位,从而实现材料去除。

随着科技与生产的发展,一些高强度、高硬度的新材料不断出现(如钛合金、硬质合金等难加工材料,陶瓷、人造金刚石、硅片等非金属材料),以及特殊、复杂结构的型面加工(如薄壁、小孔、窄缝等),都对机械加工提出了挑战。传统的机械加工很难解决上述问题,有些甚至无法加工。特种加工正是在这种新形势下得到了迅速发展。

二、特种加工的特点

与传统的切削加工相比,特种加工有如下特点:

1) 工具材料的硬度可大大低于工件材料的硬度。因为特种加工的工具与被加工零件基本不接触,故可加工超硬材料和精密微细零件。

2) 加工时主要用电能、声能、光能、化学能和电化学能等能量,因此不存在切削力。

3) 加工机理不同于一般金属切削加工,不产生宏观切屑,不产生强烈的弹、塑性变形,故可获得很低的表面粗糙度,其残余应力、冷作硬化等远比一般金属加工小。

4) 加工能量易于控制和转换,故加工范围广、适应性强。

三、特种加工的分类

特种加工的能量来源、作用形式、工艺特点千差万别,各自应用都存在一定的局限性。只有合理选择和正确应用特种加工方法,才能发挥各种特种加工的功效,表14-1为常用特种加工方法的分类。

表14-1 常用特种加工方法的分类

类别	加工方法	主要能量形式	作用形式	符号
电火花加工	电火花成形加工	电能、热能	熔化、汽化	EDM
	电火花线切割加工	电能、热能	熔化、汽化	WEDM
电化学加工	电解加工	电化学能	金属离子阳极溶解	ECM(ELM)
	电解磨削	电化学能、机械能	阳极溶解、磨削	EGM(ECG)
	电解研磨	电化学能、机械能	阳极溶解、研磨	ECH
	电铸	电化学能	金属离子阴极溶解	EFM
	涂镀	电化学能	金属离子阴极溶解	EPM

(续)

类别	加工方法	主要能量形式	作用形式	符号
高能束加工	激光束加工	光能、热能	熔化、汽化	LBM
	电子束加工	光能、热能	熔化、汽化	EBM
	离子束加工	电能、机械能	切蚀	IBM
	等离子弧加工	电能、热能	熔化、汽化	PAM
物料切蚀加工	超声加工	声能、机械能	切蚀	USM
	磨料流加工	机械能	切蚀	AFM
	液体喷射加工	机械能	切蚀	HDM
化学加工	化学铣削	化学能	腐蚀	CHM
	化学抛光	化学能	腐蚀	CHP
	光刻	光能、化学能	光化学腐蚀	PCM
复合加工	电化学电弧加工	电化学能	熔化、汽化腐蚀	ECAM
	电解电化学机械磨削	电能、热能	离子溶解、熔化、切割	MEEC

第二节　特种加工方法

一、电火花加工

电火花加工是在一定介质中，利用两极（工具电极和工件电极）之间脉冲性火花放电时的电腐蚀现象对金属材料进行加工，使尺寸、形状和表面质量达到预定要求的加工方法。这种加工方法也被称为放电加工或电蚀加工。电火花加工主要包括电火花成形加工和电火花线切割加工，其能量来源形式是电能和热能。

（一）电火花成形加工

1．加工原理

电火花加工原理如图 14-1 所示。工件接正极，工具接负极。工具电极和工件电极浸在液体介质中，脉冲电源在工具和工件上不断发出电脉冲，在两极间形成电场。由于电极的微

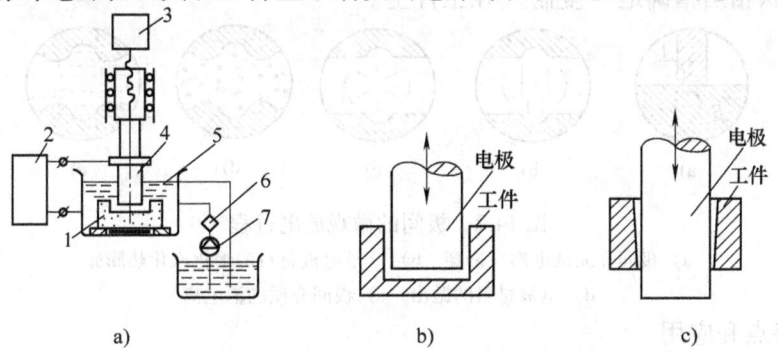

图 14-1　电火花加工
a）电火花加工　b）成形加工　c）穿孔加工
1—工件电极　2—脉冲电源　3—自动进给调节系统　4—工具电极
5—工作液　6—过滤器　7—工作液压泵

观表面凸凹不平,当两极间的距离很小时,极间相对最近点电场强度最大,最先被击穿。液体介质被电离成电子和正离子,形成放电通道。这一过程大致分为以下4个阶段:

(1) 极间介质的电离、击穿 以此形成放电通道(图14-2a),工具电极与工件电极缓缓靠近,极间的电场强度增大,由于两电极的微观表面是凹凸不平的,因此在两极间距离最近的A、B处电场强度最大。工具电极与工件电极之间充满着液体介质,液体介质中不可避免地含有杂质及自由电子,在强大的电场作用下,形成了带负电的粒子和带正电的粒子,电场强度越大,带电粒子就越多,最终导致液体介质电离、击穿,形成放电通道。放电通道是由大量高速运动的带正电和带负电的粒子以及中性粒子组成的。由于通道截面很小,通道内因高温热膨胀形成的压力高达几万帕,高温高压的放电通道急速扩展,产生一个强烈的冲击波向四周传播。在放电的同时还伴随着光效应和声效应,这就形成了肉眼所能看到的电火花。

(2) 电极材料的熔化、汽化热膨胀(图14-2b、c) 液体介质被电离、击穿,形成放电通道后,通道间带负电的粒子奔向正极,带正电的粒子奔向负极,粒子间相互撞击,产生大量的热能,使通道瞬间达到很高的温度,使工作液汽化,进而汽化,然后高温向四周扩散,使两电极表面的金属材料开始熔化直至沸腾汽化。汽化后的工作液和金属蒸气瞬间体积猛增,形成了爆炸的特性。所以在观察电火花加工时,可以看到工件与工具电极间有冒烟现象,并听到轻微的爆炸声。

(3) 电极材料的抛出(图14-2d) 正负电极间产生的电火花现象,使放电通道产生高温高压。通道中心的压力最高,工作液和金属汽化后不断向外膨胀,形成内外瞬间压力差,高压力处的熔融金属液体和蒸气被排挤,抛出放电通道,大部分被抛入到工作液中。仔细观察电火花加工,可以看到桔红色的火花四溅,这就是被抛出的高温金属熔滴和碎屑。

(4) 极间介质的消电离(图14-2e) 一次火花放电结束后,此后应有一段间隔时间,使间隙介质消除电离,恢复本次放电通道处间隙介质的绝缘强度,以免总是重复在同一处发生放电而导致电弧放电。每一次火花放电后会使工件表面形成一个凹坑。在间隙自动调节器的控制下,工具电极不断进给,脉冲放电将不断进行,无数个电蚀小坑重叠在工件上,最终工具电极的形状相当精确地"复制"在工件上。

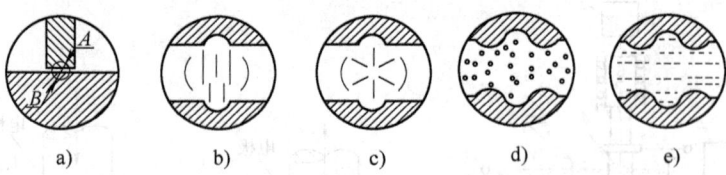

图14-2 极间的微观放电过程
a) 极间介质的电离、击穿 b)、c) 电极材料的熔化汽化热膨胀
d) 电极材料的抛出 e) 极间介质的消电离

2. 工艺特点和应用

1) 适用的材料范围广。可以加工任何能导电的硬、软、韧、脆、高熔点的材料。由于电火花是靠脉冲放电的热能去除材料,材料的可加工性主要取决于材料的热学特性,如熔点、沸点、比热容、热导率等,而几乎与材料的力学性能(硬度、强度等)无关,这样就能以柔克刚,可以实现用软的工具加工硬韧的工件。如工件电极可以是淬硬钢和硬质合金

钢，而工具电极一般采用纯铜或石墨。

2）加工时无切削力。可以加工一些难以加工的小孔、窄槽、薄壁件和各种特殊及复杂形状截面的型孔、型腔等，如加工形状复杂的注塑模、压铸模及锻模等，也适合于精密、微细、低刚度结构和淬硬工件盲孔的加工。

3）电脉冲参数可以在一个较大的范围内调节。加工过程基本上没有热变形的影响。一台电火花机床可以连续进行粗加工、半精及精加工。精加工时精度一般为0.01mm，表面粗糙度为 $Ra0.63\sim1.25\mu m$；微细加工时精度可达 $0.002\sim0.004mm$，表面粗糙度为 $Ra0.04\sim0.16\mu m$。

4）工件加工表面呈现的凹坑有利于存储润滑油，起减摩作用。

5）需要预先加工工具电极，生产效率低于普通切削加工。

6）放电过程有部分电能消耗在工具电极上，工具电极存在损耗，影响成形精度。

（二）电火花线切割加工

1. 加工原理

电火花线切割加工如图14-3b所示，电火花线切割加工是利用移动的电极丝（钼丝、钢丝或者其他合金丝等）作为负电极，金属工件为正电极，并在电极丝与工件之间加以高频脉冲电流，使电极丝和工件之间脉冲放电，产生高温使金属熔化或汽化，称为电蚀作用，以达到切割金属的作用。为了使电极丝得到充分的冷却，冲走被熔化的金属，须在两极间浇注矿物油、乳化液等工作液。

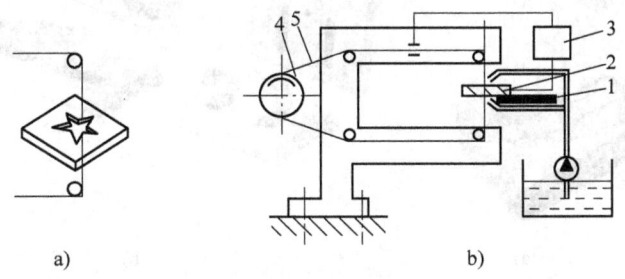

图14-3 线切割加工
a）加工示意图 b）线切割加工原理示意图
1—绝缘底版 2—工件 3—脉冲电源 4—电极丝 5—滚丝筒

在电火花线切割过程，工件与电极丝之间产生很强的脉冲电场，使其间的介质被电离击穿而产生脉冲放电，由于放电的时间很短（约为 $10^{-6}\sim10^{-5}s$），放电的间隙很小（约0.1mm），且发生在放电区的小点上，能量高度集中，放电区的温度高达10000~12000℃，使工件上的金属材料迅速熔化，甚至汽化。由于熔化或汽化都是瞬间进行，具有爆炸性质，形成耀眼的放电火花。当工件随工作台相对电极丝按预定的轨迹慢速移动，就可以加工出所需形状的工件，如图14-3a所示。

2. 电火花线切割加工机床的分类

1）按走丝速度大小，可分为快走丝线切割机床、慢走丝线切割机床和混合式线切割机床。快走丝线切割机床的加工效率比慢走丝线切割机床高，加工精度和表面质量比慢走丝机床稍差，加工成本比慢走丝机床低。

2）按加工精度的高低，可分为普通精度型及高精度精密型两大类线切割机床。绝大多数慢走丝线切割机床属于高精度精密型机床。

3. 加工特点

1）适合于难切削材料的加工，可加工像聚晶金刚石、立方氮化硼一类的超硬材料。

2）可以加工特殊、低刚度、复杂形状的零件。

3）易于实现加工过程自动化，易于数字控制、适应控制、智能化控制和无人操作等。

4）只能加工金属等导电，加工效率较低，加工成本较高。

4. 电火花线切割机床的加工范围

1）加工模具，适用于各种形状的冲模。

2）加工电火花成形加工中使用的电极。

3）加工普通零件，还可以加工特殊难加工材料的零件、材料试验样件、各种型孔、特殊齿轮、样板、成形刀具以及精密狭槽等。

4）贵重金属下料。线切割加工用的电极丝尺寸远小于切削刀具尺寸（最细的电极丝尺寸可达 0.02 mm），用它切割贵重金属，可节约很多切缝消耗。

电火花成形加工和电火花线切割加工的产品实例如图 14-4a、b 所示。

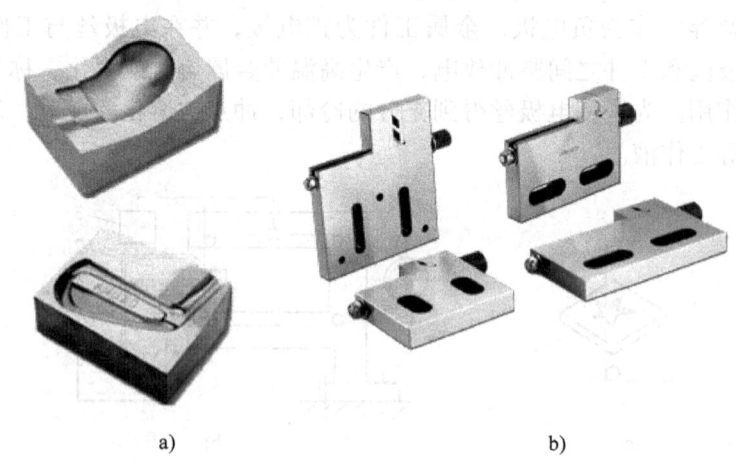

a) b)

图 14-4 电火花加工产品实例

a) 电火花成形加工产品 b) 电火花线切割加工产品

二、激光加工

1. 工作原理

激光加工就是利用激光与材料相互作用的热效应实现加工过程。激光加工原理如图 14-5 所示。激光是一种强度高、方向性好、单色性好的相干光。通过光学系统的变换，可以对被加工对象进行不同能量密度的辐射，使材料升温产生固态相变而熔化或汽化，从而实现各种加工。

激光加工具有加工速度快，热影响区小，变形小等特点。适合于高熔点、高硬度、脆性

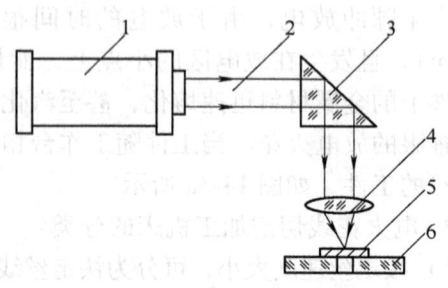

图 14-5 激光加工原理

1—激光器 2—激光束 3—全反射棱镜
4—聚焦物镜 5—工件 6—工作台

大的金属和非金属材料和复合材料的加工,能对零部件的局部进行精确加工。

2. 激光加工的应用

(1) 激光打孔 它是利用激光经过光学系统的整理、聚焦和传输,形成直径为几十至几微米的细小光斑焦点,使处于焦点处的材料在瞬间产生高温而汽化,材料蒸气猛烈喷出而形成孔洞。激光打孔适合于在各种硬质、脆性和难熔材料上进行微细孔、异形孔的加工,如在宝石、金刚石、硬质合金上加工微米级小孔等。

激光打孔要详细了解打孔的材料及打孔要求。从理论上讲,激光可以在任何材料的不同位置,打出浅至几微米、深至二十几毫米以上的小孔,但具体到某一台打孔机,它的打孔范围是有限的。所以,在打孔之前,最好要对现有激光器的打孔范围进行充分地了解,以确定能否打孔。激光打孔的质量主要与激光器输出功率和照射时间、焦距与发散角、焦点位置、光斑内能量分布、照射次数及工件材料等因素有关。在实际加工中应合理选择这些工艺参数。

(2) 激光切割 激光切割(图14-6)的原理与激光打孔相似,但工件与激光束要相对移动。在实际加工中,采用工作台数控技术,可以实现激光数控切割。激光切割大多采用大功率的 CO_2 激光器,对于精细切割,也可采用 YAG 激光器。激光可以切割金属,也可以切割非金属。切割金属材料时,深宽比可达 20∶1;切割非金属材料时,深宽比可达 100∶1。在激光切割过程中,由于激光对被切割材料不产生机械冲击和压力,再加上激光切割切缝小,便于自动控制,故在实际中常用来加工玻璃、陶瓷和各种精密细小的零部件。在激光切割过程中,影响激光切割参数的主要因素有激光功率、吹气压力和材料厚度等。

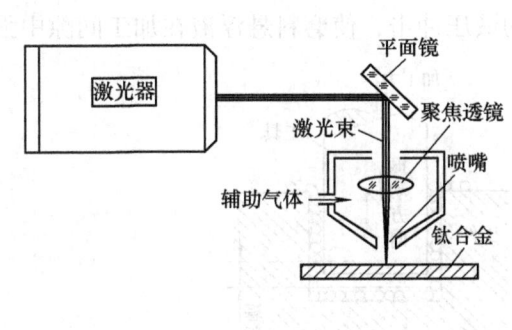

图 14-6 CO_2 气体激光器切割钛合金示意图

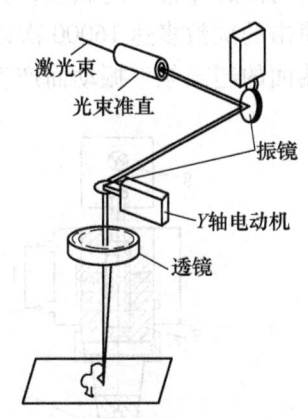

图 14-7 振镜式激光打标原理

(3) 激光打标 激光打标是指利用高能量的激光束照射在工件表面,光能瞬时变成热能,使工件表面迅速蒸发,从而在工件表面刻出任意所需要的文字和图形,以作为永久防伪标志(图14-7)。激光打标的特点是:①非接触加工,可在任何异型表面标刻,工件不会变形和产生内应力,适合金属、塑料、玻璃、陶瓷、木材、皮革等各种材料;②标记清晰、永久、美观,并能有效防伪;③标刻速度快,运行成本低,无污染,可显著提高被标刻产品的档次。激光打标广泛应用于电子元器件、汽(摩托)车配件、医疗器械、通信器材、计算机外围设备、钟表等产品和烟酒食品防伪等行业。

(4) 激光焊接 当激光的功率密度为 $10^5 \sim 10^7 W/cm^2$,照射时间约为 $1/100s$ 时,可进行激光焊接。激光焊接一般无需焊料和焊剂，只需将工件的加工区域"热熔"在一起即可，如图 14-8 所示。激光焊接速度快，热影响区小，焊接质量高，既可焊接同种材料，也可焊接异种材料，还可透过玻璃进行焊接。

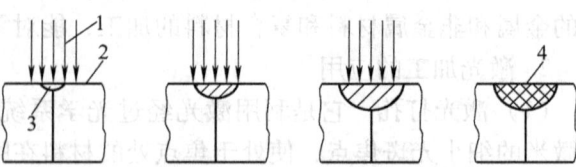

图 14-8 激光焊接过程示意图
1—激光 2—被焊接零件
3—被熔化金属 4—已冷却的熔池

（5）激光表面处理 当激光的功率密度约为 $103 \sim 105 W/cm^2$ 时，便可对铸铁、中碳钢，甚至低碳钢等材料进行激光表面淬火。淬火层深度一般为 $0.7 \sim 1.1mm$，淬火层硬度比常规淬火约高 20%。激光淬火变形小，还能解决低碳钢的表面淬火强化问题。图 14-9 为激光表面淬火处理示意图。

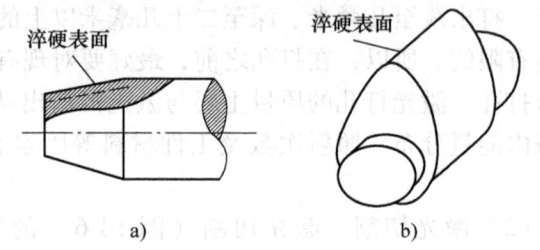

图 14-9 激光表面淬火处理示意图
a) 圆锥表面 b) 铸铁凸轮轴表面

三、超声波加工

1. 加工原理

超声波加工如图 14-10 所示，在工具和工件之间加入磨料悬浮液（水或煤油和磨料的混合物）。超声波换能器产生 16kHz 以上的超声频率的轴向振动，并借助变幅杆把振幅放大到 $0.02 \sim 0.08mm$，迫使工作液中悬浮的磨粒以很大的速度不断撞击，抛磨被加工表面，把加工区的材料粉碎成非常小的微粒，并从工件上去除下来。虽然每次撞击去除的材料很少，但由于每秒撞击的次数多达 16000 次以上，所以仍然有一定的加工速度。在这一过程中，工作液受工具端面的超声频率振动而产生高频、交变的液压冲击，使磨料悬浮液在加工间隙中强

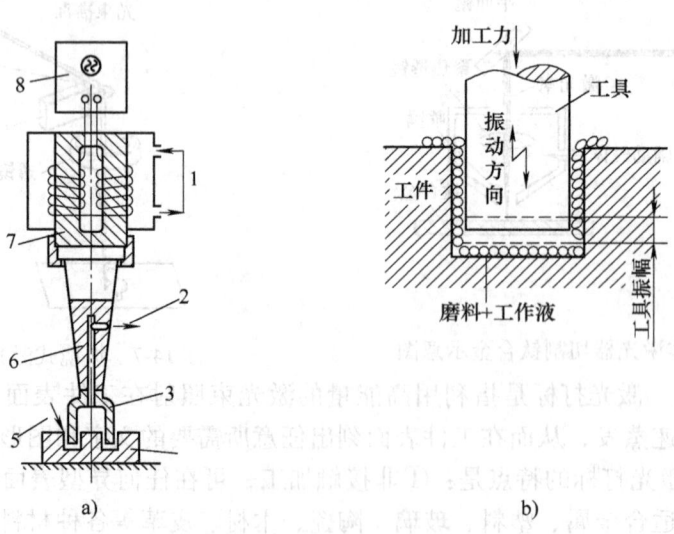

图 14-10 超声波加工
a) 超声波加工装置 b) 超声波加工原理图
1—冷却器 2—磨料悬浮抽出 3—工具 4—工件 5—磨料悬浮液送出
6—变幅杆 7—换能器 8—高频发生器

迫循环,不但带走了从工作上去除下来的微粒,而且使钝化了的磨料及时更新。由于工具的轴向不断进给,工具端面的形状被复制在工件上。当加工到一定的深度即成为和工具形状相同的型孔或型腔。其基本原理如图14-10b所示。

2. 超声波加工的应用

1) 适合于加工各种硬脆材料,特别是某些不导电的非金属材料,如玻璃、陶瓷、石英、玛瑙、宝石、金刚石等;也可以加工淬火钢和硬质合金等材料,但效率相对较低。

2) 可做成形状复杂的工具,故易于制造形状复杂的型孔。

3) 去除加工余量是靠磨料瞬时局部的撞击作用,工具对工件加工表面宏观作用力小,热影响小,不会引起变形和烧伤,因此适合于加工薄壁、窄缝、小孔、低刚度的零件。表面粗糙度 Ra 值很小,可达 $0.2\mu m$,加工精度可达 $0.05 \sim 0.02mm$。

4) 在实际生产中,超声波广泛应用于型(腔)孔加工(图14-11)、切割加工(图14-12)、清洗(图14-13)等方面。

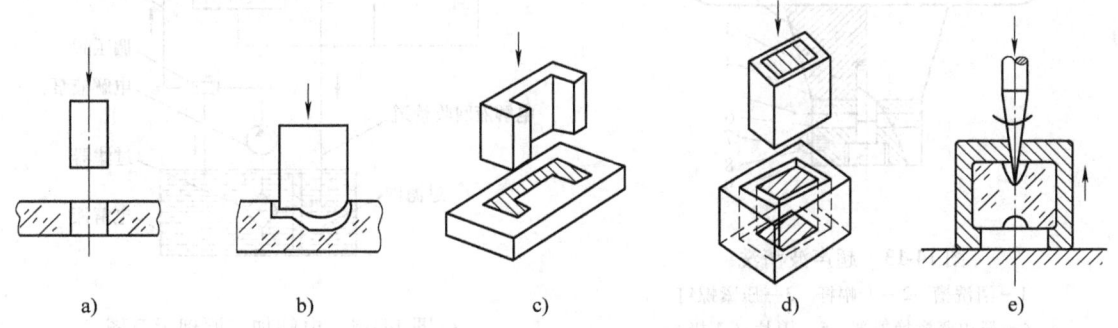

图14-11 超声波加工的型孔、腔孔类型

a) 加工圆孔 b) 加工型腔 c) 加工异形孔 d) 套料加工 e) 加工微细孔

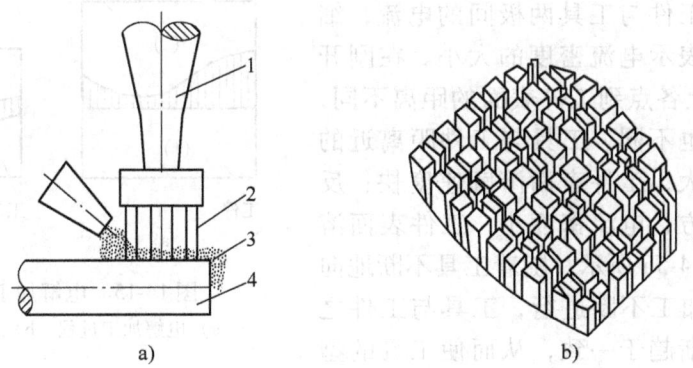

图14-12 超声波切割加工

a) 超声切割单晶硅片示意图 b) 切割成的陶瓷模块

1—变幅杆 2—工具(薄钢片) 3—磨料液 4—工件(单晶硅)

四、电解加工

电解加工是利用金属在电解液中发生阳极溶解的电化学反应原理,将金属材料加工成形

的一种方法。

1. 电解加工原理

电解加工原理如图14-14所示。用NaCl水溶液作为电解液，工件接直流电源正极，工具接电源负极，两极之间保持较小间隙，浸入电解液中。当直流电源在工具电极和工件电极之间施加一定的电压时，将产生电化学反应，其结果是阳极工件表面的金属材料因阳极溶解反应不断地溶入电解液中，并在电解液中进一步形成絮状电解产物。电解产物被高速流动的电解液及时冲走，使阳极工件表面材料的溶解能够不断进行，从而实现对工件材料的去除加工。

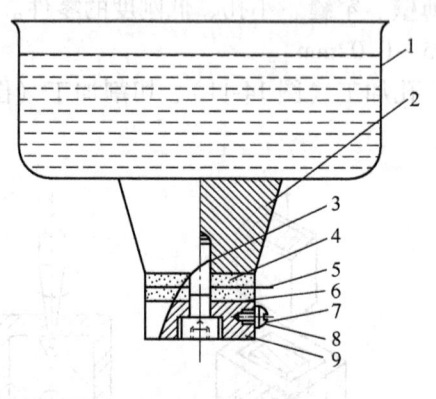

图 14-13　超声波清洗
1—清洗槽　2—变幅杆　3—压紧螺钉
4—压电陶瓷换能器　5—镍片（正极）
6—镍片（负极）　7—接线螺钉
8—垫圈　9—钢垫块

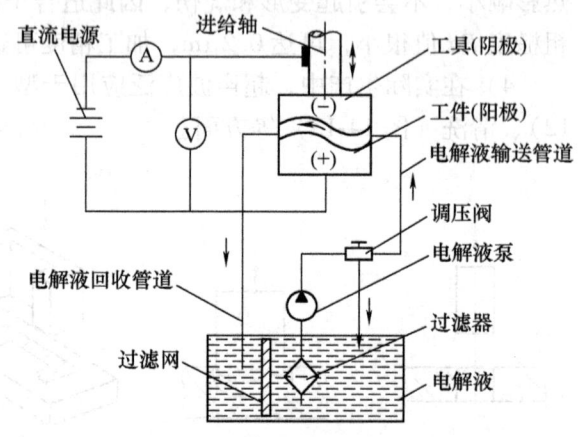

图 14-14　电解加工原理示意图

电解加工成形原理如图14-15所示。图中的细实线表示通过工件与工具两极间的电流，细实线的疏密程度表示电流密度的大小。在刚开始加工时，工具上各点到工件表面的距离不同，各点的电流密度也不同。工具与工件距离近的地方，电流密度大，工件表面溶解速度快；反之，距离远的地方，电流密度小，工件表面溶解速度慢，如图14-5a所示。随着工具不断地向工件进给，电解加工不断进行，工具与工件之间的距离就会逐渐趋于一致，从而使工具的型面"复印"在工件上，完成工件型面的成形加工，如图14-5b所示。

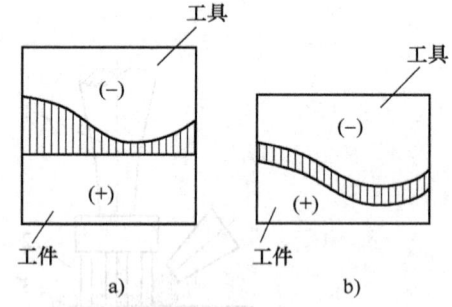

图 14-15　电解加工成形原理
a）电解加工过程　b）工件型面成形

2. 电解加工的特点和应用

1）电解加工范围广，不受金属材料本身硬度和强度的限制，可加工高硬度、高强度和高韧性等难以切削的金属材料。

2）能以简单的进给运动一次加工出形状复杂的型面或型腔（如锻模、叶片等），生产效率较高，约为电火花加工的5~10倍。

3）加工过程中无机械切削力和切削热。因此，加工后零件表面没有残余应力和变形，适合于易变形或薄壁零件的加工。

4）理论上工具（阴极）将不会损耗，可长期使用。

电解加工工艺的应用范围很广，适宜于加工型面、型腔、穿孔套料以及去毛刺、刻印等方面。电解抛光专用于提高表面质量，对于复杂表面和内表面特别适合。

五、电子束加工

1. 电子束加工原理

电子束加工是利用高速电子的冲击动能来加工工件。在真空条件下，将具有很高速度和能量的电子束聚焦到被加工材料上，电子的动能绝大部分转变为热能，使材料局部瞬时熔融、汽化蒸发而去除。

2. 电子束加工特点

1）电子束能够极其微细地聚焦（可达 $1\sim0.1\mu m$），故可进行微细加工，如加工微小的圆孔、异形孔或槽。

2）功率密度高，能加工高熔点和难加工的材料，如钨、钼、不锈钢、金刚石、蓝宝石、水晶、玻璃、陶瓷和半导体材料等。

3）无机械接触作用，无工具损耗问题。加工在真空中进行，污染少，加工表面不易被氧化。

4）加工速度快，如在 0.1mm 厚的不锈钢板上穿微小孔，加工速度可达 3000 个/s，切割 1mm 厚的钢板速度可达 240mm/min。

电子束加工广泛用于焊接，其次是薄材料的穿孔和切割。穿孔直径一般为 0.03～1.0mm，最小孔径可达 0.002mm。切割 0.2mm 的硅片，切缝仅为 0.04mm，因而可节省材料。

六、离子束加工

1. 离子束加工原理

离子束加工也是一种新兴的特种加工，它的加工原理与电子束加工原理基本类似，也是在真空条件下，将离子源产生的离子束经过加速、聚焦后投射到工件表面的加工部位以实现加工。所不同的是离子带正电荷，其质量比电子大数千倍乃至数万倍，故在电场中加速较慢，但一旦加至较高速度，就比电子束具有更大的撞击动能。离子束加工是靠微观机械撞击能量转化为热能进行的。离子束加工的物理基础是离子束照射到材料表面时所发生的撞击效应、溅射效应和注入效应。

离子束加工的主要特点有：①加工精度非常高；②污染少；③加工应力、热变形等极小，加工精度高；④离子束加工设备费用高、成本贵、加工效率低。

2. 离子束加工应用

（1）蚀刻加工 离子蚀刻用于加工陀螺仪、空气轴承和动压马达上的沟槽，分辨率高，精度、重复性好。离子蚀刻应用的另一个方面是蚀刻高精度图形，如集成电路、光电器件和光集成器件等电子学构件以及太阳能电池表面具有非反射纹理的表面。离子束蚀刻还应用于减薄材料，制作穿透式电子显微镜试片。

（2）离子束镀膜加工 离子束镀膜加工有溅射沉积和离子镀两种形式。

离子镀可镀材料范围广泛，不论金属、非金属表面上均可镀制金属或非金属薄膜，各种合金、化合物或某些合成材料、半导体材料、高熔点材料均可镀覆。

离子束镀膜技术可用于镀制润滑膜、耐热膜、耐磨膜、装饰膜和电气膜等。

离子束镀膜代替镀铬硬膜，可减少镀铬公害，提高刀具的寿命。

复习思考题

1. 与传统的机械加工相比，特种加工的特点是什么？
2. 简述常用特种加工的分类并简述各自的特点。
3. 现阶段特种加工的发展方向具有哪些特点？
4. 简述电火花加工的基本原理。
5. 简述激光加工的原理及应用举例。
6. 简述超声波加工的原理以及超声波加工技术主要应用于哪些材料。
7. 电解加工原理与应用范围是什么？
8. 电火花线切割加工的特点是什么？

第十五章 快速成形技术

21世纪是以知识经济和信息社会为特征的时代,制造业面临着信息社会瞬息万变的市场对小批量多种产品要求的严峻挑战。在制造业日趋国际化的状况下,缩短产品开发周期和减少开发新产品的投资风险,成为企业赖以生存的关键。快速成形技术就是在现代企业快速制造需求下应运而生的。

快速成形技术(Rapid Prototyping Manufacturing,RPM)是国际上20世纪80年代发展起来的一种新型的制造技术。它是基于增材制造的原理,根据零件的CAD模型直接成形为复杂的零部件或模具,不需要任何工装,突破了传统去材法或成形法加工的许多限制,堪称制造领域的一次飞跃。其融合了计算机科学、CAD/CAM、数控技术、计算机图形学、激光技术、新材料等诸多工程领域的先进成果,能自动、快速、准确地将设计转化成一定功能的产品原型或直接制造出零件,对缩短企业产品的开发周期、节约开发资金、提高企业的市场竞争力均具有重大的意义。

第一节 快速成形技术的原理及特点

快速成形是基于数字离散/堆积概念的制造技术。首先将CAD模型转化为STL文件格式,用分层软件将计算机三维实体模型在高度方向离散成一系列具有一定厚度、一定形状的薄片,在计算机的控制下选择性地固化或粘接某一区域的材料,从而形成零件实体的一个层面,并逐层堆积生成对应CAD原形的三维实体(原型),其工艺流程如图15-1所示。

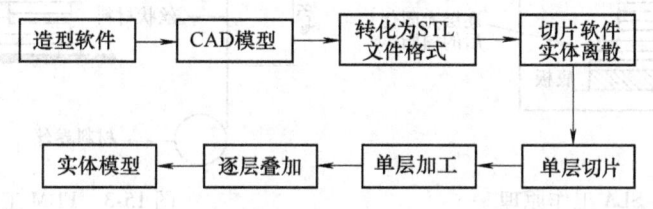

图15-1 快速成形工艺流程

区别于传统的增材加工,快速成形技术主要有如下几个特点:

1)采用了先离散后堆积的数字化制造思想,快速成形能制作任意复杂形状的三维实体。成形全过程的快速性,适合现代激烈的产品市场。

2)能根据CAD模型快速生成三维实体原型,检验设计过程的正确性,使得从概念设计到最终产品的反复次数大幅度减少,大大提高了产品从设计、验证到生产的时间,实现了设计与制造高度一体化。

3)成形过程无需专用夹具、模具和刀具,既节省了费用,又缩短了制作周期。

4)产品的实现主要还停留在原型概念上,从原型到实际可应用的产品需相关后续工艺的支持。

第二节　几种典型快速成形技术介绍

自 20 世纪 80 年代以来，快速成形技术得到了巨大的发展。目前常用的快速成形技术主要包括光固化立体造型、熔融沉积成形、叠层成形、选择性激光烧结成形和三维印刷等。下面分别加以介绍。

1. 光固化立体造型（StereoLithography Apparatus，SLA）

光固化立体造型又称为立体印刷或立体光刻，简称光刻、光成形等。目前，有十种以上的立体光造型技术得到应用，它们的工作原理基本相同。在加工过程中，工作台表面浸在液体的光敏树脂中，一定功率的光照到光敏树脂表面，通过光聚合反应导致固化，一层固化完成后，工作台下降一定高度，重新覆盖一薄层树脂材料，光照固化新层。如此反复，直到零件生成。

光固化立体造型技术（SLA）的特点是精度高，最高可达 ±0.08mm，一般为 ±0.1mm，工艺过程较为复杂，设备及材料的价格较昂贵。其工作原理图如图 15-2 所示。

2. 熔融沉积成形（Fused Deposition Modeling，FDM）

熔融沉积制造过程中，快速成形系统将熔丝（蜡、ABS、尼龙等）送入 XY 方向数控喷头，在喷头内将熔丝加热到熔点后喷出，自然凝固成形。一层扫描完成后，工作台下降一定的高度，扫描下一层，直到零件完成。FDM 工作原理如图 15-3 所示。FDM 不使用激光器，可大幅度降低系统成本和体积，但制造精度相对偏低，适合在办公室环境下使用。

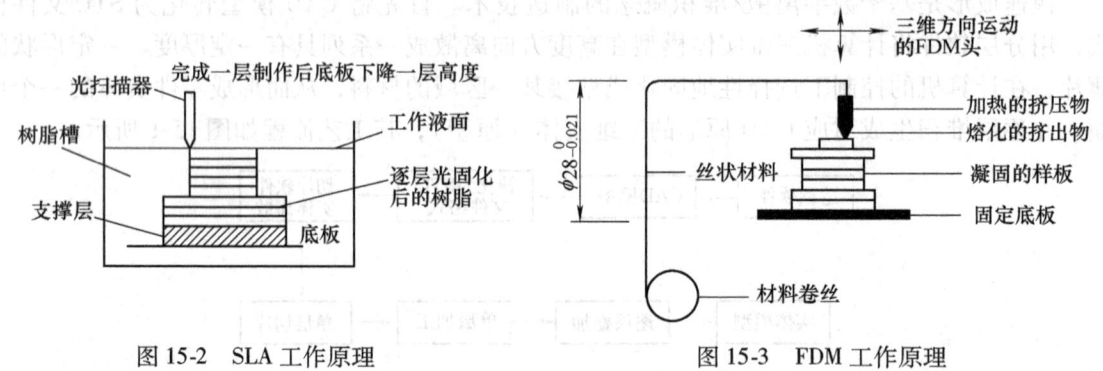

图 15-2　SLA 工作原理　　　　　　图 15-3　FDM 工作原理

3. 叠层制造（Laminated Object Manufacturing，LOM）

LOM 的具体加工过程为：将 CAD 模型离散成一系列与材料厚度相当的薄片，计算机按切片形状控制激光束切割出该层的形状，然后将新的一层材料铺在上面，并通过热压装置与下面已切割的一层粘接在一起，反复至加工完成。叠层制造具有以下特点：①只切割每层形状边界，成形速度快；②成形材料便宜，加工成本较低；③无需支承；④易于制造大型零件；⑤形状和尺寸精度稳定，制造精度可达到 ±0.15mm 以内，其工作原理如图 15-4 所示。

4. 选择性激光烧结（Selective Laser Sintering，SLS）

它是在一个充满惰性气体的制造箱中，先将粉末均匀铺在可垂直运动的底板上，然后按 CAD 数据控制 CO_2 激光束的运动轨迹，对薄层粉末进行扫描熔化、烧结，从而形成零件原形的一个截面。完成一层烧结后，底板下降一个层厚，开始下一层的铺粉和烧结，每一层的烧结都是在前一层的顶部进行，使前后层能牢固粘接在一起。

相对于其他快速成形技术，选择性激光烧结选材较为广泛，包括蜡、尼龙、陶瓷粉末、金属粉末等，材料价格较便宜，不需要特殊的支承装置，与传统的铸造技术结合可以实现快速铸造，制造精度可达 ±0.13mm 左右，表面粗糙度可达 $Ra3.2\mu m$。其工作原理如图 15-5 所示。

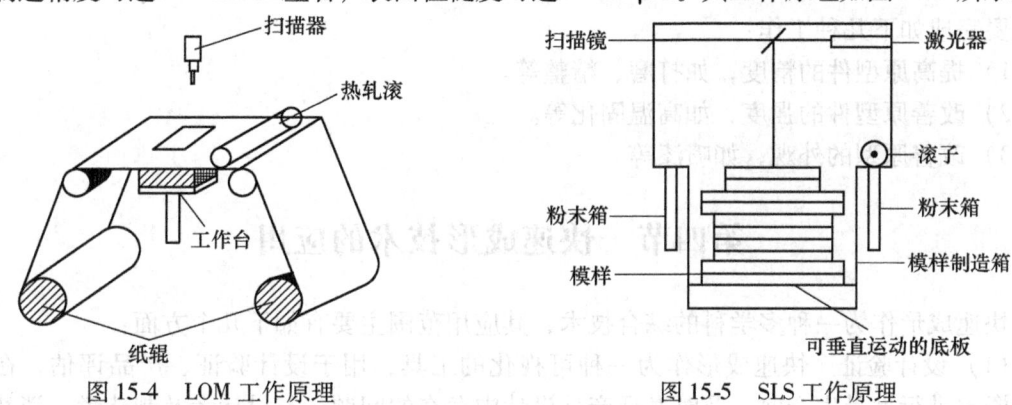

图 15-4　LOM 工作原理　　　　　　图 15-5　SLS 工作原理

5. 三维印刷（Three Dimensional Printing，3DP）

3DP 技术是一种不使用激光的成形技术，由美国麻省理工学院发明并申请专利，并由 ZCORP 公司进行商业化。该种成形工艺的原理是将粉末由储存桶送出一定分量，再以滚筒将送出的粉末在加工平台上铺上一层很薄的原料，喷嘴依照 3D 电脑模型切片后获得的二维层片信息喷出粘结剂粘接粉末。做完一层，加工平台自动下降一层，储存桶上升一层，刮刀由升高了的储存桶把粉末推至工作平台并把粉末推平，再喷粘结剂，如此循环便可得到所要的形状。常用的打印材料是石膏粉及面粉，但也有其他材料可供选用，如弹性塑料等。更有多种颜色的墨水可供选择，甚至可更换彩色墨头，即时打印出彩色工件。

3DP 成形的特点是：不需激光，设备成本较低，控制简单易行，质量好，材料制备容易，可作为设计服务的办公设备使用。其工作原理如图 15-6 所示。

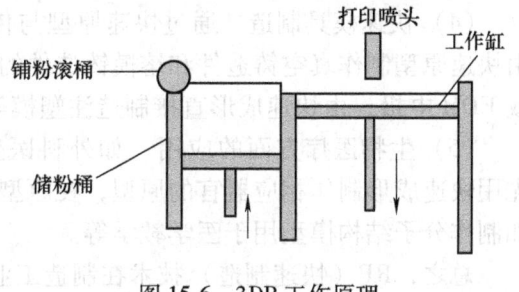

图 15-6　3DP 工作原理

第三节　快速成形的基本工艺流程

（1）实体模型制作　常用的三维造型软件有 Pro/E、UG 等，运用这些软件生成三维实体图形，输出 STL 文件。STL 文件是实体的表面三角化数据文件，是国际上快速成形通用的数据格式。

（2）STL 文件切片　由于快速成形技术采用了离散制造的思想，三维实体的数据信息必须按一定的层厚参数进行分离，称之为切片。切片一般由设备供应商提供的专业切片软件完成，切片层厚参数的选取对成形精度和加工效率有直接的关系，层厚太大将使精度降低，太小则会使得加工时间增长。

（3）加工轨迹的生成　在得到每一层的图元信息后，必须生成每一层的加工轨迹，控制能量介质或粘结介质的扫描轨迹,以完成一层加工。

(4) 成形加工　完成上述步骤后,根据相应的成形方法选择合适的加工参数进行成形加工。

(5) 后处理　根据原型件的用途,对原型件进行相关的后处理。一般而言,后处理工序主要完成如下几种工作:

1) 提高原型件的精度,如打磨、精整等。
2) 改善原型件的强度,如高温固化等。
3) 改善原型的外观,如喷漆等。

第四节　快速成形技术的应用

快速成形作为一种多学科的综合技术,其应用范围主要有如下几个方面:

(1) 设计验证　快速成形作为一种可视化的工具,用于设计验证、产品评估,在投入大量资本进行批量生产前,及时发现产品设计中存在的问题,与设计者及制造者、消费者之间进行沟通交流。

(2) 功能测试　使用快速成形技术制作的原型可直接进行装配检验、干涉检查和模拟产品真实工作情况的一些功能试验,如运动分析、应力分析、流体和空气动力学分析等,从而迅速完善产品的结构和性能以及相应的工艺及所需模具的设计。

(3) 可制造性、可装配性检验　对于开发结构复杂的新产品(如汽车、飞机、卫星、导弹等),可事先验证零件的可制造性、零件之间的相互关系以及部件的可装配性。

(4) 快速模具制造　通过快速原型与传统制造工艺相结合制造模具和金属零件,比如由快速原型制作真空铸造件和熔模铸造件的母模;由快速成形通过电弧喷涂、电铸制造模具或 EDM 电极;由快速成形直接制造注塑模等。

(5) 生物医疗方面的应用　如外科医生制作病例模型。如在进行复杂外科手术之前,先用快速成形制作相应器官的原型,在原型上进行模拟外科实验,以提高手术的成功性。又如制作分子结构模型用于医学教学等。

总之,RP(快速制造)技术在制造工业中应用最多(达到 67%),RP 技术对改善产品的设计和制造水平具有巨大的作用,快速成形的产品如图 15-7 所示。

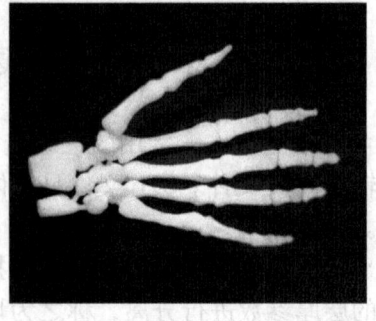

a)　　　　　　　　　　　　　b)

图 15-7　快速成形的产品

a) 在汽车行业的应用　b) 在医疗行业的应用

第五节 快速成形技术的发展

(1) 快速成形新设备　近几年来，快速成形新设备的研制与开发集中体现在两个方面，一是原设备的完善与提高，推出性能更高、功能更强的改进型设备；二是新型 RP（快速制造）设备的出现。

(2) 快速成形新工艺　如前所述，各种 RP 方法各具特点，但是没有一种方法能满足所有的生产要求，各自都在不断改进。目前，新的快速成形方法或工艺也是快速成形技术研究的一个热点，出现了很多新型的快速成形方法，例如低温冰型、金属零件的直接成形等。

快速成形的最终目的在于金属零件的制备。基于这个目的，近年来国内外均展开了金属零件直接成形工艺的研究。

(3) 快速成形新材料　一般而言，用 RP 系统直接制造功能件的材料要接近最终用途对强度、刚度、耐潮性、热稳定性等的要求，利于快速成形精确地制造原型及快速制模的后续处理。快速成形新材料的研究是快速成形技术研究的另一个热点，材料良好的成形性能是成形质量的首要保证。

复习思考题

1. 简述快速成形技术的特点，快速成形技术的应用方向。
2. 简述几种典型的快速成形技术。
3. 说明快速成形的基本工艺流程。

第五篇　工程素质

工程素质是指从事工程实践的工程专业技术人员的一种能力，是面向工程实践活动时所具有的潜能和适应性，也是工程技术人员在他们提出、承接、规划、决策、实施与完成工程任务的完整过程中，应该或必须具备的基本素质。培养工程素质的目的，就是使学生初步掌握完成一个工程项目的完整思维方法，使他们在考虑完成工程任务时，不会陷入单纯业务与技术的范畴，而能从复杂事物发展的整体与相互联系上去把握工程。

作为21世纪的工程技术人员，应起码具有以下十个方面的基本工程意识：市场意识、质量意识、安全意识、群体意识、环境意识、社会意识、经济意识、管理意识、创新意识以及法律意识，这十项基本工程意识对工程类的学生至关重要。学生头脑中印有这些东西，经过工程实践的磨砺锻炼，就会变得越来越成熟，才能真正适应21世纪的需求。

《金工实习》不仅是一门实践性很强的技术基础课，也是一门对学生人生观形成起着重要作用的德育课。本篇试图将工程素质培养与课程相关知识联系起来，教育学生如何在实习中树立工程意识。

第十六章　常见表面的机械加工与经济性分析

第一节　机械加工经济精度相关知识

一、加工经济精度

加工经济精度是指在正常的加工条件下（完好的设备，合格的夹具、刀具，标准技术等级的工人，不延长加工时间）所能保证的加工精度和表面粗糙度。

加工经济精度是机械加工中经常用的一个概念。一个零件从设计到加工都要注意其经济性，如延长加工时间，就会增加成本，虽然精度提高了，但不经济了。因为经济效益是企业存在的依据，因此，企业中所说的经济精度，就是在满足使用要求的最低精度，成本最低，从而追求利益最大化。

二、加工经济精度的应用

零件在设计时，加工精度等级的高低是根据使用要求决定的，航空航天上的零件就要求有很高的精度，而拖拉机上的零件要求就比较低。而零件的成本是跟加工精度密切相关的，7级精度应该是比较高的精度了，再往上比如6级、5级、4级就是更高的精度，每增加一个精度等级，加工难度会呈几何级增长，对加工机床和工具的要求就会更高，也要求工人有较高的加工水平。举例来说，7级精度用一般的机床和工具就可以达到，但6级就要用磨床，而5级就要用数控机床和精磨，甚至手工研磨，4级就更难。每增加一个精度等级，可能会多几个工序，多用好几台更好的机床，多用很多技术工人，从而零件的成本就会增加很多。这样就提出了一个加工经济精度的问题,即在某个场合下使用什么加工方法或加工工艺,才能使这个零件既合适又经济。如上述例子中,拖拉机上的某个零件,11 级精度已经够用了,当然加工成 5 级精度就更好了,但 11 级的成本可能只有 10 元钱,但 5 级的可能要 100 元甚至更高,对企业来说是必须要考虑的问题。

在加工过程中,影响精度的因素很多。每种加工方法在不同的工作条件下,所能达到的精度会有所不同。例如,精细地操作、选择较低的切削用量就能得到较高的精度。但是,这样会降低生产率,增加成本。反之,如增加切削用量提高了生产率,虽然成本降低了,但会增加加工误差,精度下降。因此,选择加工方法一般应根据零件的加工经济精度和表面粗糙度综合考虑。

三、加工精度与成本关系

加工精度与加工成本之间的关系如图 16-1 所示。图中 δ 为加工精度,C 表示加工成本。两者关系的总趋势是加工成本随着加工精度的下降而上升,但在不同的误差范围内成本上升的比率不同。A 点左侧曲线,加工精度减少一点,加工成本会上升很多;加工精度减少到一定程度,投入的成本再多,加工精度的下降也微乎其微,这说明加工精度的提高是有极限的(图中 δ_L)。在 B 点右侧,即使加工精度放大许多,成本下降却很少,这说明对于一种加工方法,成本的下降也是有极限的,即有最低成本(图中 C_L)。只有在曲线的 AB 段,加工成本随着加工精度的减少而上升的比率相对稳定。可见,只有当加工精度等于曲线 AB 段对应的精度值时,采用相应的加工方法加工才是经济的,该精度即为该加工方法的经济精度。因此,加工经济精度是指一个精度范围而不是一个确定值,可以理解为在这个精度范围内加工的零件是经济的。

必须指出,经济精度的数值不是一成不变的,随着科学技术的发展,工艺的改进和设备及装备的更新,加工经济精度会逐步提高。加工精度与年代的关系,如图 16-2 所示。

通过对加工经济精度的分析,在零件设计与制定机加工工艺规程时,要根据经济精度来制定。

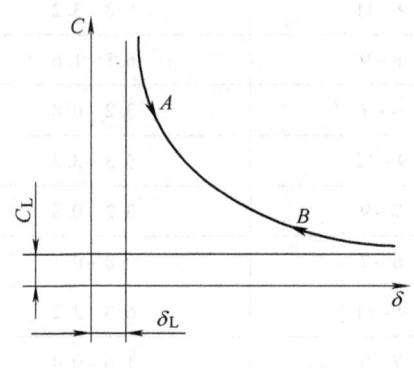

图 16-1 加工精度与加工成本的关系

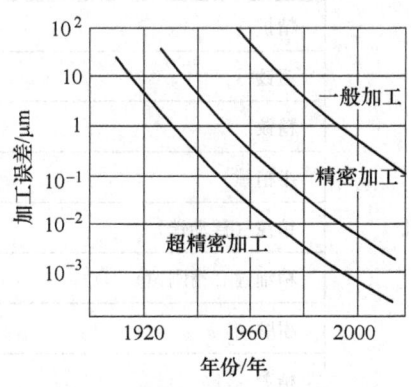

图 16-2 加工精度与年代的关系

第二节 常见表面加工工艺路线的拟定

拟定工艺路线的主要任务是选择各加工表面的加工方法、安排工序的先后顺序、确定工序的集中与分散程度等。工艺路线不仅直接决定了零件和机械产品的质量，而且对产品的成本和生产周期等都有较大的影响，是制定工艺规程的重要依据，也是指导工人如何操作的技术文件。

一、表面加工方法的选择

选择表面加工方法时，首先要保证加工表面的加工精度和表面粗糙度，同时还应考虑生产效率和经济性。表 16-1 列出了常用的各种加工方法的经济精度和表面粗糙度；表 16-2、表 16-3、表 16-4 分别介绍了三种最基本表面加工方案、经济精度和表面粗糙度，以便选用时参考，详细资料可参阅有关机械加工手册。表 16-5 列出了各级表面粗糙度的表面特征、经济加工方法及应用举例。但是，必须指出，随着生产技术的发展，工艺水平的提高，在具体生产条件下同一种加工方法所能达到的经济精度和表面粗糙度也再不断地提高。

表 16-1　各种加工方法的经济精度与表面粗糙度（中批生产）

被加工表面	加工方法	经济精度 IT	表面粗糙度 $Ra/\mu m$
外圆和端面	粗车	11~13	50~12.5
	半精车	8~11	6.3~3.2
	精车	7~9	3.2~1.6
	粗磨	8~11	3.2~0.8
	精磨	6~8	0.8~0.2
	研磨	5	0.2~0.012
	超精加工	5	0.2~0.012
	精细车（金刚石车）	5~6	0.8~0.05
孔	钻孔	11~13	50~6.3
	铸、锻孔的粗扩（镗）	11~13	50~12.5
	精扩	9~11	6.3~3.2
	粗铰	8~9	6.3~1.6
	精铰	6~7	3.2~0.8
	半精镗	9~11	6.3~3.2
	精镗（浮动镗）	7~9	3.2~0.8
	精细镗（精刚镗）	6~7	0.8~0.1
	粗磨	9~11	6.3~3.2
	精磨	7~9	1.6~0.4
	研磨	6	0.2~0.012
	珩磨	6~7	0.4~0.1
	拉孔	7~9	1.6~0.8
平面	粗刨、粗铣	11~13	50~12.5

(续)

被加工表面	加工方法	经济精度 IT	表面粗糙度 $Ra/\mu m$
平面	半精刨、半精铣	8~11	6.3~3.2
	精刨、精铣	6~8	3.2~0.8
	拉削	7~8	1.6~0.8
	粗磨	8~11	6.3~1.6
	精磨	6~8	0.8~0.2
	研磨	5~6	0.2~0.012

表 16-2 外圆表面加工方案、经济精度和表面粗糙度

序号	加工方案	经济精度	表面粗糙度 $Ra/\mu m$	适用范围
1	粗车	IT11 以下	50~12.5	
2	粗车—半精车	IT8~IT10	6.3~3.2	
3	粗车—半精车—精车	IT7~IT8	1.6~0.8	适用于淬火钢以外的各种金属
4	粗车—半精车—精车—滚压（或抛光）	IT7~IT8	0.2~0.025	
5	粗车—半精车—磨削	IT7~IT8	0.8~0.4	
6	粗车—半精车—粗磨—精磨	IT6~IT7	0.4~0.1	主要用于淬火钢，也可用于未淬火钢，但不宜加工有色金属
7	粗车—半精车—粗磨—精磨—超精加工（或轮式超精磨）	IT5	0.1~Rz0.025	
8	粗车—半精车—精车—金刚石车	IT6~IT7	0.4~0.025	主要用于要求较高的有色金属
9	粗车—半精车—粗磨—精磨—超精磨（或镜面磨）	IT5 以上	0.025~Rz0.05	极高精度的外圆加工
10	粗车—半精车—粗磨—精磨—研磨	IT5 以上	0.1~Rz0.05	

表 16-3 内圆面（孔）的加工方案、经济精度和表面粗糙度

序号	加工方案	经济精度级	表面粗糙度 $Ra/\mu m$	适用范围
1	钻	IT11~IT12	12.5	加工未淬火钢及铸铁的实心毛坯，也可用于加工有色金属（但表面粗糙度稍大，孔径小于 15~20mm）
2	钻—铰	IT9	3.2~1.6	
3	钻—铰—精铰	IT7~IT8	1.6~0.8	
4	钻—扩	IT10~IT11	12.5~6.3	同上，但孔径大于 15~20mm
5	钻—扩—铰	IT8~IT9	3.2~1.6	

(续)

序号	加工方案	经济精度级	表面粗糙度 $Ra/\mu m$	适用范围
6	钻—扩—粗铰—精铰	IT7	1.6~0.8	同上,但孔径大于15~20mm
7	钻—扩—机铰—手铰	IT6~IT7	0.4~0.1	
8	钻—扩—拉	IT7~IT9	1.6~0.1	大批大量生产(精度由拉刀的精度而定)
9	粗镗(或扩孔)	IT11~IT12	12.5~6.3	
10	粗镗(粗扩)—半精镗(精扩)	IT8~IT9	3.2~1.6	
11	粗镗(扩)—半精镗(精扩)—精镗(铰)	IT7~IT8	1.6~0.8	除淬火钢外的各种材料,毛坯有铸出孔或锻出孔
12	粗镗(扩)—半精镗(精扩)—精镗—浮动镗刀精镗	IT6~IT7	0.8~0.4	
13	粗镗(扩)—半精镗—磨孔	IT7~IT8	0.8~0.2	主要用于淬火钢,也可用于未淬火钢但不宜用于有色金属
14	粗镗(扩)—半精镗—粗磨—精磨	IT6~IT7	0.2~0.1	
15	粗镗—半精镗—精镗—金钢镗	IT6~IT7	0.4~0.05	主要用于精度要求高的有色金属加工
16	钻—(扩)—粗铰—精铰—珩磨;钻—(扩)—拉—珩磨;粗镗—半精镗—精镗—珩磨	IT6~IT7	0.2~0.025	精度要求很高的孔
17	以研磨代替上述方案中的珩磨	IT6级以上	0.63~0.01	

表 16-4 平面的加工方案、经济精度和表面粗糙度

序号	加工方案	经济精度级	表面粗糙度 $Ra/\mu m$	适用范围
1	粗车—半精车	IT9	6.3~3.2	
2	粗车—半精车—精车	IT7~IT8	1.6~0.3	回转体零件的端面
3	粗车—半精车—磨削	IT8~IT9	0.8~0.2	
4	粗刨(或粗铣)—精刨(或精铣)	IT8~IT9	6.3~1.6	精度要求不太高的不淬硬平面
5	粗刨(或粗铣)—精刨(或精铣)—刮研	IT6~IT7	0.8~0.1	精度要求较高的不淬硬平面;批量较大时宜采用宽刃精刨方案
6	以宽刃刨削代替上述方案刮研	IT7	0.8~0.2	
7	粗刨(或粗铣)—精刨(或精铣)—磨削	IT7	0.8~0.2	精度要求高的淬硬平面或不淬硬平面
8	粗刨(或粗铣)—精刨(或精铣)—粗磨—精磨	IT6~IT7	0.4~0.02	
9	粗铣—拉	IT7~IT9	0.8~0.2	大量生产,较小的平面(精度视拉刀精度而定)
10	粗铣—精铣—磨削—研磨	IT6以上	0.1~Rz0.05	高精度平面

表 16-5 各级表面粗糙度的表面特征、经济加工方法及应用举例

表面粗糙度		名称	表面外观质量	获得方法举例	应用举例
级别	新				
$Ra\ 100$		粗面	明显可见刀痕	毛坯经过粗车、粗刨、粗铣等加工方法所获得的表面	一般的钻孔、倒角，没有要求的自由表面
$Ra\ 50$			可见刀痕		
$Ra\ 25$			微见刀痕		
$Ra\ 12.5$		半光面	可见加工痕迹	精车、精刨、精铣、刮研和粗磨	支架、箱体和盖等的非配合面，一般螺纹支承面
$Ra\ 6.3$			微见加工痕迹		箱、盖、套筒要求紧贴的表面，键和键槽的工作表面
$Ra\ 3.2$			看不见加工痕迹		要求有不精确定心及配合特性的表面，如支架孔、衬套、带轮工作表面
$Ra\ 1.6$		光面	可辨加工痕迹方向	金刚石车刀精车、精铰、拉刀加工、精磨、珩磨、研磨、抛光	要求保证定心及配合特性的表面，如轴承配合表面、锥孔等
$Ra\ 0.8$			微辨加工痕迹方向		要求能长期保持规定的配合特性，如标准公差为 IT6、IT7 的轴和孔
$Ra\ 0.4$			不可辨加工痕迹方向		主轴定位锥孔，淬火的精确轴的配合表面
$Ra\ 0.2$		最光面	暗光泽面	超精磨、研磨、抛光、镜面磨	保证精确的定位锥面、高精度滑动轴承表面
$Ra\ 0.1$			亮光泽面		精密机床主轴颈、工作量规、测量表面、高精度轴承滚道
$Ra\ 0.05$			镜光泽面		精密仪器和附件的摩擦面、用光学观察的精密刻度尺
$Ra\ 0.025$			雾光泽面		从标镗床的主轴颈、仪器的测量表面
$Ra\ 0.012$			镜面		量块的测量面、坐标镗床的镜面轴

从表 16-2 ~ 表 16-5 中的数据可知，满足同样精度要求的加工方法有若干种，选择时应考虑下列因素：

（1）工件材料的性质　对于硬度低而韧性较高的金属材料，如有色金属的精加工，为了避免磨削堵塞砂轮，则要用高速精细车或精细镗（金刚镗）；而淬火钢、耐热钢等因硬度较高，其精加工多用磨削的加工方法。

（2）工件的形状和尺寸　所选的加工方法要能保证加工表面的几何形状精度和表面相互位置精度，具体可参阅有关机械加工手册。

（3）生产类型、生产率和经济性问题　选择加工方法要和生产类型相适应，单件小批量生产，一般采用通用设备、工艺装备及一般的加工方法；大批量生产应尽可能采用专用的高效率设备和工艺装备及先进的加工方法。

（4）具体生产条件　结合本企业（或本车间）的现有设备情况和技术水平，充分利用现有设备和工艺手段，挖掘企业潜力。

二、加工阶段的划分

工件的加工质量要求较高时，其切削过程都应划分阶段，一般可分为粗加工、半精加工和精加工三个阶段。

1. 各加工阶段的任务

1）粗加工阶段切除各加工表面大部分加工余量，使毛坯在形状和尺寸上尽量接近成品。在此阶段，主要问题是如何提高生产率。

2）半精加工阶段完成一些次要表面的加工，并为主要表面的精加工作好准备（如精加工前必要的精度和加工余量等）。

3）精加工阶段完成各主要表面的最终加工，保证各表面的质量要求。

当有些零件有很高的精度和表面质量要求时，还需增设光整加工。

2. 划分加工阶段的作用

（1）保证加工质量　工件在粗加工中切除较多余量，切削力和夹紧力大，产生的热量多、温度高，而且粗加工后内应力重新分布。在这些力和热的作用下，工件发生较大的变形。如不分阶段连续进行粗精加工，就无法避免上述原因所引起的加工误差。在粗加工后再进行半精加工、精加工，可逐步释放内应力，修正工件的变形，提高各表面的加工精度和减小表面粗糙度值，最终达到图样规定的要求。

（2）合理使用设备　粗加工可选用功率大、刚性好和精度较低的高效率机床以提高生产率；精加工选用高精度机床以确保零件的加工精度。这样既充分发挥了设备的特点，也做到了设备的合理使用，同时，对保持设备的精度也非常有利。

（3）便于安排热处理工序　其使冷热加工工序配合得更好。例如，粗加工后工件的残余应力大，可安排时效处理，消除残余应力；热处理引起的变形又可在精加工中消除等。

（4）及时发现毛坯缺陷　毛坯的各种缺陷，如气孔、砂眼、裂纹和加工余量不足等，在粗加工后即可发现，便于及时修补或决定报废，以免继续加工造成工时和费用的浪费。

（5）精加工、光整加工安排在后，可保护精加工和光整加工过的表面少受磕碰损坏。

三、工序集中和工序分散

工序集中与工序分散是拟定工艺路线的两个不同原则。

工序集中就是将工件加工集中在少数几道工序内完成，每道工序的加工内容较多。工序分散则反之，就是将工件加工分散在较多的工序内进行，每道工序的加工内容很少，最少时一道工序仅有一个工步。

1. 工序集中的特点

1）可采用高效率专用设备及工艺装备，生产率高。

2）工件装夹次数少，易于保证表面间位置精度，还能减少工序间运输量，缩短生产周期。

3）工序数目少，可减少机床数量、操作工人数和生产面积，还可简化生产计划和生产组织工作。

4）采用结构复杂的专用设备及工艺装备，使投资增大，调整和维修复杂，生产准备工作量大；对调试、维修工人的技术水平要求高；此外，不利于新产品的开发和产品的换代。

2. 工序分散的特点

1）设备及工艺装备比较简单，调整和维修方便，工人容易掌握，生产准备工作量少，又易于平衡工序时间，易适应产品更换。

2）可采用最合理的切削用量，减少基本时间。

3）设备数量多，操作工人多，占用生产面积大。

4）工序数目多，工件在工艺过程中装卸的次数多，不易保证零件表面间较高的位置精度。

综上所述，工序集中和工序分散各有利弊，在拟定工艺路线时，应根据生产类型、现有生产条件、工件结构特点和技术要求等全面综合分析后，确定工序集中和工序分散的程度。一般情况下，单件小批量生产采用工序集中原则，以便简化生产组织工作；大批量生产既可采用工序集中原则，也可采用工序分散原则；对于重型零件，为减少工件装卸和运输的劳动量，工序应适当集中；对于刚性差且精度高的精密工件，则工序应适当分散。

根据目前的工艺条件和今后的工艺发展趋势，随着自动、半自动机床和数控机床的使用日益广泛，应多采用工序集中的原则来制定工艺过程和组织生产。

四、加工顺序的安排

1. 机械加工顺序的安排

（1）先基准面后其他表面　先加工基准面，再以它为精基准加工其他表面。

（2）先粗后精　先进行粗加工，中间安排半精加工，最后安排精加工和光整加工。

（3）先主后次　先安排零件的装配基面和工件表面等主要表面的加工，后安排如键槽、紧固用的光孔和螺纹孔等次要表面的加工；用于次要表面加工的工作量小，又常与主要表面有位置精度要求，所以一般放在主要表面加工到一定精度之后，最终加工之前进行。

（4）先面后孔　对于箱体、支架、连杆、底座等零件，其主要表面的加工顺序是先加工用作定位的平面和孔的端面，然后再加工孔。这样可使工件定位夹紧稳定可靠，并为孔加工创造良好的条件，这样也有利于保证加工质量，减小刀具的磨损。

在安排加工顺序时，要注意退刀槽、倒角等工序的安排。

2. 热处理工序的安排

热处理在工艺路线中的位置安排，主要取决于热处理的目的。主要有以下几种情况：

（1）为改善加工性能和金属组织的热处理　如退火和正火应安排在机械加工之前，对 $w_C > 0.5\%$ 的碳钢用退火以降低其硬度；对于 $w_C < 0.5\%$ 的碳钢，一般用正火，以提高材料的硬度，使切削时不粘刀，表面较光滑。

（2）消除内应力的热处理　如人工时效、退火等，一般应安排在粗加工后，精加工之前进行。对精度要求很高的精密丝杠、主轴等零件，则应安排多次时效处理。对于结构复杂的铸件，如机床床身、立柱等，则应在粗加工前后都要进行时效处理。

（3）为提高零件表面硬度的热处理　一般都安排半精加工后，磨削加工之前行。对于渗碳淬火，常将渗碳工序放在次要表面加工之前进行，待次要表面加工完毕后再进行淬火，以减少次要表面与淬硬表面之间的位置误差。对于氮化、氰化等热处理工序，一般安排在粗磨与精磨之间进行。

（4）为提高零件的耐蚀能力、耐磨性和导电率等的表面处理 如表面发蓝处理、表面镀层处理，一般安排在机械加工完毕后进行。

3. 辅助工序的安排

检验工序是重要的辅助工序，它是保证产品质量的必要措施之一。检验工序一般安排在粗加工完全结束以后、重要工序加工前后、零件在车间之间转换时以及零件全部加工结束之后进行。

除了检验工序外，有时在某些工序之后还应安排一些如去毛刺、清洗和涂防锈油等辅助工序，若缺少了这些工序或对此要求不严，将会给装配带来困难，甚至使机器不能使用。

第三节 零件加工成本估算

通过对本节的学习，了解关于机械零部件加工"成本估算"的基本知识，目的是让学生在学习过程中，在建立起产品的质量观和价值观的同时，培养学生对产品生产的经济意识。

一、零件加工成本及构成

零件加工成本是指从原材料的投入到生产加工的转换，直到成品的产出这一过程花费的总费用。

如果从生产的角度出发，零件加工成本（即生产成本）的构成包括原材料费、人工费、设备费与制造费等。

（1）材料费 材料费分原材料费和间接材料费，原材料是指加工后成为产品的一部分的物质，原材料费是构成产品的主要费用，包括原材料的购价、运费和仓储费用等。间接材料费是指制造过程中所需要的工量具、工装费用、模具、设备折旧费、水电费用、润滑油、洗剂、粘接剂及螺丝钉等材料费。

（2）人工费 人工费分为直接人工费和间接人工费，直接人工是指直接从事产品制造的工作人员。例如，加工人员、班组长等。人工费包括人工的薪资与福利等。间接人工是指与产品的生产并无直接关系的人员，例如：各级管理人员、品管人员、维修人员及清洁人员等。

（3）制造费 制造费是指原材料费与人工费之外的一切制造成本，包括租金、保险费、修护费、税费、利润等。

二、成本核算前要明确的相关问题

1）必须掌握一定的成本核算知识，了解成本的基本构成。
2）必须了解要核算对象的生产过程，掌握它的工艺流程。
3）建立一定的与其相对应的产品核算模式，科学的、按步骤核算产品成本。
4）科学的核算产品原材料定额、工资定额、工时定额，合理的分配费用。
5）随时掌握原材料市场行情，有降低材料成本的控制办法。
6）建立目标成本考核机制，严格控制生产成本。

这只是核算成本最基本的要求，必须根据企业的具体的情况而定。

三、零件加工成本估算方法

在进行成本估算过程中,通常将生产成本分为两大类费用:

1. 基本加工费用

与工艺过程直接有关的费用叫基本加工费用,主要包括材料费和直接人工费,此部分费用约占总费用的 70% ~75%。

2. 其他费用

与工艺过程无关的费用,如制造费、间接人工费等。

由于在同一生产条件下,与工艺过程无关的费用,基本上是相等的,因此在对零件进行工艺分析时,只要分析与工艺过程直接有关的基本加工费用即可。

基本加工费的估算:主要是先确定加工工艺方案,即加工路线,然后根据工艺路线来计算工时,由工时来确定单个零件的基本加工费用,再加上其他的费用。

这里一定要说明,加工工艺是个很复杂的问题,因此,加工成本很难有统一的算法。由于机械加工存在很大的工艺灵活性,即一个零件可以有很多种工艺安排,加工成本相差很大,另外,区域和生产时间对成本影响也很大,如不同区域、不同时间,原材料成本是不同的,各地人工费用也不同等,使基本加工费用各地差别非常大,不可能有统一算法。但一般都按工时计价,并有一个基本参考价,即《关于一般机械加工件的收费标准》,"收费标准"通常在基本参考价之间浮动。

零件加工成本估算方法见下式。(没有统一规定,以下仅供参考)

$$E_d = V + C/N$$

式中,E_d 为单件工艺成本(元/件);V 为单件加工费用,V = 材料费 + 加工费 + 加工费 × 17% 税(元/件);N 为工件的年产量(件);C 为年生产所需的其他费用(元)。

(1) 材料费核算

材料费 = 总用料重量 × 材料价格 – (总用料重量 – 产品净重)× 废料回收价格

材料重量计算:

1) 圆柱形:材料重量 = $\pi \times r^2 \times$ 长度 × 密度 × 10^{-6}

2) 板材:材料重量 = 长度 × 宽度 × 厚度 × 密度 × 10^{-6}

其中,常用材料密度,见表 16-6;常用材料价格,见表 16-7;废料回收价格,见表 16-8。

说明:表 16-7,表 16-8 中所列价格随地域和时间的影响很大,在此仅供学生实习参考。

表 16-6 常用材料密度

材料名称	密度/(g/cm³)
铁	7.8
钢	7.85
铝	2.7
纯铜	8.9
铅黄铜	8.5
锰青铜	8.5

表 16-7 常用材料价格含税(17%)

材料名称	价格/(元/kg)
单光铁	6.2
不锈钢	18
铝	20
纯铜	76
铅黄铜	51
锰青铜	85

表 16-8 废料回收价格

材料名称	价格/(元/kg)
废铁	2.2
不锈钢	14.6
铝	14
纯铜	44.0
铅黄铜	33.0

(2) 加工费核算 在《关于一般机械加工件的收费标准》中有两种计价方式:以工时计价收费办法和根据零件数量、精度要求收费办法。

通常加工费按工时计价收费办法核算,采用不同工艺,价格有差异,表 16-9 为常用设备加工的基本价格。其实各工种的工时基本价并没有固定的，会根据工件的难易，设备大小、性质的不同而不同，一般来说都是在基本价之间浮动。另外，作预算时，必须对当前市场有一个透彻的了解。表 16-9 中所列价格随地域和时间的影响很大，在此仅供学生实习参考。

表 16-9　常用设备加工的基本价格（仅供参考）

名　称	价格/（元/时）
车床	20~40
铣床	25~45
钻床	15~35
刨床	15~35
磨床	25~45
线切割	3~4/900mm^2（一般以加工面积来计算）
电火花	10~40；单件50/件（小于一小时）
雕刻机	50~500/件
数控机床	基本价比普通贵2~3倍
钳工一般维修	15（计时单位，从接手加工开始至加工完成验收合格结束）
钳工装配	20

（3）其他费用　C = 制造费 + 间接人工费等（根据实际情况定）。

产品成本估算结果能为产品定价提供依据或参考。

复习思考题

1. 什么是加工经济精度？
2. 零件表面加工方法的选择应考虑哪些因素？
3. 在制订机械加工工艺规程中，为什么要划分加工阶段？
4. 切削加工顺序安排的原则是哪些？
5. 在机械加工工艺规程中通常有哪些热处理工序？它们各自有什么作用？如何安排？
6. 从生产的角度出发，零件加工成本通常考虑哪些？

第十七章 机械工程技术人员的工程意识

第一节 安 全 意 识

安全问题关系到每个人，也是每个人的责任。对于一名机械工程师而言，学会安全工作是非常重要的。在注意自身安全的同时，也要考虑到周围同事的安全。在一般情况下，人们总是忽视安全问题，当我们没有系安全带、行走于梯子下面、在工作区内堆放杂物时，事故就有可能会发生，且总是以为事故都发生在别人身上，可是，必须牢记：一时的疏忽而导致的事故将影响你的一生。由于没有戴防护镜而造成的失明，或由于穿着宽松的衣服搅入机器而造成的断臂都会影响或者结束你的职业生涯。只有提高安全意识，才能安安全全工作，平平安安回家。为了让学生牢固地树立起安全意识，下面介绍在企业中是如何重视和进行安全教育的。

在企业，安全教育至少分为三级。三级安全教育制度是企业安全教育的基本教育制度。三级安全教育是入厂教育、车间教育和班组教育。对调换新工种，采取新技术、新工艺、新设备、新材料的工人，必须进行新岗位、新操作方法的安全教育，且经考试合格后，方可上岗操作。

一、厂级安全教育

1）讲解实习工厂的相关管理制度。如安全管理制度、设备管理制度、考勤制度等。

2）讲解国家有关安全生产的政策、法规，使用劳动保护的意义、内容及基本要求，使新入厂人员树立"安全第一、预防为主"和"安全生产，人人有责"的思想。

3）介绍实习工厂的安全生产情况，包括企业发展史（含企业安全生产发展史）、企业设备分布情况（着重介绍特种设备的性能、作用、分布和注意事项）、主要危险及要害部位，介绍一般安全生产防护知识和电气、机械方面的安全知识。

4）介绍企业的安全生产组织架构及成员，企业的主要安全生产规章制度等。

5）介绍企业安全生产的经验和教训，结合企业和同行业中常见事故案例进行剖析讲解（着重讨论对案例的预防），阐明伤亡事故的原因及事故处理程序等。

6）提出希望和要求（如要求受教育人员要按企业管理制度积极工作）。在生产劳动过程中，努力学习安全技术、操作规程，经常参加安全生产经验交流、事故分析活动和安全检查活动。要遵守操作规程和劳动纪律，不擅自离开工作岗位，不违章作业，不随便出入危险区域及要害部位，注意劳逸结合，正确使用劳动保护用品等。

二、车间级安全教育

各车间有不同的生产特点和不同的要害部位、危险区域和设备。因此，在进行车间安全教育时，应根据各车间的特殊性详加讲解，一般由车间主任及安全主任负责讲解。

1）重点介绍本车间生产特点、性质。如车间的生产方式及工艺流程、车间人员结构、安全生产组织及活动情况。

2）车间主要工种及作业中的专业安全要求，车间危险区域，特种作业场所，有毒、有害岗位情况。

3) 车间安全生产规章制度和劳动保护用品穿戴要求及注意事项，事故多发部位、原因及相应的特殊规定和安全要求。车间常见事故和对典型事故案例的剖析，车间安全生产总结的经验与存在的问题等。

4) 根据车间的特点介绍安全技术基础知识。

5) 介绍消防安全知识。

三、班组级安全教育

生产活动是以班组为基础，班组是企业生产最前线。由于操作人员活动在班组，机器设备在班组，事故常常也发生在班组。因此，班组安全教育非常重要。班组级安全教育由班组长负责。

1) 介绍本班组生产概况、特点、范围、作业环境、设备状况及消防设施等。重点介绍可能发生伤害事故的各种危险因素和危险部位，用一些典型事故实例去剖析讲解。

2) 讲解本岗位使用的机械设备、工器具的性能，防护装置的作用和使用有法。

3) 讲解本工种安全操作规程和岗位责任及有关安全注意事项，使学员真正从思想上重视安全生产，自觉遵守安全操作规程，做到不违章作业，爱护和正确使用机器设备、工具等，介绍班组安全活动内容及作业场所的安全检查和交接班制度。

4) 教育学员发现事故隐患或在发生事故时，应及时报告领导或有关人员，并学会如何紧急处理险情。

5) 讲解正确使用劳动保护用品及其保管方法和文明生产的要求。

6) 实际安全操作示范，重点讲解安全操作要领，边示范、边讲解，说明注意事项并讲述哪些操作是危险的、哪些是违反是操作规程的，使学员懂得违章作业会造成严重后果。

第二节　设备的维护与管理意识

正确使用与维护设备是设备管理工作的重要环节，是由操作工人和专业人员根据设备的技术资料及参数要求和保养细则来对设备进行一系列的维护工作，也是设备自身运动的客观要求。设备维护保养工作包括：日常维护保养（一保）、设备的润滑和定期加油换油，预防性试验，定期调整精度和设备的二、三级保养。维护保养的好坏直接影响到设备的运作情况、产品质量及企业的生产效率。因此，在学生步入生产岗位前，让学生树立起对设备的维护与管理意识很重要。

一、设备检查

设备检查是及时掌握设备技术状况，实行设备状态监测维修的有效手段，是维修的基础工作，通过检查及时发现和消除设备隐患，防止突发故障和事故，是保证设备正常运转的一项重要工作。

1) 日常检查是操作工人按规定标准，以五官感觉为主，对设备各部位进行技术状况检查，以便及时发现隐患，采取对策，尽量减少故障。对重点设备，每班或一定时间由操作者按设备点检卡逐项进行检查记录。维修人员在巡检时，根据点检卡记录的异常进行及时有效地排除，保证设备处于完好工作状态。

2) 定期检查。按规定的检查周期，由维修工对设备性能和业余度进行全面检查和测量，发现问题除当时能解决之外，将检查结果认真做好记录，作为日后决策该设备维修方案的依据。

3）精度检查。这是对设备的几何精度、加工精度及安装水平的测定、分析和调整。此项工作由专职检查员按计划进行，其目的是为了确定设备的实际精度，为设备调整、修理、验收和报废提供参考依据。

对设备进行各项检查、准确地记录设备的状态信息，能为日后维修提供可靠的依据。

二、日常保养

设备的日常保养可归纳为八个字：整齐、清洁、润滑、安全。

（1）整齐　工具、工件、附件放置整齐；安全防护用品齐全；线路管道安全完整。

（2）清洁　设备内外清洁干净；各滑动面、丝杠、齿条、齿轮、手柄手轮等无油垢、无损伤；各部位不漏油、漏水，铁屑垃圾清扫干净。

（3）润滑　定时定量加油换油，油质符合要求，油壶、油枪、油杯齐全；油标、油线、油刮保持清洁，油路畅通。

（4）安全　实行定人、定机、凭证操作和交接班制度；熟悉设备结构，遵守操作规程，合理使用，精心保养，安全无事故。

三、二级保养

该级保养以操作工作为主，维修工作配合。保养周期可根据设备的工作环境和工作条件而定。二级保养内容主要有：

1）根据设备使用情况，进行部分零件的拆卸、清洗、调整，更换个别易损件。

2）彻底清扫设备内外部，去"黄袍"及污垢。

3）检查、清理润滑油路，清洗油刮、油线、滤油器，适当添加润滑油，并检查滑动面的上油情况。

4）对设备的各运动面配合间隙进行适当的调整。

5）清扫电气箱（电工配合）及电气装置，做到线路固定整齐、安全防护牢靠。

6）清洗设备附件及冷却系统。

二级保养后达到：设备内外清洁，呈现本色；油路畅通，油标明亮，油位清晰可见；操作灵活，运转正常。保养完毕后由专人负责验收并认真填写保养完工记录单。

四、设备修理

设备在使用运转过程中，由于某些零部件的磨损、腐蚀、烧损、变形等缺陷，影响到设备的精度、性能和生产效率，正确操作和精心维护虽然可以减少损伤，延长设备使用寿命，但设备运行毕竟会磨损和损坏，这是客观规律。所以，除了正确使用和保养外，还必须对已磨损的零部件进行更换、修理或改进，安排必要的检修计划，以恢复设备的精度及性能，保证加工产品质量和发挥设备应有的效能。

（1）小修（亦称三级保养）　以维修工人为主、操作工人参加的定期检修工作。对设备进行部分解体、清洗检修、更换或修复严重磨损件，恢复设备的部分精度，使之达到工艺要求。金属切削设备的保养间隔一般为 2500～3000 运转小时，主要内容是：

1）更换设备中部分磨损快、腐蚀快、烧损快的零部件。

2）清洗部分设备零部件，清除可以调整的或被扩大了的问题，紧固机件里的卡楔和螺钉。

3) 按照规定周期更换润滑脂。

4) 测量并记录设备的主要精度及部分零配件的磨损、烧损变形和腐蚀的情况。

(2) **针对性修理**（亦称项修）　针对设备的结构和使用特点及存在的问题，在满足工艺要求的前提下，对设备的一个或几个项目进行部分修理。其工作量相当于设备大修的 20%～70%。

(3) **整机大修**　这是工作量最大的一种修理方式。大修设备全部解体，修理基准件、更换或修复所有损坏零配件，全面消除缺陷，恢复原有精度、性能和效率，达到出厂标准或满足工艺要求的标准。在设备进行大修时，应尽量结合技术改造进行，提高原设备的精度和性能。

除以上几种维修类别外，还有定期清洗换油、修前预检以及对动力运行设备和预防性试验、季节性的技术维护等维修方式，以确保不同类型设备的正常运行。大修的验收标准分为验收精度、相关精度和无关精度三类，其中验收精度即项修中所恢复部位的精度，必须达到出厂标准；相关精度则要求不低于修前精度即可；无关精度可不做检查。

设备维护与维修工作与企业生产经营和效益密切相关，无论是大型企业，还是中、小型企业，都是不容忽视的，应引起各级领导及管理部门的重视，尤其是当前企业、设备不断地更新，高精度、高效率、自动化设备日趋增多，更显出设备维护与维修工作的重要性。

第三节　在机械制造业中的环境保护意识

众所周知，科学技术与工业的发展带来了社会的长足进步。然而，人们也越来越清醒地认识到，随着社会的发展，全球性的环境问题也变得越来越突出。从臭氧层的破坏到空气、土壤和水全方位的污染，威胁着人类社会的生存与发展。因此，一个工程项目的确立，必须慎重考虑它对环境眼前与长远的影响，我们只有一个地球。因此，让学生在实习中认识和了解机械工业的环境污染，牢固树立环境保护意识让其将来成为环境保护的使者，意义非常大。

一、机械工业的环境污染

机械工业是为国民经济各部门制造各种设备的部门，在机械工业的生产过程中，不论是铸造、锻压、焊接等材料成形加工，还是车、铣、镗、刨、磨、钻等切削加工都会排出大量污染大气的废气、污染土壤的废水和固体废物，如金属离子、酸、碱和有机物，带悬浮物的废水，含铬、汞、铅、铜、氰化物、硫化物、粉尘、有机溶剂的废气，金属屑、熔炼渣、炉渣等固体废物，同时在加工过程中还伴随着噪声和振动。

熔炼金属时会产生相应的冶炼炉渣和含有重金属的蒸汽和粉尘。在材料的铸造成形加工中会出现粉尘、烟尘、噪声、多种有害气体和各类辐射；在材料的塑性加工过程中，锻锤和压力机在工作中会产生噪声和振动，加热炉烟尘、清理锻件时会产生粉尘，高温锻件还会带来热辐射；在材料的焊接加工中会产生电弧辐射、高频电磁波、放射线、噪声等，电焊时焊条的外部药皮和焊剂在高温下分解而产生含较多 Fe_2O_3 和锰、氟、铜、铝的有害粉尘和气体，还会出现因电弧的紫外线辐射，而作用于环境空气中的氧和氮而产生 O_3、NO、NO_2 等；气焊时会因用电石（碳酸钙）制取乙炔气体而产生大量电渣。

在金属热处理中，高温炉与高温工件会产生热辐射、烟尘和炉渣，还会因为防止金属氧化而在盐浴炉中加入二氧化钛、硅胶和硅钙铁等脱氧剂而产生废渣盐，在盐浴炉中及化学热处理中会产生各种酸、碱、盐等有害气体和高频电场辐射等；表面渗氮时，用电炉加热，并通入氨气，存在氨气的泄漏危害；表面氰化时，将金属放入加热的含有氰化钠的渗氰槽中，氰化钠有剧毒，产生含氰的气体和废水；表面（氧化）发黑处理时，碱洗在氢氧化钠、碳酸和磷酸三钠的混合液体中进行，酸洗在浓盐酸、水、尿素混合溶液中进行，都将排出废酸液、废碱液和氯化钠气体。

为了改善金属制品的使用性能、外观并防止其受腐蚀，有的工件需要表面镀一层金属保护膜，电镀液中除含有铬、镍、锌、铜和银等各种金属外，还要加入硫酸、氟化钠（钾）等化学药品。某些工件镀好后，还需要在铬液中钝化，再用清水漂洗。因此电镀排出的废液中含有大量的铬、镉、锌、铜、银和硫酸根等离子。镀铬时，镀槽会产生大量铬蒸气，有氰镀还会产生氰化钠这种有毒气体。在金属表面喷漆、喷塑料、涂沥青时，有部分油漆颗粒、苯、甲苯、二甲苯、甲醛等未熔塑料残渣及沥青等被排入大气。即在电镀、涂装中会产生酸雾及"三苯"熔剂和油漆的废气等，会产生含有氰化物、铬离子，酸、碱的水溶液和含铬、苯等的污泥。

为了去除金属材料表面的氧化物（锈蚀），常用硫酸、硝酸、盐酸等强酸进行清洗，由此产生的废液中都含有酸类和其他杂质。

在常见的材料车削、铣削、刨削、磨削、镗削、钻削和拉削等机械加工工艺过程中往往需要加入各种切削液进行冷却、润滑和冲走加工屑末。切削液中的乳化液使用一段时间后，会产生变质、发臭，其中大部分未经处理就直接排入下水道，甚至直接倒至地表。乳化液中不仅含有油，而且还含有烧碱、油酸皂、乙醇和苯酚等。在材料加工过程中还会产生大量金属屑和粉末等固体废物。

综上所述，机械工业环境污染量大、面广、种类繁多、性质复杂、对人危害大，具体表现在工业废水对水环境的污染、工业废气对大气环境的污染、工业固体废物对环境的污染及噪声污染四个方面。事实证明，采取"先污染，再治理"或是"只治理，不预防"的方针都是有害的，即会使污染的危害加重和扩大，还会使污染的治理更加困难。因此，防治工业性环境污染的有效途径是"防治"结合，并强调以"防"为主，采取综合性的防治措施。我们都应意识到问题的严重性，尽可能将污染消灭在工业生产过程中，大力推广无废少废生产技术，大力开展废物的综合利用，使工业发展与防治污染、环境保护互相促进。

二、先进机械制造业技术中的节能减排

随着机电一体化技术、计算机技术、信息和控制技术等的快速发展，制造技术在发展过程中不断吸收了高新技术的优秀成果并且相互渗透、融合和衍生，有力促进了机械制造工业节能减排的发展。

1. 计算机技术融入机械设计和制造过程

随着计算机技术的发展，数字化设计与制造成为提升机械制造业的一种重要途径。例如，波音公司采用的现代产品开发系统将新产品研制周期从8年缩短到5年，工程返工量减少了50%。2002年，日本丰田汽车公司在研制嘉美新车型时缩短了研发周期10个月，减少了65%的试验样车数量。在铸造行业通过可视化铸造技术可以改变传统的浇口、冒口设计原则，使浇注系统、冒口系统的尺寸和浇注过程最佳化。

2. 开发新材料促进机械制造减量化

新材料一般具有高比强度、高比刚度、耐高温、耐蚀、耐磨损的特点。目前新材料应用和研究开始从军工领域扩展到民用高附加值产业,特别是汽车产业。例如,在提高新一代飞机和航空发动机性能的工作中,新材料结构的贡献率为50%~70%;在减少飞机和发动机重量工作中,制造技术和材料的贡献率占70%~80%。在汽车业,对于一辆成品汽车而言,整体重量减少10%,燃油经济性会增加6%~8%,同时减少CO_2的排放量,对节能环保意义重大。而轻量化基本依赖于新材料在汽车上的应用。

3. 机械零部件制造过程中运用清洁生产

机械零部件制造过程中推进了清洁生产包括干式切削、清洁热处理、清洁涂镀等技术的发展。如在传统加工中大量使用切削液,造成环境污染,是土壤和河流的重要污染源之一。由于对刀具表面有热冲击效应,造成微裂纹,缩短刀具寿命等弊端,因此干式、准干式切削作为新型的清洁生产方式越来越受到人们关注,以减少切削液对土壤的污染。而在机械制造业中,电镀和涂装生产也是典型的重污染、高消耗部分,尤其是中国。汽车涂装生产单车耗能平均水平远远超过国外,涂装生产耗能占整车厂总耗能的50%以上。发展真空镀膜、采取"有机溶剂回收技术"的新型处理工艺,可以100%回收,目前,该技术已广泛应用在汽车电镀、涂装生产中。另外,热处理也是装配工业的能耗大户,也对环境造成一定污染,高效节能、少无变形、清洁热处理技术是热处理技术发展的重要方向之一。

4. 应用短流程化生产

短流程化生产主要通过充分利用前期工序中的材料、热能,或者将几道工序进行集成,使整个制造过程实现流程再造。例如,为了直接使用高炉熔炼的铁液,生产高质量的复杂铸件,可以利用高炉铁液直接转入中频感应电炉进行温度和成分调整,获得适合铸件要求的高温优质铁液。相对于常规熔炼工艺,省去了高炉铁液冷却和生铁重熔的过程,充分利用高炉铁液自身热量,设备能源效率高,能源消耗少,污染物排放减少,实现短流程的熔炼铸造。成功应用短流程生产技术的还有电渣熔铸技术,是把电渣重熔的提纯精炼和铸造成形合二为一,具有提高金属纯净度和控制凝固组织的双重功能,是特种冶金、特种铸造等成形技术相结合的短流程近净成形的高新技术;另外,铸锻件非调质化工艺技术取消了原"淬火+高温回火"的热处理工艺,精简了热处理工艺流程,可缩短生产周期15%,提高材料利用率10%,节电700~900kWh/t。

5. 机械产品再制造、再使用

再制造作为一种绿色制造技术就是以产品全寿命周期理论为指导,以废旧产品性能提升为目标,以优质、高效、节能、节材、环保为准则,结合先进技术实现资源再利用、再生产。再制造的一个重要特征,是使再制造后的产品质量和性能达到或超过新品,成本是新产品的50%,可节能60%、节材70%,对环境的不良影响显著降低。例如,工程机械领域的卡特彼勒公司已经拥有30年的再制造经验,具有每年超过200万旧件再制造的能力。再制造产品与新产品相同的质量和索赔担保条件,是新产品一半的价格。目前覆盖其6000余件号的再制造产品范围,几近于"零弃物"排放。

在铸造行业,通过大型铸件的修复,提高成品率,避免废件的二次熔炼,是再制造、再使用的一种方式。我国现有的铸造技术水平及铸造工艺的特殊性决定了各类铸件废品率平均在10%左右。应用高新技术进行修复,使其恢复使用性能,达到合格铸件标准,避免了废件的回炉熔炼,从而提高效率,降低成本。

第四节 社会能力培养

在各种社会活动中，社会能力的强弱在很大程度上左右了个人角色活动的效果。许多具备扎实专业技能的专业人员因为不善于沟通或不能协调好团队的合作，对自己的发展造成了障碍。良好的社会能力并不是溜须拍马、阿谀奉承，也不是盲目听从。社会能力作为个人从事职业活动所需要的行动能力，其主要包括社会责任感、参与能力、小组工作中与人合作的能力、交流与协商的能力、自信心、成功感、诚实守信、乐于助人、环境意识、职业道德及批评与自我批评的能力。

如何培养个人社会关键能力，应该注重社会适应能力、沟通能力、执行力、学习能力、创新能力和团队合作能力的培养，并在生活、学习和工作中逐步加强自身社会能力的锻炼。

一、社会适应能力

社会适应能力是指人适应自然和社会环境的能力，包括生活、学习、劳动、人际交往、独立思考、判断问题和解决问题的能力。社会适应能力是一种综合能力，因为社会是人的组织化实存状态的总和，是人们以物质生产活动为基础的相互联系的总体。社会错综复杂，社会现象丰富多彩，社会关系盘根错节，社会问题形形色色。要适应这样复杂的社会，必然涉及对社会的适应，必然需要具备适应社会的能力。

二、沟通能力

一般说来，沟通能力指沟通者所具备的能胜任沟通工作的优良主观条件。简言之，人际沟通能力指一个人与他人有效地进行沟通信息的能力，包括外在技巧和内在动因。其中，恰如其分和沟通效益是人们判断沟通能力的基本尺度。恰如其分，指沟通行为符合沟通情境和彼此相互关系的标准或期望；沟通效益，则指沟通活动在功能上达到了预期的目标，或者满足了沟通者的需要。

从表面上来看，沟通能力似乎就是一种能说会道的能力，而实际上它包罗了从穿衣打扮到言谈举止等一切行为的能力。一个具有良好沟通能力的人，他可以将自己所拥有的专业知识及专业能力进行充分的发挥，并能给对方留下"我很棒""我能行"的深刻印象。因此建议工作者在某些场合要注意仪表，不能邋里邋遢、蓬头垢面，讲话要有力，要有自信，在工作中与人交往时要采用正确、合理的方法进行沟通。

刚刚毕业进入职场的新人，应该忘掉自己的学历和曾经的荣誉，以一个初学者的身份对待工作和同事，尤其是同事中有学历不如你的人时，更要放下架子，放下清高，亲切待人。工作中遇到的所有事情，无论大事小事，都要用心去做，做到你力能达到的最好效果，这样，不但工作出色，也能学到更多东西。

对待工作中遇到的人，无论是客户还是同事，都要姿态谦恭，因为客户是公司效益的来源，同事是你的前辈、老师和战友。你从他们的身上不但可以学到做事的方法经验，更可以得到人生方面的收获。内心要宽厚包容，无论客户还是同事，在他们犯错误时，你要调整自己的心态，原谅他们，并从他们的错误中汲取教训，这样今后就会避免犯同样的错误。

(1) 社会活动需要沟通能力　人们在生活中每时每刻都离不开实践活动，总不免要与他人沟通，但是，沟通本身也不是非常容易的事。要向他人表达一个意思，但有可能始终说不清楚；要为他人办一件好事，但有可能弄巧成拙；本来想与他人解除原有的隔阂，但可能弄得更僵。因此我们需要培养沟通能力。

（2）沟通也是个人身心健康的保证　与家人沟通，能使你享受天伦之乐；与恋人沟通，能使你品尝到爱情的甜美；在孤独时，沟通会使你得到安慰；在忧愁时，沟通会使你得到快乐。英国著名文学家、哲学家培根有句名言：如果把快乐告诉朋友，你将获得两个快乐；如果你把忧愁向朋友倾吐，你将被分担一半忧愁。

（3）提高沟通能力的方法　主要方法有：①悉心倾听，不打断对方，眼睛不躲闪，全神贯注地用心来听；②勇敢讲出，坦白讲出自己的内心感受、想法和期望；③不能口出恶言，恶言伤人，就是所谓的"祸从口出"；④对事不对人；⑤理性沟通，有情绪时避免沟通；⑥敢于认错，勇于承担责任；⑦要有耐心，也要有智慧；⑧学会拒绝。

三、执行能力

执行力指的是贯彻战略意图，完成预定目标的操作能力。它是把企业战略、规划转化成为效益、成果的关键。执行力包含完成任务的意愿、完成任务的能力和完成任务的程度。

企业的执行能力是一个系统、组织和团队。一个企业是一个组织、一个完整的肌体，企业的执行力也应该是一个系统、组织和团队的执行力。执行力是企业管理成败的关键。只要企业有好的管理模式、管理制度，好的带头人，能充分调动全体员工的积极性，管理执行力就一定会得到最大的发挥。企业要实现"办一流企业、出一流产品、创一流效益"的经营宗旨，解决管理中存在的问题，就必须在员工中打造一流的企业执行力。一个执行力强的企业，必然有一支高素质的员工队伍，而具有高素质员工队伍的企业，必定是充满希望的企业。

要提高企业的执行力，不仅要提高企业从上到下每一个人的执行力，而且要提高每一个单位、每一个部门的整体执行力，只有这样，才会形成企业的系统执行力，从而形成企业的执行力和竞争力。执行力差是企业的最大内耗，不仅会消耗企业的大量人才、财力，还会错过机会，影响企业的战略规划和发展。要提高企业的执行力，首先要从管理上得以体现，用管理的方法来形成企业的整体风格和氛围，最后使整个企业和人员都具备这种能力。

在这个世界里，人之所以有优秀与一般之分，在于优秀者更有实现构想的能力，即执行力，而不是更有思想；企业也是如此，优秀的企业也是与其他企业做着同样的事情，只是比别人做得好，落实更到位，执行更有效果。

四、学习能力

学习能力就是要求个人不仅要学习宽泛广博的知识，还要学会学习的方法，树立终身学习的理念，与时俱进。一个人的学习能力往往决定了一个人竞争力的高低，也正因如此，无论对于个人还是对于组织，未来唯一持久的优势就是有能力比你的竞争对手学得更多、更快。一个组织如果想要在激烈的竞争中立于不败之地，它就必须不断地创新，而创新则来自于知识，知识则来源于学习。

管理大师德鲁克说："真正持久的优势就是怎样去学习，就是怎样使得自己的企业能够学习的比对手更快"。学习也是一种生存能力的表现，通过不断的学习，达到专业能力的不断提升，因为在职业生涯发展中，需要胜任工作的能力和能够迅速取得新能力的方法。为了求生存和求发展，每个人都必须不断学习那些自然和本能没有赋予的生存技术，而为取得新的生存技术就必须不断地学习。如果停止学习，必定会落后于人，落后就会被淘汰。

五、创新能力

创新是指人为了一定的目的，遵循事物发展的规律，对事物的整体或其中某些部分进行变革，从而使其得以更新与发展的活动。创新能力是指人在顺利完成以原有知识经验为基础的创建新事物的活动中所表现出来的潜在的心理品质。创新能力具有综合独特性和结构优化性等特征。遗传素质是形成人类创新能力的生理基础和必要的物质前提，它潜在决定着个体创新能力未来发展的类型、速度和水平；环境是人创新能力提高的重要条件，环境优劣影响着个体创新能力发展的速度和水平；实践是人创新能力形成的唯一途径。实践也是检验创新能力水平和创新活动成果的尺度标准。

创新的本质是进取，是推动人类文明进步的激情；创新就要淘汰旧观念、旧技术、旧体制，培育新观念、新技术、新体制；创新本质是不做复制者。创新能力有一部分是来自于不断发问的能力和坚持不懈的精神；创新能力在一定的知识积累的基础上可以训练、启发出来，甚至可以"逼出来"；创新最关键的条件是要解放自己，因为一切创造力都根源于人潜在能力的发挥。

在生活和工作中，主动和善于培养自己的创新思维和创新能力，对于一个人的发展来说是十分重要也是必不可少的。那么在大学期间如何培养自身的创新能力呢？

(1) 优化自己的专业知识　脚踏实地学好知识，在此基础上融会贯通，为创新做好准备。如：①在上课期间认真听讲，勤于思考，善于发言；②课下独立完成作业，做好下一节课的预习；③课后多阅览专业知识方面的书籍与杂志；④多做笔记，把已学知识转化成自己的体系，能够举一反三；⑤经常参加各种学术活动，多听创新系列学术报告，了解前沿的学科动态。

(2) 学习外语　精通一门外语，给自己打开了解世界先进技术的窗口，会让你终身受益。

(3) 培养自己各种能力，做到知识与能力并重　创新体现的是一种高层次的能力，除了优化自己的专业知识架构外，还需要各种基础能力为保障。如①积极参加社会实践，善于思考，大胆想象；②养成勤动脑、勤动手的好习惯，勤于实践；③经常进入实验室参加科研活动，有计划地参加大学生科技创新活动及各种竞赛活动等。

六、团队合作能力

团队合作能力是一种为达到既定目标所显现出来的自愿合作和协同努力的精神。它可以调动团队成员的所有资源和才智，并且会自动地驱除所有不和谐和不公正的现象，同时会给予那些诚心、大公无私的奉献者以适当的回报。如果团队合作是出于自觉自愿时，它必将会产生一股强大且持久的力量。

1. 如何提高团队合作能力

①要有一个明确的工作职责分配，要量化每一个人的工作量，并让大家都知道；②要有一个明确的奖惩机制，谁做得好，就应该奖励，谁做错了，就应该惩罚。奖励多少，如何惩罚，都应该让团队的每一个人都清楚；③领导要以身作则，树立典范；④要有一个规范的监督机制，量化团队成员的工作绩效，这样才能对接下来的奖惩有一个可参考的依据。

总而言之，要团队合作，首先要有一个有头脑的领导者，其次要有一个非常合理的管理机制，这样才能真正提高团队的合作能力。还有一个方法也很有效，就是大家一起参加户外拓展训练，在活动中提高团队意识。

2. 团队合作的表现

成员密切合作，共同决策和与他人协商，决策之前听取相关意见，把手头的任务和别人的意见联系起来；在变化的环境中担任各种角色；经常评估团队的有效性和本人在团队中的长处和短处。

3. 团队合作与智囊团

团队合作的形态很像智囊团，但与智囊团却有很大的区别。在智囊团中，将各个独立的人组织成小团体，他们都具有共同的强烈欲望和明确的目标，并且能从日益增进的热忱、想象力和知识中获得明确的利益。由于团队中的成员未必都具有相同强烈的欲望和明确的目标，所以，要求使团队成员不断地为工作奉献。同时，严格要求自己，不断地为成员做出贡献并发掘他们的欲望，给他们以适当的回报。

4. 团队合作的四大基础

（1）建立信任　要建设一个具有凝聚力并且高效的团队，第一个且最为重要的步骤就是建立信任。这不是任何种类的信任，而是坚实地以人性脆弱为基础的信任。意味着一个有凝聚力的、高效的团队成员必须学会自如地、迅速地、心平气和地承认自己的错误、弱点、失败和求助。另外，他们还要乐于认可别人的长处，即使这些长处超过了自己。

（2）良性冲突　团队合作一个最大的阻碍就是对于冲突的畏惧。这来自于两种不同的担忧：①很多管理者采取各种措施避免团队中的冲突，因为他们担心丧失对团队的控制，以及部分人的自尊会在冲突过程中受到伤害；②另外一些人则是把冲突当做浪费时间，他们更愿意缩短会议和讨论时间，果断做出自己看来早晚会被采纳的决定，留出更多时间来实施决策，以及其他他们认为是"真正的"工作。

（3）坚定不移地行动　要成为一个具有凝聚力的团队，领导必须学会在没有完善的信息、没有统一的意见时做出决策。而正因为完善的信息和绝对的一致非常罕见，决策能力就成为一个团队最为关键的行为之一。

（4）彼此负责　卓越的团队不需要领导提醒，团队成员会竭尽全力工作，因为他们很清楚需要做什么，他们会彼此提醒注意那些无助于成功的行为和活动。而不够优秀的团队一般对于不可接受的行为会采取向领导汇报的方式，甚至更恶劣，如在背后说闲话等。这些行为不仅破坏团队的士气，而且让那些本来容易解决的问题迟迟得不到办理。

承担责任看似简单，但实施起来则很困难。但是，如果有清晰的团队目标，有损这些目标的行为就能够轻易地纠正。

（5）团队合作的好处

1）视野开阔，一个人所看到的绝对没有几个人看到的多；

2）力量提升，一个人的力量绝对没有几个人的力量强；

3）动作迅速，一个人的效率绝对没有几个人的效率高；

4）信誉提高，一个人的优势绝对没有几个人的优势大。

第五节　法律意识

法律是社会得以正常运行的轨道。由此，作为未来的工程师必须知法、守法。尤其对企业法、劳动法、合同法、专利法和税法更应熟悉，因为这几个法律与每个工程技术人员均有密切的关系。懂得法律，就懂得如何维护国家的利益、他人的利益，也知道如何保护自己，使个人或企业的行为约束在法制的轨道上。

复习思考题

1. 三级安全教育是什么？
2. 设备的维护管理包括哪些内容？
3. 说出三种以上关于机械加工中的环境污染问题。
4. 列举2个在机械制造业技术中的节能减排。
5. 列举从自身的日常生活和学习中进行有效环境保护的措施。
6. 提高沟通能力的方法有哪些？
7. 阐述对团队合作能力的理解，客观评价自身是否具备参与一个优秀团队的基础。
8. 创新能力的基础是什么？如何提高自己的创新能力？
9. 培养个人社会关键能力应从哪几个方面努力？

参 考 文 献

[1] 陈山弟. 形位公差与测量技术 [M]. 北京：机械工业出版社，2009.
[2] 徐永礼，徐清胡. 金工实习 [M]. 北京：北京理工大学出版社，2009.
[3] 康利，张琳琳. 金工实训 [M]. 上海：同济大学出版社，2009.
[4] 毛志阳，李月晶. 机械工程实训 [M]. 北京：清华大学出版社，2009.
[5] 李绍军. 焊工工种操作实训 [M]. 哈尔滨：哈尔滨工业大学出版社，2009.
[6] 潘晓弘，陈培里. 工程训练指导 [M]. 杭州：浙江大学出版社，2008.
[7] 黄继昌，程宝平，申冰冰. 简明机械工人切削手册 [M]. 北京：人民邮电出版社，2008.
[8] 土屋喜一. 机械实用手册 [M]. 赵文珍，杨晓辉，等译. 北京：科学出版社，2008.
[9] 傅水根. 探索工程实践教育 [M]. 北京：清华大学出版社，2007.
[10] 杨君伟. 机械制图 [M]. 北京：机械工业出版社，2007.
[11] 文超珍. 公差与配合测量 [M]. 北京：机械工业出版社，2007.
[12] 董丽华，沈海荣，范春华. 金工实习（实训）教程 [M]. 北京：电子工业出版社，2006.
[13] 周伯伟，任家隆. 金工实习 [M]. 南京：南京大学出版社，2006.
[14] 李勇增. 金工实习 [M]. 北京：高等教育出版社，1996.
[15] 李蓓华. 数控机床工 [M]. 北京：中国劳动社会保障出版社，2006.
[16] 钱锐. 机电一体化技术 [M]. 北京：高等教育出版社，2005.
[17] 张云新，钮德明. 金工实训 [M]. 北京：化学工业出版社，2005.
[18] 张志文. 数控应用技术 [M]. 北京：化学工业出版社，2005.
[19] 北京通用第一机床厂. 机械工人切削手册 [M]. 北京：机械工业出版社，2003.
[20] 陈君若. 制造技术工程实训 [M]. 北京：机械工业出版社，2003.
[21] 唐宗军. 机械制造基础 [M]. 北京：机械工业出版社，2002.
[22] 唐健. 数控加工及程序编制基础 [M]. 北京：机械工业出版社，2000.
[23] 孙竹. 数控机床编程与操作 [M]. 北京：机械工业出版社，2000.
[24] 国家机械工人工业委员会. 初级热处理工艺学 [M]. 北京：机械工业出版社，1988.